全国高校园林与风景园林专业规划推荐教材

PLANNING PRINCIPLE FOR NATIONAL PARK OF CHINA

风景名胜区规划原理

LANDSCAPE

魏 民 陈战是 ◎等编著

中国建筑工业出版社

图书在版编目（CIP）数据

风景名胜区规划原理/魏民，陈战是等编著. —北京：
中国建筑工业出版社，2008
　全国高校园林与风景园林专业规划推荐教材
　ISBN 978-7-112-09780-7

　Ⅰ. 风…　Ⅱ. ①魏…②陈…　Ⅲ. 风景区-城市规
划-高等学校-教材　Ⅳ. TU984.18

中国版本图书馆 CIP 数据核字（2007）第 187301 号

责任编辑：郑淮兵　陈　桦
责任设计：赵明霞
责任校对：兰曼利　王雪竹

全国高校园林与风景园林专业规划推荐教材
风景名胜区规划原理
魏　民　陈战是　等编著
*
中国建筑工业出版社出版、发行（北京西郊百万庄）
各地新华书店、建筑书店经销
霸州市顺浩图文科技发展有限公司制版
北京建筑工业印刷厂印刷
*
开本：787×1092毫米　1/16　印张：22½　字数：548千字
2008年4月第一版　2017年8月第十三次印刷
定价：**38.00**元
ISBN 978-7-112-09780-7
（16444）

本书编委会

主编：魏　民　陈战是

编委：（按姓氏笔画排序）

王文彤（中国城市规划设计研究院）

付　军（北京农学院）

陈战是（中国城市规划设计研究院）

张玉竹（华南农业大学）

杨　葳（福建农林大学）

柯水发（北京林业大学）

姜立晖（中国城市规划设计研究院）

唐鸣镝（北京第二外国语学院旅游发展研究院）

魏　民（北京林业大学）

前言

    自 1978 年中国实行改革开放政策的初期，建设部门及国内一批有识之士、专家学者，从抢救珍贵风景名胜资源、继承和保护人类历史遗留给我们的自然与文化遗产认识的历史高度，注意吸纳国际上许多国家管理自然与文化遗产及国家公园的经验，结合我国特有自然风景与历史文化融为一体的实际情况，提出了效仿国外国家公园，建立中国风景名胜区管理制度，发展有中国特色的风景名胜区保护事业。国务院分别于 1982、1988、1994、2002、2004、2005 年审定公布了 6 批共 187 处国家重点风景名胜区（简称风景区），我国风景名胜区面积占国土面积超过了 1％。与此同时，在我国由计划经济向社会主义市场经济转型的过程中，以及在加入 WTO 的新形势下，应当看到我国的风景名胜区发展的总体水平仍然处在初级阶段，在法制建设、管理体制、规划规范、资源保护、系统理论建设和规范旅游服务等方面，还存在许多亟待解决的困难和问题。

    党和国家领导人温家宝同志在 1999 年全国城乡规划工作会议上的讲话明确指出："风景名胜区要处理好保护和利用的关系，把保护放在首位。风景名胜区不能仅仅考虑本地区的利益，要有全局和长远的眼光。要切实加强对风景名胜区保护和利用工作的领导，按照严格保护、统一管理、合理开发、永续利用的原则，把风景名胜区保护、建设和管理好。搞好风景名胜区工作，前提是规划，核心是保护，关键在管理。"

    2000 年以前，风景名胜区规划的理论与实践工作始终处于摸索阶段，2000 年开始实施的《风景名胜区规划规范》对完善规划理论与实践、规范规划内容与深度等方面起到了积极的推动作用。但同时不容回避的是，国内至今还没有风景名胜区规划课程的全国统一教材，所以在过去的 20 多年的教学工作中，只是依靠教师个人的资料搜集与规划经验积累来组成授课讲义，风景名胜区规划内容的系统性、丰富性、复杂性难以体现。由此，风景名胜区规划教材的编写工作迫在眉睫。

    本教材的编写是以国家《风景名胜区规划规范》为依据，在广泛收集中外风景名胜区规划素材的基础上，借鉴城市、区域、国土、土地利用等相关规划的理论与方法，力求系统完整地对风景名胜区规划的理论、方法、程序等内容加以介绍与论述。

    本教材由来自北京林业大学、中国城市规划设计研究院、北京第二外国语学院旅游发展研究院等多所高等院校及规划院的教师和规划师共同编写完成。其中第一、二、三、四章由魏民编写；第五、十、十一章由陈战是编写；第六章由唐鸣镝编写；第七章由杨葳编写；第八章由付军编写；第九章由王文彤编写；第十二章由张玉竹编写；第十三章由姜立晖编写；第十四章由柯水发编写。

    教材编写的过程同样是一个学习的过程，在此过程中深深感到风景名胜区规划的内容确实是包罗万象，错综复杂，确非一人或几人心力所能及。故此，书中错误敬请批评指正。

《风景名胜区规划原理》编委会

2007 年 5 月

目录 >01
contents

目录 >02
contents

目录 >03
contents

第一章 风景名胜资源的保护与利用

第一节 风景名胜资源

一、风景名胜资源的相关概念

(一) 资源

"资"就是"有用"、"有价值"的东西，即一切生产资料、生活资料。"源"就是"来源"。关于"资源"的概念，世界上并没有一个严格、准确、被大众所接受的定义，在我国《辞海》中对"资源"的解释是"资财的来源"，"资财之源，一般指天然的财源"；英文中的"资源"一词为 resource，它是由 re 和 source 构成的，其前缀 re 含有"再"的意思，source 表示来源，这表达了人们了解到"资源"能够重复使用的性质；在俄文中"资源"一词为 pecypcbl，也是指"财富的来源"。可见，从字面上讲世界各国对于"资源"的理解是大体一致的。随着人类社会经济的不断发展，人们对"资源"的认识也在不断加深，特别是近半个世纪以来，资源问题越来越成为全世界共同关注的焦点。

广义的资源指人类生存发展和享受所需要的一切物质的和非物质的要素。换句话说，资源既包括一切为人类所需要的自然物，如阳光、空气、水、土地、植物和动物等，也包括以人类劳动产品形式出现的一切有用物，如房屋、机器、消费性商品以及生产资料性商品，还包括无形的资财，如信息、知识和技术，以及人类本身的体力和智力。马克思在论述资本主义剩余价值的产生时指出："劳动力和土地是形成财富的两个原始要素，是一切财富的源泉。"恩格斯则进一步指出："其实劳动和自然界一起才是一切财富的源泉。自然界为劳动提供材料，劳动把材料变为财富。"而在资源经济学中，资源不仅包括自然资源，还包括社会资源，因为仅把资源理解为自然资源或社会经济资源将无法解释社会、经济和环境之间的相互联系、相互制约的关系，只有从社会发展的角度出发将自然资源、社会资源包括在整体资源的范畴之内，才能最终实现资源、社会、经济的协调发展。

狭义的资源仅指自然资源，联合国环境规划署（UNEP）对自然资源下过这样的定义："所谓自然资源，是指在一定时间、地点的条件下能够产生经济价值的、以提高人类当前和将来福利的自然环境因素和条件的总称。"

资源是一个具有广泛意义的词汇，它的概念并非是一成不变的，随着人类文明的进步与科学技术的发展，在不同时间、不同地点，从不同的角度出发，资源就会被赋予新的内涵。因此，可以将资源的概念归纳为：在一定历史条件下能被人类开发利用，以提高人类自身福利水平和生存能力，具有某种稀缺性的、受社会约束的各种环境要素或事物的总称。

(二) 自然资源

人类社会进化过程中，人口不断增加，生活水平不断提高，因而对自然资源的需求不断增加；另一方面，人类认知世界的能力尤其是科学技术不断进步，关于自然资源的概念也在不断延展。较早关于自然资源的定义来源于地理学家金梅曼（Kimmelman），他在《世界资源与产业》一书中指出："无论是整个环境还是其中的某些部分，只要它们能（或被认为能）满足人类的需要，就是自然资源。"我国《辞海》中关于自然资源的定义是："一般天然存在的自然物（不包括人类加工制造的原材料），如土地资源、矿藏资源、水利资源、生物资源、海洋资源等，是生产的原料来源和布局场所。随着社会生产力的提高和科学技术的发展，人类开发利用自然资源的广度和深度也在不断增加。"这个定义强调了自然资源的天然性，同时指出了空间（环境）也是自然资源。《大英百科全书》对自然资源的定义是："人类可以利用的自然生成物，以及形成这些成分的源泉的环境功能。前者如土地、水、大气、岩石、矿物、生物及其群集的森林、草场、矿藏、陆地、海洋等；后者如太阳能、环境的地球物理技能（气象、海洋现象、水文地理现象），环境的生态学技能（植物的光合作用、生物的食物链、微生物的腐蚀分解作用等），地球化学循环技能（地热现象、化石燃料、非金属矿物的生成作用等）。"这个定义明确指出环境功能也是自然资源。联合国在 1970 年的一份文件中指出："人在其自然环境中发现的各种成分，只要它能以任何方式为人类提供福利，都属于自然资源。"中国在 1987 年发布的关于保护自然资源和自然环境的纲领性文件《中国自然保护纲要》中，对自然资源的解释是："在一定的技术经济条件下，自然界中对人类有用的一切物质和能量都称为自然资源。"

可见对自然资源所下的定义也是多种多样的，各有各的侧重，自然资源不仅具有一种纯科学技术的含义，而且包含一个历史性的范围。但从中我们可以找到这些定义的共同点，就是把自然资源看作天然生成物，而把人类活动的结果排斥在外。实际上地球与人类社会发展到今天，自然资源本身或多或少地渗透入了人类的劳动。所以，自然资源已经不是单纯的自然科学的概念，而同时是一个经济学和社会学概念，还涉及文化的、生态的、环境的价值观。因此，自然资源已经成为人类能够从自然界获取以满足其需要与欲望的任何天然生成物及作用于其上的人类活动结果的总称。

（三）风景名胜

"风景名胜"一词可以从"风景"和"名胜"两个方面来理解，"风景"一词在现代汉语中是一个使用频率相当高的词汇，在《辞海》中"风景"有两个解释：一是风光、景色。二是风望的意思。《晋书·刘毅传》中写到："正身率道，崇公忘私，行高义明，出处同揆；故能令义士纵其风景，州间归其清流。"风景名胜资源所指显然是第一种解释。"名胜"的解释是："著名的风景地。"在《北史·韩晋明传》中写道："朝廷欲处之贵要地，必以疾辞，告人云：'废人饮美酒，对名胜，安能作刀笔吏，披反故纸乎？'。""风景"最早出现于《世说新语·言语》中，其中写道："过江诸人，每至美日，辄相邀新亭，藉卉饮宴。周侯中坐而叹曰：'风景不殊，正自有山河之异！'皆相视流泪。"在王勃《滕王阁序》中有记载："俨骖騑于上路，访风景于崇阿。"

（四）风景名胜资源

风景名胜资源可以解释为风景优美的景观资源。"风景名胜资源系指具有观赏、文化、科学价值的山河、湖海、地貌、森林、动植物、化石、特殊地质、天文、气象等自然景物和文物古迹、革命纪念地、历史遗址、园林、建筑、工程设施等人文景物和它们所处环境以及风土人情等"（图 1-1）；"风景名胜资源也称景源、景观资源、风景旅游资源，是指能引起审美与欣赏活动，可以作为风景游览对象和风景开发利用的事物与因素的总称。是构成风景环境的基本要素，是风景区产生环境效益、社会效益、经济效益的物质基础。"

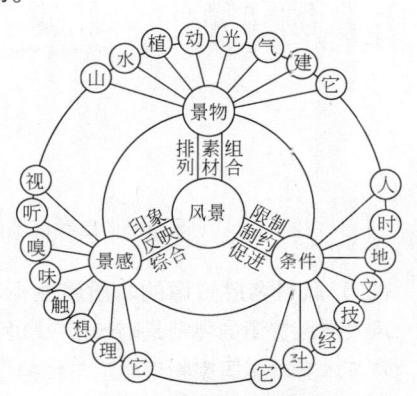

图 1-1 风景结构模式
（引自《风景规划》）

（五）景物

景物是指具有观赏、科学文化机制的客观存在的物体，是风景名胜构成的基本要素，是具有独立欣赏价值的风景素材客体。景物的种类繁多，大致可以分为山、水、植物、动物、空气、光、建筑、其他 8 大类。

（六）景观

景观是指可以引起视觉感受的某种现象，或一定区域内具有特征的景象。是按照美学观点完美结合而构成的景物组合，并被人的各种感官所接受，形成美的享受。

（七）景点

由若干相互关联的景物所构成，具有相对独立性和完整性，并具有审美特征的基本境域单位。

（八）景区

根据景源类型、景观特征或游赏要求而划定的用地范围，包含有较多的景物和景点或若干景群，形成相对独立的分区特征。

二、风景名胜资源的定位与特性

（一）风景名胜资源的基本定位

风景资源被归属于一类特殊的自然资源（图 1-2），《中国自然保护纲要》中对自然资源"按它的用途和价值划分为生产资源、风景资源、科研资源等"。《自然资源研究的理论与方法》一书中对自然资源的分类，划分为"特殊自然景观"类，归属于非耗竭性，但易误用及污染的资源类型。风景名胜资源是人们在自然资源的基础上通过人们的想像、加工、修饰等行为，赋予了它美的意念、文化的内涵，使其成为渗透着人类文明的、凝聚着人类精神与思想的自然资源。经历了千万年的进化与演变，风景所包含的内容更加广泛与深刻。

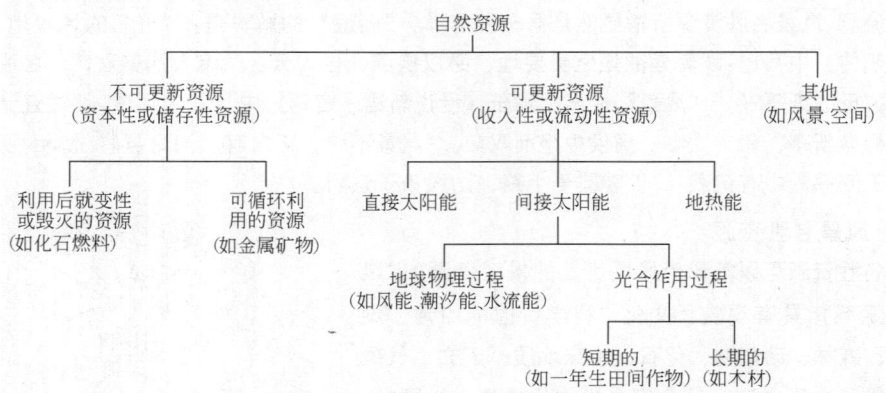

图 1-2　自然资源分类（引自蔡运龙《自然资源学原理》）

（二）风景名胜资源的本质属性

风景名胜资源的特征是随着国家、民族、社会的不断进步而逐步丰富与完善，所以风景名胜资源的特征本身就是国家物质生活与精神生活的一种典型反映，在我国丰富而独特的风景名胜资源中融入了人与自然和谐共生的哲学思想，留下了在上下五千年中人们认识自然、改造自然、美饰自然的历史印记。

1. 自然属性

风景名胜资源与在其基础上形成的风景环境是自然资源与环境的重要组成部分，自然资源中的一部分成为风景名胜资源，是在人类社会建立后经历了漫长的发育成长过程的。所以，这类资源在被划定成为风景名胜资源以前，它完全是一种普通的自然资源。可见，任何风景名胜资源都是以自然资源为依托，以人类对美的认识程度为载体，而最终形成一种人化自然的特征。可以说，自然属性是风景名胜资源最根本的属性。

2. 社会属性

自然资源在被人们所欣赏的同时，它便成为人类社会的产物。由于在自然资源的基础上附加了人类的劳动与思想，使其成为风景名胜资源，因此在强调风景名胜资源的自然属性的同时，也表明了资源的社会属性。风景名胜资源是"人化的自然与自然的人化"的精神形态，是人类社会实践中具有普遍社会价值的一种综合财富。马克思在《1844年经济学—哲学手稿》一文中阐述："风景的形成和特征反映了人们在风景中所扮演的功能。这些功能又是人的社会发展水平、生存本性以及自然所提供的机会三者之间的相互作用的产物。当风景根据审美意图创造出来时，最主要的推动力是社会的功能，并且其中任何设计的要素是无意识的，本质上是社会的。"可见，风景名胜资源不单纯是一类自然的事物，它是人类文明继承和社会价值观的体现。所以说，风景名胜资源的社会属性是伴随着风景名胜资源的产生而同时产生的。

3. 政治属性

风景名胜资源是人类社会发展进程中祖先留给我们整个当代人和后代的丰厚的物质与精神财富，是属于我们整个国家的人民乃至整个世界人民的。所以，大部分国家都通过立法来保护本国的风景名胜资源。我国宪法第九条中明确规定："矿藏、水流、森林、山岭、草原、荒地、滩涂等自然资源，都属于国家所有，即全民所有。"同时，我国以建立风景名胜区、自然保护区、国家文物保护单位等形式保护国家的风景名胜资源。并在立法中明确规定："风景名胜区的土地，任何单位和个人都不得侵占。风景名胜区内的一切景物和自然环境，必须严格保护，不得破坏或随意改变。"在《保护世界文化和自然遗产公约》中特别规定任何申报世界遗产的项目都不能存在国家主权或所有权的争端与偏见。而且，联合国教科文组织要求通过主权国家的最高行政领导签署文件来提出申报世界遗产，这标志着国家最高行政机关对国际社会的一种承诺，为全人类保护好这类特有的资源。另外我们可以意识到，风景名胜资源已经成为一个国家的象征，例如谈到中国就会想到中国的长城、故宫、天安门、大熊猫；谈到美国就会想到自由女神、大峡谷；谈到日本就会想到富士山；谈到埃及就会想到金字塔……风景名胜资源已经不再是单纯的一类自然资源，它在国家及国际政治活动中充当着一个独特的角色。

4. 经济属性

风景名胜资源随着人类社会的发展，逐步被赋予了经济属性。这同时说明，人们从最初认为风景是美的可以欣赏，到后来意识到美的东西可以吸引别人来观赏，可以创造价值，到了现在人们的认识已经从一种事业的发展角度来看待风景名胜资源，风景名胜资源的价值在逐步被认识。风景名胜资源的综合价值到目前为止还不能完全用经济量来准确度衡，因为它的精神价值有无限价的、可增值的、因时因地而变等特征。《风景名胜区管理暂行条例实施办法》第二十七条指出："任何单位和个人在风景名胜区内占用土地，建设房屋和其他工程等要经风景名胜区管理机构按规划进行审查同意，按有关规定，办理审批手续。要严格控制风景名胜区内的建设规模，风景名胜区土地和设施都应有偿使用。"1992 年联合国环境与发展大会的主体文件《21 世纪议程》明确了如下政策："提倡对树木、森林和林地所具社会、经济和生态价值纳入国民经济核算制的各种方法，建议研制、采用和加强核算森林经济和非经济价值的国家方案。"可见，随着社会主义市场经济的不断深入和资源与环境科学的发展，风景名胜资源的经济属性会更为加强。

（三）风景名胜资源的特性

风景名胜资源是人类精神生活和物质生活的重要组成部分，风景名胜资源表现出如下的特性：

1. 整体有用性

风景名胜资源是由多种景观要素构成的，而多种单一的景观要素经过天然的或人为的组合加工后成为风景名胜资源，并表现出有用性。各种景观要素之间是相互影响、相互制约的。例如，如果破坏了景观资源中的树木这个景观要素，造成的不只是森林的消失，同时必然引起土壤和径流的变化，这种变化也破坏了野生生物的生存环境。风景资源之所以是美的，一个原因就是因为它是一个完整的景观体系。所以，在风景资源的使用价值上整体有用性大于局部有用性。

2. 空间的固定性

风景名胜资源是在某个特定的地域内形成的，因此风景名胜资源都具有一定的地域性，对风景名胜资源的利用只能在相应地域及其可波及范围内发生作用，而无法将其移动、调整，这与一般资源在利用方式上存在着差别。

3. 时间的无限性

风景名胜资源的形成过程中其数量、质量及周围的自然人文环境都随时间而发生变化，自然景源的形成需要时间打磨与进化，如植物资源可以以一年为一个周期，气候资源甚至以日为一个周期发生变化；而人文景源的丰富同样需要历史的更迭与延续。所以，风景名胜资源的使用应该建立在资源所包含的自然与人文信息不被破坏、更改、丢失的基础上，随着时间的推移，完好地向下传递，使其在使用的时间上具有无限性。

4. 景观的不可复制性

在《保护世界文化和自然遗产公约》中强调指出的两项原则是遗产项目的真实性和完整性，其中真实性就表现为景观的不可复制性。如果为了某种目的将景观移动或复制，景观失去了产生、生存的自然与文化背景，同时也失去了它作为遗产最珍贵的东西，其使用价值变得很低，甚至丧失。对于自然遗产，在开山炸石、筑坝截流、乱砍滥伐之后，要恢复其原有景观的面目几乎是不可能的。对于文化遗产，有些的确为人工产品，但是其中的历史、文化、宗教底蕴，却是今人无法比拟的。按照《保护世界文化和自然遗产公约》第 4 条的规定，人类社会对已确认的遗产资源唯一可做的是"保护、保存、展出和遗传后代"。遗产资源的不可逆性和非再造性表明，对自然文化遗产资源只能采取事前预防行动，即保护；资源一旦遭到破坏，事后补救和惩罚行动于事无补。景观的不可复制性表明风景名胜资源是一种保护性资源，而不是开发性资源。

5. 景观的共享性

风景名胜资源不仅表现于其所存在的区域，区域之外在一定程度上同样可以享用，而且这种共享性是无论所有者或生产者是否同意都始终存在的。共享性还表现在风景名胜资源被破坏的时候，造成景观消失、景观环境恶化等现象，这种对于景观资源产生的负效益也具有共享性，负效益不可能单独由生产者或所有者承担，也会让所有的享受者承担并"分享"风景名胜资源的负效益。

6. 景观的开放性

风景名胜资源并不是静止而封闭的，在其内部，构成风景名胜资源的各种景观要素之间不断地进行着沟通与联系，同时相对于外部，它与其他事物一样，都在不停地运动与变化。不断地通过各种方法与途径与周围的环境（包括自然环境和人文环境）进行着吸收与渗透，所以风景名胜资源具有明显的景观开放性与运动性。

第二节 风景名胜区的建设与发展

一、风景名胜区的概念与内涵

从 1982 年公布第一批国家级风景名胜区开始，截至 2006 年，我国共有 677 处风景名胜区，面积达 9.6 万 km²，占国土总面积的 1%。其中国家重点风景名胜区 187 处。随着国家社会经济的发展，风景名胜区的概念与内涵也在不断发生着变化（表 1-1），但其"科学规划、统一管理、严格保护、永续利用"的指导方针却始终如一。

风景名胜区的徽志为图形图案（图 1-3），正中部万里长城和山水图案象征祖国悠久历史、名胜古迹和自然风景；两侧由银杏树叶和茶树叶组成的环形图案象征风景名胜区优美的自然生态环境和植物景观。图案下半部汉字为"中国国家风景名胜区"，上半部英文字为"NATIONAL PARK OF CHINA"，意译为"中国国家公园"。

图 1-3 中国国家风景名胜区徽志

风景名胜区概念与内涵的发展 表 1-1

时间	法规及文件	概念与内涵
1985 年	风景名胜区管理暂行条例	凡是具有观赏、文化或科学价值，自然景物、人文景物比较集中，环境优美，具有一定规模和范围，可供人们游览、休息或进行科学、文化活动的地区，应当划为风景名胜区
1987 年	风景名胜区管理暂行条例实施办法	风景名胜区系指风景名胜资源集中、自然环境优美、具有一定规模和游览条件，经县级以上人民政府审定命名、划定范围，供人游览、观赏、休息和进行科学文化活动的地域
1994 年	中国风景名胜区形式与展望	确定风景名胜区的标准是：具有观赏、文化或科学价值，自然景物、人文景物比较集中，环境优美，可供人们游览、休息，或进行科学文化教育活动，具有一定的规模和范围
2000 年	风景名胜区规划规范	风景名胜区也称风景区，海外的国家公园相当于国家级风景区。指风景资源集中、环境优美、具有一定规模和游览条件，可供人们游览欣赏、休憩娱乐或进行科学文化活动的地域
2006 年	风景名胜区条例	风景名胜区，是指具有观赏、文化或者科学价值，自然景观、人文景观比较集中，环境优美，可供人们游览或者进行科学、文化活动的区域

二、风景名胜区的发展

建国以来，我国风景名胜区的发展大体分为 3 个阶段。

（一）风景名胜区的无序阶段（1949—1977）

从新中国成立至 1977 年的数十年间，除一些城市风景区、名山和重要古迹由城市建设、园林、文物部门和当地政府设立专门管理机构进行管理外，全国大多数自然风景和名胜古迹还没有纳入国家及地方各级政府的保护和管理体系。"十年动乱"，使国家本已十分脆弱的风景名胜保护工作雪上加霜，大量珍贵历史古迹遭受空前浩劫，毁于一旦，许多优美自然风景受到严重破坏，满目疮痍。由于历史的原因，中国有许多珍贵灿烂的风景名胜在社会发展较长的历史进程中，不同程度地受到各种自然和人为的影响和破坏，这些风景名胜资源所特有的自然、历史、文化、科学、审美等价值逐步丧失，也一直未受到人们的认识和重视。

（二）风景名胜区的起步阶段（1978—1994）

1982 年国务院审定第一批国家重点风景名胜区，至 1992 年国务院办公厅转发《建设部关于加强风景名胜区工作报告》的通知（国办发〔1992〕50 号）的 10 年期间，这一阶段的主要特点是初步建立了国家、省和县（市）三级风景名胜区管理体系，并在实践过程中初步形成了我国风景名胜区的理论基础。处于改革开放初期，受当时国民经济总体发展水平和国家旅游经济发展的局限，各级风景名胜区主要依靠国家和地方政府财政；除部分毗邻中心城市的重点风景名胜区具备一定的游客规模之外，大多数风景区的游客量偏低，旅游服务和基础设施薄弱。

自 1978 年中国实行改革开放政策的初期，建设部门及国内一批有识之士、专家学者，从抢救珍贵风景名胜资源、继承和保护人类历史遗留给我们的自然与文化遗产认识的历史高度，注意吸纳国际上许多国家管理自然与文化遗产及国家公园的经验，结合我国特有自然风景与历史文化融为一体的实际情况，提出了效仿国外国家公园，建立中国风景名胜区管理制度，发展有中国特色的风景名胜区保护事业。

1978 年国务院在城市工作会议上要求加强风景名胜区和文物古迹的管理。根据这次会议精神，国家建委提出建立全国风景名胜区体系，实行国家、省、县（市）分级管理。1979 年国务院发出国发〔1979〕70 号文件，明确规定建设部门（当时的国家城建总局）归口管理全国风景名胜区的建设与维护工作。1981 年国务院批转国家城建总局等单位《关于加强风景名胜区保护管理工作的报告》（国发〔1982〕136 号），要求各地对风景名胜资源进行调查评价。同时，建设部门着手组织起草制定风景名胜区管理法规和申报建立国家重点风景名胜区的工作。

1985 年国务院颁布了《风景名胜区管理暂行条例》（国发〔1985〕76 号）。1987 年建设部颁发了《风景名胜区管理暂行条例实施办法》。经过各省、自治区、直辖市人民政府组织申报，中国国务院分别于 1982 年、1988 年、1994 年审定公布了 3 批共 119 处国家重点风景名胜区。同时，各地也审定建立了一大批省级和县（市）级风景名胜区，基本形成了三级风景名胜区管理体系。

（三）风景名胜区发展阶段（1994 年以后）

1992 年以来至目前的十几年间，是我国风景名胜区发展突飞猛进的时期，受国民经济快速发展和公众旅游文化消费水平不断提高的直接影响，风景名胜区从规模到综合经济实力都上了一个很大的台阶。国家重点风景名胜区由 1982 年的 44 个，发展到目前的 187 个，各级风景名胜区总面积约占国土面积的 1%。我国部分风景名胜区的自然与文化遗产被联合国教科文组织列入《世界遗产名录》，其遗产价值得到国际的公认。风景名胜区已经成为推动国家旅游经济和精神文明建设的热点行业，许多重点风景名胜区对带动区域经济的发展，扩大国内外的文化交流和往来，发挥着越来越重要的作用。我国风景名胜区事业在相对短的时期内，能形成规模化格局和快速增长的综合实力，是非常令人振奋的，也是来之不易的。与此同时，在我国由计划经济向社会主义市场经济转型的过程中，以及在加入 WTO 的新形势下，应当看到我国的风景名胜区发展的总体水平仍然处在初级阶段，在法制建设、管理体制、规划规范、资源保护、系统理论建设和规范旅游服务等方面，还存在很多亟待解决的困难和问题。

党和国家领导人温家宝同志在 1999 年全国城乡规划工作会议上的讲话明确指出："风景名胜区要处理好保护和利用的关系，把保护放在首位。风景名胜区不能仅仅考虑本地区的利益，要有全局和长远的眼光。要切实加强对风景名胜区保护和利用工作的领导，按照严格保护、统一管理、合理开发、永续利用的原则，把风景名胜区保护、建设和管理好。搞好风景名胜区工作，前提是规划，核心是保护，关键在管理。"2006 年《风景名胜区条例》的颁布实施，标志着我国风景名胜区事业进入了另一个崭新的发展阶段。

三、风景名胜区的现状

1994 年建设部部长侯捷在"加强国家风景名胜资源保护"新闻发布会上指出："风景名胜区的保护与发展是一项非常重要的事业，也是国家资源管理事业的重要组成部分。"经历了 20 多年的建设与发展，风景名胜区为国家保护了大量的珍贵资源，同时向国民提供了广泛的游赏、教育与科研的机会。但是，在国家社会与经济飞速的变革与发展过程中，风景名胜区的规划、建设与管理等各个环节，都存在着一些问题，主要表现在以下几个方面。

（一）从"遗产申报"看风景名胜区的现状

我国在 1985 年正式成为《保护世界文化和自然遗产公约》的成员国，截至 2006 年底，我国已经有 33 个遗产项目被收入《世界遗产名录》，这其中自然遗产 5 项、文化遗产 21 项、自然与文化双遗产 4 项、文化景观 1 项及人类口述与非物质遗产 2 项。在这些荣誉与光环的背后却隐藏着一个值得我们关注的问题，就是我国大多数遗产地在申报过程中都花费了巨大的人力、物力、财力，去拆迁违章建筑，整治脏乱的风景环境，才使景观从整体上或局部上恢复了原有的面目，而且有的遗产项目在被收入《世界遗产名录》之后，并没有珍视与善待这些风景名胜资源，反而将其视为摇钱树，过度地开发使用，对其造成了建设性的破坏。而为了不被收入《世界濒危遗产名录》，仍然需要大量的资金投入进行环境整治，这种做法使风景名胜资源不断地被破坏被蚕食，最终形成了周而复始的破坏、恢复、再破坏的恶性循环。

世界遗产可以称之为最高等级的风景名胜资源，但它的生存现状是我们整个国家风景名胜区的缩影，高品质的风景名胜资源的保护尚且如此，其他等级的风景名胜区的状况便可想而知了。

（二）从"权属不清、政出多门"看风景名胜区的现状

风景名胜区的资源权属不清主要指的是三权混淆（所有权、行政权、经营权），以行政权、经营权管理代替所有权管理，风景名胜资源的经营者或行政管理者实际上往往被认定为资源的所有者，国家对风景名胜资源的所有权受到人为的条块分割，国家作为国有资源所有者代表的地位模糊，资源的产权被虚置或弱化，各种产权关系缺乏明确的界定，各个利益主体之间的经济关系缺乏协调，

造成了权益纠纷不断。多年来，由于风景名胜资源集中的区域一般所占的面积都比较大，而且许多风景名胜资源由于历史等原因在未被开发之前只被当作不同的林地、荒地、滩涂等来对待，其所有权问题显现得并不突出，但随着原有资源性质的转变，单位、集体、个人便开始为资源的所有权相互争夺甚至争斗。首先，国家长期以来并不重视对资源所有权的管理，往往将所有权与行政管理权相混淆，一并下放给了资源的行政管理部门，使从事资源管理的具体职能部门成为资源的管理者，同时也成为资源的经营者与所有者，在旧的计划经济体制中资源管理的职能部门虽然在部门性质上是属于国家事业部门，但在政策、资金、人员管理上却给予资源管理者经营的权利，这就使国家对风景名胜资源的所有权在不经意间赋予资源的管理者，使一个管理实体扮演着管理者、经营者、使用者的多种角色，使其能够像支配自己的物品一样按照自己的意愿去管理资源、利用资源。一种能够创造巨大财富的资源，如果它的管理者既具有管理职能、经营职能和使用职能，再加之国家缺乏对职能使用的有力监督，这必然造成管理者过度的开发以获得短期、局部的经济利益。并且，本应由风景名胜资源的所有者——国家获得的财富也不合理地流向了集体、单位甚至个人。这是我们经常提到的"三权混同"造成的必然结果。另外，风景名胜资源本身的资源属性决定了其是由各种自然、人文的景观因素构成的，国家的各类资源分别由不同的专项资源部门管理，人为地将具有整体性的资源进行多元分割，加上国家对资源所有权管理的放松与忽视，造成各个部门都能够代表国家而行使对专项资源的管理权，而一个风景名胜区同时又是地质公园、森林公园、自然保护区的现象十分普遍，使风景名胜区的建设与管理过程中"政出多门"的问题十分突出。各类和各级资源管理部门为了部门的、地方的、局部的利益而相互争夺，各个专项资源管理部门之间、中央与地方之间矛盾重重，各种利益的冲突的后果是在相互争夺利益的同时，珍贵的风景名胜资源在消失、在退化。

（三）从"资源的无偿或低价使用"看风景名胜区的现状

新中国成立以来，我国对土地、矿藏、森林、水源等自然资源一直实行无偿使用的制度。这种制度基本上是沿用了前苏联的做法，在前苏联长期流行着资源免费的理论观点，甚至认为这是社会主义制度优越性的体现。在过去的计划经济体制下，由于企业没有相对独立的经济利益和经营权利，所以资源的有偿使用也就没有存在的意义。不用花钱购买并使用的资源自然没有人去珍惜，势必会导致资源的使用者以牺牲资源来取得经济上的"高效益"。

随着社会主义市场经济体制的确立，国家对整体的自然资源（其中包括风景名胜资源）价值的认识在不断地提高，在相关政策与法规中明确规定了对风景名胜资源实行有偿使用的制度，但国家对有偿使用如何进行、有偿使用的标准、适用于有偿使用的范围并没有明确的规定与界定，另外从个别省份风景名胜资源有偿使用的规定来看，所制定的标准与风景名胜资源真实的价值与价格之间存在着相当大的差距，形成了对风景名胜资源的低价使用。例如，在《××××省风景名胜资源费征收办法》的通知中规定："收缴对象：凡利用风景名胜资源而受益的单位和个人。收缴范围：风景名胜区范围内。收缴内容及标准：经批准征（拨）用土地、水面进行建设的单位和个人，按照工程项目批准的投资总额的一定比例缴纳（不包括在原有土地使用权范围内进行的改建、扩建工程及景区内的道路修建工程）。具体标准是：工程投资总额在100万元以下的，按3%交纳；工程投资总额在100～1000万元之间的，按2%缴纳；工程投资总额在1000万元以上的，按1%缴纳……"这项收费办法的出台，一方面标志着风景名胜资源有偿使用制度在实践中迈出了可喜的一步，而另一方面我们应当考虑的是这种收费范围、收费标准是否合理、科学、全面。我们可以设想，如果在风景名胜区内一个投资 100 万的工程，需要缴纳 3 万元的风景名胜资源费，但它在施工中对风景名胜资源本身以及整个风景环境造成的破坏是 3 万元以至 30 万元都无法补偿的，那么这种现象是否合理呢？所以，如果这种收费的作用只是低价使用风景名胜资源，从本质上看无异于无偿使用。这种由于对风景名胜资源无偿或低价使用的制度而导致对资源的破坏与浪费现象是风景名胜资源的保护与利用工作中亟待解决的问题。

（四）从"无法可依、有法不依"看风景名胜区的现状

20 世纪 80 年代中期以后，伴随着第一批国家级风景名胜区的公布，《风景名胜区管理暂行条例》、《风景名胜区管理暂行条例实施办法》、《中华人民共和国文物保护法实施细则》、《中华人民共和国自然保护区条例》等法律法规先后被颁布实施。这些法律法规的出台应该说在一定程度上强化了风景名胜区的保护目标，规范了人们利用风景名胜资源的行为，但各项法规的针对性比较强，都不同程度地带有部门管理色彩，使本来完整的风景名胜资源被分割，并采用不同的法律法规来进行管理，这难以避免对同一景观资源的管理出现法律上的重叠与矛盾，同时也难以保障在法律上对风景名胜资源的系统性、整体性进行统一管理。另外，《风景名胜区管理暂行条例》从 1985 年制定颁布至 2006 年，始终是一个暂行条例，条例所涉及规定的条文并未随着经济、政治、科技的发展不断丰富与完善，特别是在进入市场经济运行机制的过程中，出现了各种各样的新思想、新问题是我们以前在制定法规时无法预见的。而资源法规的严重滞后，在一定程度上给那些以破坏资源为代价追求最大经济利益的投机行为有可乘之机。随着 2006 年底国家颁布的《风景名胜区条例》的实施，资源管理的法制环境得到了相应的改善。但长期以来执法不严的问题在风景名胜资源管理中普遍存在，突出表现为对规划的违反。规划作为风景名胜区保护培育、开发利用和经营管理，并发挥其多种功能作用的统筹部署与安排的计划，一种具有法律效力的文件，任何违反规划的行为都应被视为是违法行为。目前，全国的风景名胜区为追求经济、局部、短期效益而不顾环境与社会、长期与整体效益，从而违反规划、不经允许随意更改规划、不执行规划肆意占地和滥伐森林植被的现象普遍存在。所以，法律是对风景名胜资源进行有效保护的重要手段，有法可依、执法必严、违法必究这三个法律管理原则缺一不可，任何一个环节出现问题都会使强大的法律效力消失殆尽。

四、资源保护与利用的其他形式

（一）自然保护区

自然保护区，是指对有代表性的自然生态系统、珍稀濒危野生动植物物种的天然集中分布区、有特殊意义的自然遗迹等保护对象所在的陆地、陆地水体或者海域，依法划出一定面积予以特殊保护和管理的区域。

1956 年中国建立第一个自然保护区——鼎湖山自然保护区，经过 50 多年的努力，中国的自然保护区建设取得了显著的成绩。目前中国 70% 的陆地生态系统种类、80% 的野生动物和 60% 的高等植物，特别是国家重点保护的珍稀濒危植物，绝大多数都在自然保护区里得到较好的保护。自然保护区还作为宣传教育的基地，通过对国家有关自然保护的法律法规和方针政策及自然保护科普知识的宣传，使公民的自然保护意识得到很大提高。

（二）森林公园

1982 年 9 月，国务院委托国家计委批准了我国第一个国家森林公园——张家界国家森林公园。

图 1-4 中国国家森林公园徽志

自此，我国的森林公园发展经历了萌芽、起步、发展与提高等各个阶段。截至 2004 年底，我国共建立各类森林公园 1771 处，森林风景资源保护总面积达 1460. 19 万 hm²，其中国家森林公园 565 处，保护面积 1058. 67 万 hm²。1994 年，林业部（现国家林业局）颁布了《森林公园管理办法》，其中确定森林公园是指："森林景观优美，自然景观和人文景物集中，具有一定规模，可供人们游览、休息或进行科学、文化、教育活动的场所"；中国国家森林公园的标志为圆形（图 1-4），外圈是"中国国家森林公园"中英文名称，内圈图案采取透过高大的原始针叶林俯瞰的角度，远处是葱茏青山衬托下的皑皑雪山，中间是郁郁葱葱的森林，一条河流从森林深处蜿蜒流出，几只小鸟在林间自由翱翔，展现了森林公园以森林为主、风光优美的自然景观，体现了森林公园为公众提供生态游憩服务的宗旨。

（三）文物保护单位及历史文化名城

"革命遗址、纪念建筑物、古文化遗址、古墓葬、古建筑、石窟寺、石刻等文物，应当根据它们的历史、艺术、科学价值，分别确立为不同级别的文物保护单位。""保存文物特别丰富、具有重大历史价值和革命意义的城市，由国家文化行政管理部门会同建设部报国务院核定公布为历史文化名城。"截至 2006 年底，国务院先后公布了 6 批全国重点文物保护单位，共计 2351 处；5 批国家历史文化名城，共计 101 座；同时还分别有 10 个和 12 个国家历史文化名镇和历史文化名村。此外，部分省、自治区、直辖市政府也相继公布了省、市级历史文化名城 120 余座。

（四）地质公园

地质公园是以具有特殊地质科学意义、稀有的自然属性、较高的美学观赏价值，具有一定规模和分布范围的地质遗迹景观为主体，并融合其他自然景观与人文景观而构成的一种独特的自然区域。我国地质公园分为 4 个级别，即县市级地质公园、省地质公园、国家地质公园、世界地质公园。截至 2005 年 3 月，中国批准的国家地质公园有 85 个，其中有 12 个已经成为世界地质公园。

我国国家地质公园的徽标主题图案由代表山石等奇特地貌的山峰及洞穴的古山字及代表水、地层、断层、褶皱构造的古水字，代表古生物遗迹的恐龙等组成，表现了主要地质遗迹（地质景观）类型的特征，并体现了博大精深的中华文化，是一个简洁醒目、科学与文化内涵寓意深刻、具有中国文化特色的图徽。

（五）水利风景区

水利风景区是指以水域（水体）或水利工程为依托，具有一定规模和质量的风景资源与环境条件，可以开展观光、娱乐、休闲、度假或科学、文化、教育活动的区域。

2004 年 5 月 8 日，水利部颁布了《水利风景区管理办法》；2004 年 8 月 1 日，《水利风景区评价标准》作为水利行业标准正式实施；截至 2005 年底，全国已建成各级水利风景区 1000 余家，其中有 192 家被评定为"国家水利风景区"，覆盖了除西藏以外的 30 个省（自治区、直辖市）。

第三节　风景名胜区的性质、作用与分类

一、风景名胜区的性质

关于风景名胜区的性质，1994 年发表的《中国风景名胜区形势与展望》绿皮书中明确规定"风景名胜区事业是国家社会公益事业"。毫无疑问，社会公益事业是不以赢利为目的的、满足社会物质和文化需求的活动。国务院在规定风景名胜区性质的同时，对其作用也作了规定，即保护生态、生物多样性与环境是风景名胜区最基本的作用。同时，它还具有科研、文化、科普以及铸造民族精神等重要功能。风景名胜区之所以具有这些功能是因为风景名胜区是人类珍贵的自然和文化遗产，对于这样一种特殊的、不可再生的资产，保护是首要的，开发要服从于保护，赢利不应成为目的。这也就决定了国家风景名胜区的社会公益性质。

二、风景名胜区的功能

风景名胜区的本质是什么？它是一种符号，是一种自然变迁的写真，是一种人文精神的象征。一个国家、一个民族的自然景观遗存与历史文化积淀都会在国家风景名胜区当中得到集中体现。可见，风景名胜区具有四大功能：

（一）保护风景名胜资源，维护自然生态系统，保存历史文化信息

自人类进入工业社会以来，人们征服自然，改造甚至破坏环境，开发资源（甚至是掠夺性开发），给大自然造成严重破坏，生态失衡，生物多样性严重减少，环境恶化，反过来又威胁人类自身的生存。在这伤痕累累的地球上，难得保存下来的优美的原生自然风景境域，就成了人们回归大自然和开展科学文化教育活动的理想地域。我国建立的 677 处风景名胜区，为中国乃至世界保存了 677 处具有典型代表性的自然本底，因此，保护生态、生物多样性与环境是风景名胜区最基本的作用。风景名胜区是国家向全体国民提供的精神物品和精神产品。这些资源并非今人创造，而是大自然和前人的赠与物。这一内涵就注定了人类不可能按照商品生产的模式，以开采、加工、精炼等方式把它们再生产出来。它们记载着中华几千年的文明和生态环境的变迁，具有强烈的象征意义。人们品味这些真实产品的过程，就是解读中国历史、陶冶情操、净化灵魂的过程。自然文化遗产资源对国民大众产生的凝聚力和精神鼓舞作用是其他类型的爱国主义思想教育工作无法替代的，其核心内容构成了当代和未来精神文明的源泉。对于这样的精神财富，当代人有责任保护这一部分人类遗产并确保将它传给后代。

（二）发展旅游事业，丰富文化生活

中华民族历史上就有崇尚山水、热爱自然、登高涉险的传统，现代社会的紧张生活使人们更乐于游览山河，开阔胸襟，陶冶情操，锻炼体魄，访胜猎奇，增长胆识。风景名胜区的壮丽山河、灿烂文化、历史文物、民俗风情，足以引起我们的骄傲、自信、自强和自豪，能够激发人们特别是青少年热爱家乡、热爱祖国的感情，增强海内外炎黄子孙的爱国热情和民族凝聚力。风景名胜区是现代人远离喧嚣、嘈杂、竞争，修身养性的去处。随着经济的发展，现代化和工业化的推进和深入，人类生活水平的不断提高，人们对于这种休闲的需求量越来越大。

（三）开展科研和文化教育，促进社会进步与国民素质提高

风景名胜区是研究地球变化、生物演替等自然科学的天然实验室和博物馆，是开展科普教育的

生动课堂；风景名胜区内的优秀文化资源，是历史上留下来的宝贵遗产，可供研究借鉴，对发展人类文明、促进社会进步具有重要作用。同时风景名胜区有树立国家和地区形象、美化大地景观、创造健康优美的生存空间等功能。再次，自然文化遗产是科学研究的对象。由人类社会设置自然文化遗产的目的和其构成要素决定，它们可作生物、生态、地理、地质、园林、建筑、历史、文学、宗教、旅游等学科的研究之用；又由此类遗产的整体性及自然与文化并存性决定了，对它们的研究需要以上诸学科的交叉和综合，而且特别需要自然与社会的跨学科研究。

（四）通过合理开发，实现环境效益、经济效益和社会效益相协调

风景名胜区以良好的生态环境和完整的生态体系成为国家生态系统中重要的组成部分，对国家整体生态环境的改善起着重要的作用，并发挥着巨大的环境效益。风景名胜区中蕴藏的多种资源，在严格保护的前提下，通过游人到风景名胜区观光游览的机会及风景名胜区的知名度所产成的品牌效益搭建促进地方经济的"发展平台"，发挥风景名胜区的社会效益和经济效益，带动当地经济的发展、信息的交流、文化知识的传播以及人们素质的提高，为群众脱贫开辟捷径。

三、风景名胜区的构成与分类

从风景名胜区所蕴涵的悠久历史以及丰富的发展动力因素可以看出，它的组成内容必然同广阔的社会需求与经济生活密切相关，社会与经济因素依附并融会于自然山水之中，形成了新的、更能满足时代风景意识及其需求的风景环境。

（一）风景名胜区的组成

依据风景区发展的历程特征和社会需求规律，我们可以把风景区的组成归纳为 3 个基本要素及 24 个组成因子。

首要的因素是游赏对象。即风景区要有一定的游览欣赏对象与内容，有能激发游人景感反应的景物及其风景环境。游赏对象是风景区的社会功能与价值水平的决定性因素。广义的游赏对象包括极为丰富的所有景源，当然最基本、最常规的仍是天景、地景、水景、生景、园景、建筑、史迹、风物 8 类景源。

第二个因素是游览设施。即风景区要有配套的旅行游览接待服务设施，有能满足游人在游赏风景过程中所必要的设施条件。游览设施既是风景区的必备配套因素，又可以提升或降低风景区的水平与职能作用，游览设施的等级、规模与布局，要同游赏对象、游人结构和社会状况相适应。它包括旅行、游览、饮食、住宿、购物、娱乐、保健、其他 8 类设施。

第三个因素是运营管理。即风景区要有不可缺少的运营管理机构与机制，它既能调动和鼓励风景区的一切积极因素，保障风景游览活动安全顺利，保障风景区的自我生存与健康发展，又要防范和消除风景区的消极因素，使风景区永葆时代活力。运营管理的基本特征是可靠。它包括人员、财务、物资、机构建制、法规制度、目标任务、科技手段及其他未尽事项 8 类因子。

风景区是天人合一的人化自然环境，因而，自然因素决定着它的基本地域特征，社会因素决定着它的发展趋势和人文精神特征，经济因素影响着它的物质和空间特征，并可以转化成构景要素。自然、社会、经济等要素的任何重要变化，都将引发风景区功能与内容的新演绎和新发展。纵观功能特征的变换历程，风景区始终兼容着游憩、景观、生态三重基本功能。

（二）风景名胜区的分类

风景区的分类方法很多，实际应用较多的是按等级、规模、景观、结构、布局等特征划分，也可以按设施和管理特征划分。

1. 按等级特征分类

依据 2006 年颁布实施的《风景名胜区条例》，按照风景名胜区的观赏、文化、科学价值及其环境质量、规模大小、游览条件等内容，划分为两个等级：

（1）自然景观和人文景观能够反映重要自然变化过程和重大历史文化发展过程，基本处于自然状态或者保持历史原貌，具有国家代表性的，可以申请设立国家级风景名胜区。设立国家级风景名胜区，由省、自治区、直辖市人民政府提出申请，国务院建设主管部门会同国务院环境保护主管部门、林业主管部门、文物主管部门等有关部门组织论证，提出审查意见，报国务院批准公布。

（2）具有区域代表性的，可以申请设立省级风景名胜区。设立省级风景名胜区，由县级人民政府提出申请，省、自治区人民政府建设主管部门或者直辖市人民政府风景名胜区主管部门，会同其他有关部门组织论证，提出审查意见，报省、自治区、直辖市人民政府批准公布。

2. 按用地规模分类

主要是按风景区的规划范围和用地规模的大小划分为 4 类：

（1）小型风景区，其用地范围在 20km² 以下；

（2）中型风景区，其用地范围在 21～100km²；

（3）大型风景区，其用地范围在 101～500km²；

（4）特大型风景区，其用地范围在 500km² 以上。此类风景区多具有风景区域的特征。

3. 按景观特征分类

按风景区的典型景观的属性特征划分为 10 类：

（1）山岳型风景区

以高、中、低山和各种山景为主体景观特点的风景区。如五岳和各类名山风景区。

（2）峡谷型风景区

以各种峡谷风光为主体景观特点的风景区。如长江三峡、马岭河峡谷等风景区。

（3）岩洞型风景区

以各种岩溶洞穴或溶岩洞景为主体景观特点的风景区。如龙宫、织金洞、本溪水洞、金华溶洞等风景区。

（4）江河型风景区

以各种江河溪瀑等动态水体水景为主体景观特点的风景区。如楠溪江、黄果树、黄河壶口瀑布等风景区。

（5）湖泊型风景区

以各种湖泊水库等水体水景为主体景观特点的风景区。如杭州西湖、武汉东湖、贵州红枫湖、青海湖等风景区。

（6）海滨型风景区

以各种海滨海岛等海景为主体景观特点的风景区。如兴城海滨、嵊泗列岛、福建海潭、三亚海滨等风景区。

（7）森林型风景区

以各种森林及其生物景观为主体景观特点的风景区。如西双版纳、蜀南竹海、百里杜鹃等风景区。

(8) 草原型风景区

以各种草原草地、沙漠风光及其生物景观为主体景观特点的风景区。如太阳岛、扎兰屯等风景区。

(9) 史迹型风景区

以历代园景、建筑和史迹景观为主体景观特点的风景区。如避暑山庄外八庙、八达岭、十三陵、中山陵等风景区。

(10) 综合型景观风景区

以各种自然和人文景源融合成综合性景观为其特点的风景区。如漓江、太湖、大理、两江一湖、三江并流等风景区。

4. 按结构特征分类

依据风景区的内容配置所形成的职能结构特征划分为3种基本类型：

(1) 单一型风景区

其内容与功能比较简单，主要是由风景游览欣赏对象组成一个单一的风景游赏系统。例如以景源和生态保护为主，很多小型风景区均属单一型风景区。

(2) 复合型风景区

其内容与功能均较丰富，它不仅有风景游赏对象，还有相应的旅行游览接待服务设施组成的旅游设施系统，因而其结构特征是由风景游赏和旅游设施两个职能系统复合组成。

(3) 综合型风景区

其内容与功能均较复杂，它不仅有游赏对象、旅游设施，还有相当规模的居民生产与社会管理内容组成的居民社会系统，因而其结构特征是由风景游赏、旅游设施、居民社会3个职能系统综合组成。

5. 按布局形式分类

(1) 集中型（块状）风景区

(2) 线型（带状）风景区

(3) 组团型（集群）风景区

(4) 放射型（枝状）风景区

(5) 链珠型（串状）风景区

(6) 星座型（散点）风景区

6. 按功能设施特征分类

(1) 观光型风景区

有限度地配备必要的旅行、游览、饮食、购物等为观览欣赏服务的设施。如大多数城郊风景区。

(2) 游憩型风景区

配备有较多的康体、浴场、高尔夫球等游憩娱乐设施。可以有一定的住宿床位。如三亚海滨等。

(3) 休假型风景区

配备有较多的休疗养、避暑寒、度假、保健等设施。有相应规模的住宿床位。如北戴河等。

(4) 民俗型风景区

保存有相当的乡土民居、遗迹遗风、劳作、节庆庙会、宗教礼仪等社会民风民俗特点与设施。如泸沽湖等。

(5) 生态型风景区

配备有必要的保护监测、观察试验等科教设施，严格限制行、游、食、宿、购、娱、健等设施。如黄龙、九寨沟等。

(6) 综合型风景区

各项功能设施较多，可以定性、定量、定地段地综合配置。如大多数风景区均有此类特征。

（三）风景名胜区的管理体制

依据《风景名胜区条例》，为维护风景名胜区资源的完整性，风景名胜区范围的划定不受其行政区划界限的限制。

国务院建设主管部门负责全国风景名胜区的监督管理工作。国务院其他有关部门按照国务院规定的职责分工，负责风景名胜区的有关监督管理工作。省、自治区人民政府建设主管部门和直辖市人民政府风景名胜区主管部门，负责本行政区域内风景名胜区的监督管理工作。省、自治区、直辖市人民政府其他有关部门按照规定的职责分工，负责风景名胜区的有关监督管理工作。风景名胜区所在地县级以上地方人民政府设置的风景名胜区管理机构，负责风景名胜区的保护、利用和统一管理工作。

对于各风景名胜区的具体管理工作，分两种情况：

凡在风景名胜区范围内设立人民政府的，由该政府进行全面管理；

凡没有设立人民政府的，应设立相应的管理机构，在所属人民政府的领导下，负责该风景名胜区的全面管理。

风景名胜区管理机构的管理权限包括风景名胜区范围内的园林、文物、环保、农林、科研、宗教、公交、商业、服务、环卫、治安等方面。风景名胜区内的所有单位除各自业务受其上级主管部门领导外，必须服从风景名胜区管理机构的统一管理。

第二章 国外风景名胜资源的保护与利用

第一节 世界自然保护体系

一、IUCN 推广的保护区体系

IUCN 中文名是“世界保护联盟”（图 2-1），始建于 1948 年，旨在促进世界范围内自然多样性与完整性的保护和确保自然资源利用的合理性与生态可持续性，并提高其成员单位在地方、区域和全球水平等不同层次上保护自然资源的能力。目前共有 980 个政府机构、学术团体和非政府组织作为团体会员加入，有 1 万名左右个人会员，遍及 140 个国家。其最高权力机构是秘书处，下设世界保护区（WCPA），维护物种生存（SSC），环境、经济和社会政策（CEESP），生态系统管理（CEM），教育与传媒（CEC），环境立法（CEL）6 个专业委员会。其中世界保护区委员会主要任务是致力于促进世界范围内陆地和海洋保护区的建立和有效管理，目标是通过给决策者提供政策性建议，帮助有关政府与机构规划保护区，通过指南、信息的提供加强保护区管理者的能力和工作效率，通过对公众和团体的说服工作增加对保护区的资金投入，通过与 IUCN 其他成员的合作加强委员会自身实施项目的能力。工作内容包括南极考察、生物多样性保护、保护区经济收益、当地社区与自然保护区、保护区管理的有效性与信息、景观保护、教育培训以及保护区的旅游业。

IUCN
The World Conservation Union

图 2-1 世界保护联盟徽志

为了便于世界各国保护事业的交流，世界保护区委员会（当时称国家公园和保护区委员会）在 1978 年公布了“保护区种类、对象和标准范畴”，将保护区分为 10 种类型，即：科学保留地/严格的自然保护区、国家公园、自然遗址/自然名胜、自然保护区/野生动物保护区、风景保护区、资源保护区（物种保护区）、自然生物区/人类保护区、多用途管理区/经营管理区、生物圈保护区、世界遗产地（自然的）。

这一分类体系在各国得到了广泛应用，但由于各类型之间的区别有时不是很清楚，有些术语也需更新以反映近年来对自然的新认识，1992 年，该委员会对该分类体系进行了修订，提出了新的保护区分类体系（表 2-1）。这个分类体系可以说是以前世界各国各种各样保护区类型的总结，也是以后各国建立新的保护区体系时的参考标准。

IUCN 新提出的保护区分类体系 **表 2-1**

种类	名称	建立目的	定 义
Ⅰ	严格的自然保护区	为科研服务	典型的陆地和海洋区域或是反映生态系统、地理和物理特性及动植物种类的区域，能够为科学研究和环境监测服务
	野生地	保护野生地	没有或很少受到轻微侵扰的陆地和海洋，保留有自然特色和影响力，没有永久性居民的大面积区域，对其保护是为了保持其自然状态
Ⅱ	国家公园	生态保护和游憩	具有如下功能的陆地和海洋自然区：(1)为当代和子孙后代保护一个或多个生态系统的完整性；(2)拒绝与既定目的相抵触的开发或占据；(3)在保证环境与文化相协调的基础上，提供人们科研、教育、游憩和游览的机会
Ⅲ	自然纪念保护区	保持特殊的自然景观	包括一个或多个特定的自然或自然/文化特色，由于它本身的特色使其具有显著的和特有的价值

续表

种类	名称	建立目的	定　　义
Ⅳ	野生动植物生境管理区	通过管理活动保护其自然特色	对陆地或海洋规划区域进行管理以保护栖息地的自然特色和满足某些特殊动植物群对环境的要求
Ⅴ	景观保护区	陆地和海洋景观的保护及游憩	由于长期人类活动和自然作用形成的,具有独特美景和生态与文化价值的陆地、海岸和相应的海域
Ⅵ	资源管理保护区	自然生态系统的可持续利用	保护区未受到人类活动影响的自然系统。管理目的是促使对生物多样性长期保护的同时,为满足当地人们的需要而持续利用自然资源

资料来源: 钟林生等编《生态旅游规划原理与方法》,2003。

二、国家公园的产生与发展

(一) 国家公园的定义与功能

国家公园是自然保护的一个重要形式, 兴起于美国, 随后在世界范围得到发展并逐步走向成熟 (表 2-2)。1969 年, 世界保护联盟 (IUCN) 对国家公园的定义得到了全球学术组织的普遍认同, 即: "一个国家公园, 是这样一片比较广大的区域; ①它有一个或多个生态系统, 通常没有或很少受到人类占据及开发的影响, 这里的物种具有科学的、教育的或游憩的特定作用, 或者这里存在着具有高度美学价值的自然景观; ②在这里, 国家最高管理机构一旦有可能, 就采取措施, 在整个范围内阻止或取缔人类的占据和开发并切实尊重这里的生态、地貌或美学实体, 以此证明国家公园的设立; ③到此观光须以游憩、教育及文化陶冶为目的, 并得到批准。" 通常我们可以将国家公园定义为: "国家公园是一个土地所有或地理区域系统, 该系统的主要目的就是保护国家或国际生物地理或生态资源的重要性, 使其自然进化并最小地受到人类社会的影响。" 其功能是:

国家公园定义的演变　　　　　　　　　　　　　　　　　　　　表 2-2

年份	机构或会议名称	国家公园定义
1933	伦敦会议	由国家管理的地区,其全部或部分界限非经适当法律程序不得任意变更。 其设置目的在于繁衍暨保护野生动植物,同时也保存景观、地质、史前、史后、考古或其他科学研究价值的实物,以供公共享用。 除非在公园管理局的指导管制之下,禁止狩猎捕杀动物及损坏、采集植物
1942	华盛顿泛美会议	为保护具有全国性意义的风景暨区内动植物而设置的地区,由政府管理,以使一般民众得以享用及受益。区内应有游乐及教育设施,其资源不能供作营利性商业开发。 非经适当立法程序,公园的全部或部分界线不得更改。 除非在公园管理局的指导管制之下,或除非是经允许的学术调查外,禁止狩猎捕杀动物及损坏、采集具有代表性的植物
1965	联合国教科文组织	需要法律上的绝对保护,即对人类的居住、农业、畜牧、狩猎、钓鱼及建造水坝进行完全控制。 有相当面积以维持动植物种群,除特殊情况外,在人口密度每平方公里高于 50 人的国家不得少于 $500hm^2$,人口密度较低的国家则需 $2000hm^2$ 以上。 应进行切实的经营管理,并有专业人员、管理经费预算(同样按照人口密度及管区面积比率制定人数配置及经费数量)
1969	新德里 IUCN第十届大会	保护自然的地区,面积不小于 $1000hm^2$,区内有优美的景观、特殊的生态或地形,具国家代表性,且未经人类开采、聚居或开发建设。 为长期保护自然、原野景观、原生动植物、特殊生态系统而设置保护区的地区。 由国家最高权力机构采取步骤,限制开发工业区、商业区及聚居的地区,并禁止采伐、采矿、设电厂、农耕、放牧、狩猎行为,同时有效执行对于生态、自然景观的维护的地区。 维护目前的自然状态,仅允许游客在特别情况下进入一定范围,以作为现代及未来时代进行科学、教育、游憩、启智活动的资源地区

1. 提供保护性环境

国家公园地区大都具有成熟的生态体系，并包含有顶级生物群落，富于安定性，对于缺乏生物技能的都市体系，及以追求生产量为目标的生产体系，均能产生中和作用；对于人类的生活环境品质及国土安全极具意义。

2. 保护生物多样性

自然生态体系中的每一物种，都是经长年演化的产物，其形成往往需要万年以上的时间，且无论何种动植物，今天不能利用的，并不一定明日就没有利用价值。设立国家公园具有保存大自然物种，提供作为基因库的功能，并以此供后代子孙世世代代使用。

3. 提供国民游憩地、繁荣地方经济

优美神奇的大自然景色可以陶冶情操，启发灵感。尤其都市化及工业化以后，国民对于户外游憩的需求与日俱增，回归大自然的行动已风靡全世界。因此，在国土计划中除地方性公园及绿地配置外，具有优美自然原始风景的国家公园，常作为现代都市生活最高品质的游憩场所。至于国家公园的有形价值，特别是成本与经济收益方面，目前虽无完整资料，但诸如美、日、加、瑞士、英、法诸国因国家公园所带来的旅游年收入均有一笔可观的数目。就连非洲的国家公园，其收益对国家的经济帮助也是显而易见的。比如哥斯达黎加开展以国家公园为主的生态旅游收效显著，1991 年旅游收入已成为国家外汇收入的第二大来源，达 3.36 亿美元。另外，国家公园观光旅游的发展同时得以促进地方经济，繁荣区外市镇，并增加区内、外居民就业发展的机会。

4. 促进学术研究及国民环境教育

国家公园区内的地形、地质、气候、土壤、水域及动植物生态资源多未经人为改变或干扰，对于研究自然科学的人们，的确是最佳的"自然博物馆"。还可以利用国家公园区域研究生态体系发展、食物链、能量传递、物质循环、生物群落演变与消长等。此外，国家公园区内设有游客中心及研究站，负责室内解说工作，并聘请解说员进行环境区划解说，为国民提供野外教育的机会。

（二）国家公园发展回顾

1. 国家公园概念的缘起

国家公园的原始形态是诸如自然物朝拜地、狩猎保留地或动物保护地等。到 17 世纪中叶，国家公园理念开始在君主制国家兴起，但发展缓慢。到了 19 世纪，工业革命高速地将大批土地从自然状态转为人类开发的区域，引起人们对迅速消失的自然资源进行保护的关注，在工业化迅速发展的国家首先产生了环境保护意识。威廉·沃德斯沃斯于 1810 年提出了对自然资源进行保护的思想，他认为英格兰北部湖泊地区是国家的财富之一，在那里每个人都有权利去领略和欣赏大自然的风光。保护大自然的呼声在美国得到了逐步发展。1832 年乔治·卡特林发表了《美国野牛和印第安人处于濒危状态》的文章，认为保护野牛和印第安人的有效途径是建立国家公园。通过国家公园的形式，根据政府的保护性政策可以保护野牛和印第安人原始、美丽的自然状态。卡特林的观点涉及国家公园概念上的重要问题，可以概括为：

（1）拒绝接受在西方世界处于统治地位的观念，即自然资源的价值只表现在经济方面，而经济的发展是绝对的；

（2）认为任何资源即使是美化资源的边际价值，都会随着资源的减少而上升；

（3）预言政府会向自然资源保护公司那样对资源进行保护；

（4）强调了对野生动物的保护，重点谈到了已成功保护的那些体大貌美的动物，如野牛的保护；

（5）强调了当地居民和当地文化习俗在保护上的重要作用。

1858 年 8 月哈瑞·大卫对国家公园保护方面的实证研究结果则更具说服力，他写道："我们为什么不建立我们的国家公园呢？在这里有熊、美洲狮，甚至还有打猎比赛，从而避免地球上到处都是建筑物，我们的森林不只是提供食品，而且还是我们开展游憩和产生灵感的地方。"

2. 国家公园的产生与发展

第一个正式国家公园产生于 1872 年（黄石公园），但当时并未采纳现在这个名称，只是称之为"公园"。黄石公园的诞生标志着最初的自然保护思想运动的胜利。1890 年，美国又设立了巨杉国家公园和约塞美蒂（Yosemite）国家公园。当时在欧洲只有英国效仿美国的这种标新立异的作为，于1895 年设立了"国家托拉斯"负责规划土地并建立自然保护区。但英国只是在其海外殖民地采取这样的做法。加拿大于 1885 年开始在西部建立了 3 个国家公园（冰川国家公园、班夫国家公园、Waterton 湖国家公园）。同期，澳大利亚设立了 6 个，新西兰设立了 2 个。南非于 1898 年设立了 Sabie 野兽保护区（现在成为 Kruger 公园），同期，英国人在印度设立了阿萨姆卡奇兰保护区。19 世纪，几乎所有的国家公园都是在美国和英联邦范围内出现的。

从 20 世纪开始到第一次世界大战，国家公园的发展有 3 个特点。第一，一些国家仿效英国的"国家托拉斯"，也设立了一些自然保护机构，如荷兰的 Verenging Tot Behudvan Natuurmonumenten，德国的 Verein Naturschutzpark，法国的鸟类保护协会等，这些机构发起创设了一批自然保护区或国家公园；第二，在欧洲，国家公园有很大发展，瑞典仅 1909 年就设立了 8 个，瑞士于 1914 年设立了 Engadine 国家公园；第三，上述英联邦国家及美国也有更大发展，美国又建立了 4 个，加拿大 2 个，澳大利亚 3 个，新西兰 1 个。十月革命后，苏联设立了 4 个自然保护区。并且，很多国家进一步加强了国家公园的管理工作，美国 1916 年设立了国家公园管理局，隶属于内务部。

在两次世界大战之间，自然保护工作波及世界大多数地区，特别是非洲、大洋洲、亚洲的一些殖民地国家。如比利时 1925 年在刚果设立了阿尔贝国家公园，意大利 1926 年在索马里也设立了一个，法国人在马达加斯加和印度支那、荷兰人在印度尼西亚都开展了一些工作，特别是英国人在印度、斯里兰卡、苏丹、埃及等国家，大力发展了野兽保护区、野生动物禁猎区这类自然保护形式。另外，新西兰、澳大利亚、加拿大、南非、菲律宾、冰岛、瑞典、丹麦、德国、比利时、罗马尼亚、西班牙、日本、墨西哥、阿根廷、委内瑞拉、厄瓜多尔、智利、巴西、圭亚那等，也都设立了一些新的国家公园或自然保护区。

第二次世界大战以后，国家公园的发展变得非常困难，主要因为已经设立得较多了。但是，由于生态保护运动的爆炸性开展，工业化国家居民对"绿色空间"的渴求，以及世界旅游业的发展等原因，国家公园的划定却有更大的进展。

在最近 100 多年的历史中，世界各国政府随着对国家风景名胜资源的认识不断加深，竭力用各种手段保护本国的风景名胜资源，并在逐步建立和完善自己的风景名胜资源体系，虽然各自的名称不尽相同，但各国通过建立资源体系来达到保护资源与合理利用资源的目的是一致的（见表 2-3）。世界保护联盟（IUCN）、联合国环境规划署（UNEP）和联合国教科文组织（UNESCO）在 1980 年共同收集了各国风景名胜资源体系的名称。

国际上常用的保护区名称　　　　　　　　　　　表 2-3

英 文 名	中 文 名	缩 写
Anthropological Reserve	人类学保护区	A. R.
Biological Reserve	生物保护区	Bi. R.
Biosphere Reserve	生物圈保护区	B. R.
Bird Sanctuary	鸟类保护区(禁猎区)	B. S.
Conservation Area	保护(地)区	C. A.
Conservation Park	保护公园	C. P.
Federal Biological Reserve	国家(联邦)生物保护区	F. B. R.
Fauna and Flora Reserve	动植物保护区	F. F. R.
Fauna Reserve	动物保护区	F. R.
Forest and Fauna Reserve	森林和动物保护区	Fo. F. R.
Forest Sanctuary	森林保护区(禁伐区)	Fo. S.
Game Reserve	狩猎动物保护区	G. R.
Game Sanctuary	狩猎动物禁猎区	G. S.
Managed Nature Reserve	受控自然保护区	M. N. R.
Managed Resources Area	资源经营管理区,受控资源区	M. R. A.
Multiple Use Management Area	多种经营管理区	M. U. A.
National Fauna Reserve	国家动物保护区	N. F. R.
National Game Reserve	国家狩猎动物保护区	N. G. R.
National Nature Reserve	国家自然保护区	N. N. R.
National Park	国家公园	N. P.
Natural Area	自然区	N. A.
Natural Biotic Reserve	自然生物保护区	N. B. R.
Natural Landmark	自然景物保护区	N. L.
Natural Monument	自然纪念物保护区	N. M.
Nature Conservation Reserve	自然(保护)保护区	N. C. R.
Nature Park	自然公园	Na. P.
Nature Reserve	自然保护区	N. R.
Park	公园	P.
Protected Landscape	保护性景观,景观保护区	P. L.
Protected Region	保护地区	P. R.
Provincial Park	省立公园	P. P.
Reserve	保护区	R.
Resource Reserve	自然资源保护区	R. R.
Scientific Reserve	科研保护区	S. R.
State Park	州立公园	S. P.
Strict Nature Reserve	绝对自然保护区	S. N. R.
Strict Reserve	绝对保护区	St. R.
Wildlife Management Area	野生生物经营区	W. M. A.
Wildlife Reserve	野生生物保护区	W. R.
Wildlife Sanctuary	野生生物保护区(禁猎区)	W. S.
Wildness Area	原野地	W. A.
World Heritage Site	世界(自然历史)遗产保护地	W. H. S

资料来源：马杏锦等编《世界自然保护区及国家公园》，1983。

三、其他国际性的保护区系统

国际社会为了推动全球的保护事业，还利用公约与计划等形式建立了一些全球性的保护区系统。

（一）世界遗产保护

1.《保护世界文化和自然遗产公约》的产生背景

保护世界文化和自然遗产，应当说是从 1972 年 11 月 16 日联合国教科文组织大会（The General Conference of the UNESCO）在巴黎通过的《保护世界文化和自然遗产公约》（简称《世界遗产公约》）于 1975 年 12 月 17 日生效以来，才受到世界各国政府和公众的普遍关注和逐步重视。

埃及修建阿斯旺水坝的决定是一件引起国际关注的里程碑事件，因为大坝建设要淹没古埃及文明的瑰宝——阿布辛拜勒神庙所在的谷地。联合国教科文组织决定，为此发起一场国际运动，将阿布辛拜勒神庙和菲莱神庙搬迁、易地保护。在这之后的几十年中，联合国教科文组织已经承担了数项重大的文物保护项目。如抢救佛罗伦萨的艺术品，挽救历史名城威尼斯，还有斯里兰卡的文化三角、巴基斯坦的莫亨朱达罗以及印度尼西亚的婆洛甫图等文化遗产的抢救运动。联合国教科文组织为了指导各国文化遗产的保护工作，使其达到国际水准，并使保护工作成为一项持久的国际行动计划，在保护文化遗产和自然遗产的国际原则和国际协定的制定方面花费了大量精力。将保护文化遗产和自然遗产结合起来的想法源于美国，1965 年在美国首都华盛顿召开的一次白宫会议呼吁建立"世界遗产信托基金"，以促进国际合作，为全世界人民的现在和将来，保护世界杰出的自然风景和历史遗址。1968 年世界保护联盟（IUCN）也向其成员国提出了类似的建议。1972 年，这些建议提交给在瑞典斯德哥尔摩召开的联合国人类环境会议讨论。1972 年 11 月 16 日联合国教科文组织通过了由这些建议形成的文件，即《世界遗产公约》。决定将国际公认的、具有杰出和普遍价值的文化古迹与自然景观列为世界遗产保护区，作为全人类的共同财产加以保护管理，传给子孙后代。

《保护世界文化和自然遗产公约》以一种崭新的概念为基础，开辟了资源保护领域的新天地，肯定了属于全人类的世界文化和自然遗产的存在，人类只是世界自然和文化史上的一切伟大里程碑的托管者。其宗旨是"建立一个依据现代科学方法制定的永久有效的制度，共同保护具有突出的普遍价值（exceptional universal value）的文化和自然遗产。世界遗产公约和世界遗产组织的诞生的意义至少有 3 点：第一，成功地保护了一大批世界著名的文化和自然遗产，为人类文明史保留下众多的弥足珍贵的精神财富；第二，以遗产组织为纽带，联络起管理者、专家、学者的群体，为世界和平和全球学术文化交流提供了宽广的场所；第三，借助于得到良好保护的世界级文物与自然风光地，极大地促进了全球旅游、观光、休闲、娱乐业的发展，从而对世界经济的结构调整和持续发展起到了推动作用。

我国在 1985 年 11 月 22 日，由第六届全国人民代表大会常务委员会第 13 次会议批准，成为《世界遗产公约》的缔约国。1987 年 12 月我国的长城、故宫、周口店北京人遗址、莫高窟、秦始皇陵、泰山等 6 个项目被首批列入世界遗产名录。

世界遗产的徽志象征着文化遗产与自然遗产之间相互依存的关系。中央的正方形是人类创造的形状，圆圈代表大自然，两者密切相连。这个标志呈圆形，既象征全世界，也象征着要进行保护（图 2-2）。

图 2-2　世界遗产徽志

2. 世界遗产公约

（1）自然遗产定义及标准

自然遗产是包括举世无双的自然、生物和地质构造、濒危动物种类的栖息地和植物生长地，以及具有科学价值、保存价值或艺术价值的地区。自然遗产的选定标准：

① 代表地球演化的各主要发展阶段的典型范例，包括生命的记载、地形发展中主要的地质演变过程或具有主要的地貌或地文特征；

② 代表陆地、淡水、沿海和海上生态系统植物和动物群的演变及发展中的重要过程的典型范例；

③ 具有绝妙的自然现象或稀有的自然景色和艺术价值的地区；

④ 最具有价值的自然和物种多样性的栖息地，包括有珍贵价值的濒危物种。

(2) 文化遗产定义及标准

文化遗产是包括历史古迹、古建筑群以及在历史、建筑艺术、考古、科学、民族学和人类学方面具有重大价值的遗址。文化遗产的选定标准：

① 体现人类杰出的创造才能；

② 表现一个时期或世界的某一文化地域内在建筑学、建筑技术、历史古迹艺术、城镇规划或景观设计发展方面的人类价值的重要交流；

③ 能为一种文化传统、一种尚存的或已消失的文明提供一种独特的或至少是特殊的见证；

④ 是建筑、建筑学、技术工艺或景观方面的杰出范例，代表人类历史发展的一个重要阶段或若干重要阶段；

⑤ 作为人类传统居住地或土地利用的杰出范例，代表一种或多种文化，特别是该文化在不可逆转的冲击下变得易受损害；

⑥ 与某些具有特殊意义的事件、现存传统、某些思想和信仰以及文学艺术作品有直接的或实质性的联系。

世界遗产公约最重要的特点是将自然和文化遗产的保护内容合并在一起。因为自然和文化是互补的，文化遗产的个性与其发展的自然环境有很大关系，而评判遗产最根本的标准是遗产的真实性与完整性。在这一点上，风景名胜区与世界遗产之间的关系可谓是如出一辙，相得益彰。

(二) 人与生物圈计划——生物圈保护区

国际人与生物圈计划始于 1971 年。这一计划通过科研、培训、学术交流等手段开展各项活动。其任务是保护地球上的自然资源，维护生态平衡，拯救、繁衍濒临灭绝的珍稀生物物种，监测人类活动，防止人类对自然资源的破坏，以达到合理利用生物资源和改善人类赖以生存的生态环境条件的目的，并为此提供科学依据、科学人才和物质条件，为全人类的进步作出贡献。人与生物圈计划的长期目标是基于"典型的"、而非"独特的"生态系统，构建起一个生物保护区的国际网络。截至 2005 年 3 月已经在 97 个国家建立了 459 个生物圈保护区，成为全球最大的政府间保护区网络之一。而我国已经有 26 个自然保护区纳入世界生物圈保护区网络。每年都有一些自然保护区申报加入世界生物圈保护区网络。

各国在选生物圈保护区时注意到它所要着重保护的对象是：①典型的自然生物群落；②有特殊意义的自然特点的地区；③民族传统生产方式与自然景观十分谐调的典型地区；④已改造的或衰退的自然生态系得到恢复后的典型地区。生物圈保护区都必须是长期保护性的地区。

符号"♀"最早来自非洲阿散蒂人玩具娃娃（ashanti doll）的造型。它象征着富饶肥沃。古埃及人把它作为生命的象征。在 20 世纪 70 年代初，联合国教科文组织把它和人与生物圈的 3 个英文字母缩写（MAB）结合在一起，用来作为人与生物圈计划的标志。因此，联合国教科文组织及各国人与生物圈计划的所有出版物都印有该标志（图2-3）。

生物圈保护区一般将整个保护区域划分为3个区：①核心区：每一个生物圈保护区，都有一个或几个基本上保持着原始状态或很少受到人类影响的区域作为核心区以保护重要物种、生态系统或自然景观，它作为自然本底，具有重要的保护与科学价值。因此，核心区必须受到严格保护，只能进行少数科研、监测活动。

图2-3　世界人与生物圈计划徽志

② 缓冲带：为了减少外界对核心区的影响，在核心区外围划定一个区域，对核心区起到保护和缓冲作用，一些不直接索取资源的活动如科研、培训、环境教育以及旅游和娱乐等可在这个区域内进行。③ 过渡区：考虑到生物圈保护区内及周边社区群众生活与发展的需要，在缓冲带的外围设过渡区。当地群众可在这个区域进行对上述两个区不造成污染和负面影响的经济活动。这个区域可以用来进行资源合理利用的研究、试验与示范，并向周边地区推广和扩散，促进当地社区经济协调发展。

（三）世界自然基金组织

世界自然基金会（WWF，world wide fund for nature）是世界最大的、经验最丰富的独立性非政府环境保护机构（图2-4）。在全球拥有470万支持者以及一个在96个国家活跃着的网络。从1961年成立以来，世界自然基金会在6大洲的153个国家发起或完成了12000个环保项目。目前世界自然基金会通过一个由27个国家级会员、21个项目办公室及5个附属会员组织组成的全球性的网络，在北美洲、欧洲、亚太地区及非洲开展工作。世界自然基金会最终目标是制止并最终扭转地球自然环境的加速恶化，并帮助创立一个人与自然和谐共处的美好世界，主要致力于：（1）保护世界生物多样性；（2）确保可再生自然资源的可持续利用；（3）推动减少污染和浪费性消费的行动。为达到目标，世界自然基金会意欲通过各种途径以达到

图2-4　世界自然基金组织徽志

保护自然及生态进程的目的。WWF CPO（WWF China Programme Office）——世界自然基金会中国办事处建立于1980年。20多年间，WWF中国办事处始终和中国各自然科学、环境保护机构保持着密切的联系，并建立了众多合作伙伴关系，据此开展了多项环境保护工作。

（四）国际湿地保护

从20世纪初开始，随着世界经济的飞速发展，大片湿地被开发，许多国际重要的湿地急剧丧失，引发了严重的环境后果。国际社会从20世纪50年代起才逐渐意识到湿地对人类生存的意义。1971年前苏联、加拿大、澳大利亚、英国等6国在伊朗签署了《拉姆萨公约》（《关于具有国际意义的湿地、特别是作为水禽栖所的湿地的公约》），旨在通过国际合作，保护重要的湿地系统，特别是作为水禽主要栖息地的湿地。截至2000年6月已有121个国家加入了这个公约，有1027处湿地被列入《国际重要湿地名录》，总面积超过8000万 hm²。中国目前列入名录的湿地有21处，总面积为318万 hm²。根据中国湿地保护工程规划，到2030年，中国湿地自然保护区将达到713处，国际重要湿地将达到80处，90%以上的天然湿地得到有效保护，完成湿地恢复工程140万 hm²，建成53个

国家湿地保护与合理利用示范区，形成较为完善的湿地保护、管理、建设体系。

《拉姆萨公约》是当时针对一种特定生态系统的自然保护全球性公约，并由世界保护联盟的秘书处负责具体执行。该公约力图提高湿地的地位，认识湿地的价值，并选定具有生态学、植物学、湖沼学和水文学上的国际意义的湿地保护区列入国际重要湿地名录。湿地是介于陆地和水域之间的独特的生态系统，具有生态过渡带的特性，不仅具有广泛的地理分布，而且水文环境条件也有广泛的差异，因此要精确地对湿地进行定义是比较困难的。不同的国家，甚至不同学科的学者对湿地的定义都有所不同。而被普遍接受的湿地定义是 1971 年在伊朗签署的《拉姆萨公约》中给出的。该公约把湿地定义为："不论天然或人为、永久或暂时、静止或流动、淡水或咸水，由沼泽、泥沼、泥煤地或水域所构成的地区，包括低潮时水深 6m 以内的海域。"

（五）世界地质公园计划

1989 年联合国教科文组织（UNESCO）、国际地科联（IUGS）、国际地质对比计划（IGCP）及世界保护联盟（IUCN）在华盛顿成立了"全球地质及古生物遗址名录"计划，目的是选择适当的地质遗址作为纳入世界遗产的候选名录。1996 年改名为"地质景点计划"。1997 年联合国大会通过了教科文组织提出的"促使各地具有特殊地质现象的景点形成全球性网络"计划，即从各国（地区）推荐的地质遗产地中遴选出具有代表性、特殊性的地区纳入地质公园，其目的是使这些地区的社会、经济得到永续发展。1999 年 4 月联合国教科文组织第 156 次常务委员会议中提出了建立地质公园计划（UNESCO Geoparks），目标是在全球建立 500 个世界地质公园，其中每年拟建 20 个；并确定中国为建立世界地质公园计划试点国之一。

世界地质公园的徽标由约克·佩诺先生设计，图案上部的"UNESCO"是联合国教科文组织的英文缩写，下部的"GEOPARK"是新创造的英文名词，译为"地质公园"。中部的图案象征着地球，是一个由已形成我们环境的各种事件和作用构成的不断变化着的系统。整个徽志的寓意是在 UNESCO 的保护伞之下，世界地质公园是地球上选定的，其所含地质遗产已受到保护，并为可持续发展服务的特别地区。图案抽象色彩浓厚（图 2-5）。

图 2-5 世界地质公园徽志

第二节 国外国家公园概况评述

一、美国国家公园系统

（一）美国国家公园系统的形成

早在 1864 年，美国第十六任总统林肯就签署了一项法令，将约塞美蒂山谷及其南面的一块北美红杉林要求加利福尼亚州进行严格的保护，并指出："作为公共娱乐和消遣之用，永远不得转让。"1872 年，美国国会通过了设立国家公园的法案，并以建立世界第一个国家公园——黄石国家公园为标志，开始构建整个国家的国家公园体系（或国家风景名胜资源体系）。1903 年，美国第二十七任总统西奥多·罗斯福由约翰·缪尔陪同下游览了约塞美蒂国家公园之后，意味深长地说："我们建设自己的国家，不是为了一时，而是为了长远。"并强调指出："不要去破坏她的壮观，留下来给你们的儿子，给你们的孙子，给所有的后人；每一个美国人，都应该有机会看到这一雄伟的奇景。"此后，1916 年，美国国会又制定了一项有关法令："要把国家公园内的天然风景，自然变迁遗迹、野生动物和历史古迹，按原有景观，世世代代保护下去，不受破坏。"所以，美国国家公园体系建立的初衷就是："让人民得益，供人民享受"，"是在自然保护的前提下，在环境容量允许的范围内，有控制有管理地向人民开放，供人民旅游、娱乐，进行科学研究和科学普及之用"。1935 年，美国国会通过法案，将国家历史遗迹等文化资源合并入国家公园体系，使国家公园体系更加完善。美国国家公园体系从创立之初就明确了最根本的指导思想：国家公园不能被少数营利者管理，而只能由为全体人民所信任的政府，为着国家的长久利益行使管理权利。

（二）美国国家公园系统的发展历程❶

纵观美国国家公园系统在其 100 多年的发展进程中，经历了萌芽、成型、发展、停滞与再发展，从注重美学价值到突出生态价值、服务教育与科技等不同的阶段，使国家公园系统不断丰富与完善。

1. 萌芽阶段（1832—1916）

19 世纪初，美国艺术家、探险家等有识之士开始认识到西部大开发将对原始自然环境造成巨大威胁，同时颇有势力的铁路公司也发现了西部荒野作为旅游资源开发的潜在价值。于是保护自然的理想主义者和与强调旅游开发的实用主义者一拍即合，联合起来共同反对伐木、采矿、修筑水坝等另外类型的实用主义者，并最终成功说服国会立法建立了世界上第一个国家公园。19 世纪末，美国公众又开始关注史前废墟和印第安文明的保护问题，从而导致国会于 1906 年通过了古迹法，授权总统以文告形式设立国家纪念地。

2. 成型阶段（1916—1933）

截至 1916 年 8 月，内政部共辖 14 个国家公园和 21 个国家纪念地，但没有专门机构管理它们，保护力度十分薄弱。国家公园重新面临着资源开发的巨大压力。这种情况下，马瑟（Stephen Tyng Mather）成功筹建了国家公园管理局，并制订了以景观保护和适度旅游开发为双重任务的基本政策。同时积极帮助扩大州立公园体系以缓解国家公园面临的旅游压力，并在美国东部大力拓展历史文化资源保护方面的工作。从而使美国国家公园运动在美国全境基本形成体系。

3. 发展阶段（1933—1940）

1933 年对美国国家公园体系来讲是又一个十分重要的年份，在这一年富兰克林·罗斯福总统签署法令将国防部、林业局等所属的国家公园和纪念地以及国家首都公园，划归国家公园管理局管理，极大增强了国家公园体系的规模，尤其是国家公园管理局在美国东部的势力范围。同时随着罗斯福新政的展开，国家公园管理局与公民保护军团（CCC）配合，雇佣了成千上万的年轻人在国家公园和州立公园内完成了数量众多的保护性和建设性工程项目，这些项目对国家公园体系产生了深远影响。同时 1935 年和 1936 年分别通过的《历史地段法》和《公园、风景路和休闲地法》进一步增强了国家公园管理局在历史文化资源和休闲地管理方面的力度。

4. 停滞与再发展阶段（1940—1963）

---

❶ 引自杨锐"美国国家公园体系的发展历程及经验教训"，中国园林，2001（1）：62-64.

这一阶段包括了"二战"期间的停滞时期和战后由于旅游压力迅速发展时期。二战期间国家公园体系的经费和人员急剧减少，但国家公园管理局却成功地抵制了军事飞机制造业、水电业等开发公园内自然资源的蛮横要求。战后由于国家公园的游客大增，旅游服务设施严重不足，国家公园管理局启动了"66 计划"，即从 1956 年起，用 10 年时间，花费 10 亿美元彻底改善国家公园的基础设施和旅游服务设施条件。"66 计划"在满足游客需求方面是成功的，但在生态环境保护方面考虑不足，被保护主义者们批评为过度开发。

5. 注重生态保护阶段（1963—1985）

20 世纪 60 年代以前，美国国家公园管理局保护的仅仅是自然资源的景观价值，而对资源的生态价值没有充分认识，因此在公园动植物管理中犯了很多严重的错误，如在公园内随意引进外来物种等。随着美国环境意识的觉醒，在学术界和环保组织的压力下，国家公园管理局在资源管理方面的政策终于向保护生态系统方面作出了缓慢但重要的调整。如不再对观赏型野生动物进行人工喂养，逐步消灭外来树种等。

6. 教育拓展与合作阶段（1985 年以后）

国家公园的教育功能在 1985 年以后得到了进一步强化，在教育硬件设施方面进行了较大规模的建设，在人员配备、资金安排等方面优先考虑，使国家公园体系成为进行科学、历史、环境和爱国主义教育的重要场所。由于里根以后的几届政府不断压缩国家公园管理局的人员和资金规模，因此这一时期的另一趋势是国家公园管理局开始强调和其他政府机构、基金会、公司和其他私人组织开展合作。

（三）美国国家公园系统的分类

美国国家公园体系主要分为 3 大类：天然资源、人文资源和娱乐资源，在资源分类的基础上形成了 3 类国家公园：国家公园（国家天然公园）、国家历史公园、国家娱乐公园。国家公园也称国家天然公园，是在自然保护的前提下，在旅游环境容量允许的范围内，有控制地向游人开放，供游人旅游、娱乐、进行科学研究和科学普及的一所大自然露天博物馆或自然保护区。如黄石国家公园、大峡谷国家公园等。国家历史公园，种类比较多，是历史遗迹、古建筑、文物、古城市的保护区。如考古发掘出来的 5 万年前印第安人进入北美以来的古迹、15 世纪末年哥伦布发现新大陆以来的古迹等。国家娱乐公园，是专门为国民提供各种娱乐活动的旅游区。美国国家天然公园的环境容量是很有限的，并且国家对天然公园中旅游规模有严格控制。因此，美国政府为了满足国民对大自然野外娱乐旅游生活的需要，又把一些山岳、海滨、湖泊、森林、河川等开辟为国家娱乐公园和风景游览区，供国民使用。截至 1995 年，美国国家公园体系所包括的各类国家公园所占面积为 32 万 km^2，占全国面积的 3.45%，其中国家天然公园占地 19 万 km^2，占全国面积的 2.05%。在 3 大类国家公园的基础上，每一类又可以细分为若干类型（表2-4）。美国的国家公园体系中包括 361 个国家公园，这个数字随着社会对风景名胜资源的需求在不断增加，整个国家公园体系将自然、人文、娱乐 3 类资源全部包括，使各类资源都在一个完整体系中存在并具有相应的位置，使美国对整个国家的风景名胜资源能够从宏观的角度、国家的角度、国民的角度进行统一的管理、统一的保护与开发。全世界有 100 多个国家在参照美国国家公园体系的内容的基础上，建立了各自国家的风景名胜资源体系，并在各国的风景名胜资源管理中起着相当重要的作用。

美国国家公园系统的分类　　　　　　　　　　　　　表 2-4

分　类	数量(个)	占地面积(km²)
1. 国家公园(National Parks)	51	191763.13
2. 国家保护区(National Preserves)	13	89663.30
3. 国家保留地(National Reserves)	2	135.20
4. 国家遗迹(National Monuments)	76	19605.04
5. 国家历史遗址(National Historic Sites)	71	74.74
6. 国家历史公园(National Historical Parks)	32	613.66
7. 国家纪念馆(National Memorials)	26	32.17
8. 国家娱乐区(National Recreation Areas)	18	14920.98
9. 国家战场遗址(National Battlefields)	11	51.69
10. 国家海滨(National Seashores)	10	2416.45
11. 国家湖滨(National Lakeshores)	4	919.66
12. 国家军事公园(National Military Parks)	9	137.79
13. 国家原始风光河流及两岸(National Wild and Scenic Rivers and River ways)	9	1184.14
14. 国家河流(National Rivers)	7	1459.47
15. 国家自然风光大路(Parkways)	4	682.40
16. 国家战场公园(National Battlefield Parks)	3	35.48
17. 国家自然风光小路(National Scenic Trails)	3	696.91
18. 国际历史遗址(International Historic Sites)	1	0.14
19. 其他(Others)	11	162.37
20. 合计	361	323760

注：资料统计截至 1995 年，资料来源于张晓"国外国家风景名胜区（国家公园）管理和经营评述"，1999。

（四）美国国家公园系统的管理❶

在美国国家公园体系的基础上产生了国家公园管理体系。20 世纪初，随着美国有关保护环境和文化资源的法律、法规、政策、标准的不断出台，美国逐步形成了以国家公园体系为依托，以法律、法规为管理手段的一整套完善的国家公园管理体系。

根据 1916 年国会出台的相关法案，使整个国家公园体系中包括的各种类型的公园均由内政部下属的国家公园管理局统一管理，国家公园管理局下设北大西洋、中大西洋、首都、东南部、中西部、落基山、西南部、西部、太平洋、阿拉斯加共 10 个地区局分片管理各个区域的国家公园。中央国家公园管理局、地区国家公园管理局、基层国家公园管理局 3 级管理机构形成了从中央到地区到基层的垂直统一的管理体系。关于国家公园所有权的规定表明："国会对国家公园等资源拥有绝对权威的处置权，并负责指定面向隶属各州和全国的公园资产的适宜法律法规。所有国家公园都归内政部直接管理，而与地方政府没有任何关系。"

美国国家公园系统（National park service）从体系管理、区域管理、项目管理等各个方面对整个

---

❶　引自张晓"国外国家风景名胜区（国家公园）管理和经营评述"，中国园林，1999（5）：56-60.

国家风景名胜资源进行全方位的管理。它的管理内容主要包括：

1. 对公园系统的规划管理（Park System Planning）

通过对资源中存在的各种信息进行鉴别与规划，来确定如何对资源进行保护和利用，并在此基础上向公众提供丰富的娱乐产品，并通过规划使多方机构的利益能够更容易地结合，以方便公众参与。规划还要对公众的游览行为作出明确的约束规定。管理的内容主要包括制定国家公园的资源评价标准，对国家公园的规划程序、内容、成果进行监督管理等。

2. 土地保护（Land Protection）

利用尽可能的措施与手段对国家公园范围内的土地实施有效的保护与管理。对于不属于联邦政府的土地，也要采用各种办法包括运用低息贷款或高价收买的方式来保护国家公园内的私有土地。其中主要包括国家公园内的土地保护规划、控制公园内的私有土地的相关内容。

3. 自然资源管理（Nature Resource Management）

对国家公园范围内的各种自然资源进行管理，并在恢复、培育、保护的过程中始终保持资源的完整性以及资源内部各组分之间的紧密而微妙的关系，使人类对自然资源造成的干扰程度降到最低。并从国家公园内部着手制定相关法规来强化国家对自然资源的管理。这些资源主要包括：植物、动物、水、空气、土壤、地形特征、地质特征、人种资源和美学价值，甚至包括了公园内安静的自然环境和洁净的夜空。

4. 文化资源管理（Cultural Resource Management）

通过制定各种计划、展开各种研究使文化资源得到很好的保护与培育。具体的内容包括：文化资源的鉴定、价值的评估及资源的登记，以及对考古资源、文化景观、民族文化资源、宗教文化资源、被淹没的文化资源的研究进行管理，并建立博物馆、图书馆来对国家的文化资源进行传播。

5. 野外环境保护与管理（Wilderness Preservation and Management）

主要任务是对用于公众娱乐的野外、郊野环境进行保护和管理，在统计的基础上，不断发觉新的野外娱乐资源。通过制定管理政策和规划，运用各种技术对野外娱乐环境进行监测，并把防火管理、公众资源与环境教育等工作纳入管理工作中。

6. 启智与科研教育管理（Interpretation and Education）

通过向公众宣传国家公园的内容、规模、价值及保护资源的意义，使整个国家对风景名胜资源的管理工作能够得到全民的支持与监督，并使公众积极地参与到资源的管理中来。普遍得到提高的公众保护资源与环境意识能够使游人在游览中更加自觉地遵守各项管理规定，以使游客的游览活动不会对资源产生破坏影响。

7. 公园的使用管理（Use of the Parks）

国家公园管理局全面负责国家公园的使用，使其在资源得到有效保护的前提下，尽量满足游客的最基本需求。其中要考虑到对娱乐活动的规划、弱势群体的游览规划、游客的安全保护措施以及游客游览费用的制定等方面的内容。

8. 公园设施的管理（Park Facilities Management）

国家公园管理局负责提供保护资源与环境和公众娱乐之用的必要的设备与设施，并使这些设施能够与资源环境达到自然的和谐统一，并对设施的外形、材料、色彩、强度、美观等要素予以充分的考虑。对国家公园内建设水库、大坝、电站等大型设施要采取十分谨慎的态度。

9. 特许经营管理（Concessions Management）

国会通过《特许经营法》规定，国家公园管理局通过特许承租的方式对国家公园内的旅游服务设施的经营内容、范围、规模进行管理。特许承租是在严格按照规划的前提下执行的，并有强有力的法律条款对经营行为进行监督。国家公园管理局与承租方没有任何经济利益关系。

对于具体的国家公园来讲，同样具有一整套的管理机制。例如大峡谷国家公园，在公园内部设立宣传处、维修处、游客接待和保卫处、资源保护处和国际交流5个处，并有自己的博物馆和图书馆为游客服务。各公园的日常管理经费由国家公园管理局直接划拨，各公园的收入一律上缴中央财政。国家公园的管理机构与人员不参与国家公园内旅游服务设施的商业经营，各种商业经营行为在公园管理处的监督下进行。美国国家公园管理中的另一特色是在管理中运用公园警察来对公园进行监察保护。这一来说明政府真正将国家风景名胜资源当作国家的宝贵财富来进行监管，另外说明脆弱的风景名胜资源经不起大量人为破坏，采用相对严格的管理措施才能对资源实施有效的保护。国家公园管理局对参与国家公园管理的人员的业务素质与知识水平及人员数量上有同样严格的规定。管理人员由两部分组成：固定人员和临时员工，目前全国服务于国家公园的固定管理人员有1.5万人左右，到了旅游旺季还会有3000～5000名临时员工参与公园的管理工作，每年有8万名志愿者也会自愿不定期地参与并协助国家公园的管理。国家公园的固定管理人员80%为大学本科毕业生。根据各个国家公园保护景观资源的不同，在管理人员中还拥有地质学、生态学、野生动物学、考古学、风景园林学等学科的专家专门从事国家公园内资源的管理。美国国家公园管理局在大峡谷和哈佛大学设立有2个国家公园培训中心。凡是国家公园固定管理人员都要到这里进行基本业务培训，合格者才能上岗执行管理职责。另外，国家公园管理局成立了国家公园规划设计中心，承担所有国家公园内部的规划和局部景点的设计施工，以便使国家公园的管理指导思想与规划理念能够直接渗透到每个国家公园的规划设计与管理中，尽量避免由于规划设计的失误对景观资源与环境造成不应有的破坏。

（五）美国国家公园体系与管理体制的评述

美国国家公园体系是目前为止相对完善的一种风景名胜资源体系，从第一个国家公园的建立到现在已经有将近150年的历史，在这100多年中美国国家公园体系的发展壮大过程同样是艰辛的、曲折的。过程中有很多值得我们学习的东西，而更多的是带给我们的思考。最为突出的有以下几点：

美国国家公园体系在建立之初就明确了国家风景名胜资源的国家管理权属性，国家对风景名胜资源的管理的根本目的是保护资源，让珍贵的自然与文化遗产能够永久地为整个国家的人民服务和享受，并能完整地留给子孙后代。

从美国国家公园体系的整个构建过程看，体系的内容始终处在不断扩展、不断完善的发展中，从开始只包括了风景名胜资源中的自然景观部分，到后来将人文景观资源的管理纳入整个国家公园体系，这说明风景名胜资源本身是一个具有整体性的资源，风景名胜资源是人与自然的关系的完整体现。只有构建风景名胜资源的完整体系，才有利于充分发挥资源与环境的整体价值和系统价值。

在具有一个完整的风景名胜资源体系的基础上来谈对国家风景名胜资源实施统一管理才能成为可能。并且，统一管理必须有强有力的法律、法规、政策的支持才能得以实现。国家对风景名胜资源的管理始终是一种动态的管理，法律法规也应该随资源管理工作的变化而不断更新和丰富。只有这样才能使资源在瞬息万变的人类社会进程中始终能够得到有效的保护。

人类是风景名胜资源的使用者、保护者和管理者，完整的体系建设、完善的管理体制、有力的法律保障最终落实到人对资源的管理。所以对风景名胜资源管理者专业素质的培养、知识水平的提高以及全体国民对资源价值与资源保护意识的普遍增强，都是风景名胜资源管理工作中的重要组成内容。

二、日本的自然公园体系

（一）日本自然公园体系

日本建立"国立公园"始于明治末期，昭和初期兴盛一时，昭和六年（1931年）内务省成立了国立公园协会，制定了《国立公园法》，昭和三十二年（1957年）对《国立公园法》进行了修订。在对风景名胜资源广泛调查的基础上于1934年建立了第一批国立公园3个，到第二次世界大战前的1936年为止又陆续增加到12个，之后由于战争的原因，建立国立公园和保护风景名胜资源的工作几乎停滞。二战结束后，国立公园由日本厚生省公众保健局的国立公园部负责管理，在进一步修订国立公园法的基础上，提出"国立公园的备用地区"的概念，这就是现在日本"国定公园"的雏形。同时，为了加强国立公园最核心地区的管理和保护而设置了特别保护区。从1951年开始，日本经济开始复苏，并很快进入经济大发展时期。在经济状况好转的前提下，国家对国立公园设置了定期定额补助金制度，使国立公园中的道路、停车场、基础设施条件得到了明显的改善。1957年制定了《自然公园法》，第一次明确了自然公园的概念、分类、指定程序、公园规划的审批及管理体制的规定。1960年成立了第一个国立公园管理所——日光事务所。20世纪60年代后期，随着日本经济的进一步发展，各种破坏风景资源的现象普遍发生，各种类型的用地不断地侵蚀着风景资源的保存空间，人的物质欲望与大自然的内部规律之间产生了巨大矛盾。为了调和矛盾，国家先后制定了"自然公园制度"等一系列的相关措施来规范人们利用自然的行为，同时扩大自然公园所包括的范围，为国民提供更多接近自然的机会，并将整个国家自然公园统一纳入国家环境厅自然保护局管理下。为了提高人们对自然的爱护，日本政府颁布了《自然保护宪章》，也就是自然保护公约，在宪章中指出："自然是人类生存之母，有着极其严密微妙的法则。阳光、大气、水、大地、动、植物等构成自然。人类不仅享受自然的恩赐，同时也接受自然的锻炼从而提高社会文明。但是人们只重视追求文明，忽视甚至忘掉了自然，似乎自然界蕴藏的自然资源是取之不尽而无限制的浪费，致使生态失去平衡。"宪章在给破坏和浪费自然资源的人们敲响警钟的同时，为国家自然公园体系的建立与发展指出了更明确的方向。

（二）日本自然公园的分类

日本有两种公园体系，一种是属于城市用地范围的城市公园体系——城市公园、运动公园、小区公园、儿童公园等，类似于我国的城市绿地系统；另一种则是自然公园体系——国立公园、国定公园、都道府县自然公园等。

1. 国立公园

日本的国立公园不是娱乐场所，而是日本国家最美丽的自然风景区，不仅有美丽的自然景色，而且有很高的科学价值，具有其他地区所代替不了的特色，需加以保护，是所有日本人共同具有的宝贵财富，而每一个日本公民都具有将这份财富与骄傲保存好并传给子孙后代的责任，并为世界旅游者提供美丽奇特的景色。由国家指定和进行管理。

2. 国定公园

国定公园是仅仅次于国立公园的优秀风景地，是区域国民所关心的，可供人们野外休养游憩的场所，由国家指定，而由都、道、府、县负责管理。

3. 都道府县自然公园

都道府县立自然公园是都道府县民众所关心的自然风景地，是供县域国民们野外休养游览的场所。由相应的都道府县指定和管理。

截至 1995 年，日本有国立公园 28 个，占地 205 万 hm²，国定公园 51 个，面积 115 万 hm²，都道府县立自然公园 291 处，面积 204 万 hm²，共同组成了日本的自然公园体系。因此，全国属于自然公园的面积有 524 万 hm²，占国土面积的 13.97%。

（三）日本自然公园系统管理

日本的国立公园原则上是由环境厅长官主持管理。在环境厅长官管辖下有一个由 45 名委员组成的审议委员会，委员会人员由社会各界的有关人士参加组成，对国立公园及国定公园的确立、计划或设计等进行审议。自然公园系统管理由国家环境厅中的自然保护局与县政府、市政府以及自然公园内各类土地所有者密切合作进行，具有 11 个国立公园和野生物种办公室，下设 55 个公园管理站。

日本所有的自然公园都按照《自然公园法》进行规划管理，由于日本的自然公园内的土地存在着多种所有制——国家所有、地方政府所有、私人所有，并且在自然公园内存在着多种经济活动——农业、林业、旅游业和娱乐业等，因而，法律规定有针对性地按照生态系统完整和风光秀丽等级、人类对自然环境影响程度、旅游游客使用的重要性等指标将所有自然公园的土地划分为 4 种类型区域：特殊保护区、海洋公园区、特别区和普通区。在特殊保护区内又按照景观特色和自然生态特点而划分三级保护，并依照保护分级的不同而制定了在各个区域内的行为规范。在国立公园的保护区内没有环境厅长官的允许是禁止砍伐、建造和树立广告等活动的。在特殊保护区，捕捉动物、采集植物等行为也是不允许的。1974 年日本国家环境厅自然保护局对自然公园内的 4 种区域内从事开发活动与行为处以罚款的金额作出了详细规定；国立公园和国定公园的日常管理工作由国家环境厅自然保护局主持进行，在自然保护局中设有计划合作、公园规划、保护管理、设施规划、鸟兽保护等 5 个处来对国家自然公园体系进行管理。由于自然公园内土地多种所有制的存在，使国家对景观资源的保护遇到了一定的困难，为了有效地实施景观保护，国家制定相关政策来逐步收购自然公园内的私人土地或用经济补偿和法律监督的方式来控制土地的使用性质。收购土地政策始于 1972 年，收购的对象是那些重要而珍贵的景观区域，比如特殊保护区、一级特别区。1991 年开始，收购的范围逐步扩展到二级、三级特别区。收购是通过地方政府发行公共债券的方式来实现，债券的偿还由国家政府承担。截至 1995 年，发行此类债券共计 123.4 亿日元，收购自然公园中土地 6507km²。

在自然公园体系的管理中对公园内的旅游服务及娱乐设施的管理是相当重要的一个环节。国家对公园内的各种设施实行统一管理，特许经营。按照《自然公园法》的规定，个人或集体在获得国家环境厅签发的自然公园执照后，可以经营公园内的酒店、旅馆等游乐设施，执照的发放严格按照每个国立公园或国定公园的设施规划及旅游承载能力的要求。任何违反规定的行为将被视为违法行为，会被取消经营资格。另外，国家对自然公园的管理与经营是非盈利性质的，在国立公园或国定公园内，为满足游客的娱乐需要建立国家度假村（National Vacation Village），国家环境厅自然保护局对度假村的位置、规模、外观等都有严格规定，度假村中的道路、露营点等部分公共设施由国家提供，为非盈利性。而度假村中的旅游服务、娱乐等设施为盈利性，由国家度假村协会统一管理。从而使国家对自然公园体系的管理表现为非盈利性，而完全体现自然公园作为公共产品的社会属性。

（四）日本自然公园系统的发展评述

从日本自然公园体系建立发展的3个阶段的划分中，从《国立公园法》到《自然公园法》再到《自然公园制度的基本方针》，我们不难发现，在每个阶段的开端都有一系列的法律法规出台。从中我们可以看出，国家对自然公园体系的任何一次变革都是在法律法规的严格控制之下进行的。

日本的国立公园、国定公园及都道府县公园中整个景观资源与绝大部分设施作为社会的公共产品，为非盈利性质，由国家向全体国民提供，并由国家环境厅与地方自然保护机构相协调形成对景观资源的纵向、垂直、统一的管理体系，而公园中的具有盈利性质的国家度假村则由国家度假村协会直接管理，这种对公园内资源与设施按照盈利与非盈利性质进行划分而分别管理，避免了以牺牲资源环境来获得盈利，取得短期经济效益的现象发生。并且整个国家自然公园体系由国家环境厅直接统一管理，避免了各个资源部门及各级行政部门对公园的多头管理和交叉管理。

日本的各级自然公园内的土地的所有权归属具有多元化的特征，但国家为了对风景名胜资源实施有效保护和对公园进行统一管理，而花费巨额资金来购买私人土地或为保证公园的自然属性而补偿给土地所有者资金。相比较，我国的宪法规定，土地和各种自然资源都是国家所有，在风景名胜资源管理中并不存在从私人手中购买土地的问题，这种国情使国家对风景名胜资源的保护与利用的方针政策更容易实行，但事实上，人为的干扰和各部门利益的争夺成为科学有效管理风景名胜资源的巨大障碍。

虽然我国同日本的政治体制、经济体制都不相同，但我国目前在风景名胜资源管理中出现的问题，在40～50年前同样出现在日本，而日本以建立国家环境厅为契机，从国家整体自然资源与风景名胜资源的角度入手，在原有国立公园的基础上不断完善，不断扩展，而逐步形成了由国立公园、国定公园及都道府县公园组成的完整的风景名胜资源体系，并统一接受国家环境厅自然保护局的管理。

三、法国的自然保护系统

法国国家公园系统建立始于20世纪初，从1930年的《自然风景和历史古迹保护法》到1976年的《自然保护宪章》，在这期间制定了若干相关法令，最终形成了一整套法律体系。为了贯彻这些法令，国家在国土资源利用中提出3条原则：（1）保护重点地区的动植物物种和自然景观；（2）方便城镇居民定期同大自然进行真正的接触；（3）帮助某些农区寻求新的发展途径。按照这样的准则，法国设立了3级自然保护体系，即：自然保护区、国家公园、地区自然公园。

（一）法国的自然保护区

法国在1961年建立的伊尔省的 Luitel 冰湖保护区是国家第一个自然保护区，经过不断的建设，国家已经拥有50多个自然保护区。大部分自然保护区的面积比较小，其中19个保护区面积在100hm² 以下，只有7个在1000hm² 以上，最大的一个是 La Camargue 自然保护区，面积有13117hm²。国家设立自然保护区的具体目的是：

（1）保护动植物物种及其受到威胁的生态环境；

（2）重建和恢复动植物群体和群落以及它们的生存环境；

(3) 保护那些正在消失中的稀有珍贵植物、动物集中的区域；

(4) 保护群落生境及地质地貌构造，或重要的洞穴；

(5) 对野生动物主要迁徙通道进行保护或重建中途栖息点；

(6) 用于科学研究和教育；

(7) 保存那些对于生命发展研究及古人类学研究有特殊价值的生境。

（二）法国的国家公园与地区自然公园

法国国家公园规划中，将国家公园分为 3 个区域，即保护区、公园范围、外围地带。

1. 保护区

对园内某些重要区域的动植物物种、景观等给予严密的保护，并可以通过法律手段使这个区域禁止通行。

2. 公园范围

公园本身用于保护动植物和自然的生态环境。在这里，人类活动，如农业、牧业、林业等都有条例加以限制，以至完全被禁止。这些条例主要涉及：（1）狩猎，通常是禁止的；（2）捕鱼，在某些条件下经批准可进行；（3）旅游；（4）建筑及任何公共工程或私人工程（如果损害公园的特色，就加以禁止）。

3. 外围地带

在公园外围设立"外围地带"的初衷是为了借助国家公园的经济优势（特别是旅游），来带动周边地区衰退中的农村经济。正是在这样的外围地带，才应该向游客提供方便的旅游食宿等服务。

法国现已正式建立的国家公园数量并不多，但国家公园的总面积达到 345750hm²，占国土面积的 0.6%，这些国家公园基本上没有常住人口，高密度的人口大多集中在国家公园的外围地带。

由于国家公园的规定限制比较严格，国家公园内基本上禁止进行经济利用，而各种文化、娱乐、体育等大型设施更不能在公园内出现，因此，严格的限制导致了地方上寻求经济发展的人士反对，而且国民同样需要各种娱乐活动来满足精神生活的需要。所以，国家找到了一种比较宽松的自然保护方式，以建立"地区自然公园"的形式来满足地方经济发展与大众娱乐活动的需要。1967 年法国通过立法的形式积极鼓励地方建立地区自然公园。通过建立地区自然公园的法案后，地区自然公园发展势头迅猛，在几十年的时间内法国各地已经建立了 23 个地区自然公园，面积占国土的 4.5%。国家公园与地区自然公园的主要区别是：

（1）国家公园的目的是保护自然资源与环境，地区自然公园是在保护自然的前提下开展旅游，带动地方经济以满足公众的娱乐需求；

（2）国家公园由国家政府投资建设、维护，而地区自然公园是由地方团体投资建设。

（三）法国国家公园系统的管理

法国对国家公园的管理是委托一个公用事业管理机构负责，这个机构受国家环境部长的行政和技术管理监督，并在经济方面受财政部长的财政管理和监督。所委托的公用事业管理机构由一个理事会负责，其成员由各部代表、公园所在地方团体代表及知名人士组成。理事会成员由环境部长任命，国家公园所在省的省长任政府特派员。

国家公园的规划、管理及制定法规等由理事会负责起草，需要得到环境与财政两个部长的同意才能依照法律程序颁布实施，理事会每年召开两次会议，建立常设机构，在自然保护科学委员会的协助下来处理日常管理事务。

国家公园主任负责国家公园内的日常管理工作，国家公园主任由理事会任命，并完成理事会的决议与政策。公园主任对公园内的事务全权负责，对公园的管理人员进行管理，并有权制定必要的管理措施。

国家公园的建设与运转经费全部来自环境部拨款和国家的补贴，理事会每年负责编制并提交国家公园的预算方案，经环境与财政部长签字后生效。

地区自然公园的管理与国家公园相比更加灵活。法国大多数地区自然公园与国家公园一样是组成一个理事会，由理事会来对地区公园的规划、经费、经营进行管理，而理事会的成员来自地方社会的各个领域，理事会中委员的多元化组成形式，有助于地方团体同政府机构、经济或社会各方面的组织相互联系合作，能够最大限度地发挥社会的力量来支持国家的自然保护事业。地方自然公园主任由理事会表决任命，与国家公园的主任不同，地区公园主任无权制定管理条例，但可以通过与地方政府机构合作来制定相关法令与政策。地区自然公园的经费基本上由地方自己筹措，国家在一定程度上给予资助。

（四）法国自然保护体系评述

法国的自然保护体系和管理体制与美日两国有类似的地方，但也有自己国家的特点，从中我们可以学习到以下几点经验：

法国的国家公园在规划之初就将公园划分为 3 类区域：保护区、公园范围区域和外围地带，而大部分的旅游服务设施被安排在外围地带内，游人进入公园范围和保护区的目的就是参观，而对自然资源环境产生巨大影响的旅游食宿服务远离景观脆弱区域，最大限度地保护了景观资源的原生环境。而且，在外围地带安排旅游食宿服务，一方面满足游人食宿、购物、娱乐的需要，另一方面，游客的停留给公园的所在地区与周围的群众带来了大量的商业机会，使地方经济得到了发展。这种在公园内依据景观保护原则进行功能分区，既满足了保护景观资源的需要，又带动了地方旅游经济的发展的方法，对于我国目前的风景名胜区来讲具有重要借鉴意义。风景名胜区内部的游览和娱乐能够产生可观的旅游收入，但与带动整个城市与地区经济的发展所获得的收益相比，简直是微不足道的。

法国自然保护区和国家公园的建设与管理都是由国家环境部与财政部直接参与，对公园的规划、保护、开发、预算等各项管理工作进行严格的监督和有力的支持，使公园管理工作中的资金能够得到保障，使资源保护能够有效实施，资源的利用给国家带来生态效益、社会效益和经济效益，资源的管理资金由国家财政与环境部门在审定各国家公园预算的基础上直接划拨给自然保护区和国家公园用于资源的保护与管理。这样就使资源的管理和资金的管理之间形成了一个良性的循环过程。从而一方面杜绝了自然保护区与国家公园的管理者为了获得资源的保护与管理资金而不自觉地破坏资源，另一方面使全体国民能够从资源利用中得到健康的享受。

法国在对自然保护区和国家公园的管理中采用组建理事会的形式，吸纳各有关部门人士及地方代表参加，使理事会在形成指令意见的过程中能够广泛听取各方面的意见，团结国家各部门的力量，在一定程度上削弱了各部门之间的隔阂，减少了各部门之间的利益争夺。但这种形式同时存在着在理事会中各部门为自身利益相互推诿扯皮的现象，而造成无法形成统一的指令意见。这就需要理事会在有效保护资源、合理利用资源为最终目的的指导下来统一每个成员的意见。从国家对自然保护区和国家公园管理的实施过程来看，这种管理形式还存在着不完善的地方。

四、总结

通过对美国、日本、法国等国家的风景名胜资源保护与利用体系的总结与分析，我们可以看出，世界各国的风景名胜区体系各有不同，各自都有自身的特点，所以管理体制也不尽相同，各个国家包括我国的风景名胜区体系及管理体制始终处在不断丰富完善的过程中，不能说哪个国家的体系最完整，管理体制最完善，只能是相对而言，这些国家的体系构成和管理措施方法更为科学、更为合理，具有一定的代表性和先进性。因此，这些资源建设与管理的理论与方法，对我们具有广泛的借鉴意义。

第一，国家有一个相对完整的风景名胜资源体系，这是国家对资源统一管理的基础；

第二，针对资源体系，形成了一整套科学严密的、从中央到地方、垂直统一的管理体制；

第三，完整的资源体系与科学的管理体制都是建立在有力的法律支持基础上的，法制管理是资源管理的重要环节；

第四，国家从管理体制中明确强调出风景名胜区（国家公园）作为公共产品的社会属性，并严格区分风景名胜区管理中的盈利性与非盈利性。

第三章　风景名胜区规划导论

第一节　风景名胜区规划的基本理论与方法

一、风景名胜区规划的基本理论

（一）系统理论

1. 系统理论的基本原理

在我国的古代哲学中，"五行说"把金、木、水、火、土看成世界万物的本源，大千世界、芸芸众生，无不是这 5 种要素有机结合的整体；"阴阳说"用阴与阳的对立统一，来表达自然界是一个相互制约、相互联系的动态系统。原子论的创始人德谟克利特，在他的《世界大系统》一书中最早提出了"系统"这个概念，并认为世界是由原子和虚空组成的有秩序的大系统。亚里士多德则明确指出："一般说来，所有的方式显示全体并不是部分的总和"，而是"整体大于部分的综合"。在继承古代朴素的系统思想和实践基础上产生和发展起来的现代系统理论，则是以 1945 年美籍奥地利生物学家贝塔朗菲（Bertalanffy）《关于一般系统论》论文的发表为标志。

（1）系统的概念

系统论的创立者贝塔朗菲把系统定义为："处于一定的相互关系中的并与环境发生联系的各组成部分（要素）的总体（集合）。"我国著名学者钱学森给系统下的定义是："系统是由相互作用和相互依赖的若干组成部分结合成的具有特定功能的有机整体。"从系统的定义可以看出，一个具体的系统，必须具备 3 个条件，一是系统必须由 2 个以上的要素（元素、部分或环节）所组成；二是要素与要素、要素与整体、整体与环境之间，存在着相互作用和相互联系；三是系统整体具有确定的功能。系统论一经诞生，便与自然科学、社会科学和工程技术等相互渗透、相互影响。系统科学的概念、理论、原则和方法日益运用到科学技术体系的各个层次、各个领域，为现代科学技术提供了有效的思维方式与方法，成为现代科学技术整体化、综合化趋势的重要桥梁和工具。系统是事物存在的普遍形式，从原子到宇宙，从一个景点到整个风景名胜区，从一个家庭到整个社会，都是以系统的形式存在。

（2）系统的属性

系统有整体性、动态相关性、层次等级性和有序性等属性。

① 系统的整体性

系统的整体性是指系统诸要素集合起来的整体性能，就是系统诸要素相互联系的统一性。要素一旦构成系统，系统作为有机联系的整体，就获得了各个组成要素所没有的特性。

② 系统的动态相关性

任何系统都处在不断发展变化之中，系统状态是时间的函数，这就是系统的动态性。系统的动态性，取决于系统的相关性。系统的相关性是指系统的要素之间、要素与系统整体之间、系统与环境之间的有机关联性，它们之间相互制约、相互影响、相互作用，存在着不可分割的有机联系。

③ 系统的层次等级性

要素的组织形式就是系统的结构，而结构又可以分成不同的层次等级。在简单系统之中，结构只有一个层次，在复杂系统中，存在着不同等级的系统层次关系。一个系统的组成要素，是由低一级要素组成的子系统，而系统本身又是高一级系统的组成要素。系统的层次等级结构是一切物质系统具有的普遍形式。处于不同等级层次的系统具有不同的结构和功能,不同层次等级的系统之间是相互联系、相互制约的,它们处于辩证的统一之中。

④ 系统的有序性

系统的有序性是指构成系统的诸要素通过相互作用,在时间和空间上按一定秩序组合和排列,由此形成一定的结构,决定系统的特殊功能。系统的有序性是表示系统的结构实现系统功能的程度。任何系统都有特定的结构。结构合理,系统的有序度就高,功能就好;结构不合理,系统的有序度就低,功能就差。

2. 系统理论在风景名胜区规划中的应用

系统论的基本思想就是把要研究和处理的对象都看成是一个系统,从整体上考虑问题;同时还特别注意各个子系统之间的有机联系;把系统内部的各个环节、各个部分以及系统内部和外部环境等因素,都看成是相互联系、相互影响、相互制约的。系统理论把风景名胜区看成是一个系统。风景名胜区的系统性主要指风景名胜区结构的系统性。风景名胜区系统包括3个子系统:风景子系统、旅游子系统、居民子系统。其中以风景子系统最为重要,而形成风景游赏主体系统,其他二者相对次要,分别形成旅游设施配套辅系统和居民社会经济辅系统。各子系统下面还有更低级的子系统,如风景子系统还有自然景源子系统、人文景源子系统等更低级的子系统。

风景名胜区的系统性决定了其规划同样需要系统理论来指导,用系统的方法来研究风景名胜区和规划风景名胜区。系统理论对风景名胜区规划的指导有以下几点表现:

(1) 规划的要素

规划的内容是什么?规划时需要考虑哪些因素?要回答这些问题,首先要清楚风景名胜区的系统性,认清组成这个系统的诸多要素,了解要素之间的联系。规划是一个系统,组成这个系统的诸要素是相互联系、相互制约、相互影响的,从风景名胜区规划的本质上讲,规划的过程就是以风景名胜区的"严格保护、统一管理、合理开发、永续利用"为基点,不断协调主系统与辅系统、各子系统之间关系的过程,各子系统关系的协调统一是风景名胜区规划的核心任务。

(2) 规划的程序与编制

风景名胜区规划的内容很多,考虑的要素繁杂,所需的知识体系庞大,如何将这些内容和要素合理地组织起来,这需要系统知识。风景名胜区规划是一个分析和决策的过程,如何使这个过程条理清晰,有条不紊,同样需要系统理论。系统理论始终贯穿于风景名胜区规划的全过程。

(3) 规划者的思维

风景名胜区规划作为一项系统工程,规划任务需要各行业、各学科专家来协力完成,每位专项规划人员都需要具备系统的思维与合作的精神,片面强调各自子系统的重要性,只能使规划任务难以完成,规划目标难以实现。

(二) 可持续发展理论

1. 可持续发展的基本理论

(1) 可持续发展理论的产生

"不违农时,谷不可胜食也;数罟不入池,鱼鳖不可胜食也;斧斤以时入山林,林木不可胜用也。"《孟子·梁惠王上》中的这段话让我们了解到,早在2200多年前的春秋战国时代,我国已经有了对可再生资源持续利用的思想与实践。然而,可持续发展理论的确立与发展则是近几十年来的事情。自第二次世界大战以来，世界各国的工农业生产发生了巨大的变化，特别是自 20 世纪 50 年代以来，在工业文明给人类带来先进科技与高水平生活的同时，环境污染、资源枯竭、生态环境恶化等一系列问题也摆在了人类面前。之所以出现这些现象，是由传统的资源利用思想造成的。人们在利用资源时只顾当前利益，忘记未来利益；只考虑局部利益，不考虑区域的整体利益；只重视个人或单方面利益，忽视团体或综合利益。进入 20 世纪 70 年代，人们逐渐认识到这种思想的严重性，开始重新思考自己的行为，调整资源利用思想和经济发展方式。自从世界自然保护联盟（IUCN）在 1980 年制定的《世界保护战略》中第一次提出"可持续发展"的概念以来，人们对可持续发展理论进行了广泛的研究，仅有关可持续发展的定义就多达 100 种。很少有哪一个概念如同"可持续发展"概念这样，在全球范围内引起如此广泛的探讨和丰富多彩的解释。其中最具代表性的首推 1987 年挪威前首相布伦特兰夫人（Gro Harlem Brundtland）主持的联合国世界环境与发展委员会（WCEI）在《我们共同的未来》中所提出的定义，即可持续发展是"既满足当代人的需求，又不对后代人满足其自身需求的能力构成危害的发展"。

(2) 可持续发展的基本概念和特征

可持续发展理论中包含两个关键性的概念：一是人类需求，特别是世界上穷人的需求，即"各种需要"的概念，这些基本需要应被置于压倒一切的优先地位；二是环境限度，如果它被突破，必将影响自然界支持当代和后代人生存的能力。可持续发展是同传统发展完全不同的一种发展思想，它可概括为：照顾当前和未来发展需求；协调局部和区域发展关系；综合考虑各方面利益，使一个区域或国家的发展达到持续、协调和快速。可持续发展并不否定经济增长，但需要重新审视如何实现经济增长，要达到具有可持续意义的经济增长，必须审计使用能源与资源的方式，力求减少损失，杜绝浪费，并尽量不让废物进入环境，从而减少每单位经济活动造成的环境压力。可持续发展以自然资源为基础，同环境承载能力相协调，"可持续性"可以通过适当的经济手段、技术措施和政府干预得以实现，目的是减少自然资源的耗竭速率，使之低于资源再生速率。可持续发展以提高生活质量为目标，同社会进步相适应，单纯追求产值的经济增长不能体现发展的内涵。可持续发展承认自然环境的价值，这种价值不仅体现在环境对经济系统的支撑和服务上，更体现在环境对生命支持系统不可缺少的存在意义上。

可持续发展的特征可以从三个方面来认识，即自然可持续性、经济可持续性和社会可持续性。所谓自然可持续性是从自然资源质量角度出发的，在人们利用自然资源的过程中，不能导致资源质量的退化，这就要求在利用资源的同时，尊重自然规律，按自然资源容量决定利用强度，最终保护资源，提高资源质量和生产力。保持资源的自然可持续性可以协调当前和未来的关系，防止竭泽而渔的短期行为，它是持续发展的基础。经济可持续性是以自然可持续性为基础的，也就是在资源质量不发生退化的前提下，人们可以持续不断地取得净收益，使整个利用系统可持续保持下去。经济可持续性说明了资源利用效益在不同时段的分享关系，那些仅顾当前高收益，使利用行为产生负影响，导致资源质量下降，未来收益降低的利用方式是不具备经济可持续性的。社会可持续性主要说明局部和区域的关系和区域内不同阶层收益的公平性，那些仅顾局部利益而不考虑区域发展，仅考虑部分人利益而不顾社会利益的行为都会破坏系统的社会可接受性，失去社会可持续性。

2. 可持续发展理论在风景名胜区规划中的应用

20 世纪中期以来，面对全球日益短缺的自然资源储备以及不断恶化的生态环境，人们开始反省自己浪费和过度消耗自然资源的思想与行为，并寻找到其根源在于整个社会对资源价值的片面理解与认识，可持续发展理论的产生与发展，彻底推翻了"资源无价"的错误理论，确立将"资源有价"理论作为国家乃至全球社会经济可持续发展的重要理论基础，并将"资源价值核算"作为可持续发展战略实施的核心手段，以从根本上改变传统的资源价值观念，使资源的可持续利用成为可能。因此，可以说可持续发展理论贯穿于风景名胜区规划的始终。

风景名胜资源的永续利用与全球社会经济的可持续发展紧密相连，如何保证资源的可持续利用已经成为目前亟待解决的问题。保证资源的可持续利用首先必须正确认识资源的价值，认识到资源价值的巨大，才能制定相关措施，采取相应手段来保护与利用好珍贵的风景资源。只有正确认识风景名胜资源的价值，才能确定资源在利用过程中真正的价值提升与损耗，将这些资源价值的创造与损耗与国家的国民经济核算体系形成必要的连接，使资源价值的消耗与补偿进入一种良性循环的轨道，使资源的永续利用成为可能。1992 年联合国环境与发展大会所发表的《21 世纪议程》中明确指出："提倡对树木、森林和林地等所具有社会、经济和生态价值纳入国民经济核算制的各种方法，建议研制、采用和加强核算森林经济和非经济价值的国家方案。"正如英国皇家学会会员艾伦·科特雷尔教授所指出的："无论什么样的社会形式，都必须承认有限的、会枯竭的自然资源具有价值。因此必须以这样或那样的形式给资源制定价格，以便限制资源的消耗和给予资源以保护和关心。"❶

所以，风景名胜资源同其他类型的资源一样，作为对人类具有效用而且稀缺的物品，无论其是否是商品，无论其是否渗透入人类的劳动，它对于整个人类不仅具有使用价值，而且具有价值。在树立可持续的风景名胜资源价值观的基础上，将可持续发展理论与方法落实于资源保护与利用的各项工作中，对于风景名胜区的科学规划、统一管理、合理开发、永续利用具有极其重要的意义。

（三）生态学理论

1. 生态学理论的产生与发展

生态学原本是生物学的一个分支学科，随着 20 世纪 60 年代人类面临的一系列严峻问题的出现，成为科学研究的焦点，并逐渐变成受世人瞩目、多学科交叉的综合性学科。传统的生态学是以个体、种群、群落等不同的生命体系为研究对象的宏观生态学。1936 年英国生态学家坦斯利（Tansley）提出了生态系统的概念，强调生物与环境、生物与生物之间的相互作用。现代生态学的重点在于生态系统中各个组成部分的相互联系。因而，现代生态学的研究对象既不是生物，也不是环境，而是由生物与环境相互作用构成的整体——生态系统。生态学发展的主流越来越趋向于与人类活动及社会经济活动相结合。生态学作为连接自然科学与社会科学的桥梁，已经成为风景名胜资源保护与利用工作的指导性理论。而其中以景观生态学与风景名胜区规划的联系最为紧密。景观生态学是研究景观的空间结构与形态特征对生物活动与人类活动影响的科学。它研究不同尺度上景观的空间变化，以及景观异质性的发生机制（生物、地理和社会的原因）。它是连接自然科学和有关人文科学的一门交叉学科。

2. 景观生态学在风景名胜区规划中的应用

风景名胜区作为一个完整的生态系统和景观系统，其规划是以谋求区域生态系统的整体优化功能为目标，以各种模拟、预测方法为手段，在生态系统分析、综合以及评价的基础上，建立区域生

---

❶ 姜文来. 水资源价值论［M］. 北京：科学出版社，1999. 第 63 页

态系统优化利用的空间结构和功能，并提出相应的方案、对策及建议。景观生态学在风景名胜区规划中的应用主要从以下3个方面得到体现：

景观生态学是一门空间生态学，它重点研究生态系统的空间关系以及格局与过程的关联性。生态系统在空间的分布可用斑块—廊道—基质的模式来表达，异质性是景观系统的基本特点和研究出发点，空间异质性是指生态学过程和格局在空间上的不均匀性与复杂性。

景观生态学是生物生态学与人类生态学的桥梁。景观演化的动力机制有自然干扰与人为影响两个方面，由于当今世界上人类活动影响的普遍性和深刻性，所以对景观演化起主导作用的是人类活动。景观生态学强调人类尺度的作用（人类世代的时间尺度与人类视觉的空间尺度）也正基于此。

景观生态学同时研究生态景观与视觉景观两个方面，注意协调形态与内容、结构与功能的统一。它以人类对于景观的感知作为评价的出发点，追求景观多重价值（经济、生态与美学）的实现。

总之，地球上大多数景观是自然过程与人类文化过程交互作用的产物，是长期适应与演化形成的稳定类型。景观生态学使风景名胜区规划在对各种规划理念兼收并蓄的基础上，通过地理学的格局研究与生态学的过程研究相结合，同时吸收风景园林及建筑美学思想，综合考虑了各种社会学、经济学、环境学、文化人类学等因素，而使风景名胜区成为一个整体稳定、协调发展、具有多重价值的生态系统，是实现风景名胜区可持续发展的重要的理论基础。

二、风景名胜区规划的基本方法

风景名胜区规划的研究对象——风景名胜资源保护与利用系统，是一个规模庞大、因素众多、功能综合、结构复杂、约束重重、动态时变的生态经济大系统，这说明风景名胜资源保护与利用活动的本身就是一项复杂的系统工程。因此，客观上决定了风景名胜区规划不是一个或几个简单的方法就可以满足，而需要一组由多个学科交织融汇而组成的高度综合的系统工程方法。具体说，它是以系统理论为指导思想，以定性分析引导客观全面的系统综合与评价，在理性预测系统目标的前提下，科学决策系统的架构与发展。其方法体系可以从以下几个方面进行描述。

1. 思维方法

风景名胜区规划的思维方法是处理风景名胜资源保护与利用问题的基本思路和指导思想，即从系统观点出发，着重考虑风景名胜资源的完整性、真实性、动态性等特点，把风景名胜资源保护与利用的全过程作为一个系统，在充分研究与综合分析其结果的同时，进行系统评价，从而确定最有效地实现系统目标的各项要求和条件，并以此指导具体的风景名胜区的建设与管理过程中的各项资源保护与利用活动。

2. 理论方法

风景名胜区规划的理论方法具有高度的综合性，其原因在于风景名胜区自身是一个复杂的生态经济复合系统。针对如此复杂系统的规划，必然需要汇集多学科知识、多专业人才、多部门经验、多技术成果进行协调研究，从而形成"合力"。风景名胜区规划学是由生态学、经济学、地理学、社会科学、人文科学、环境科学等多种学科相互渗透、交融而形成的一门高度综合的边缘学科。因此，风景名胜区规划的理论方法实际是各相关学科的理论方法的综合与提炼。综合而形成的是具有普遍指导意义的系统理论方法，提炼而形成的是与风景名胜资源保护与利用活动密切联系的、具有专业特色的理论方法。

3. 研究方法

对风景名胜区规划的研究需要把规划对象看成一个系统,既注意系统内部各个子系统、各种要素之间的平衡,又注意系统与外部环境的协调,以确保规划从宏观到微观的各个层次、从现在到未来的各阶段的均衡运行,促进社会、经济、自然、生态协调发展。

风景名胜区规划的研究方法,其实质是规划者思维方法的具体化,即系统分析和系统综合的方法。系统分析是对风景名胜资源保护与利用系统的剖析,以明确系统的要素、结构及约束条件。系统综合是在系统分析的基础上,对系统整体认识的深化,以把握系统的功能及整体协调优化。简单说,系统分析和系统综合的方法,是以取得满意的系统整体效益为目标,为寻找解决风景名胜资源保护与利用问题的最优策略、最优方案所采用的各种定性和定量分析方法的总称。

4. 技术方法

风景名胜区规划的技术方法是指风景名胜区规划过程中所采用的硬技术的总称。规划的科学性与综合性决定了风景名胜区规划过程中,必然会采用各相关专业技术的最新成果,综合应用于规划过程中,以提高资源保护与利用的科学化水平及可操作程度。纵观整个风景名胜区规划技术方法的更新与完善,主要是以信息技术的飞速发展为核心,现代通信技术、计算机技术、测量技术、数字技术等已然成为当今风景名胜区规划重要的技术支持。

5. 管理方法

风景名胜区规划目的就是要对风景名胜资源进行宏观控制与管理,使资源达到永续利用。因此,风景名胜区规划必须为风景名胜资源管理提供相应的管理方法。第一,是以数据库技术为核心所建立的风景名胜资源管理信息系统及资源保护与利用决策支持系统,对风景名胜资源信息进行快速收集、加工、处理和传递,为风景名胜资源保护与利用活动提供信息支持、管理支持和决策支持,实现资源管理的现代化和科学化。第二,是以资源价值量核算为核心所建立的风景名胜资源资产管理体系,以满足国家对风景名胜资源的可持续利用。第三,是以信息反馈控制为核心所建立的资源控制体系,用以对土地利用全过程进行最优控制。

6. 工作方法

风景名胜区规划的工作方法是指风景名胜区规划系统工程具体实施的工作程序系统,可用一个三维坐标结构予以描述,即风景名胜区规划的理论坐标、风景名胜区规划的程序坐标及风景名胜区规划的实施坐标。风景名胜区规划的理论坐标是指风景名胜区规划过程中所需的各种专业知识与技术支撑,它包括系统工程学、资源与环境经济学、景观生态学、资源管理学、社会管理学等多种学科知识;风景名胜区规划的程序坐标是指风景名胜区规划的逻辑程序,它可分为:明确问题、系统分析、系统综合、系统设计、系统优化、系统决策、规划实施;风景名胜区规划的实施坐标是指风景名胜区规划的实施过程,它包括风景名胜资源保护与利用动态监测、风景名胜资源价值管理评估、风景名胜区规划的动态调整等内容。

第二节 风景名胜区规划体系

一、风景名胜区规划任务

《风景名胜区规划规范》中指出:"风景名胜区规划也称风景区规划。是保护培育、开发利用和经营管理风景区,并发挥其多种功能作用的统筹部署和具体安排。经相应的人民政府审查批准后的风景区规划，具有法律权威，必须严格执行。"定义中明确提出了风景名胜区规划的 3 个主要方向，即风景名胜资源的保护与培育、风景名胜资源的开发与利用、风景名胜区的管理与经营，并突出强化了风景名胜区规划的法律意义，为规划的有效实施奠定了理论基础。

可见，风景名胜区规划是调控整个风景名胜区发展、保护、建设、管理的基本依据和手段，是在一定空间和时间范围内对各种规划要素的系统分析和统筹安排。风景名胜区规划的主要内容是依据风景区资源保护与利用的整体目标，根据国家、省等上层次风景名胜体系规划的要求，同时考虑到与风景名胜区域相关的国土规划、区域规划、城市规划等相关内容的衔接，在充分对资源保护与利用现状进行分析研究、科学预测风景名胜区的发展规模与效益的基础上，采取相应的方法与途径促进风景名胜区生态效益、社会效益、经济效益的协调发展。主要包括以下内容：

1. 综合分析评价现况；
2. 依据风景区的发展条件，从历史、现状、发展趋势和社会需求出发，明确风景区的发展方向、目标和途径；
3. 展现景物形象、组织游赏条件、调动景感潜能；
4. 对风景区的结构与布局、人口容量及生态原则等方面作出统筹部署；
5. 对风景游览主体系统、旅游设施配套系统、居民社会经营管理系统以及相关专项规划和主要发展建设项目进行综合安排；
6. 提出实施步骤和配套措施。

二、风景名胜区规划的功能

风景名胜区规划在社会经济发展过程中，对指导和监督国家风景名胜资源的保护与利用，建立可持续利用的风景名胜资源系统，使之符合历史的、社会的和公共的价值需求具有重要的作用。其作用主要表现在控制、协调、优化和保障 4 个方面。

（一）控制作用

风景名胜区内所包括的景观、社会、旅游服务等各种资源系统都各自具有自身内部的独立性，同时这些系统又都具有明显的开放性，它们始终处在一种运动与变化当中。这样一个运动中的物质实体，要求对其进行的规划也必须是一个开放性的、动态的。这种规划在把握已有的动态变化规律与特征及其发展趋势的同时，还要为未来的、不可预测的发展因素、变化或突发事件留有余地，并提出相应的解决方案。因而规划也是对未来状态进行不断地预测、决策、修正决策的动态过程，根据变化中的新情况、新问题、新需求来不断地调整与完善，从而实现对资源保护与利用的控制与引导作用。

（二）协调作用

风景名胜区规划是针对相应区域范围内风景名胜资源、社会资源、环境资源、经济资源等各种资源配置的长远方案，风景名胜资源的保护与利用，风景名胜区内及周边地区的资源、社会、经济协调发展是其研究的核心内容。它所关注的问题焦点是：风景名胜资源的保护与利用过程是否能够满足可持续发展的要求，风景名胜资源是否得到永续利用，社会状况是否能够与资源协调发展。

风景名胜区规划内容涉及相当广泛，大多会涉及相关的资源、社会、经济三大系统及其子系统中的各类要素，涉及农林、商旅、工副、交通、科教文卫等产业部门及其专业规划，涉及相关行政单元及其辖区的权益关系，在大型而又复杂的风景名胜区，这类条块关系将十分突出，因而规划就要综合分析、评价、论证，扬长避短，综合优化规划内容，使其有利于风景区的游憩、景观、生态三大基本功能的全面发挥，有利于风景区的自生、竞争、共生3项基本能力的综合发展。同时还有对风景区中涉及的各类资源系统，各部门、各行政辖区的利益关系作系统的分析与研究，用有序协调的方法使散沙般的各分支体系，在保护资源永续利用的最高目标的基础上，相互协调，相互补充，充分体现风景区规划、建设、管理的整体性与统一性。

风景名胜区规划的过程本身同样也是一个分项研究、统一协调的过程。风景区规划内容的复杂性与多样性决定了规划任务的完成同样需要各专业、各学科专家的积极配合与协调。

（三）优化作用

在社会主义市场经济条件下，风景名胜区规划针对风景名胜资源这种具有稀缺性、社会性的资源配置模式，将会决定风景名胜资源利用的效益、成本以及相关的一系列的资源问题、社会问题、经济问题。风景名胜区规划十分注重风景名胜资源本身（物质形式或非物质形式）、参与者（所有者、使用者）的合理结构与需求，全面揭示风景名胜区内各类资源配置的能量、经济、生态和文化的联系，使风景名胜资源利用朝着永续、协调、优化的方向发展。可以说，优化风景名胜区资源配置结构，调整资源利用布局，是风景名胜区规划的核心内容。风景名胜区规划就是从宏观和长远的角度指导区域内风景资源的优化配置，在保障其永续利用的前提下，通过采取各种方法与途径，对有限的、宝贵的、稀缺的风景资源进行配置，进行产生最佳的生态、社会、经济效益。

（四）保障作用

风景名胜区规划是驾驭整个风景名胜区发展、保护、建设、管理的基本依据和手段，是在一定空间和时间范围内对各种规划要素的系统分析和统筹安排。规划被审批通过后，就成为规范风景名胜区建设管理过程中各种资源保护与利用行为的法律依据。风景名胜区的可持续发展，前提是规划，核心是保护，关键是管理。规划是风景名胜区处理资源保护与利用关系的重要手段。科学的规划对于风景名胜资源的合理开发、永续利用起到了积极的保障和监督作用。

三、风景名胜区规划的原则

风景名胜区规划作为指导与监督风景名胜资源保护与利用过程中各种行为的法律依据，其在规划过程中必须遵循以下原则。

（一）整体性原则

风景名胜区是一个空间和社会整体，所以要从整体目标（总效益、总费月、总收益等）出发规划各个局部，协调各方面的矛盾，对所涉及活动作统一筹划、全面安排。在各局部与整体发生矛盾时，要做到部分服从整体。风景名胜区规划在体现内部系统整体性原则的基础上，还需要与相关的区域规划、城市规划相协调统一，形成更大范围的整体与系统。

（二）择优性原则

风景名胜区的规划问题是一种功能活动，一切都服务于既定的功能目标。功能的优劣首先决定于系统的结构。要素之间不同的相互联系方式，代表不同的结构有序性，产生不同的功能水平。规划就是通过对有关变量、因素、手段等的适当选择、改变和控制，调整内部关系，追求最佳的有序结构，以获得最优的效益目标。

（三）动态性原则

任何事物都在不断发展变化着，运动是绝对的，静止是相对的。风景名胜区内部与内部、内部与外部环境之间时时刻刻都存在着物质、能量、信息和价值的反馈。规划的时空多维特征决定了其必然是一个连续的动态决策过程，特别是风景名胜区随着社会经济的发展，规划指标因素必然会相应地发生变化，规划的预测与决策也必然存在着不确定性，因此风景名胜区规划也必然要建立动态的思维，要阶段性地对规划进行补充与完善，以适应实际情况和新认识。

（四）调控性原则

所谓"调控"，就是调节控制土地利用系统的结构和功能。土地利用系统的结构具有受控和能够被调的特点，这是由人类及其掌握的科学技术是土地利用系统的主导要素决定的。在土地利用系统的结构规划过程中包括以下几种形式：①预测调控，即对土地利用系统结构的预先设计和后果预测，以进行超前性的预期调控。②过程调控，即对结构运行中的要素与功能性障碍，适时排除，使结构与功能得以正常发生效力。③重组与装配调控，即对旧结构的改造和新结构的重建。④总体调控，对亚结构和整体结构都进行调节和控制，它是局部和全部的调整。

（五）真实性与完整性原则

风景名胜区作为国家自然与文化遗产保存最集中的区域，各种规划行为都要以保护与永续利用为前提，使这些宝贵的自然与文化遗产能够真实与完整地永续传承，在满足当代人欣赏、享用的同时能够满足后代人的需要，在满足本国人欣赏、享用的同时能够满足其他国家人们的需要。《世界遗产公约》中明确强调了世界遗产在保护与利用过程中最为核心的内容就是保护这些珍贵资源的真实性与完整性。可见风景名胜区规划的全过程中，真实性与完整性原则是必须遵守的。

四、风景名胜区规划的特点

风景区规划与相关规划具有一些相通的共性，但由于自身内部结构与功能的不同，风景区规划同时也具有自身的特点。

（一）方法的科学性

规划本身就是人们主观意识对客观存在的一种科学的反映，如何避免或减少规划中主观意识控制，这就需要对风景区现状进行客观的分析与研究，对未来进行理性的构想与预测，选取切实可行的方法与步骤，来实现风景区规划的目标，这样一系列的工作，每个环节之间都产生着必然的逻辑关系，这也就要求风景区规划必须是科学的。

（二）空间的地域性

风景区规划是对特定地区和特定地域的空间范围内的资源保护与利用活动进行规划。风景名胜资源本身所具有的相对固定性决定了风景名胜区所存在的特定地区或区域必然与其周边自然环境、人文环境具有千丝万缕的联系，这种联系对风景名胜区本身的地域性起到了突出强化的作用，这种资源地域空间本身所具有的特性同时决定了对其进行的规划也同样必须具有相应的地域性。

（三）系统的复杂性

风景名胜区是一个复杂的系统，在大的风景名胜区系统中包括资源、社会、经济三大子系统，这些子系统又是由更为丰富的下层系统所构成，所以风景名胜区规划所包括的内容也相当广泛，涉及农林、商旅、工副、交通、科教文卫等多个产业部门，因而规划内容的复杂性可想而知。规划必须在综合分析风景名胜区各项复杂关系的基础上，充分考虑各子系统内部要素、子系统之间相互的联系与制约，找到一个有利于各个系统、各个要素协调共生的发展途径，用有序协调的规划使诸多散乱的条块形成相互补充、相互促进的有机网络。同时，针对风景名胜区这样一个由资源系统、社会系统、经济系统所构成的综合系统所进行的规划，不可能由单一学科或专业来完成，规划需要风景、林业、历史、经济、水利、文学等多个学科的配合、协调与决策。

（四）内容的相对性

风景名胜区规划既要解决当前资源保护与利用中存在的问题，同时需要对风景名胜区未来的发展状态和在实现未来状态过程中会出现的问题做出科学的预测，并寻求方法来解决。所以规划既要有现实性，又要具有前瞻性。但是，任何事物都是在不停地运动与变化，风景名胜区内部的各种系统要素以及风景名胜区外部环境要素也在时刻产生变动，所以风景名胜区规划不可能是一成不变的，必须根据实践的发展和外界环境的变化，适时地进行调整与补充，所以规划是一项长期性和经常性的工作。但同时需要指出，规划的调整与补充并非意味着对规划的随意修改，规划一经批准，便成为指导风景名胜区建设与管理工作的法律性文件，必须保持其相对的稳定性和严肃性，只有通过法定程序才能进行调整与修改。

（五）实施的可操作性

风景名胜区规划的最终目的是要应用于实践，面向管理，指导整个风景名胜区的建设与发展，使风景名胜资源的保护与利用有章可循、有据可依。所以，规划过程的各个环节都应突出实践的需要，使其更利于规划的实施与管理。在规划过程中，规划小组不仅要从各自专业的角度出发，同时需要吸纳当地风景名胜区的建设与管理者作为规划决策的重要成员，以及广泛听取当地居民的意见与需求，这些都是提高规划实施的可操作性的有效方法。

五、风景名胜区规划的层次与内容

风景名胜区规划从宏观到微观可以分为8种规划类型（表3-1）。

（一）风景发展战略规划

这是对风景区或风景体系发展具有重大的、决定全局意义的规划，其核心是解决一定时期的基本发展目标及其途径，其焦点和难点在于战略构思与抉择。

（二）风景旅游体系规划

这是一定行政单元或自然单元的风景体系构建及其发展规划，包括该体系的保护培育、开发利用、经营管理、发展战略，及其与相关行业和相关体系协调发展的统筹部署。

（三）风景区域规划

风景区域是可以用于风景保育、开发利用、经营管理的地区统一体或地域构成形态，其内部有着高度相关性与结构特点的区域整体，具有大范围、富景观、高容量、多功能、非连片的风景特点，并经常穿插有较多的社会、经济及其他因素，也是风景区的一种类型。风景区域规划由于涉及资源、经济、社会等多重要素的交叉与融合，使其成为以风景保护与利用为核心，促进区域社会经济协调发展的战略部署与调控。

（四）风景区规划纲要（审批管理）

在编制国家重点风景区总体规划前应当先编制规划纲要。其他较重要或较复杂的风景区总体规划，也宜参考这种做法。

（五）风景区总体规划（审批管理）

统筹部署风景区发展中的整体关系和综合安排，研究确定风景区的性质、范围、总体布局和设施配置，规定严格保护地区和控制建设地区，提出保护利用原则和规划实施措施。

（六）风景区分区规划

在总体规划的基础上，对风景区内的自然与行政单元控制、风景结构单元组织、功能分区及其他分区的土地利用界线、配套设施等内容作进一步的安排，为详细规划和规划管理提供依据。

（七）风景区详细规划（审批管理）

在总体规划或分区规划的基础上，对风景区重点发展地段的土地使用性质、保护和控制要求、景观和环境要求、开发利用强度、基础工程和设施建设等做出管制规定。

详细规划可分为控制性详细规划和修建性详细规划。

（八）景点规划

在风景区总体规划或详细规划的基础上，对景点的风景要素、游赏方式、相关配套设施等进行具体安排。

风景名胜区规划层次与内容一览表　　　　　　　　　　　　表 3-1

规划层次	规划内容
风景发展战略规划	1. 发展战略的依据，包括内部条件和外部环境； 2. 发展战略目标，包括方向定性、目标定位（定性兼定量）及其目标体系； 3. 发展战略重点，包括实现目标的决定性战略任务及其阶段性任务； 4. 发展战略方针，包括总策略和总原则（发展方式与能力来源）； 5. 发展战略措施，包括发展步骤、途径及手段
风景旅游体系规划	1. 风景旅游资源的综合调查、分析、评价； 2. 社会需求和发展动因的综合调查、分析、论证； 3. 体系的构成、分区、结构、布局、保护培育； 4. 体系的发展方向、目标、特色定位与开发利用； 5. 体系的游人容量、旅游潜力、发展规模、生态原则； 6. 体系的典型景观、游览欣赏、旅游设施、基础工程、重点发展项目等系统规划； 7. 体系与产业的经营管理，及其与相关行业相关体系的协调发展； 8. 规划实施措施与分期发展规划
风景区域规划	1. 景源综合评价、规划依据与内外条件分析； 2. 确定范围、性质、发展目标； 3. 确定分区、结构、布局、游人容量与人口规模； 4. 确定严格保护区、建设控制区和保护利用规划； 5. 制定风景游览活动、公用服务设施、土地利用与相关系统的协调规划； 6. 提出经营管理和规划实施措施
风景区规划纲要 （审批管理）	1. 景源综合评价与规划条件分析； 2. 规划焦点与难点论证； 3. 确定总体规划的方向与目标； 4. 确定总体规划的基本框架和主要内容； 5. 其他需要论证的重要或特殊问题
风景区总体规划 （审批管理）	1. 分析风景区的基本特征，提出景源评价报告； 2. 确定规划依据、指导思想、规划原则、风景区性质与发展目标，划定风景区范围及其外围保护地带； 3. 确定风景区的分区、结构、布局等基本构架，分析生态调控要点，提出游人容量、人口规模及其分区控制； 4. 制定风景区的保护、保存或培育规划； 5. 制定风景游览欣赏和典型景观规划； 6. 制定旅游服务设施和基础工程规划；

续表

规划层次	规划内容
风景区总体规划 （审批管理）	7. 制定居民社会管理和经济发展引导规划； 8. 制定土地利用协调规划； 9. 提出分期发展规划和实施规划的配套措施
风景区分区规划	1. 确定各功能区、景区、保护区等各种分区的性质、范围、具体界线及其相互关系； 2. 规定各用地范围的保育措施和开发强度控制标准； 3. 确定各景区、景群、景点等各级风景结构单元的数量、分布和用地； 4. 确定道路交通、邮电通信、给水排水、供电能源等基础工程的分布和用地； 5. 确定旅行游览、食宿接待服务等设施的分布和用地； 6. 确定居民人口、社会管理、经济发展等项管理设施的分布和用地； 7. 确定主要发展项目的规模、等级和用地； 8. 对近期建设项目提出用地布局、开发序列和控制要求
风景区控制性详细规划 （审批管理）	1. 确定规划用地的范围、性质、界线及周围关系； 2. 分析规划用地的现状特点和发展矛盾，确定规划原则和布局； 3. 确定规划用地的细化分区或地块划分、地块性质与面积及其发展要求； 4. 规定各地块的控制点坐标与标高、风景要素与环境要求、建筑高度与容积率、建筑功能与色彩及风格、绿地率、植被覆盖率、乔灌草比例、主要树种等控制指标； 5. 确定规划区的道路交通与设施布局、道路红线和断面、出入口与停车泊位； 6. 确定各项工程管线的走向、管径及其设施用地的控制指标； 7. 制定相应的土地使用与建设管理规定
风景区修建性详细规划 （审批管理）	1. 分析规划区的建设条件及技术经济论证，提出可持续发展的相应措施； 2. 确定山水与地形、植物与动物、景观与景点、建筑与各工程要素的具体项目配置及其总平面布置； 3. 以组织健康优美的风景环境为重点，制定竖向、道路、绿地、工程管线等相关专业的规划或初步设计； 4. 列出主要经济技术指标，并估算工程量、拆迁量、总造价及投资效益分析
景点规划	1. 分析现状条件和规划要求，正确处理景点与景区、景点与功能区或风景区之间的关系； 2. 确定景点的构成要素、范围、性质、意境特征、出入口、结构与布局； 3. 确定山水骨架控制、地形与水体处理、景物与景观组织、游路与游线布局、游人容量及其时空分布、植物与人工设施配备等项目的具体安排和总体设计； 4. 确定配套的水、电、气、热等专业工程规划或单项工程初步设计； 5. 提出必要的经济技术指标，估算工程量与造价及效益分析

资料来源：张国强等编《风景规划》，2003。

六、风景名胜区规划的相关规划

（一）国土规划与区域规划

国土规划与区域规划并没有本质的区别，只是在地域范围和类型上前者比后者更广泛多样一些。在实际工作中，两个名词概念可相互通用。国土规划与区域规划都是指在国土（或一定区域）范围内，对整个国民经济建设进行总体的战略部署。即根据国民经济发展的要求，从国土（或当地）具体的自然条件和经济条件出发，通过综合平衡和多方案比较，确定国家（或区域）经济发展方向和生产类型，对工业、农业、交通运输业、电力、水利、城乡建设等进行全面规划，合理布局，使国家（或区域）内国民经济各个组成部分之间，各部门各行业之间形成协调发展的格局。区域规划实质就是区域性国土规划。

风景名胜区规划在空间意义上不同程度地带有区域的范围，但是从规划内容上看，国土规划与区域规划中所涉及的内容与因素更为广泛与丰富，风景名胜区规划所涉及内容相对更为单纯与具体，而更加类似于国土与区域规划中的一个专项规划。

（二）城市规划

城市规划是一定时期内城市建设的总体部署，也是城市建设的管理依据。城市规划的任务是根据国民经济计划，在全面研究城市区域经济发展的历史和自然条件的基础上，确定城市的性质和规模、城市各部分的组成、选择各部分用地并加以合理地组织和安排，使它们各得其所，互相配合，为生产和生活创造良好的环境。

我国风景名胜资源分布特征表明，任何风景名胜区的建设都需要以一个或几个城市发展为依托，来补充、参与、协调风景名胜区功能布局。居民、道路交通、基础设施、土地利用、社会经济发展等内容是两种规划都要涉及的内容。可见，任何风景名胜区的建设、发展，都与周边城市的发展有着密切的联系。泰安市作为泰山风景名胜区最重要的旅游服务基地、交通网络枢纽，泰安市城市的规划与建设与泰山风景名胜区有着密不可分的关系。同样，西湖风景名胜区的发展必然与杭州市的城市总体发展有着千丝万缕的联系。风景名胜区规划必须与相关城市规划相协调。

（三）土地利用规划

土地利用规划是国土、资源、农业、地理等多学科交叉的规划领域，所以土地利用规划的概念与内容也具有多样性特征。不同国家、不同领域、不同学科都有自己不同的理解与定义。联合国粮农组织的《土地利用规划指南》中认为："土地利用规划是指对自然、社会和经济因素的系统评价，以此来鼓励和保护土地利用者选择提高其生产力、可持续利用和满足社会需要的最佳途径。"土地利用规划是对一定区域未来土地利用超前性的计划和安排，是依据区域社会经济发展和土地的自然历史特性的现状进行土地资源合理分配和土地利用协调组织的综合措施。风景名胜资源本身所具有的空间的相对固定性就决定了风景名胜资源的产生、变化与发展的过程都是依附于土地而进行的，因此从某种意义上讲，风景名胜区的规划同样是对风景名胜区内部土地资源实施有效供给、优化配置、协调发展的过程。因此，在风景名胜区规划中将其内部土地资源的使用类型、数量等指标与相应及相关的土地利用规划相联系、相协调，以达到风景名胜资源的有效保护与合理利用。

（四）旅游规划

20世纪90年代后，我国各级政府纷纷将旅游作为龙头（或支柱）产业，由此在旅游业发展及旅游区开发的过程中，应运而生了旅游规划。旅游规划，是旅游资源优化配置与旅游系统合理发展的结构性筹划过程。"旅游资源优化配置"是指，自然旅游资源、社会文化旅游资源、公共投资、技术与人力资源、信息与宣传设施、服务设施、基础设施等旅游产业要素及相关社会经济资源的优化配置。"旅游系统合理发展"是指，积极影响最大、消极影响最小，持续性稳定的发展。"结构性筹划"是指，主要控制旅游发展的基本趋势、基本模式、基本内容框架及战略重点等，而不是对旅游系统事无巨细的安排。旅游发展规划是根据旅游业的历史、现状和市场要素的变化所制定的目标体系，以及为实现目标体系在特定的发展条件下对旅游发展的要素所做的安排。

旅游规划的层次与范围相当广泛，大到国家区域，中到市域县城，小到旅游目的地和具体项目，旅游规划应针对具体地域范围而有所不同，但各层次间是相互联系、相互转化的。目前，旅游规划大致可以分为区域旅游结构规划（或旅游业发展总体规划）、旅游地域总体规划及旅游项目规划3类，3类规划之间在空间层次、规划方法等方面存在着不同（表3-2）。

旅游规划的类型与差异 表 3-2

旅游规划类型		区域旅游结构规划	旅游地域总体规划	旅游项目规划
旅游规划结构		如省域"旅游发展规划（纲要）"、"丝绸之路"规划等	如"旅游度假区总体规划"、都市旅游规划等	如"滑雪场详细规划"、"浦江之夜规划"等
范围对象	空间层次	区域	旅游目的地	项目
	图纸比例	一般小于 1：50000	1：50000～1：2000	1：20000～1：500
规划过程	规划方法	战略规划	总体规划	详细规划
	具体性	评价原则	结构性	综合性
	技术人员	1. 社会经济类 2. 环境建设类 3. 其他	1. 环境建设类 2. 社会经济类 3. 工程类 4. 管理类 5. 其他	1. 环境建设类 2. 社会经济类 3. 工程类 4. 管理类 5. 艺术类 6. 其他
	整合关系	以社会经济发展为主，兼顾物质环境建设及其发展承受性	社会经济发展与物质环境发展并重	在旅游学指导下的旅游项目开发规划或经营管理与服务计划,视规划项目的性质而定

资料来源：国家旅游局人事劳动教育司编《旅游规划原理》，1999。

　　无论是哪种旅游规划，尽管在时间与空间层次上都与风景名胜区规划具有普遍的相似性，但两类规划的核心有着明显的差别。旅游（区）规划是围绕旅游开发这一核心内容来解决旅游产品、目标、市场、线路等相关问题，以达到经济、社会、环境效益的协调发展。而风景名胜区规划是以资源保护为核心来解决保护、游赏、居民、设施等相关问题，以达到环境、社会、经济效益的协调发展。可见，旅游（区）规划与风景名胜区规划在立足点上有着本质的区别。

第四章　风景名胜区规划纲要

第一节　规划的程序与内容

一、规划程序

（一）规划的逻辑程序

风景名胜区规划作为一项系统工程，其核心就是解决风景名胜资源保护与利用过程中遇到的或者未来将遇到的问题，所以规划按照解决问题的逻辑分为以下 6 个步骤：

1. 系统分析与评价

根据风景名胜资源系统的组成，研究组成系统的各要素（或子系统）之间相互关系，研究系统与周围环境之间的联系。系统的分析在时间上分为历史分析、现状分析与未来趋势预测，在空间上可以分为系统内部分析与系统外部分析两个部分。系统评价一般包括资源、游览设施和社会经济 3 个方面，而以资源评价最为重要。

2. 明确问题

（1）明确风景名胜区的组成与边界。

（2）明确规划性质、规划期限及规划要求。

（3）明确规划依据与指导思想。

（4）明确风景名胜区规划的总目标及分项目标。

问题的明确需要以对系统的理性分析与客观评价为基础，同时使规划能够针对现状问题，提出适当的系统架构，以解决系统当前存在问题并满足系统未来发展的需要。

3. 整合系统

在系统分析与评价和明确问题的基础上，提出多种系统构建整合方案。系统结构需突出资源的保护特征，在保护的前提下完善旅游服务、居民调控、经济发展等各子系统间的关系。即构筑以资源保护为核心的系统架构。

4. 方案的筛选

方案筛选过程是一个理性评价的过程，也是一个决策的过程，需要本着"科学规划、统一管理、严格保护、永续利用"的方针，综合与分析各方案的优势与劣势，对各方案的科学性、可操作性、影响度等指标加以评价，确立科学合理的系统结构及功能布局，使系统组成与关联达到最优。

5. 系统优化与完善

以系统结构为基础，对决策方案加以完善与补充，通过保护、游赏、道路系统、居民调控、基础工程等各专项规划，形成总体规划系统的专项支撑子系统，以形成层次分明、结构清晰的规划体系。

6. 系统的补充与调整

系统的开放性与运动性决定了规划在实施过程中，必然无法完全满足系统发展变化的要求，随着系统的变化而不断补充与调整内容也就成为规划不可缺少的一个环节。

（二）规划的编制程序

风景名胜区规划是针对资源、社会、经济等各系统进行的宏观调控，整个风景名胜区规划编制大致可以分为 5 个阶段：调查研究阶段、制定目标阶段、规划部署阶段、规划优化与决策阶段以及规划实施监管与修编阶段（图 4-1）。

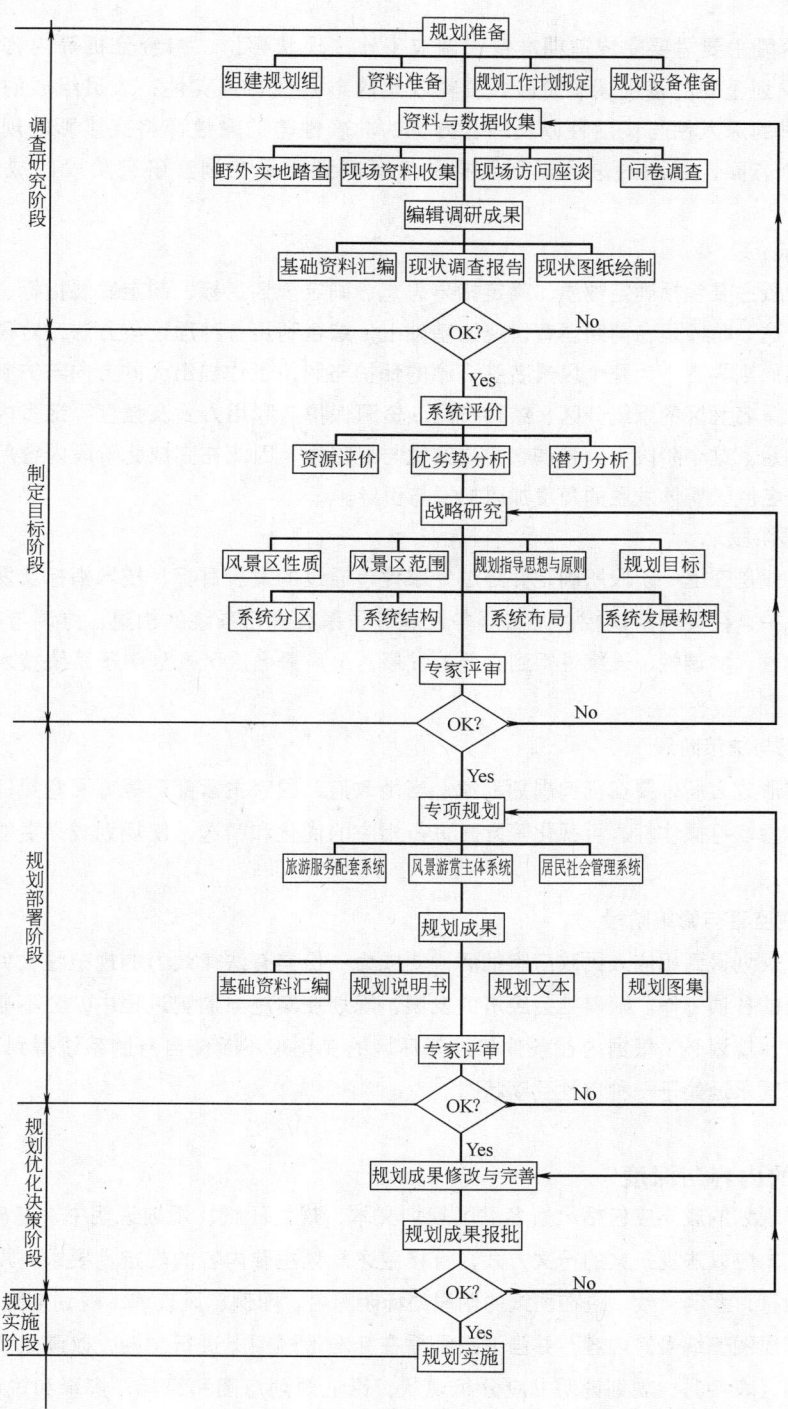

图 4-1 风景名胜区规划程序

1. 调查研究

调查研究阶段主要需要完成前期准备、调查工作、现状评价、综合分析等内容，这一阶段是风景名胜区规划重要的基础调研阶段，资料收集的丰富性与真实性；人员组成的科学性与协作性；现场调研的深入性与灵活性以及综合分析的准确性与前瞻性都将直接影响规划进度、深度、效能等各个方面，后期的总体规划及相关专项规划都是在调查研究阶段的成果基础上开展的。

2. 制定目标阶段

制定目标阶段主要包括确定性质、确定指导思想、确定规划目标、制定发展指标、架构宏观发展战略等内容。这一阶段是在前期调查研究的基础上，综合利用各种理论与方法，对风景名胜区发展制定控制性的原则内容，为整个风景名胜资源的保护与利用工作提出大的方向与方针。同时，根据规划目标对风景名胜区的系统分区、结构布局、资源保护与利用方式及强度等诸多内容提出相应的规划方案与构想。这个阶段十分强调它的政策性与战略性，因此在完成此阶段内容后需要进行专家评审，从风景名胜区整体发展的角度加以把握与引导。

3. 规划部署阶段

规划部署阶段是在上一阶段所确定并经过专家评审通过的发展目标、技术指标及发展战略的基础上，对资源保护、社会经济调控、游赏服务设施等子系统进行系统的构建、协调与完善的过程，能使系统的整体性、协调性、连续性得到充分的发展，是风景名胜区规划中子系统技术细化与主系统协调完善的过程。

4. 规划优化与决策阶段

在规划方案形成之后，要在征询规划专家、当地政府、国家主管部门等方面意见的基础上，对规划成果的可行性、可操作性、可视化等方面进行相应的优化和精选，使规划成果更能满足规划实施与管理的需要。

5. 规划实施监管与修编阶段

风景名胜区规划得到相应人民政府审批后，便成为一份具有法律效力的规范性文件，可以指导风景名胜区事业的各项工作。随着社会经济的发展，规划在实施与监管过程中，会不断出现规划中未能预料的变故，规划必须根据内在条件与外部环境的变化来不断使自身的系统得到更新与完善，使规划与建设管理永远处于一种良性互动状态。

二、规划的内容与深度

风景名胜区规划的成果应包括风景名胜区规划文本、规划图纸、规划说明书、基础资料汇编4个部分。规划文本应以法规条文的行文方式，直接叙述规划主要内容的规定性要求；规划图纸应清晰准确，图文相符，图例一致，应在图纸的明显处标明图名、图例、风玫瑰、规划期限、规划日期、规划单位及其资质图签编号等内容，并强调图纸需在标准地形图上进行制图，以满足清晰辨识现状地形信息的目的（表4-1）；规划说明书应分析现状，论证规划意图和目标，解释和说明规划内容；基础资料汇编应包括自然景源、人文景源、景区当地社会经济发展背景、旅游发展现状等基础性原始资料，资料索引需标识清晰，以备引用与核实。

风景区总体规划图纸规定 表 4-1

图纸资料名称	比例尺				制图选择			特征	可合并图纸
	风景区面积（km²）				综合型	复合型	单一型		
	20 以下	20～100	100～500	500 以上					
1. 现状（包括综合现状图）	1：5000	1：10000	1：25000	1：50000	▲	▲	▲	标准	
2. 景源评价与现状分析	1：5000	1：10000	1：25000	1：50000	▲	△	△	标准	1
3. 规划设计总图	1：5000	1：10000	1：25000	1：50000	▲	▲	▲	标准	
4. 地理位置或区域分析	1：25000	1：50000	1：100000	1：200000	▲	△	△	简化	
5. 风景游赏规划	1：5000	1：10000	1：25000	1：50000	▲	▲	▲	标准	
6. 旅游设施配套规划	1：5000	1：10000	1：25000	1：50000	▲	▲	△	标准	3
7. 居民社会调控规划	1：5000	1：10000	1：25000	1：50000	▲	△	△	标准	3
8. 风景保护培育规划	1：10000	1：25000	1：50000	1：100000	▲	△	△	简化	3 或 5
9. 道路交通规划	1：10000	1：25000	1：50000	1：100000	▲	△	△	简化	3 或 6
10. 基础工程规划	1：10000	1：25000	1：50000	1：100000	▲	△	△	简化	3 或 6
11. 土地利用协调规划	1：10000	1：25000	1：50000	1：100000	▲	▲	▲	标准	3 或 7
12. 近期发展规划	1：10000	1：25000	1：50000	1：100000	▲	△	△	标准	3

注：说明：▲应单独出图；△可作图纸。标准指绘于标准地形图上；简化指可以简化制图

资料来源：《风景名胜区规划规范》，1999。

第二节 风景名胜区现状调查与分析

风景名胜资源调查是风景名胜区规划的关键性基础工作。通过系统全面的资源调查，为风景名胜资源评价提供直观的翔实资料，进而为建立风景名胜资源有效保护与永续利用的长效机制，为风景名胜区的可持续发展战略提供决策依据。

一、风景名胜资源调查的内容

风景名胜资源调查的内容，主要分为风景名胜资源系统、旅游服务系统及居民社会经济系统 3 部分，涉及测量资料、自然与资源条件、人文与经济条件、设施与基础工程条件及土地与其他资料 5 个方面的内容（表 4-2）。

（一）风景名胜区资源系统调查

主要是深入细致地根据风景名胜资源的属性进行调查，为资源保护与利用提供基本信息与素材。

1. 自然景源调查

在广泛了解风景名胜区的水文、地质、气候等自然本底条件的基础上，有重点地调查具有景观价值、科学价值的特色景源。包括与环境组合成的种种地貌景观如奇峰、怪石、悬崖、峭壁、幽涧的形象、物质、观赏效果；山岳、山地、峡谷、丘陵、沙滩、海滨、溶洞、火山口等景观的分布、形态、面积等；森林类型、组成树种及景观特点，植物种类、数量、分布及花期等，特别是古树名木的树种、数量、年龄、姿态；动物的种类、分布、食性、习性，特别是珍稀野生动物、国家保护动物活动区域及生存环境要求等；可供观赏或游乐的江河、涧溪、山泉、飞瀑、碧潭以及湖泊、水库、池塘等水域的位置、形状、面积、宽度、水质等；海岸的旅游适宜状况；云海、雾海、日出、日落、佛光、冰雪等气象景观出现的季节、时间、规模、形态等。

2. 人文景源调查

不仅要调查现存的特色人文景观，还要调查历史上有影响但已毁掉的人文遗迹及民间传说等，便于开发时充分利用。包括各类古建筑和遗址的种类、数量、面积、建筑风格、艺术价值、建筑年代、保存状况；宗教文化类别、建筑、雕塑、绘画、石刻及影响范围；民族生活习惯、服饰、村寨建筑风格、信仰、传统食品；当地婚丧嫁娶及各种禁忌、礼仪等风俗习惯；各种纪念活动、节庆活动、庆典活动等。

风景名胜区的形成与发展必然与当地的自然变迁与历史沿革有着密切的联系，所以，风景名胜资源的调查重点在于风景名胜区范围内的资源，但同时不能忽视对风景名胜区周边景区景点的了解。风景名胜区的建设会与周边景区发展产生相应的竞争与互补关系，了解周边景区的发展现状对于该风景名胜区规划的定位与目标的确定具有重要的参考与借鉴价值。

（二）风景名胜区的服务设施系统调查

风景区规划基础资料调查类列表 表 4-2

大　类	中　类	小　类
一、测量资料	1. 地形图	小型风景区图纸比例为 1：2000～1：10000； 中型风景区图纸比例为 1：10000～1：25000； 大型风景区图纸比例为 1：25000～1：50000； 特大型风景区图纸比例为 1：50000～1：200000
	2. 专业图	航片、卫片、遥感影像图、地下岩洞与河流测图、地下工程与管网等专业测图
二、自然与资源条件	1. 气象资料	温度、湿度、降水、蒸发、风向、风速、日照、冰冻等
	2. 水文资料	江河湖海的水位、流量、流速、水量、水温、洪水淹没线；江河区的流域情况、流域规划、河道整治规划、防洪设施；海滨区的潮汐、海流、浪涛；山区的山洪、泥石流、水土流失等
	3. 地质资料	地质、地貌、土层、建设地段承载力；地震或重要地质灾害的评估；地下水存在形式、储量、水质、开采及补给条件
	4. 自然资源	景源、生物资源、水土资源、农林牧渔资源、能源、矿产资源等的分布、数量、开发利用价值等资料；自然保护对象及地段
三、人文与经济条件	1. 历史与文化	历史沿革及变迁、文物、胜迹、风物、历史与文化保护对象及地段
	2. 人口资料	历来常住人口的数量、年龄构成、劳动构成、教育状况、自然增长和机械增长；服务职工和暂住人口及其结构变化；游人及结构变化；居民、职工、游人分布状况
	3. 行政区划	行政建制及区划、各类居民点及分布、城镇辖区、村界、乡界及其他相关地界
	4. 经济社会	有关社会经济发展状况、计划及其发展战略；风景区范围的国民生产总值、财政、产业产值状况；国土规划、区域规划、相关专业考察报告及其规划
	5. 企事业单位	主要农林牧副渔和教科文卫军与工矿企事业单位的现状及发展资料、风景区管理现状
四、设施与基础工程条件	1. 交通运输	风景区及其可依托的城镇的对外交通运输和内部交通运输现状、规划及发展资料
	2. 旅游设施	风景区及其可依托的城镇的旅行、游览、饮食、住宿、购物、娱乐、保健等设施的现状及发展资料
	3. 基础工程	水电气热、环保、环卫、防灾等基础工程的现状及发展资料

续表

大 类	中 类	小 类
五、土地与其他资料	1. 土地利用	规划区内各类用地分布状况,历史上土地利用重大变更资料,土地资源分析评价资料
	2. 建筑工程	各类主要建筑物、工程物、园景、场馆场地等项目用地分布状况、用地面积、建筑面积、体量、质量、特点等资料
	3. 环境资料	环境监测成果,三废排放的数量和危害情况;垃圾、灾变和其他影响环境的有害因素的分布及危害情况;地方病及其他有害公民健康的环境资料

资料来源:《风景名胜区规划规范》,1999。

风景名胜区是国家向全体国民提供欣赏自然美景、感受历史文化的重要区域,同时也为科学研究提供了大量真实而完整的资源信息,而人员的进入是风景名胜区形成的必要条件。所以,风景名胜区的服务设施系统是接待游人游览、开展科学研究等工作的基础支撑。服务设施系统的调查主要从"吃、住、行、购、娱"5个方面来展开。包括现有的公路、铁路、水路、航空交通状况,旅游汽车、出租车、观光游船、车站、码头的数量和质量;饭店、旅馆、农舍式小屋、度假村、野营帐篷等多种住宿设施的规模、数量、档次、功能及接待能力;餐馆的规模、数量、分布情况、名特小吃与特色菜肴;零售购物、邮电通信、医疗服务等业务的分布与服务情况。

(三)风景名胜区的居民社会经济系统调查

我国的大部分风景名胜区内都有常住人口存在,这些居民长年居住在风景名胜区内部及周边地区,他们的生活工作与风景名胜资源的保护与利用有着千丝万缕的联系,可以说当地居民及社会与风景名胜已经融为难以割裂的综合体。因此,风景名胜区的规划并非单纯的资源规划、空间规划或旅游规划,而需要提升到更广泛的社会系统规划的高度来理解。所以,对于当地居民社会经济发展的调查是必不可少的。主要包括风景名胜区内部及周边城镇的经济状况、接待条件、社会治安、民族团结、风土人情、宗教礼仪、物产情况等。这些社会背景,都直接影响着风景名胜区的资源保护与利用的前景、深度、力度及获取整体效益的情况。

二、风景名胜区现状调查的方法与步骤

风景名胜区现状调查基本分为准备、资料和数据采集及编辑调查成果3个阶段:

(一)准备阶段

1. 成立调查组

调查组成员包括不同学科方向的专家、管理部门领导与工作人员和当地社区居民代表。调查组由调查小组组成,每个调查小组分别负责相应调查领域,调查小组并非孤立开展工作,调查小组之间需要经常地相互交流与补充,从而使总体的调查计划能够顺利完成。

2. 资料准备

资料准备包括文字资料与图纸资料两个部分,文字资料准备需要收集一切与风景名胜区相关的资料,如已有的自然状况调查材料、社会经济方面的文献报告,风景名胜资源方面的文字、照片与录像资料。并进行初步的系统整理,对其权威性、准确性、精确性以及可利用程度进行综合分析、评价和比较,以此了解某些风景名胜资源的成因及保护利用现状。第二手资料广泛存在于各种书籍、报刊、宣传材料以及前期相关规划与专项研究中。图纸资料的准备包括地形图的测绘与整理,风景

名胜区规划要求必须在相应比例的地形图上完成，信息技术的飞速发展给空间信息提供了先进的处理设备与手段，使图纸资料的准备更加方便。资料准备阶段的资料收集大多比较宽泛，更注重对现状调查工作提供宏观概念。

3. 制订工作计划

结合调查要求与现有资料，制订工作计划，工作计划涉及调查范围、调查对象、调查方式、调查任务完成的时间、投入的人力和财力多少、调查的精度要求、成果的表达方式等内容。

4. 仪器设备准备

伴随着科学技术的进步，调查仪器设备更加综合化与专业化。卫星定位技术的应用使 GPS 定位仪的功能无限强大，方位、高程、气压、气温、空间坐标、行动轨迹等数据能够瞬间采集，而且还能保持高度的准确性；数码影像技术使视觉信息的采集更加全面与丰富。卫星定位设备、遥感设备、航测设备与数码影像设备以及信息数据处理设备组成了规划设备支持系统。充分满足了调查所必需的准确性、完整性、便捷性的要求。

（二）资料和数据采集阶段

这一阶段是在前期各项准备工作的基础上，获取大量一手资料的过程。这一过程往往需要调查人员进行实地考察和勘察，在这一阶段有 4 种调查方法较为重要。

1. 野外实地勘察

是一种最基本的调查方法，调查人员直接接触到风景名胜资源，可以获得宝贵的第一手资料和感性认识，调查的结果翔实可靠。实地勘察包括观察、踏勘、测量、登记、摄影（像）等工作过程。这一过程非常辛苦，需要调查者有体力、耐力和毅力。但这一过程也很有乐趣，是挑战自我、挑战自然、发现新资源的过程，有一种挑战之美、发现之美、先睹为快之乐。

2. 现场资料收集

现场资料收集是对资料准备时资料收集的补充，具有即时性与翔实性。通过对各行政管理部门的走访，收集丰富的现状统计数据，以及相关地域的相关规划，现场数据的收集更加具体化，注重与规划方案形成的关联效果。

3. 访问座谈

这是风景名胜资源调查的一种辅助方法，可以完成规划者从旅游者身份向居住者身份的转换，而且当地居民对于风景名胜区的了解是多少年或者多少代人积累下来的，其中蕴涵着大量规划者在短期内很难掌握的信息，深入的访谈可以使规划者更全面地认识这个风景名胜区。发动群众的感性认识，可以弥补调查人员时间短、人手少、资金不足、对当地情况了解不明等缺陷，为实地勘察提供线索和重点，提高勘察的效率和质量。访问座谈包括走访与开座谈会两种方式，对象应具有代表性，如行政人员、老年人、青年及学生、当地专家、学校文史教师以及从事历史、地理研究的人员等。访问座谈改变了传统的由规划者一方进行规划的模式，而更加强调公众的参与、对当地居民利益的尊重、调查者与被调查者的平等以及充分正视当地传统知识和技术的价值。

4. 问卷调查

也是一种重要的方法，它通过游客、居民、行政等渠道分发问卷，请有关人员和部门填写。这种调查方法可以在短时间内收集大量信息，并可以对收集信息加以分析，而将分析结果运用到规划决策当中。但调查问卷中提问的方式、问题的设计、问卷填写人员的背景等方面都需要进行精心的筛选与推敲，以保证调查结果的可用性与有效性。

（三）成果编辑阶段

1. 编写风景名胜区基础资料汇编

风景名胜区基础资料汇编是风景名胜区规划成果的附件之一，资料汇编的过程是对风景名胜区现状资料调查整理的过程。资料汇编强调"编"的形式，所以在资料的收集与整理过程不要对原文加以修改，并对资料的来源、时间等内容加以标注，以保持资料信息的原真性与关联性。

2. 编写现状调查报告

现状调查报告是调查工作的综合性成果，是认识风景名胜区域内风景名胜资源的总体特征，并可从中获取各种专门资料和数据的重要文件，是规划的重要依据。报告主要包括3个部分，一是真实反映风景名胜资源保护与利用现状，总结风景名胜资源的自然和历史人文特点，并对各种资源类型、特征、分布及其多重性加以分析；二是明确风景名胜区现状存在的问题，全面总结风景名胜区存在的优势与劣势；三是在深入分析现状问题及现状矛盾与制约因素的同时，提出相应的解决问题的对策及规划重点。报告语言要简洁、明确，论据充分，尽量图文并茂。

3. 完成现状图纸的绘制

经过资料与现场数据的收集与整理，将各种调查结果转化为可视信息，通过图纸表达出来。主要包括风景名胜资源分布、旅游服务设施现状、土地利用现状、道路系统现状、居民社会现状等，充分反映系统中各子系统及各要素之间的关系及存在特征。

第三节　风景名胜资源评价

一、风景名胜资源分类

我国的风景名胜资源十分丰富，由于地理、气候、气象、文化等因素的影响，风景资源中包括多种景观要素，所以对其进行分类不能采取硬性分割的作法，只能按照风景名胜资源中占主导地位的景观要素的属性来进行分类。即在分类时应确定影响该风景名胜资源构成的主导景观要素并从3个方面进行考虑：第一，地质地貌特点以及其他的自然条件的特点，如植被、水文、气候、天象等；第二，观赏的视觉效果和审美特色；第三，人文因素的特点及其在该风景名胜资源中的地位和作用。我国的风景名胜资源分为3类，其中自然景观资源与人文景观资源构成了资源的主体，在这两大类别的基础上，发展形成综合景观资源（表4-3及附录九）。

风景名胜资源分类简表　　　　　　　　　　　　　　　　　　表4-3

大类	中类	小类
一、自然景源	1. 天景	(1)日月星光　(2)虹霞蜃景　(3)风雨阴晴　(4)气候景象 (5)自然声象　(6)云雾景观　(7)冰雪霜露　(8)其他天景
	2. 地景	(1)大尺度山地　(2)山景　　　(3)奇峰　　　(4)峡谷 (5)洞府　　　　(6)石林石景　(7)沙景沙漠　(8)火山熔岩 (9)蚀余景观　　(10)洲岛屿礁　(11)海岸景观　(12)海底地形 (13)地质珍迹　(14)其他地景

续表

大类	中类	小类
一、自然景源	3. 水景	(1)泉井　(2)溪流　(3)江河　(4)湖泊　(5)潭池　(6)瀑布跌水　(7)沼泽滩涂　(8)海湾海域　(9)冰雪冰川　(10)其他水景
	4. 生景	(1)森林　(2)草地草原　(3)古树名木　(4)珍稀生物　(5)植物生态类群　(6)动物群栖息地　(7)物候季相景观　(8)其他生物景观
二、人文景源	1. 园景	(1)历史名园　(2)现代公园　(3)植物园　(4)动物园　(5)庭宅花园　(6)专类游园　(7)陵园墓园　(8)其他园景
	2. 建筑	(1)风景建筑　(2)民居宗祠　(3)文娱建筑　(4)商业服务建筑　(5)宫殿衙署　(6)宗教建筑　(7)纪念建筑　(8)工交建筑　(9)工程构筑物　(10)其他建筑
	3. 胜迹	(1)遗址遗迹　(2)摩崖题刻　(3)石窟　(4)雕塑　(5)纪念地　(6)科技工程　(7)游娱文体场地　(8)其他胜迹
	4. 风物	(1)节假庆典　(2)民族民俗　(3)宗教礼仪　(4)神话传说　(5)民间文艺　(6)地方人物　(7)地方物产　(8)其他风物

资料来源:《风景名胜区规划规范》,1999。

（一）自然景观资源

所谓自然景观资源,是指以自然事物和因素为主的景观资源,可分为天景、地景、水景、生景4个类别。

1. 天景　是指天空景象。包括日月星光、虹霞蜃景、冰雪霜露、风雨云雾等天象景观。
2. 地景　是指地文景观。包括国土、山峦、沙漠、火山、溶洞、峡谷、洲岛礁屿等地质景观。
3. 水景　是指水体景观。包括泉井、溪流、江河、湖泊、潭池、瀑布跌水、沼泽滩涂、冰川等。
4. 生景　是指生物景观。包括森林、草地草原、珍稀生物、物候季相等景观。

（二）人文景观资源

所谓人文景观资源,是指可以作为景观资源的人类社会的各种文化想象与历史成就,是以人为事物和因素为主的景观资源。可以分为园景、建筑、史迹、风物4个类别。

1. 园景　是指园苑景观。包括古典园林、现代园林、植物园、动物园、陵园等。
2. 建筑　是指建筑景观。包括景观建筑、民居古建、宗教建筑、宫殿衙署等。
3. 史迹　是指历史遗迹景观。包括石窟、碑石题刻、人类历史遗迹、人类工程遗迹等。
4. 风物　是指民俗景观。包括民风民俗、宗教礼仪、神话传说、地方物产等。

二、风景名胜资源评价

风景名胜资源评价的对象是一个风景名胜区或某个特定区域（行政区和自然区）由自然、经济、社会三大资源组成的复杂的系统。开展风景名胜资源评价的目的,在于通过对风景名胜区内各型各类的景观资源,特别是对整体景观资源的数量与质量、结构与分布以及保护与利用方面的评价,从强化景观整体功能出发,明确所规划的地域风景名胜资源的整体优势与劣势、特有景观在风景名胜区中的占有量以及稀缺程度,揭示各种构景成分在景观结构和时空配置中的关系,从而为规划提供全面的科学依据。简言之，资源评价是科学规划、有效保护和合理利用风景名胜资源，正确制定国家相关产业政策法规，风景名胜资源永续利用必不可少的一项工作。另外，评价所采用方法的科学性、公正性、客观性、实用性直接影响到评价结果的准确性。

（一）风景名胜资源的美学价值评价

风景名胜资源从美学角度讲，是以具有美感的典型自然景观为基础，渗透入人文景观美的地域空间综合体。风景名胜资源的美学特征可以总结为自然性与人文性。

自然性对于风景名胜资源的美学特征是首先需要具备的。例如对于自然美，前人已经总结概括出7方面的形象特征，即"雄""奇""险""秀""幽""旷""奥"。如泰山之雄，华山之险，峨眉之秀，青城之幽，黄山之奇，洞庭之旷，武陵之奥。这些自然美的形象特征是白各风景名胜资源构景要素在不同的地质地理环境中形成的。因此在评价自然美的时候，应从分析自然美的形象特征入手，把握构景要素的本质特点。

人文性是风景名胜资源在形象性的基础上经过与人类社会生活相联系而赋予景观以人文美的特征。美是一种物质属性和社会属性的统一，美感是建立在客观物质基础上，只有物质存在才会产生美，物质消亡，美也随之不复存在。但这种美的观念，是在人类发展到一定阶段，即人类从自然界索取了维持其生存的最低限度的生活资料和生产资料后，才有可能欣赏自然，并形成一定的审美能力。人类不仅可以从自然界寻求美，而且能以一定的审美能力，对自然进行加工和改造，以增强其美感。

所以，我国风景名胜资源美学的特点是自然性与人文性相结合，并在美学自然性中融入了大量的社会、思想、历史、生态的信息，使风景名胜资源的美感能够世代相传，而具有长久不衰的生命力。

1. 风景名胜资源的外在美

具有外在美是风景名胜资源存在的必要条件，风景名胜资源与其他自然资源类型相比，具有形式美是重要的区分条件，而且外在美的特征是我们在资源评价中首先要掌握的景观资料。认识资源的外在美是评价的基础。对于景观外在美特征的掌握与评价对于规划中把握游览线路的组织、游人游览心理的反映，寻找景观之间、景观与游人之间关系等都是十分有益的。

2. 风景名胜资源外在美的类型

风景名胜资源的外在美有多种表征形式，为了便于掌握和了解，我们可以大致将其分为以下几种类型。

（1）形态美

无论自然景观还是人文景观，首先必须以某种形态存在，这是人们能够感知的首要条件。其形态及其数量、范围和某些特征，可以形成不同的美感。如山体雄伟之美、山势秀丽之美、峡谷幽深之美、平畴旷景之美等。这些自然美，多以构成自然景观的地理因素所产生的形态为基础。这些千姿百态的形体，通过人的各种生理机能的感应，而形成美感。在人文景观中，这种形态美的表现类型就更加复杂。因为人们从自然界吸取经验，根据物质的存在形式，通过形象思维，而创造出符合人们审美能力的多种形态美。形态美大多存在于地球的地质地貌景观中。

（2）色彩美

色彩是物质的基本属性之一，对人的感官最富有刺激性。所谓色彩美是指不同的色彩给人不同的感受，最直观的是各种颜色通过人的视觉而带给人在心理和生理上的感受。色彩是人类视觉最容易捕捉的美感信息。色彩是生命的象征，并能增加景观的层次感和纵深感。风景名胜资源的色彩美主要反映在植物景观的四季变化、动物体色的绚丽斑斓、土壤岩石的斑驳陆离、湖光水色的七彩净纯等。

(3) 动态美

人类始终处在一个运动的环境中，所以风景名胜资源与人之间的关系也是动态的，在这种关系中人们发现并感受到美的存在，景观环境季节的变化、观赏距离地点的变化、景观环境空间的变化，都使风景名胜资源具有一种动态美。动态代表着生机，湍急的溪流、飞落的瀑布、翱翔的燕雀、急驰的鹿群等都带给人们美的感受，这种感受来自运动，来自人们对生命的体验。

(4) 听觉美

听觉是人类感知声音的生理机能。通过其感受过程，可以获得自然界和社会环境中许多美妙的声音美。潺潺的流水、婉转的鸟语、呼啸的山林、澎湃的松涛等这些来自大自然的音响汇聚成为一首生命的交响诗。用声音的信息为人类创造出美的感受，从而激发人类向往自然、融入自然的热情。人们在掌握自然界中声音传递的规律的基础上，巧妙地将其运用到景观创造中。回音景观与环境的营造，使人们同样接受到听觉美的信息，比如天坛的回音壁、普救寺的莺莺塔。

(5) 嗅觉、味觉、触觉美

风景名胜资源所引起的嗅觉美主要表现在动物与植物所散发出来的沁人肺腑的芳香。山泉的甘甜、清冽，森林中渗透的清新空气，也都刺激着人们的嗅觉、味觉和触觉感官，而产生不同美的形式。如每年秋季西湖的桂花香飘十里，给人以美的享受。

(6) 结构美

风景名胜资源中无论是自然景观还是人文景观，都体现着一种构景要素自身内部构造的复杂性、多样性、和谐性与创造性，激发人们对结构美的欣赏与赞叹。植物的花、叶、干、根、枝以及动物的躯体与花纹在大自然中反映出有序、均衡、和谐，并被人类所捕捉和体验。结构美使事物各部分联系紧密，互相衬托、对比，形成节奏与韵律，并与自然相融合。

(7) 功能美

风景名胜资源的各种构景要素以实现某种功能为目的，通过人工的组织与安排，在满足功能需要的基础上，又为人类的审美提供了欣赏客体。比如西湖三潭印月景区的三潭的功能要求是满足测定西湖水位的标志，同时为人传达了美的信息；西湖三岛和堤桥首先是为了满足西湖清淤、泄洪与水上交通的功能需要；其次，堤岛路桥与湖山形成宛若天成的美景。

以上只是对外在美的形式进行了简单的分类与提炼，风景名胜资源是由多种景观要素以一定的规律、顺序、层次相互复合拼接而形成的，所以其表现形式并非能够单纯地归属于某一特定类型，大都是表现为多种景观美的形式交叉作用。

3. 风景名胜资源美学评价方法研究

国内外的研究人员在与风景名胜资源美学价值密切相关的视觉、心理学等方面做了更为深入的研究。这些研究可以大致分为四个学派：专家学派 (Expert Paradigm)、心理物理学派 (Psychophysical Paradigm)、认知学派 (Cognitive Paradigm) 和经验学派 (Experiential Paradigm)。

(1) 专家学派

基于形式美的原则，专家学派认为凡是符合形式美原则的风景的美学价值是相当高的。专家学派把组成风景名胜资源的景观要素分解为线条、形体、色彩和质地4个基本构成因子，以多样性、奇特性、统一性等形式美的标准来评价风景名胜资源的美学质量。随着研究的深入，有的研究人员相对于形式美而言，更为强调生态学原则同样应当作为评价美学质量的标准。所以，专家学派逐步又划分为形式美学派和生态学派。专家学派的优势在于，它抓住了风景名胜资源美学价值的基础，显示出相当大的实用性，这种评价方法一方面要求评价者具有相当高的文学、美学等方面的素养，同时主观判断的成分比较大。

(2) 心理物理学派

心理物理学派把风景与风景审美的关系理解为刺激与感应的关系，把心理物理学的信号检测方法应用到风景名胜资源的美学质量对视觉的刺激反应中来，它通过测量公众对风景的审美反应，得到一系列公众对风景评估的结果，然后设法寻求该结果与各景观要素之间的数学函数关系，从而建立起公众对相关环境的风景评估结果的方程。心理物理学派的风景评估模型基本上由4部分构成：一是公众平均审美态度的主观测试；二是对景观要素的客观评定；三是建立风景质量与风景的基本成分间的相关模型；四是将建立的数学模型用于同类风景的质量评估。

(3) 认知学派

认知学派是以进化论思想为指导，从人的生存需要和功能需要出发，将风景作为公众生活的一部分，把风景名胜资源融入整个人类社会的发展，希望从整体上而不是从具体的景观要素或形式美所确定的形体、线条、色彩和质地上分析风景的美学价值，去讨论特定的风景区域对人类的生存、进化的意义，并产生出相应的评价结果，希望用人的进化过程及功能需要去解释人对风景的审美过程。这种评价方法对于一个具体的风景名胜区的资源来讲，比较抽象和概括，对规划的指导作用相对要差一些。

(4) 经验学派

经验学派强调人作为欣赏风景的主体，而在判断风景名胜资源的美学质量中具有绝对的作用。它把风景审美完全看作是人的文学、美学、历史知识水平的体现。故其研究方法一般为考证文学艺术家关于风景审美的艺术作品，考察名人的日记等来分析人与风景的相互作用及某种审美评判所产生的背景。同时，也通过心理测试、调查、访问等记述现代人对具体风景的感受和评价，这些心理调查不是简单地评判优劣，而是详细描述个人经历体会及关于某风景的感受等，从而分析某些风景价值所产生的背景和环境。经验学派并非将风景名胜资源本身作为评价和研究的对象，其评价是以文学、美学家对风景的描述为基础的。

综观以上学派的研究思想及其他评价方法的思路，各学派都有各自的优劣之处，但这些方法都无法回避资源评价者过多的主观判定，从而使评价结果缺乏客观性和科学性。

(二) 风景名胜资源的科学价值评价

风景名胜资源是自然与人类文明相互作用、相互融合的产物，始终处在不断发展和进化的过程中。在风景名胜资源美学价值的背后蕴藏着相当巨大的科学价值，风景名胜资源所表现的美都是有丰富的科学价值作基础的。随着经济、技术的飞速发展，生产力水平的显著提高，人类社会在精神与物质方面都取得了极大的进步，但是对于人类来说，还有大量的自然之谜、历史之谜需要去探索，风景名胜资源为人类提供了广泛而深入的发现空间，我们可以通过它来研究地球与人类自身的进化过程以及预知未来的发展方向。风景名胜资源所表现出来的外在美特征都是建立在其内在生态、历史、地学等科学内容的基础上，我们每每在赞叹人与自然的巧夺天工之时，都能够从景观的形成、演变乃至消亡的过程中获得科学的知识与对景观内在机理变化的认识。

1. 科学价值评价的内容

在目前对风景名胜资源所具有的科学价值的评价中主要从资源的三个方面进行分析，也就是所谓"三定"式分析，所谓"三定"是指定位、定性、定量。"定位"是指评价景观在风景名胜区中的位置以及与周围环境之间的关系，比如杭州的西湖，为什么湖中有三个岛，而三个岛所形成的年代却不同，为什么西湖的苏堤与白堤上的桥各有各的形态与功能特征，这都需要评价者全面掌握特定景观所具有的各方面的科学知识来分析和判定；"定性"是指对景观本质科学属性的鉴定。对诸如景观资源形成年代、由景观的外在表现所映射出人类社会与自然生态系统发生的相关变化等问题进行分析与确定，例如从外表看是相同或类似的一个景观，它所用的材料、内部构造、年代、地域等都是不同的，这就需要用历史学、建筑学等科学知识对它加以鉴定；"定量"是指对景观的体量、数量、面积、流量、含量等数据加以统计，是对一个风景名胜区内的珍稀动植物的种类、数量、级别，文物古迹的面积、年代、保存程度等进行归类综合，定量统计结果为生态学、考古学、地学等学科的研究提供了丰富的数据与资料。"三定"式的分析与判定使风景名胜资源的科学价值从不同的角度与层次得到具体的反映与确定。

2. 科学价值评价的指标分析

(1) 多样性

构成风景名胜资源外在美的多样性是由景观内在构成的多样性所决定的，多样性的内容包括物种的多样性、地质地貌的多样性、历史年代的多样性以及生境气候的多样性等，是评价风景名胜区内景观丰富程度的重要指标。各种多样性的形成与发展不是单独分类进行的，风景名胜区作为一个相对完整的区域社会与自然生态系统，各种生态因子相互作用，相互影响，从而形成了相对稳定的生态网络系统，所以多样性指标是对风景名胜资源内在科学价值分析评价的重要依据。

(2) 稀有性

稀有性是指风景名胜资源在空间分布上受到自然与人文条件的制约，在景观质量与数量等方面表现较为罕见。同时稀有是一个相对的概念，从普遍到稀有是连续分布的，所以精确测定稀有性是很困难的。从稀有性水平看，可将稀有性划为全球性、国家性、区域性以及地方性的稀有性。稀有性的存在为各类科学研究提供了丰富和真实的研究素材与数据。

(3) 代表性

代表性是度量风景名胜区社会与自然生态状况能在多大程度上反映风景名胜区所处地理区域的社会与自然生态状况的一项指标。人类社会发展的历史正是人与自然相互作用、相互融合的历史，风景名胜区是人与自然、历史与现代相联系的契合点，每种景观都能折射出一定的社会与自然现象，从对风景名胜资源的内在科学价值的分析中都能直接或间接地反映出人类社会与自然生态系统所处不同阶段的演进与更迭。

(4) 脆弱性

脆弱性是一种复杂的自然属性，它反映了物种、群落、生境、生态系统及景观等对环境变化的内在敏感程度。风景名胜资源的脆弱性主要来自两个方面，一个来自于自然界内部，另一个来自于人类的威胁。人类围绕风景名胜资源所开展的旅游及其他利用资源的活动与资源脆弱性指标有着密切的联系。所以，对脆弱性指标的分析是科学计算资源承载力与环境容量的依据，对于有效保护资源与合理利用资源是十分重要的分析指标。

对风景名胜资源的科学价值的分析主要集中在以上4个方面，各个学科都会从各自专业的角度来对资源的科学价值进行分析、比较、研究。科学价值的体现必须建立在调查全面和数据准确的基础上。随着科学技术的进步，人类认识与评价风景名胜资源所具有的科学价值的水平也在不断地提高，科学价值的评价结果完全可以做到理性与科学相结合。

（三）风景名胜资源的综合评价

以往的资源评价都是针对风景名胜资源的美学、科学等特征来开展的，进入20世纪90年代后期，特别是《风景名胜区规划规范》出台后，风景名胜资源的评价更加趋向一种综合性评价，同时也更加趋向于采用定性概括与定量分析相结合的方法。《规范》要求资源评价要包括景源调查、景源筛选与分类、景源评分与分级、评价结论4个部分，同时对景源评分与分级、景源评价指标层次等内容都做出了明确的规定，使评价方法、结构更加科学与全面。

1. 风景资源评价的原则

（1）人作为评价者或评价主体，必须在兼顾现场体察感受和社会资料分析的基础上进行评价，把主客观评价结合起来，防止并克服在现场踏查与资料分析之间的片面理论及其评价效果；

（2）需要在准确把握景源特色的基础上，采用定性概括与定量分析相结合的评价方法；

（3）根据风景资源的类别及其组合特点，应选择适当的评价单元和评价指标，对独特或濒危景源，宜作单独评价。

2. 评价标准与指标

作为评价对象，景源系统的构成是多层次的，每层次含有不同的景物成分和构景规律，不同层次、不同类别的景源之间，无法进行比较，为了达到等量比较的目的，将景源划分为结构、种类和形态3个层次，它们之间具有相应的内在联系（图4-2）。

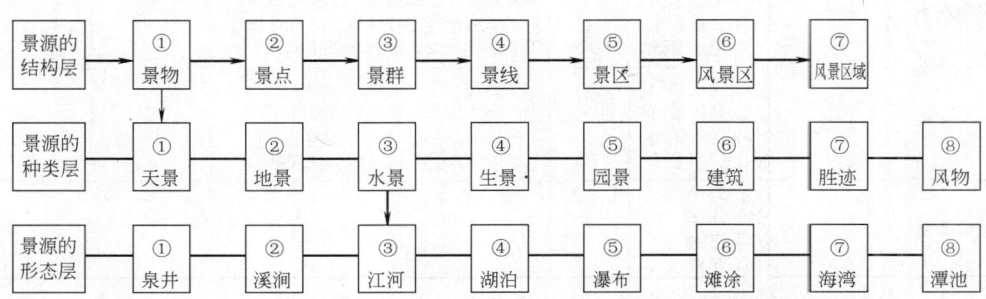

图4-2 景源系统构成层次（引自《风景名胜区规划规范》1999）

根据景源的层次划分，风景名胜资源评价指标分为综合、项目、因子3个评价层次，不同层次的评价指标对应不同的评价客体，其规定如下：

（1）对风景区或部分较大景区进行评价时，宜选用综合评价层指标；

（2）对景点或景群进行评价时，宜选用项目评价层指标；

（3）对景物进行评价时，宜选用因子评价层指标。

3. 风景名胜资源分级

景源特征是相对固定的，但作为景源评价主体的人是千差万别的，景源评价难以有一个绝对的衡量标准和尺度，所以景源分级的标准只是相对的。景源等级划分标准，主要根据景源价值和构景作用及其吸引力范围来确定：

（1）特级景源应具有珍贵、独特和世界遗产价值与意义，有世界奇迹般的吸引力；

（2）一级景源应具有名贵、罕见、国家重点保护价值和国家代表性作用，在国内外闻名和有国际吸引力；

（3）二级景源应具有重要、特殊、省级重点保护价值和地方代表性作用，在省内外闻名和有省际吸引力；

（4）三级景源具有一定价值和游线辅助作用，有市县级保护价值和相关地区的吸引力；

（5）四级景源应具有一般价值和构景作用，有本风景区或当地的吸引力。

4. 风景名胜资源评价结论

风景资源评价结论主要由景源等级统计表、评价分析、特征概括3部分组成。景源等级统计表应表明景源名称、地点、规模、景观特征、评价指标分值、评价级别等内容。评价分析应表明主要评价指标的特征或结果分析；特征概括应表明风景资源的级别数量、类型特征及其综合特征。景源评价分析是在景源评分与等级划分的基础上进行的结果性分析。景源特征概括是在景源的级别、数量、类型等统计的基础上，提取各类各级景源的个性特征，加以概括提炼（表4-4）。

风景资源评价指标层次表 表 4-4

综合评价层	赋值	项目评价层	权重	因子评价层	权重
1. 景源价值	70～80	（1）欣赏价值 （2）科学价值 （3）历史价值 （4）保健价值 （5）游憩价值		①景感度　②奇特度　③完整度 ①科技值　②科普值　③科教值 ①年代值　②知名度　③人文值 ①生理值　②心理值　③应用值 ①功利性　②舒适度　③承受力	
2. 环境水平	20～10	（1）生态特征 （2）环境质量 （3）设施状况 （4）监护管理		①种植类　②结构值　③功能值 ①要素值　②等级值　③灾变率 ①水电能源②工程管网③环保设施 ①监测机能②法规配套③机构设置	
3. 利用条件	5	（1）交通通讯 （2）食宿接待 （3）客源市场 （4）运营管理		①便捷性　②可靠性　③效能 ①能力　②标准　③规模 ①分布　②结构　③消费 ①职能体系②经济结构③居民社会	
4. 规模范围	5	（1）面积 （2）体量 （3）空间 （4）容量			

资料来源：《风景名胜区规划规范》，1999。

【案例 4.1】　嶂石岩风景名胜区风景资源评价（北京林业大学，2004 年）

（一）景源分类

嶂石岩风景名胜区景观资源类型丰富。它涵盖了《风景名胜区规划规范》（GB 50298—1999）中的两大类、6 中类、15 小类。它主要由 69 个自然景观单元和 12 个人文景观单元组成，两者分别占景观资源总量的 85％ 和 15％。在 6 中类中，地景类别数目最多，占 61％；其次是水景和生景，分别占 15％ 和 9％。所以风景名胜区的景观资源类型主要表现为山石地貌、自然生态景观资源为主。

（二）景源特征

嶂石岩风景名胜区的景观资源的主要部分集中在 20km² 的核心景区内。景区内由丹崖、陡壁、嶂谷和块石相互拼接、叠加、咬合而形成雄壮、险峻而独特的"嶂石岩地貌"；同时良好的生态环境、绚丽的天象景观，与当地深厚的文化底蕴、多彩的民俗风情相融合，形成了一道自然与人文交相辉映的亮丽风景线。整个风景名胜区由奇峰怪石、幽洞、潭湖、泉瀑形成点状景观，栈道、峡谷组成线状景观，丹崖赤壁、摩崖岩画、成片森林形成了面状景观，从而使得整个景观空间结构体系明显。"三栈连九套，四屏藏八景"是对嶂石岩风景资源特征最为准确的概括。景源特征主要表现为：1. 丹崖赤壁、秀峰怪石；2. 峡谷藏秀、奇洞幽径；3. 清潭澄湖、流泉飞瀑；4. 植物宝库、四季缤纷；5. 云雾蜃雪、避暑胜地；6. 历史悠久、人文荟萃；7. 民俗风情、世外田园等方面。

（三）评价结论

在景观单元评价中，共有 81 个景观单元参与评价，其中评出特级景源 1 个，一级景源 9 个，占参评景源的 11%；二级景源 22 个，占参评景源的 27%；三级景源 20 个，占参评景源的 25%；四级景源 29 个，占参评景点的 36%。其中地景类景源有 6 个一级以上景观单元，说明嶂石岩风景名胜区具有大量的、高质量的地景资源，而且这些独特而完整的地貌景观在整个风景名胜区的资源体系中占有极为重要的地位。另外，相对完整的区域生态体系以及丰富的人文历史积淀使嶂石岩风景名胜区的景观特征表现更具有全面性与整体性（表4-5）。

嶂石岩风景名胜区景观单元评价统计表　　　　　　　表 4-5

景源分类		特级	一级	二级	三级	四级	合计
自然景源	天景	0	1	0	0	0	1
	地景	1	5	9	8	26	49
	水景	0	1	4	7	0	12
	生景	0	0	4	2	1	7
人文景源	建筑	0	1	3	2	0	6
	胜迹	0	1	2	1	2	6
合计		1	9	22	20	29	81

第四节　风景名胜区规划的范围、性质与目标

一、风景名胜区范围的划定

风景名胜区从根本上是以土地为载体而存在的，所以风景名胜区的规划、建设、管理等各项工作都需要对风景名胜区的空间范围加以限定。而规划的范围就是风景名胜资源保护与利用、建设与管理的范围，所以规划中对风景名胜区范围的划定显得尤为重要（图4-3）。

（一）划定风景名胜区范围的原则

1. 景源特征及其生态环境的完整性；

2. 历史文化与社会的连续性；

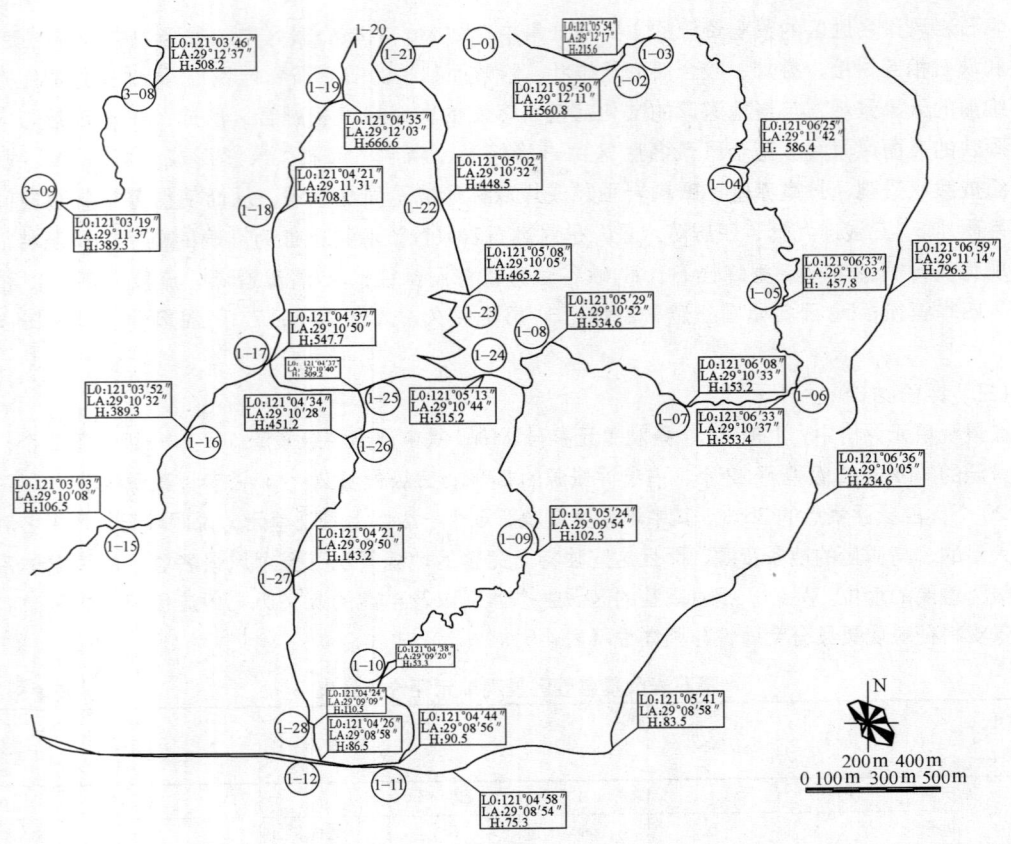

图 4-3　天台山风景名胜区范围局部标桩图（引自《中国风景园林规划设计作品集 3》）

3. 地域单元的相对独立性；

4. 保护、利用、管理的必要性与可行性。

（二）划定风景名胜区范围界限的要求

1. 必须有明确的地形标志物为依托，既能在地形图上标出，又能在现场立桩标界；

2. 地形图上的标界范围，应是风景区面积的计量依据；

3. 规划阶段的所有面积计量，均应以同精度的地形图的投影面积为准（图 4-3）。

二、风景名胜区性质的界定

　　风景名胜区性质的界定涉及规划对整个风景名胜区资源的定位、发展方向的把握、整体目标的制定等多个方面的内容，所以确定风景区性质是规划纲要阶段最为重要而具有原则性的问题。风景名胜区的性质，依据风景名胜区的典型景观特征、游览欣赏特点、资源类型、区位因素以及发展对策与功能选择来确定。依据《风景名胜区规划规范》的要求，风景名胜区的性质界定必须明确表述出风景特征、主要功能、风景区级别等三方面内容，并要求定性用词突出重点、准确精练。

【案例 4.2】　风景名胜区性质范例

武夷山风景名胜区

以典型的丹霞地貌为特征，自然山水为主景，与悠久历史文物相融合，供游览为主的国家级风景区。

崂山风景名胜区

是"青岛崂山风景区域"的组成部分，以山海奇观和历史名山为风景特征，可供欣赏游览、度假康复，以及开展部分科学文化活动的国家级风景区。

镜泊湖风景名胜区

以湖光山色为主的火山熔岩堰塞湖旅游风景区，兼有火山口森林、地下熔岩隧道等奇观，又有文物古迹等人文景观，可供游览、避暑、科学研究等活动的国家级风景区。

承德避暑山庄外八庙风景名胜区

以我国现存最大的皇家名园和大型寺庙古建筑群为主体，并兼有我国北方典型的丹霞地貌为其风景特征，以欣赏、游览观光为主要旅游内容，同时也是开展清代历史文化研究和地质地貌、科技等项活动的国家级风景名胜区。

武汉东湖风景名胜区

以自然风光特别是水景为主体，以多种休息娱乐和旅游活动为内容，在体现民族风格上突出楚文化地方特色，而又具有现代精神的国家级风景区。

嵩山风景名胜区

是中国古代中原文明的荟萃之地，以保护和发扬中华民族悠久文化与自然山水为主要任务，供国内外游憩观光、科研教育的典型的山岳型国家风景区。

泰山风景名胜区

为五岳之首，景观雄伟，历史悠久，文化丰富，形象崇高，是中华民族历史上精神文化的缩影，是国家级风景区，是具有重大科学、美学和历史文化价值的世界遗产。

石门洞风景名胜区

集山林苍翠之优、文物荟萃之胜、飞瀑壮观之美、气候宜人之适，具有"洞天仙境"、"世外桃源"的清、幽、灵、古的特色，是一个宜旅游、避暑、休养并开展书法艺术和森林游乐特种旅游活动的省级风景区。

嶂石岩风景名胜区

嶂石岩风景名胜区是以雄浑壮阔的嶂石岩地貌景观为主要特色，兼有森林景观、历史文化景观，可供开展观光游览、科考科普、避暑休闲等活动的国家重点风景名胜区。

南岳衡山风景名胜区

以"五岳独秀"和"文明奥区"为主要景观特色，以观光游览、宗教祭祀、文化探源、生态休闲为主要活动内容的综合性山岳型国家重点风景名胜区。

天台山风景名胜区

天台山风景名胜区是以"山水神秀，佛道宗源"为景观特色，以游览观光、休闲度假、宗教朝觐和科学文化活动为主要功能的山岳型国家重点风景名胜区。

华山风景名胜区

以华山主峰为主体，以山峰、泉瀑、云雾等自然风景和丰富的人文景观及地理地质奇观为特征的国家级风景区。

九寨沟风景名胜区

以高山深谷碳酸盐堰塞湖地貌为特征，以彩湖叠瀑为主景，与藏族风情相融合，供观光游览为主，兼科普教育的国家重点自然保护区和风景区。

三、风景名胜区发展目标的确定

风景名胜区规划的核心就是如何调控资源保护与利用关系的问题，所以，风景名胜区发展目标的确定需要在对整个资源保护与利用体系进行深入调查与分析的基础上，从风景名胜区内部系统和外部系统两个方面提出相应的目标。内部系统目标与外部系统目标之间有着相互依存、内外连通的关系，也就是说内部系统的发展是外部系统发展的基础，同时外部系统的发展又直接影响着内部系统的发展，所以在风景名胜区发展目标制定的过程中，二者不可偏废，需要用系统方法来整合资源、合理开发，以达到风景名胜区环境、社会、经济效益协调发展的整体目标。同时，利用发展目标来指导规划、推动规划、检验规划，使规划更具有针对性、科学性和可行性。

内部系统目标是将风景名胜区作为单独的系统来考虑系统内部各子系统、各要素之间的协调关系。内部系统目标可以归纳为以下三个方面：

建立并完善以保护为基础的风景游赏主体系统；

建立并完善以便利为主旨的旅游设施配套系统；

建立并完善以和谐为核心的居民社会管理系统。

外部系统目标是将整个风景名胜区融入更大范围的系统中，来寻求风景名胜区系统与外部各系统之间关系的协调发展。外部系统目标可以归纳为以下三个方面：

维护生态，保存自然与文化信息的科教基地；

美化国土，提供国民愉悦身心的游乐空间；

发展旅游，推动地方经济发展的动力源泉。

发展目标确定的形式，按照不同的标准可以分为不同的类型，比如按照发展目标内容的深度，可以分为总目标和分项目标，同时也可以按照发展目标时序上的安排，来确定近期、中期、远期的分时段的发展目标。

【**案例 4.3**】 天台山风景名胜区发展目标（北京中国风景园林规划设计研究中心，中国风景园林规划设计作品集 3）

1. 近期发展目标：①解决风景区范围与标桩立界；②健全管理机制，加强保护管理监督；③重点清理整合岭前、岭后两个功能区的整体风貌，兼顾其他 4 个功能区的启动项目；④提升风景区形象，增强自生、竞争与发展活力。

2. 中期发展目标：①完善岭前、岭后两个功能区的整体形象；②完成清理其他 4 个功能区的整体风貌；③不断充实重要景区的游赏内容，提高风景魅力；④游客规模稳步发展，风景旅游经济地位得到不断提升；资源保护与综合效益基本达到满意状态，力争把天台山创建成一流水准的风景区。

3. 远期发展目标：①岭前区、岭后区成为浙江省最著名游览区；②其他 4 个功能区的整体形象得到完善；③基础设施不断优化，游览线路、游览方式更加丰富多样，配套服务设施布局更加合理；④动态调控风景游赏、游览设施、居民社会 3 个系统之间的协调关系，促进保护、利用、管理、发展各环节的良性循环，成为经营管理与服务质量一流的国家级风景区。

【案例 4.4】 嶂石岩风景名胜区发展目标（北京林业大学，2004）

一、总目标

1. 充分保护景观资源和自然环境。

2. 建立与完善嶂石岩风景区的景观系统构成。

3. 在保护前提下，促进旅游发展，从而带动当地居民生活水平的提高。

二、资源保护目标

1. 对嶂石岩风景名胜区所具有的独特地形地貌实施严格有效的保护措施，强化其景观与科学价值，禁止以任何名义、任何方式对山体进行破坏。对已经受到破坏的地段，采取必要手段，尽早恢复其原貌，以维护景观资源的完整性。

2. 对嶂石岩风景名胜区的人文景观资源进行全面而有效的保护，以维护历史的真实性为主旨，对景区内的人文景观进行必要的维修与恢复，各专项工程的实施都需要在有关专家进行充分论证的基础上，由相关部门严格监督实施。

3. 严格保护嶂石岩风景区的野生动植物资源，对野生药用植物的采集行为应严格禁止，对不同区域林相进行相应调整，以维护景区生态体系的完整性与稳定性。以退耕还林为契机，积极组织植树造林，力争在短期内将森林覆盖率提高到 60％以上。

4. 尽量降低与减少人类居住与旅游活动对风景区整体生态环境的破坏，积极倡导当地居民的适当外迁与聚居，对游客采取"沟内游、沟外住，山上游、山下住"的旅居方式，并对风景区内交通车辆数量及尾气排放标准采取严格的控制措施，以减少生产、生活垃圾对生态环境造成的不利影响，建立风景区生态环境监控体系，对风景区整个生态体系纳入动态管理范畴，切实提高风景区的整体环境质量。

5. 通过确定保护区等级与范围，并对人类活动、旅游服务设施、土地利用等相关内容进行严格控制与监管，以提高资源保护措施的可操作性。

三、资源利用目标

1. 根据资源特征和市场定位，将嶂石岩建设成为"京、津、冀、晋"地区重要的集观光旅游、避暑度假、科学探险、科普科研为一体的风景名胜区。

2. 在有效保护资源的前提下，以嶂石岩风景名胜区的建设与发展为契机，与周边风景区形成良好的互动与连接，在提高当地居民生活水平的同时，带动整个赞皇县旅游经济的发展。

第五节 风景名胜区的规划分区、结构与布局

一、风景名胜区的分区

风景区应依据规划对象的属性、特征及其存在环境进行合理的区划。规划分区，应突出各区特点，控制各分区的规模，并提出相应的规划措施，还应解决各个分区间的分隔、过渡与联络关系。因此，区划过程中应遵循以下原则：第一，同一区内的规划对象的特性及其存在环境应基本一致；

第二，同一区内的规划原则、措施及其成效特点应基本一致；第三，规划分区应尽量保持原有的自然、人文单元界限的完整性。

（一）风景名胜区的分区体系

风景名胜区的规划分区，是为了使众多的规划对象具有适当的区划关系，以便针对规划对象的属性和特征要求，采取不同的规划对策，控制适当的资源保护与利用水平，既有利于展现和突出规划对象的典型特征，又有利于风景名胜区的整体发展。风景名胜区的规划分区根据不同的主导因子及划分目的，主要可以分为景区划分、功能区划分及保护区划分三种形式。这三种形式都具有不同的侧重，所以在规划中，可以根据风景名胜区的具体情况来选取分区形式。另外，三种分区形式的划分方法并非独立使用，在大型或复杂的风景区中，可以几种方法同时使用或有选择地使用。

1. 景区划分

景区是根据景源类型、景观特征或游赏需求而划分的一定用地范围，它包括较多的景物和景点或若干景群，景区的划分是根据风景名胜资源特征的相对一致性、游赏活动的连续性、开发建设的秩序性等原则来划分的，带有明显的空间地域性。划分景区有利于游赏线路的合理组织、游客容量的科学调控、游览系统的分期建设、典型景观的整体塑造。

2. 功能区划分

所谓功能，是指系统与外部环境相互联系和作用过程的秩序和功能。功能区是根据重要功能发展需求而划分的一定用地范围，并形成独立的功能分区特征。功能区划分主要从完善风景名胜区的各项功能出发，统筹整合区内各类用地类型，通过对用地功能的强化来调控资源、游赏、社会、经济各子系统之间的关系，使风景名胜区的环境效益、社会效益、经济效益达到协调统一。伴随着当前风景名胜区日益突出的"城市化、人工化、商业化"问题，功能区划分对于风景名胜资源的永续利用与合理开发工作显得更为重要与迫切。

3. 保护区划分

随着风景名胜资源保护工作力度的不断加强，以强化资源保护与培育为目标的分区方式——保护区划分应运而生。保护区划分主要是依据保护各类景观资源的重要性、脆弱性、完整性、真实性等为基本原则，划定相应的生态保护区、自然景观保护区、史迹保护区等区域，并对相应的保护区制定严格的保护与培育措施，使资源的保护在空间上有了明确的限定性，为资源的保护提供了可靠的地域划分界限。另外，在《关于做好国家重点风景名胜区核心景区划定与保护工作的通知》中，强调指出风景名胜区的核心景区是指风景名胜区范围内自然景物、人文景物最集中的、最具观赏价值、最需要严格保护的区域。而核心景区的划定是建立在保护区划分的基础之上的。

4. 其他分区形式

长期的资源保护及低强度的利用，使风景区的生态系统保存较为完整，但同时也受到来自人口、城市发展、资源利用等多方面的压力，而表现出生态系统更为脆弱和孤立。因此，风景区规划分区中还应适当从生态系统保护的角度提出生态分区。生态分区过程中应遵循以下原则：第一，制止对自然环境的人为消极作用，控制和降低人为负荷，应分析游览时间、空间范围、游人容量、项目内容、开发强度等因素，并提出限制性规定或控制性指标；第二，保持和维护原有生物群落、结构及其功能特征，保护典型而有示范性的自然综合体；第三，提高自然环境的复苏能力，提高氧、水、生物量的再生能力与速度，提高其生态系统或自然环境对人为负荷的稳定性或承载力。生态分区应结合规划用地的土地使用方式、功能分区、保护分区和各项规划设计措施等条件，将规划用地的生态状况按照4个等级进行分类（表4-6）。另外，按照其他生态因素划分的专项生态危机区应对热污染、噪声污染、电磁污染、卫生防疫条件、自然气候因素、振动影响、视觉干扰等方面进行专项研究与考量。

生态分区及其利用与保护措施　　　　　　　　　　　　　　　表 4-6

生态分区	环境要素状况			利用与保护指施
	大气	水域	土壤植被	
危机区	×	×	×	应完全限制发展,并不再发生人为压力,实施综合的自然保育措施
	−或+	×	×	
	×	−或+	×	
	×	×	−或+	
不利区	×	−或+	−或+	应限制发展,对不利状态的环境要素要减轻其人为压力,实施针对性的自然保护措施
	−或+	×	−或+	
	−或+	−或+	×	
稳定区	−	−	−	要稳定对环境要素造成的人为压力,实施对其适用的自然保护措施
	−	−	+	
	−	+	−	
有利区	+	+	+	需规定人为压力的限度,根据需要而确定自然保护措施
	−	+	+	
	+	−	+	
	+	+	−	

注：×不利；−稳定；+有利。
资料来源：《风景名胜区规划规范》，1999。

（二）国家公园分区体系

1. 世界保护联盟（IUCN）分区模式

IUCN分区模式共分3大类8种分区，并根据不同划分区域来确定开发强度、游览方式等内容。

（1）保护性自然区（Protected Natural Areas）

保护性自然区系为保护自然生物群落及其相关的景观特征而划定的地区，仅允许展开不会干扰此类群落得到长期保护的活动，其中又细分为绝对自然区、治理自然区、荒野区。

① 绝对自然区（Strict Natural Areas）。此区内的自然严禁任何人为干扰，以提供科学研究、动植物保护等基础数据与信息。

② 治理自然区（Managed Natural Areas）。为保护某种动植物、生物群落或地理环境特色而划定的，可通过人为干预保持其适宜的生存状态的地区。

③ 荒野区（Wildness Areas）。保护区内在保护原有动植物自然繁衍的前提下，可为少数具有野外徒步旅行能力的人提供无任何服务设施的游憩机会。

（2）保护性人类学区（Protected Anthropological Areas）

为维护人类某些古老的生活方式，使其避免因工业文明及现代工程而消失所划定的区域，包括自然生活区、田园景观区和特殊价值区3种类型。

① 自然生活区（Natural Biotic Areas）。本区内人类仅为自然界的一个因子，无大面积的耕作，不严重影响野生动植物的生存，原则上不准游客访问，但也不排除局部小区域的观光旅游开发。

② 田园景观区（Country Landscape Areas）。为保护古代农耕所形成的景观区域，具有人类学和遗传生物学的价值，可适当规划开发观光用地。

③ 特殊价值区（Site of Special Interest）。为保护足以证明人类进化或远古人类生存的地区而划定，视其具体的保护与管理条件而定是否可进行观光开发。

(3) 保护性历史或考古区（Protected Historical or Archeological Areas）

为保护具历史或考古学价值的古建筑、纪念物、传统聚落及市镇等而划定的区域，可适当发展观光旅游，其中包括考古区和史迹区 2 个分区。

① 考古区（Archeological Site）。为人类过去的居住地，足以反映人类文明发展的过程，可能现在仍为人类居住地区的一部分。

② 史迹区（Historical Site）。为保护近代人类活动迹象而划定的区域，通常为乡村及市镇等当地人居住的地区，但采取特别措施以保存其中具有历史价值的特色与资产。

2. 美国国家公园分区模式

美国国家公园最早按照自然保护与游憩活动两大功能来划分区域，即核心地区保存原有的自然状态，而在周边地区设置游客接待中心、管理区。后来逐步完善分区方法，利用添加缓冲带的方法，使核心区的局部气候、地质、生态环境等自然条件得到了严格的保护，同时将自然保护与游憩活动严格分开，以减少旅游给资源带来的冲击。形成了 4 类分区模式，也就是自然区（Natural Zone）、史迹区（Historical Zone）、公园发展区（Park Developmental Zone）、特别使用区（Special Use Zone）。这种分区方法不仅具有很强的游憩强度控制能力，同时充分考虑当地社会居民的各种利益，以使资源保护与管理更能协调统一。

二、风景名胜区的结构与布局

(一) 风景名胜区的结构

任何系统都有一定的结构和功能。所谓结构，是指系统内部各组成要素之间的相互联系、相互作用的方式或秩序，也就是各要素之间在时间或空间上排列和组织的具体形式。结构是系统的普遍属性，没有无结构的系统，也没有离开系统的结构。系统的结构是系统保持整体性和具有一定功能和结构的统一体，二者是不能分割的。

风景名胜区结构的确定需要经历三个阶段。第一阶段是要全面深入地研究风景名胜区现状资源的类型、数量、质量和分布，在风景名胜区现状评价与分析的基础上，确定各游赏、保护、功能等区域的类型、面积和分布，从而确定风景名胜区现有的系统结构。第二阶段要对现有的风景名胜区结构进行历史的动态研究，依据风景名胜区的性质以及对风景名胜区未来发展的预测，来确定多个未来风景名胜区系统整体的结构。第三个阶段就是在多个风景名胜区规划结构方案中进行比较分析，筛选决策，优化整合，最终形成完整的、各要素相互协调有序的规划结构。对现状规律的总结与未来发展的预测是规划结构确定的核心内容。所以，风景区规划结构的确定应该遵循以下原则：

1. 规划内容和项目配置应符合当地的环境承载能力、经济发展状况和社会道德规范，并能促进风景区的自我生存和有序发展；

2. 有效调节控制点、线、面等结构要素的配置关系；

3. 解决各枢纽或生长点、走廊或通道、片区或网点之间的本质联系和约束条件。

风景名胜区作为一个相对完整的系统，是由多项子系统构成的，而每个子系统又是由更多的低层系统构成，所以风景名胜区实际上是由多种要素所构成的一个完整的职能网络系统。这一网络系统主要由三个子系统构成，它们是风景游赏系统、旅游设施配套系统、居民社会管理系统，在三个子系统中，风景游赏系统占有主导地位，而其他两个系统处于辅助地位。这样一个网络系统结构在强化风景名胜区所产生的环境、社会、经济效益的同时，进一步突出了风景名胜资源保护与培育工作的重要性（图4-4）。

图 4-4　风景名胜区系统构成
（引自《风景名胜区规划规范》）

（二）风景名胜区的规划布局

从系统理论角度分析，功能决定结构，结构引导布局，所以结构与布局之间有着密切的关系。规划布局是在规划分区、规划结构之后，对风景名胜区地域空间进行进一步细化和控制的方法，所以规划布局阶段的主要任务是依据规划结构，利用各种时空联系方式，将风景名胜区内相对独立的诸多系统与要素之间进行有效的连接，使风景名胜区在更大范围环境中成为一个相对独立完整的个体，同时风景名胜区内部各系统之间组成相互依存、相互制约的有机整体。

风景名胜区依据规划对象的地域分布、空间关系和内在联系等条件，采取集中型（块状）、线型（带状）、组团型（集团状）、链珠型（串状）、放射型（支状）、星座型（散点状）等单独或组合形式，来确定风景名胜区规划的整体布局。在确定规划布局形式的过程中，需要遵循以下原则：

1. 正确处理局部、整体、外围三个层次的关系；

2. 解决规划对象的特征、作用、空间关系的有机结合问题；

3. 调控布局形态对风景区有序发展的影响，为各组成要素的协调统一搭建平台；

4. 促进环境、社会、经济效益的有效发挥；

5. 在保持风景名胜资源真实性与完整性的前提下，鼓励创新以突出地域特色。

【案例 4.5】　南岳衡山风景名胜区布局结构（中国城市规划设计研究院，《中国风景园林规划设计作品集 3》）

南岳衡山风景名胜区在功能分区和总体布局上呈现出"指状"结构形态（图4-5），并且从点、线、面三个层次反映出风景区保护与利用的关系。

（一）面状层次

本规划将风景区划分为四大功能区，即：

1. 风景游览区：指风景区内风景资源集中分布，以游赏、游憩活动为主要内容的空间区域，即景区。本规划共划分出 11 个景区和 1 个观光农业园。11 个景区分别是：祝融峰景区、磨镜台景区、忠烈祠景区、藏经殿景区、禹王城景区、五岳溪景区、水帘洞景区、卧虎潭景区、方广寺景区、止观溪景区和古镇景区。其中祝融峰景区、磨镜台景区、忠烈祠景区、藏经殿景区、禹王城景区统称为核心景区。

2. 风景复育区：指风景区范围内除景区外的其他区域，其主要职能是景观恢复和生态培育。

3. 旅游服务基地：指南岳镇，为风景区旅游服务设施集中分布的地区。

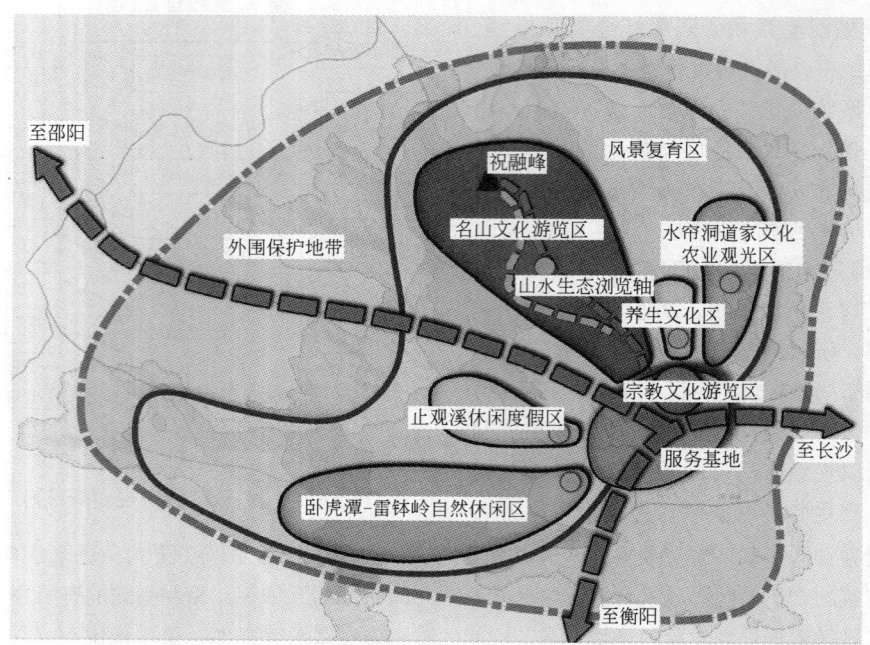

图 4-5   衡山风景名胜区结构形态（引自《中国风景园林规划设计作品集3》，2005）

4. 外围保护地带：指南岳区行政范围以内，风景区界线以外的地区，是风景的过渡缓冲地带。

（二）线状层次

指风景区各类游览活动沿各级游览道路呈线状分布的特征。本规划将其确定为"二轴四线"的结构框架。分别是：

1. 名山文化游览轴：南岳庙—南台寺—福严寺磨镜台—玄都观—紫竹林—邺侯书院—铁佛殿—丹霞寺—湘南寺—南天门—祝融峰祝融殿。

2. 山水生态游览轴：华严湖—树木园—玉版溪—麻姑仙境—灵芝泉—天柱峰—藏经殿—五岳溪—祝融峰。

3. 卧虎潭—雷钵岭自然野趣游览线。

4. 方广寺文化探源游览线。

5. 水帘洞道家文化游览线。

6. 止观溪生态休闲游览线。

（三）点状层次

指风景区内服务设施建设呈点状合理分布于游览路线之上，并且表现为由外至内建设强度逐步减弱的控制等级。

【案例 4.6】   北普陀山风景名胜区布局结构（天津园林规划设计院，2006 年）

一、布局结构

风景名胜区范围的划定以行政区划、景观完整性为依据，以明确的地形标志物为依托，因此整个风景区边界沿山脊线划分，主道路及景点基本沿山谷分布。依托现有的景观格局及道路系统等基础条件，在稳固石洞沟作为目前景区核心地位的同时，努力将景区景观体系由中心向南北两向拓展，从而大致形成以现有石洞沟景域为"体"，以老虎沟、大兴沟、帽山、桃花洞、马蹄沟为"两翼"的一体两翼结构（图4-6）。

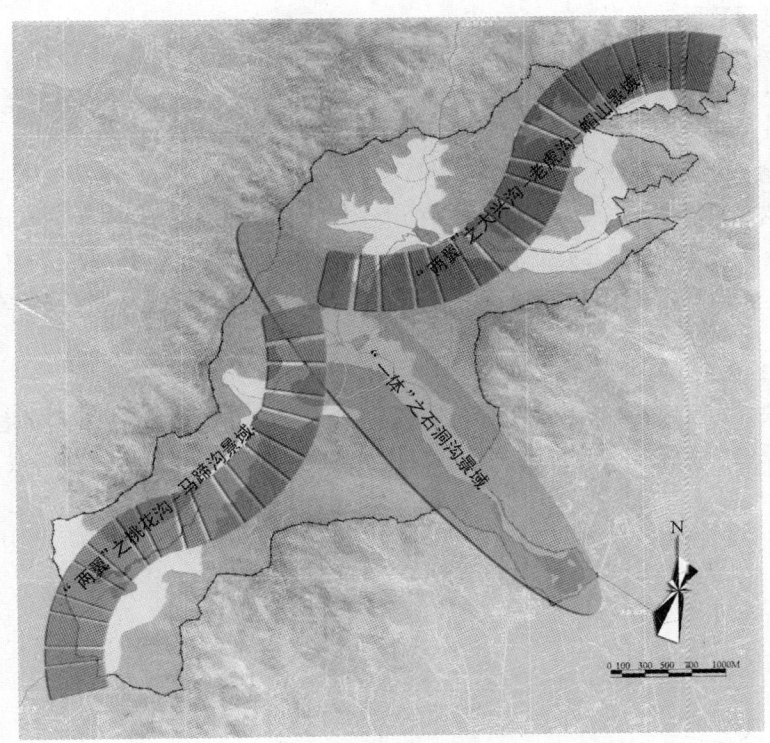

图4-6　北普陀山风景名胜区布局结构（天津园林规划设计院，2006）

二、功能分区

根据风景名胜区的使用要求，并考虑其地理、自然条件，将景区规划为风景游赏区、游赏服务区、生态保育区3大功能分区。

（一）风景游赏区

风景游赏区主要由"石洞沟"游赏区、"大兴沟—老虎沟-帽山"游赏、"桃花洞—马蹄沟"游赏区3条带状游览区域组成。

"石洞沟"游览区主要以宗教文化游赏为主，区内集中了目前已开发的绝大部分景点。依据宗教建筑的规制与要求，需要重新调整建筑的密度与形式，对现有人文景源加以梳理与整合，强调人文景源与环境的真实性，对各类宗教建筑及环境加以分类、修缮和恢复。

"大兴沟、老虎沟、石门沟、帽山"游赏区位于景区北部，该区域内自然景观资源丰富，山石嶙峋有致，草木苍翠繁盛，有很大的开发潜力，应作为近阶段重点开发的游赏区。该区现有大量20世纪70年代遗留下来的人防工程和旧式建筑，极具历史文化内涵和利用价值，可适度进行修整开发，串联形成系列展览厅或休闲游赏设施。

"桃花洞—马蹄沟"游赏区位于景区南部，以桃花洞、古烽火台、鸡冠山和马蹄沟等景源为主，适于增设农业观光、采摘等参与性强的游赏项目，同时地势开阔平坦，适于安排适当的休闲及科普教育设施，以充分发挥景源的体验与教育功能。

（二）生态保育区

主要包括风景名胜区内的林地和园地。在大面积的保育区内，可以进行森林浴、登山等活动，让游人有回归大自然之感，同时也为整个风景名胜区及周边地区提供了一个良好的生态环境。

（三）游赏服务区

1. 游赏服务中心

为配合景区长远建设，形成"一体两翼"的结构布局，景区内设两处游赏服务中心。一处位于景区中部偏北，大兴沟内。第二处位于马蹄沟；该处现存数量众多、保存良好的砌体建筑，可有选择地进行改造，形成景区西部的游赏服务中心，以满足未来马蹄沟开展农业观光体验、特色培训等项目的需要。

2. 游赏服务部

主要提供良好的餐饮服务、旅居设施与服务。游赏服务部分布于整个风景区的各主要节点。游赏服务网络主要由"石洞沟""老虎沟—大兴沟""龙湾水库"等多个游赏服务部组成。

第五章　保护培育规划

风景区的基本任务和作用之一是保护培育国土、树立国家和地区形象，因而，在风景区规划中，特别是总体规划阶段，均把保护培育的内容作为一项重要的专项规划来做。

风景区的保护培育规划，是对需要保育的对象与因素实施系统控制和具体安排，使被保护的对象与因素能长期存在下来，或能在被利用中得到保护，或在保护条件下能被合理利用，或在保护培育中能使其价值得到增强。

第一节　保护培育规划的重要性

一、保护培育工作中存在的问题

由于历史与现实的、主观与客观的原因，风景名胜区在保护问题上障碍颇多，收效不大，主要体现在以下几点。

（一）现状不清、方法欠妥

风景名胜区大多进行风景资源的调查，但由于指导思想、价值观、技术力量、调研经费等方面的原因，往往许多风景资源被舍弃、遗漏，使风景资源未能彻底明确，造成保护培育工作方向不明、保护工作轻重缓急难定、开展困难、收效不大的局面。

保护是风景名胜区生存必须具备的条件，风景区保护的指导思想目前往往偏重于某一方面或景点、景物的个别保护，对风景名胜区的综合性保护、整体观念上的保护缺乏更深一步的认识。在保护的具体方式方法上，往往过多地注入了个人和无原则的思想观点，或局限于某种条条框框及传统的一定之规，难以根据保护原则，结合当地实际，运用现代理论观点和技术进行新的探索。风景区如果只利用而不保护或保护方法不力，则风景名胜区将逐步衰退乃至消亡。

（二）体制不顺、执法不严

在绝大部分风景名胜区主管部门只是当地人民政府下属机构，权力有限，而风景名胜区保护内容往往牵涉到如林业部门、环保部门、文化行政管理部门等多个部门，需要在总的协调下共同解决问题。由于管理权限等原因，使风景名胜区保护工作在具体执行过程中往往有许多问题不能妥善解决。另外一个更为普遍和严重的问题是有法不依、执行不严，其原因是多方面的，其中既有执行者和公众对法律理解和支持问题，还有就是地方政府、各部门对各自管辖范围的争论，使法律得不到贯彻执行。

（三）人才匮乏、资金不足

风景名胜区保护涉及学科多，内容广泛，不仅需要高层次的专业决策者，而且也需要具体执行细节的人才。目前技术人才在绝大部分风景名胜区缺乏的现象普遍存在。

另外长期以来，保护方面缺乏、甚至没有资金。造成原因有二：一是存在一种错误观念，认为保护是不需要投资的；二是由于人们往往强调短期效益，而忽视长远利益，不愿意在风景区保护工作上投资。

二、保护培育规划的重要性

风景名胜区保护培育规划，不光要保护风景资源，也不是仅仅保护与风景资源有关的个别内容，而是要保护与风景资源息息相关，对风景名胜区的生存、发展起作用的各类因素。

因为与风景名胜区有关的诸因素相互依赖，相互渗透、相互制约，只有综合性保护才能协调、理顺它们之间的关系，使它们的内在联系稳定，体现出保护的综合效应，使风景名胜区处在合理的发展过程中。

综合性的保护规划目的是从多角度探求与风景名胜区有关的因子，这些因子对风景资源的影响及如何将这些影响控制在合理的、保证资源永续利用的可行范围内。根据综合分析的结果，制定综合性的保护措施。

保护培育规划的内容包括：自然资源保护、人文景观保护、植被生态保护、风景环境保护、地质资源保护、建设人才保护、民族文化保护等（具体规划时，可根据风景名胜区的特点，突出某一方面，或某一方面包含的某一内容）。以上的保护内容并不是孤立存在的，而是相互交叉、相互渗透。

风景名胜区的规划是综合性规划，不是一门学科、一个方面所能包揽的，而保护的综合性又充分体现了规划的综合性，涉及多学科的多方面。有必要将保护列为单项规划，用多学科知识的集中，使风景名胜区总体规划的发展和深入，对规划系统工程的完整性具有特殊的意义。保护规划不再是要不要做的问题，而是总体规划中重要的一部分，具有非常重要的作用。

（一）有利于使风景资源价值更明确、更持久地体现

保护规划规定了具有观赏、文化或科学价值的自然景观、人文景观开发利用的限度，环境规模的合理容量以及与风景区有关诸因子的地位，从多方位凸现风景区的保护。这样突出了风景资源的价值是不可以随意改变的，通过保护，使风景资源价值相对完整地体现在游人面前；保护规划的正确实施，可使风景资源所包含的价值、信息能长期延续而不至于中断这种遗传性。这种价值的延续，也是这一代为子孙后代应尽的职责。

（二）有利于将保护提到综合性保护的高度

风景区保护不进行专门的单项规划，很难从较高层次认识保护的重要性并执行保护。保护存在局限性，将不利于风景资源的保护和风景区的可持续发展。

保护培育规划将保护提到综合性保护的高度，其内含物增加，使保护具有多层次（分区分级）、多类型（自然、人文、植被、环境等），使保护向综合性方向发展，保护内容趋于完整。

（三）有利于突出风景资源保护的重点和难点

保护培育规划能够突出的重点有两方面：一是保护不再依附于其他规划内容而成为单独项目，在总体规划中占有一定的地位，客观上能引起有关部门的重视。二是作为重要的专项规划，能依据风景名胜区的实际情况，各因素在风景区中的地位、影响程度，有条件调整和确定保护的重点性。加强重点内容的保护措施。这样的保护不仅具有普遍性，而且具有针对性。

（四）有利于协调因保护带来的矛盾

由于各部门在保护上的思想观点不一致，因而保护带来的矛盾是多方面的，其中最重要的是风景区的保护与资源开发利用之间关系的协调，而这些矛盾的协调和解决是风景区规划所必须做的。除了在有关专项规划中可提到外，保护规划可以从原则上、法律依据上提出如何解决这些矛盾，这样风景名胜区的保护就能冲破阻力而顺利实施。

（五）有利于争取对保护工作的投资

保护所需投资是多方面的，有环境保护投资、文物保护投资、森林保护投资等，保护规划可根据预定目标要求进行投资的匡算。

提出保护投资，有助于改变人们的固有概念，使人们了解保护的重要性，并有利于规划措施制定，这仅仅是保护的第一步，真正要使保护见效是需要一定量的投资的。保护规划要阐明的另一个重要问题是：保护投资虽然难以收到即时或直观的经济效益，但对风景名胜区的生存是起决定作用的。

第二节　保护培育规划的原则

根据风景区的自然特点，借鉴国家对遗产保护和文物保护的经验和通行做法，确定完整性、真实性、原生性、多样性和适宜性作为风景区保护的基本原则，确保风景区可持续发展。

一、完整性

完整性是保护风景资源的基本准则，也是风景资源利用的前提。风景资源的完整性包括两个方面的含义。一是物质完整性，即构成风景资源本身的完整无缺；二是信息的完整性，这就要求注重风景资源一定范围的环境的保护，因为风景资源周边的环境也包含了一定的历史信息。

从生态学的角度看，一定范围内的种群组成群落，生物群落与其生境构成该地域上的生态系统。风景区可以由一个或多个生态系统组成，生态系统有其内部的能量流和营养循环，有完整的食物链，以及自身不断发展的动态平衡。食物链和生态平衡一旦遭外力破坏，将会引起某些物种的逐渐消失，最终损毁整个系统。因此，我们应尽量不去干扰风景区内特有的生态系统，使其保持自身的完整性，保持其良性循环和平衡。

二、真实性

这是主要针对人文资源的。人文资源材料的真实性，即尊重人文建筑的漫长的历史岁月中使用的各种材料，区别新增加的和原始的材料，以避免可能发生的任何混淆；人文资源工艺的真实性，即为了保护人文资源所内含的传统技术和工艺，必要的维修和保护中应当谨慎地使用这种传统的工艺和技术；人文资源环境的真实性，也即是要对人文资源做原地保护，并保持它与周围环境之间的关系。

三、原生性、多样性

这是主要针对自然资源的。自然资源的"原生性"要体现自然资源的自然特色，不得在自然资源上添加人工构筑物，避免人工修饰和人为破坏。生态多样性是生态系统健康发展的重要条件，对于物种的保护具有重要意义。

四、适宜性

我国风景区的多样性和复杂性，决定了保护培育规划的多样性，针对不同的风景区类型、价值的大小、不同的现状情况等，需要选择不同的分类、分级保护措施。

第三节　保护培育规划的内容

风景资源是构成风景区的基本条件，是历史人文信息和生态信息的载体，它非常全面地反映了在风景区的形成过程中人与自然的关系。今天看来，风景区是能激发爱国情感、民族认同感和归属感的美的事物，又是完整的一个或多个生态系统组成的可供科学考察的自然环境，是发展旅游的重要基础，是人类生活多样性的证明，对风景区的保护是对地球有限资源的保护。同时其所包含的自然资源和人文资源是无法替代和再生的，一旦被破坏，就再也无法恢复成原来的样子，依附在风景区上的信息和价值也就永远地失去了。因此，保护风景资源是风景名胜区管理的首要任务。

风景区保护培育规划应包括三方面的基本内容。

首先，是查清保育资源，明确保育的具体对象和因素。其中，各类景源是首要对象，其他一些重要而又需要保育的资源也可被列入，还有若干相关的环境因素、旅游开发、建设条件也有可能成为被保护因素。

其次，在此基础上，要依据保护对象的特点和级别，划定保护范围，明确保育原则。例如，生物的再生性就需要保护其对象本体及其生存条件，水体的流动性和循环性就需要保护其汇水区和流域因素，溶洞的水溶性特征就需要保护其水湿演替条件和规律。

再次，依据保育原则制定保育措施，并建立保育体系。保育措施的制定要因时因地因境制宜，要有针对性、有效性和可操作性，应尽可能形成保护培育体系。

在保护培育规划中，应针对风景区的具体情况、保护对象的级别、风景区所在地域的条件，择优选择分类或分级保护，或者以一种为主另一种为辅的两者并用方法，形成分类之中有分级或分级之中有分类的综合分区，使保护培育、开发利用、经营管理三者各得其旨，并有机结合起来。

一、分类保护

在保护培育规划中，分类保护是常见的规划和管理方法。它是依据保护对象的种类及其属性特征，并按土地利用方式来划分出相应的保护区。在同一个类型的保护区内，其保护原则和措施应基本一致，便于识别和管理，便于和其他规划分区相衔接。

风景区保护的分类应包括生态保护区、自然景观保护区、史迹保护区、风景恢复区、风景游览区和发展控制区等。这6种保护区及保护原则、措施，可以覆盖风景区范围的各种土地利用方式，并同海外的"国家公园"或国内外相关的保护区划分方法易于互接，因而具有很强的包容性和适用性。

（一）生态保护区

1. 区划依据

对风景区内有科学研究价值或其他保存价值的生物种群及其环境，应划出一定的范围与空间作为生态保护区。

2. 保护规定

在生态保护区内，可以配置必要的研究和安全防护性设施，应禁止游人进入，不得搞任何建筑设施，严禁机动交通及其设施进入。

（二）自然景观保护区

1. 区划依据

对需要严格限制开发行为的特殊天然景源和景观，应划出一定的范围与空间作为自然景观保护区。

2. 保护规定

在自然景观保护区内，可以配置必要的步行游览和安全防护设施，宜控制游人进入，不得安排与其无关的人为设施，严禁机动交通及其设施进入。

（三）史迹保护区

1. 区划依据

在风景区内各级文物和有价值的历代史迹遗址的周围，应划出一定的范围与空间作为史迹保护区。

2. 保护规定

在史迹保护区内，可以安置必要的步行游览和安全防护设施，宜控制游人进入，不得安排旅宿床位，严禁增设与其无关的人为设施，严禁机动交通及其设施进入，严禁任何不利于保护的因素进入。

（四）风景恢复区

风景恢复区，是很有当代特征和中国特色的规划分区，它具有较多的修复、培育功能和特点，体现了资源的数量有限性和潜力无限性的双重特点，是协调人与自然关系的有效方法。

1. 区划依据

对风景区内需要重点恢复、培育、抚育、涵养、保持的对象与地区，例如森林与植被、水源与水土、浅海及水域生物、珍稀濒危生物、岩溶发育条件等，宜划出一定的范围与空间作为风景恢复区。

2. 保护规定

在风景恢复区内，可以采用必要技术措施与设施，应分别限制游人和居民活动，不得安排与其无关的项目与设施，严禁对其不利的活动。

（五）风景游览区

1. 区划依据

对风景区的景物、景点、景群、景区等各级风景结构单元和风景游赏对象集中地，可以划出一定的范围与空间作为风景游览区。

2. 保护规定

在风景游览区内，可以进行适度的资源利用行为，适宜安排各种游览欣赏项目；应分别限制机动交通及旅游设施的配置。应分级限制居民活动进入。

（六）发展控制区

1. 区划依据

在风景区范围内，对上述5类保育区以外的用地与水面及其他各项用地，均应划为发展控制区。

2. 保护规定

在发展控制区内，可以准许原有土地利用方式与形态，可以安排同风景区性质与容量相一致的各项旅游设施及基地，可以安排有序的生产、经营管理等设施，应分别控制各项设施的规模与内容。

二、分级保护

在保护培育规划中，分级保护以保护对象的价值和级别特征为主要依据，结合土地利用方式而划分出相应级别的保护区，它也是风景区常用的规划与管理方法。分级保护强调保护对象的价值和级别特点，突出其分级作用；在同一级别保护区内，其保护原则和措施应基本一致。

风景区保护的分级保护一般应包括特级保护区、一级保护区、二级保护区、三级保护区4级内容。这4级保护区及其保护原则和措施，也可以覆盖风景区范围内各种土地利用方式，容易同自然保护区系列或相关保护区划分方法相接。

（一）特级保护区

1. 区划依据

特别保护区也称科学保护区，相当于我国自然保护区的核心区，也类似于分类保护中的生态保护区。风景区内的自然保护核心区以及其他游人不应进入的区域应划为特级保护区。

2. 保护规定

特级保护区应以自然地形地物为分界线，其外围应有较好的缓冲条件，在区内不得搞任何建筑设施。

（二）一级保护区

1. 区划依据

在一级景点和景物周围应划出一定范围与空间作为一级保护区，宜以一级景点的视域范围作为主要划分依据。

2. 保护规定

一级保护区内可以安置必需的步行游赏道路和相关设施，严禁建设与风景无关的设施，不得安排旅宿床位，机动交通工具不得进入此区。

（三）二级保护区

1. 区划依据

在景区范围内，以及景区范围之外的非一级景点和景物周围应划为二级保护区。

2. 保护规定

二级保护区内可以安排少量旅宿设施，但必须限制与风景游赏无关的建设，应限制机动交通工具进入本区。

（四）三级保护区

1. 区划依据

在风景区范围内，对以上各级保护区之外的地区应划为三级保护区。

2. 保护规定

在三级保护区内应有序控制各项建设与设施，并应与风景环境相协调。

三、核心景区保护

（一）核心景区的概念

核心景区是指风景名胜区范围内自然景物、人文景物最集中，最具观赏价值、最需要严格保护的区域，包括规划中确定的生态保护区、自然景观保护区和史迹保护区。核心景区是衡量风景名胜区自然景观、历史文化、生态环境品质和价值高低的重要条件，是实现风景名胜区可持续利用的基础。

（二）核心景区保护规划的内容

1. 科学划定核心景区范围。要依据风景名胜资源性质、特点和管理条件，科学界定风景名胜区核心景区的范围，作为编制风景名胜区规划的强制性内容和景区保护与管理的依据。一般总体规划确定的风景名胜区内生态保护区、自然景观保护区、史迹保护区等相关区域，应当划为核心景区。

2. 确定保护重点和保护措施。在核心景区内严格禁止与资源保护无关的各种工程建设，严格限制建设各类建筑物、构筑物。符合规划要求的建设项目，要严格按照规定的程序进行报批；手续不全的，不得组织实施。对核心景区内不符合规划、未经批准以及与核心景区资源保护无关的各项建筑物、构筑物，都应当提出搬迁、拆除或改作他用的处理方案。

3. 落实核心景区的保护责任。风景名胜区管理机构的主要负责人是核心景区保护的第一责任人，要按照权责一致的原则层层落实保护责任制。

4. 加强对核心景区保护工作的监督。建设部将结合国家重点风景名胜区遥感监测系统的建立，严格实施对核心景区保护的动态监测。各省、自治区建设行政主管部门、直辖市园林行政主管部门应设立专职人员，对核心景区保护情况进行监督，及时发现和制止各种破坏景观与生态环境的行为。

四、专项保护规划

（一）生物多样性保护

生物多样性是人类赖以生存和经济可持续发展的物质基础，是与人类社会持续发展息息相关的最重要因素，进行生物多样性专项保护，就是保护森林环境，保护动植物生活栖息与繁衍的环境免受破坏。

1. 动物资源保护

对风景区内的动物资源保护应做好以下几方面的内容：

（1）做好动物资源普查，对风景区野生动物的科、属、种登记造册，研究动物种群、食物链的构成等。

（2）了解动物的活动规律和活动区域，旅游开发利用时避免对动物形成干扰，制定保护措施，保护野生动物种源繁殖、生长、栖息的环境。

（3）严禁捕杀、贩卖野生动物，保护动物的生活环境。

（4）根据《濒危野生动植物种国际贸易公约》，对珍稀濒危物种制定严格的特殊的保护措施。

（5）加强科研投入和科普教育。

2. 植物资源保护

风景区植被是构成风景区及生态系统的基础。对风景区内的植物资源保护应做好以下几方面的内容：

（1）做好植物资源普查，对风景区植物的科、属、种登记造册，研究植物群落构成等。

（2）根据《濒危野生动植物种国际贸易公约》，对珍稀濒危物种制定严格的特殊的保护措施。

（3）禁止乱砍滥伐，严格保护植被。并根据地带性植物和植物群落要求，做好植被恢复工作。

采用本地物种进行森林培育、林相改造和生物繁育。

（4）做好森林防火、病虫害防治工作；营造各种形式的混交林，对现有纯林进行改造，提高森林的生命活力。

（5）严格论证外来物种的引入，尤其要防止引进入侵性物种，防止生物多样性的丧失。

（6）做好封山育林、退耕还林、植树绿化工作，保护植物种源繁殖、生长、栖息的环境。

（7）加强科研投入和科普教育。

（二）地质地貌景观保护

风景名胜资源包括自然景观资源和人文景观资源。在自然景观资源中地质地貌景观资源占有重要地位。风景区内千姿百态的地质地貌景观都是内外地质作用相互作用的结果，形成一个优美的自然景观，需要千百万年的地质作用过程，而且绝大部分是不可再生的，所有的风景区都是大自然和人类文化活动的宝贵遗产。因此在利用这些宝贵资源时，首先要做好保护工作。具体的保护措施有：

1. 保护风景区内具有突出普遍价值的地质结构，包括各类地质珍迹、地质剖面和地质景观。

2. 保护代表地球演化历史主要阶段的突出模式的岩群，并促进其相关研究的开展。

3. 维护地质结构周边环境的完整，保持风景区内的地质结构与风景区周边的地质结构。

4. 保护各类风景资源（景点）地貌的完整性，风景点的建设必须与自然环境相互协调，防止发生破坏性的建设，对一些地质地貌景观价值极高的景点，除少量必要的人工防护设施外，尽量保持其自然原貌。

（三）水域景观保护

水域指河流、溪涧、湖泊、水库、坑塘及水源地。风景区水域是整个风景区生态系统和生态环境的重要组成部分，也是重要的风景资源。因此保护水域对风景区来讲极为必要。具体的保护措施有：

1. 结合退耕还林、植树造林、移民搬迁等工程，提高风景区林木覆盖率，减少水土流失。加强对溪流中乱石、淤沙的清理，提高水域的蓄水能力，突出风景区水景特色。

2. 规划予以保留的服务设施及居民点建设应该离开溪流一定距离，给水应集中供给，严禁擅自截流、引水；生活污水应集中处理，严禁向山体、水体直接排放。

3. 风景区内居民点必须进行污水处理，集中解决生产、生活污水。结合居民点调控规划，居民点内溪流两侧应建设防护绿带，严禁向溪内排放污水，倾倒垃圾。

4. 风景区内的农田、果园、茶园及其他林地，加强对化肥、农药使用的管理，防止污染水域。

5. 水源地周围严禁一切人为建设活动，钉立界桩，设标志牌，保护其良好的生态环境。

6. 风景区内修建水库、水坝等工程设施必须经过专家论证，避免对下游水系的影响。

（四）文物建筑保护

1. 根据文物建筑的历史、艺术、科学价值，分别确定为国家级重点文物保护单位、省级重点文物保护单位、市级重点文物保护单位和区级重点文物保护单位4个不同的等级，按照《中华人民共和国文物保护法》有关条款进行保护。同时对没有定级的文物建筑，设定相应的暂保等级，并建议按此申报和进行保护。

2. 风景区主管部门可制定《×××风景名胜区文物建筑保护细则》。

3. 根据文物建筑的级别划定保护范围和外围控制地带，建立标志。

4. 文物建筑不得随意拆除、移动、复建、加建，对文物建筑的任何改动都要报风景区建设行政主管部门审查同意，并按文物保护的法定程序报请文物主管部门批准。任何单位和个人不得随意拆除、改动和复建文物建筑。

5. 文物建筑的修复、修缮和日常维护必须保证文物的真实性，对于修复、修缮必须要有详细的规划设计，并在文物专家指导下进行。

6. 对于侵占文物建筑的单位和个人，应无条件予以退还。

7. 禁止与文物保护无关的一切利用，如作为宾馆、餐厅等，已被占用的要无条件移交文物保护部门。

8. 落实消防措施、杜绝安全隐患。文物建筑必须配备消防设备，严格控制电器设备的使用，严禁乱拉电线，防止由于线路老化、损伤而引发的安全事故。在非指定的宗教活动场所禁止鸣放鞭炮。文物建筑必须安装避雷设备。必要的基础设施建设不能破坏文物景观，所有管线必须入地。

9. 对于寺庙等场所应严格加强管理，不得擅自改变寺庙格局，不得私自搭建、拆除房屋和砍伐树木，不得以宗教活动名义破坏文物建筑的真实性和完整性。

10. 文物部门应会同规划建设部门、宗教部门对各寺庙保护、修缮和建设编制环境保护整治规划，各寺庙应严格按照规划执行。

（五）石刻碑刻专项保护

1. 建立石碑、石刻档案，明确位置、年代、内容、损坏程度等，根据石刻碑刻的历史、艺术、科学价值，分为不同的等级，从而制定相应的保护等级及修复、保护措施。

2. 可制定《×××风景名胜区石刻碑刻管理细则》。

3. 石刻碑刻不得随意移动、敲砸、涂抹和践踏；不得随意捶拓。

4. 严禁在前人的石刻上刻字，或将前人的石刻磨平重刻。

5. 文化遗产集中区、自然遗产集中区内不宜增加新的石刻碑刻。

6. 新增石刻碑刻的题材用要慎重，内容要与风景区的历史文脉相协调，并应经过严格充分的专家论证。

7. 对受水流侵蚀严重的石碑、石刻，应采取相应的防护措施，通过科技手段，延缓风化速度。

8. 对位于游客集中处的碑刻、石刻，应设防护栏杆和标示牌，禁止游客践踏、触摸。

9. 对历史、艺术价值较高的石刻可采取封闭式保护或室内保护。

10. 保护石刻碑刻的岩体载体及周边环境。

（六）古树名木保护

古树名木是风景区林木之秀的精华，是价值较高的自然资源，它们是物种种群内部个体多样性的一个重要表现，是非常重要的风景资源，也是科学研究的良好素材，因此，要重视对古树名木的保护。具体的保护措施有：

1. 加强珍稀植物和古树名木的保护，宣传《野生植物保护条例》，加强宣传，让群众懂得珍稀树种的意义，使保护珍稀树种成为自觉行动。

2. 建立完善的古树名木档案，明确位置、树龄、立地条件，并且配有照片、定期检查，更新档案资料，实行动态管理。

3. 所有古树名木都需挂牌保护，游路两侧及游览景点内的古树名木应设防护栏，严禁游人攀爬、划刻、折采、砍伐。

4. 加强古树名木周边的小环境治理，加强防雷和养护管理工作，提供良好的生长条件。对于衰老的古树名木，应在专家指导下进行古树复壮。

5. 加强护林防火和森林病虫害防治工作，保护山上植被的合理演替。

五、外围保护地带

外围保护地带是为了保护风景区整体环境、维护风景环境的完整性、协调风景区与周边区域的景观环境而在风景区外围专门划出的区域。外围保护地带内不得建设破坏风景区视觉景观、污染风景区环境的设施。对已破坏的风景环境应采取措施进行恢复，改善景观风貌。在外围保护地带内按规划建设的各项设施，其布局、高度、体量、造型和色彩等，都应与风景区整体环境相协调。

【案例 5.1】 庐山风景名胜区保护培育规划（北京清华城市规划设计研究院，2006 年）

庐山风景名胜区所包含的自然景源和人文景源是国家乃至全人类所共同拥有的宝贵遗产，其珍贵价值是无法替代和再生的，因此，保护风景资源是风景名胜区管理的首要任务。本规划采取分类、分级及专项保护三种保护方式，并采取相应的措施和要求，确保庐山风景名胜资源的永续利用。

一、分类保护和培育

按照对象的种类和属性特点，本规划将庐山风景名胜区分为：核心保护区、风景恢复区、风景游赏区、发展控制区 4 个区域（图 5-1）。

1. 核心景区

核心景区是指风景资源价值高，对人类活动十分敏感的区域或对保护生物多样性以及生态环境具有重要作用的区域。这一区域包括生态保护区、自然景观保护区和史迹保护区 3 个区，面积共 113.75km²，占庐山风景名胜区总面积的 40.18%。

1）生态保护区

生态保护区主要指庐山风景名胜区内植被保存较完整，具有较典型的亚热带自然生态景观和暖温带自然生态景观的区域、珍稀动物栖息地及重要景点的水源涵养地。其范围主要包括汉阳峰区、铁船峰—道洼尖山区、大坳尖—铃岗岭区 3 个区域，总面积 38.42km²，占风景名胜区总面积的 11.63%。其范围兼顾了庐山自然保护区的核心区以及庐山世界地质公园中的生态保护区的范围，并考虑了庐山自然植被群落分布状况和地形地貌的完整性。

S1：汉阳峰区以汉阳峰为中心，包括龟背峰、五乳峰、马耳峰、永坡山、大步岭、筲箕洼、百药塘及其周围面积共 28.11km² 的地域。

S2：铁船峰—道洼尖山区指石门涧之南的铁船峰、牧马场、道洼尖山等一带及其周围面积共 2.05km² 的地域。

S3：大坳尖—铃岗岭区位于三叠泉、九叠谷之北、碧龙潭之南的铃岗岭、牛角栋、彭山、大月山一带，面积约 8.27km²。

生态保护区内可以配置必要的研究和安全防护性设施，除科学研究的特需外，禁止游人进入，严禁任何生产经营活动，严禁搞任何建设设施，严禁任何机动交通及其相关设施进入。

2）自然景观保护区

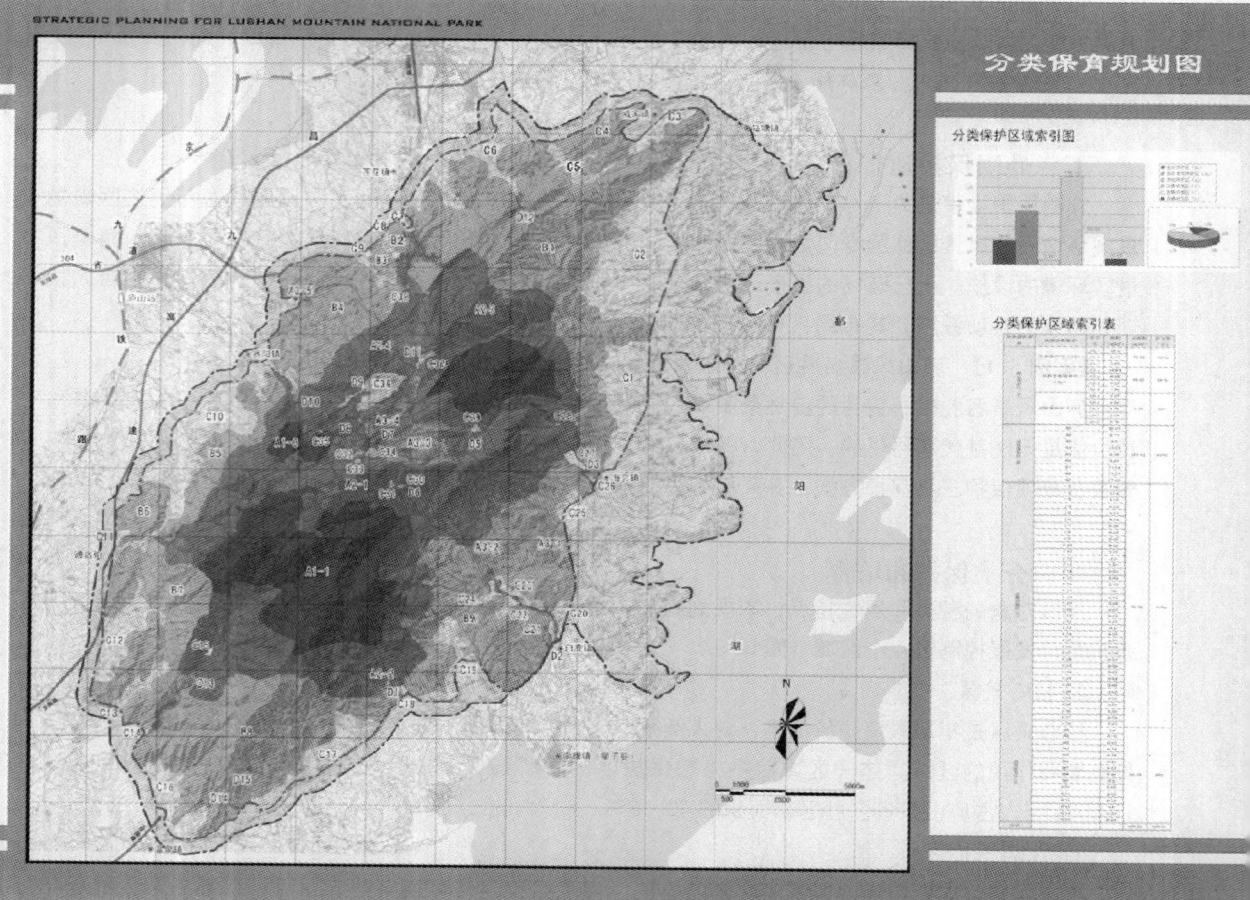

图 5-1 庐山风景名胜区分类保育规划图（北京清华城市规划设计研究院，2006）

自然景观保护区是指庐山风景名胜区范围内含有特殊地质景观、自然植被景观、特殊天象等天然景源、景观及其周围一定范围与空间的地段，涵盖了庐山风景名胜区内所有二级以上自然景点及其相关区域，包括了大部分地质地貌遗迹、生态保护区外的常绿落叶混交林。

自然景观保护区内严格限制对自然景观的开发，可以配置必要的步行游览和安全防护设施，控制游人进入，严禁安排任何与其无关的人为设施，严禁机动交通及其设施进入。

自然景观保护区总面积共 87.17km²，占风景名胜区总面积的 26.38%。

3）史迹保护区

史迹保护区是指在庐山风景名胜区内具有突出的历史价值和人文价值的资源敏感地区及其周围环境，包括各级文物和有价值的历代史迹遗址周围，划出一定的范围与空间作为史迹保护区，具体包括牯岭东谷、白鹿洞书院、庐山植物园、招隐泉、东林寺—西林寺共 5 处，面积共 7.15km²，占风景名胜区总面积的 2.17%。

该区的保障管理目标在于保护历史遗迹的原真性与完整性。可以安置必要的步行游览和安全防护设施，但应控制游人进入，不得安排旅宿床位，严禁增设与其无关的人为设施，严禁机动交通及其设施进入，严禁任何不利于保护的因素进入。

2. 风景游览区

风景游览区是指庐山风景名胜区内资源价值较高，景物、景点、景群、景区等各级景观单元和风景游赏对象集中，但对人类活动不甚敏感或资源利用项目及行为符合风景名胜资源保护要求的区域。它是风景名胜内主要的游览活动区域和人类活动区域，其利用和使用强度必须严格控制在风景名胜区资源与环境允许的容量以内。

区内可以进行适量适度的资源利用行为，适宜安排各种游览欣赏项目，但任何资源利用方式或风景游览活动必须以确保自然与人文景源的完整性与真实性为根本原则，并必须有选择地限制机动交通及旅游设施的配置，分级限制居民活动进入。

风景名胜区内的风景游览区共 11 处，面积共 7.69km²，占风景名胜区总面积的 2.33%。

3. 风景恢复区

风景恢复区指庐山风景名胜区内的自然植被、地质地貌等各种人文和自然景观遭到破坏，需要重点恢复、培育、抚育、涵养、保持的对象与地区，例如森林与植被、水源与水土、珍稀濒危生物等。风景恢复区内可以采用必要的技术与设施对被破坏景观资源加以培育，对完整的景观资源加以保护；并且应该采取相应措施与技术手段对游人和居民活动进行控制与引导；不得安排与风景资源恢复无关的项目与设施，同时严禁对风景恢复不利的各类行为与活动。

风景名胜区内的风景恢复区共 9 处，面积共 140.71km²，占风景名胜区总面积的 42.59%。

4. 发展控制区

发展控制区指庐山风景范围内除以上保护分区范围之外的区域划定为发展控制区，发展控制区内包括了大量的居民点、乡镇和农田。

区内可以安排同风景名胜区性质与容量一致的各项旅游活动，可以安排有序的生产、经营管理等设施，可以利用和改造现有各项设施，但对其规模、形式、体量、内容等及生产、经营管理需加以严格控制，并制定相应的审批程序，同时应分别控制各项设施的规模与内容。

风景名胜区内的风景发展控制区共 22 处，面积共 49.27km²，占风景名胜区总面积的 14.91%。

二、分级保护规划

按照景观价值等级和敏感度不同，根据保护和利用程度的不同，将庐山风景名胜区划分为特级保护区、一级保护区、二级保护区、三级保护区 4 级，并在风景名胜区周边划出一定范围的外围保护地带以控制周边用地建设对其的影响（图 5-2）。

1. 特级保护区

庐山风景名胜区特级保护区包括 3 部分，总面积 38.42km²，占风景名胜区规划总面积的 11.63%。特级保护区是指对保护庐山生物多样性及生态环境作用十分重要，或对人类活动敏感的区域。特级保护区与分类保护培育规划中的生态保护区范围相一致。特级保护区范围内的植被也是形成庐山水景的重要水源涵养林。

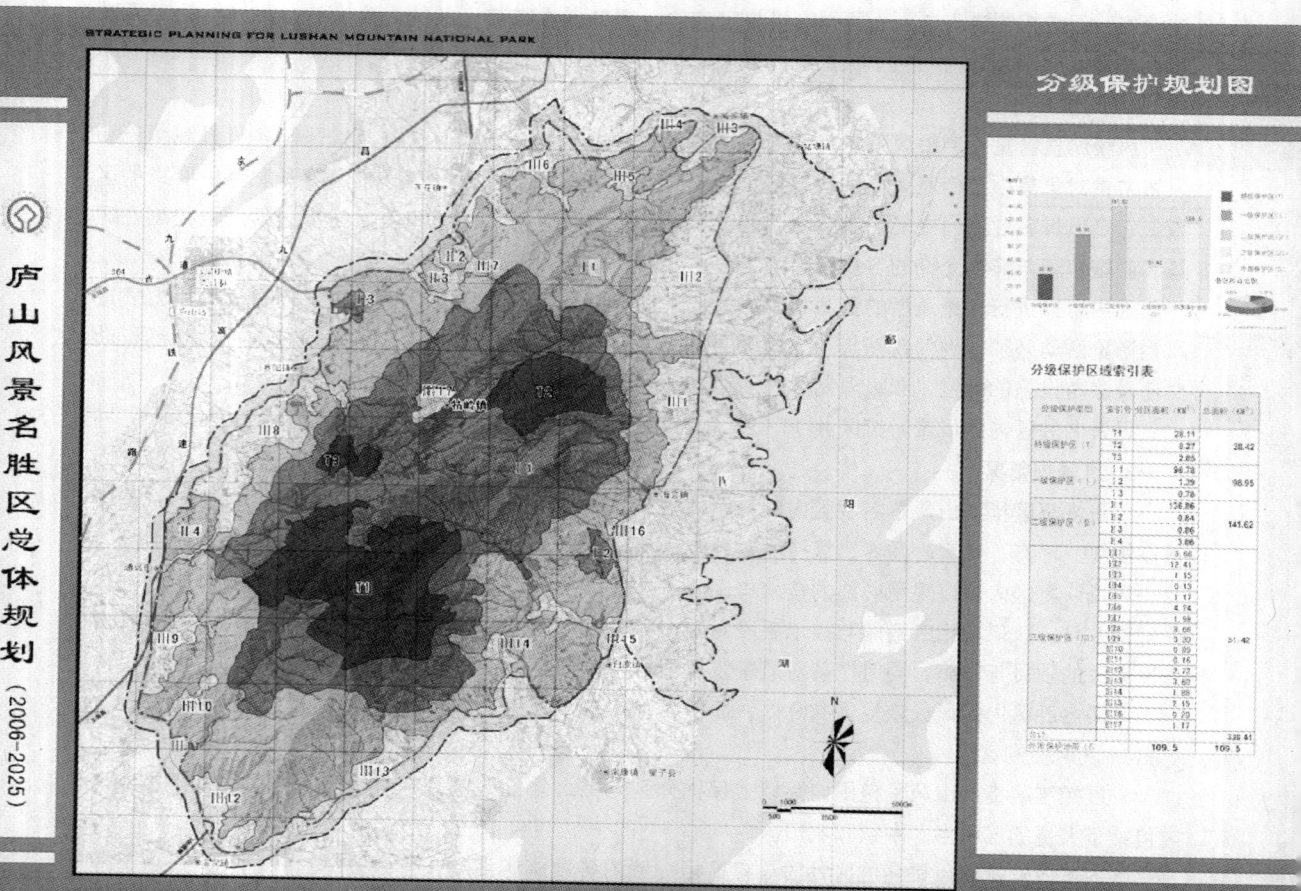

图 5-2　庐山风景名胜区分级保护规划图（北京清华城市规划设计研究院，2006）

T1：汉阳峰区以汉阳峰为中心，包括龟背峰、五乳峰、马耳峰、永坡山、大步岭、筲箕洼、百药塘及其周围面积共 28.11km² 的地域。

T2：铁船峰—道洼尖山区指石门涧之南的铁船峰、牧马场、道洼尖山等一带及其周围面积共 2.05km² 的地域。

T3：大坳尖—铃岗岭区位于三叠泉、九叠谷之北、碧龙潭之南的铃岗岭、牛角栋、彭山、大月山一带，面积约 8.27km²。

特级保护区内禁止任何生产经营活动，除科学研究的特需外，游人不得进入，不得进行任何建筑设施。

2. 一级保护区

一级保护区是指在特级或一级景源周围，风景资源价值高的区域，其在功能上满足自然植被生态恢复、史迹保护、地质保护等要求。一级保护区的划定主要根据景源评价中所确定的特级和一级景源及周边形成的完整的景源环境所在区域范围。一级保护区在范围上包括了分类保护规划中的史迹保护区、自然景观保护区以及部分风景游览区，共包括 3 个区域，总面积 98.95km²，占风景名胜区规划总面积的 29.95%。

Ⅰ1 特级及一级景源周围地域（以特级和一级景点的视域范围和立地条件为依据），总面积为96.78km²，其中不包括牯岭正街及西谷部分地区。

Ⅰ2 白鹿洞书院及其周围地域，面积为 1.39km²。

Ⅰ3 东林寺和西林寺周边地域，面积为 0.78km²。

一级保护区可以安置必需的步行游赏道路和相关设施，严禁建设与风景游赏无关的任何设施，不得安排旅宿床位，严格控制和限制机动交通工具进入此区。

3. 二级保护区

二级保护区是指在风景名胜区范围内，二级、三级和四级景源周围相应区域。二级保护区的划定主要根据景源评价中所确定的二级、三级和四级景源及周边形成的景源环境所在区域范围。从另一方面来说二级保护区涵括了分类保护规划中风景恢复区和部分风景游览区的用地范围，面积共141.62km²，占风景名胜区规划总面积的 42.86%。

二级保护区范围内可以安排少量的旅宿设施，但对规模、密度、形式、体量等需加以严格控制，并严禁任何与风景游赏无关的建设，应有条件限制机动交通工具进入本区。

4. 三级保护区

庐山风景名胜区范围内，以上各级保护区之外的地区划为三级保护区，面积共 51.42km²。占风景名胜区规划总面积的 15.56%。

三级保护区内，应有序控制各项建设与设施，并应与风景环境相协调。

5. 外围保护地带

外围保护地带主要是指在风景名胜区界线范围外，对庐山风景名胜区景观与生态完整性有明显影响的区域。外围保护地带与庐山功能分区中外围缓冲区相符。总面积 117.6km²。在城镇建设区内重点是控制城镇规模和环境污染，突出风景城镇特色，所有建设必须进行环境分析和评价。在农村范围内严禁砍伐树木和开山采石，加强水土保持，农村居民点建设必须符合风景名胜区总体规划要求，修建道路及其他一切建设活动不得损伤风景资源与地貌景观。

三、专项保护规划

以保护庐山风景名胜区范围内并兼顾其周边生态影响区的生态多样性和完整性为总目标，针对庐山实际情况，采取科学而可行的方法，处理好自然景观保护与人文景观保护的有机协调，庐山山体自然景观保护与周边自然环境的和谐统一。

根据不同类型风景资源的特点，选择特殊专项提出保护措施，共分为古树名木、水景水域、生物多样性、地质遗迹、森林植被 5 个专项。（具体内容略）

第六章　风景游赏规划

风景游览对象是风景区存在的基础，是风景区开发利用、开展旅游活动的主要依托。它的属性、数量、质量、时间、空间等因素决定着游赏系统规划的特色。风景游赏规划是各级各类风景区规划中的主体内容，通过认识并发挥风景资源的综合潜力，规划应充分展现风景游览的欣赏主体，使之具有独特的吸引力，同时具有合理的游人容量。

风景游赏规划通常包括景观特征分析、游赏项目组织、风景结构单元组织、游线与游程安排、游人容量调控和游赏结构分析等内容。

第一节　游人容量的量测与管理

游人容量作为风景区保护、开发与管理的重要依据与手段，是风景区开展旅游活动、进行风景游赏规划的前提。游人容量是指在保持景观稳定性，保障游人游赏质量和舒适安全，以及合理利用资源的限度内，单位时间、一定规划单元内所能容纳的游人数量，是限制某时、某地游人过量集聚的警戒值，也是一个涉及生态、社会心理、功能技术等诸多方面的风景区管理手段。

一、确定游人容量的基本程序

根据以往实际案例操作的经验总结，确定一个风景区的游人容量一般需要通过以下主要的步骤与程序，包括指标的选择、容量的测算等关键步骤，才能得到最终的游人容量（图6-1）。

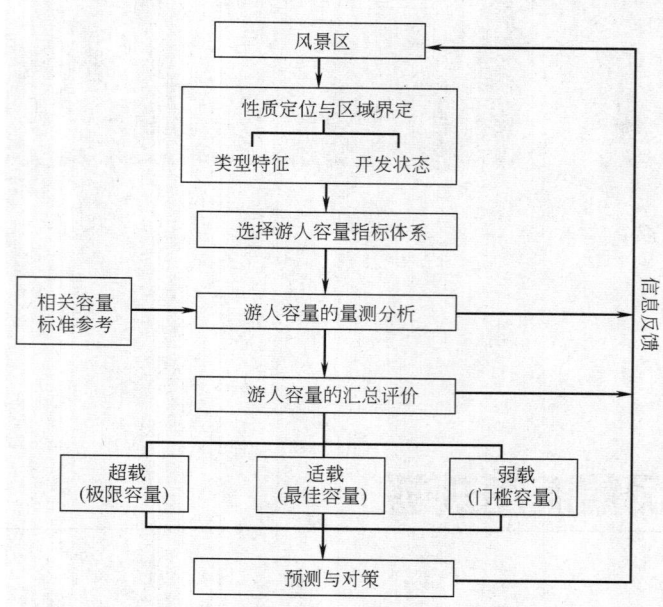

图 6-1　确定风景区游人容量的基本流程

二、游人容量的指标选择

不同类型的风景区由于环境地域的差异性、风景资源类型的复杂性和游览方式的多样性，所选择的游人容量指标也不会完全相同，而应有一定差别。规划人员在确定不同风景区的游人容量时，应从实际出发对指标的具体内容作一定的取舍。

表 6-1 显示的是欧洲不同类型旅游区与其采用的游人容量之间的对应关系。欧洲旅游区的分类与内涵和我国有一定差别，尤其体现在山地型风景区，虽然同是重要的旅游观光载体，作为滑雪胜地存在的欧洲山地，与我国名山山岳的性质却截然不同。

欧洲不同旅游区游人容量的研究重点　　　　　　　　　　　表 6-1

旅游区类型	旅游区特点	环境容量研究侧重点
滨海型	具有大众旅游特点，大尺度、大规模的设施建设，深度的土地利用，广泛的城市化。如大多数地中海旅游目的地流行的模式	游客密度、沙滩使用情况、旅游服务设施情况、基础设施情况、海水纳污力等
海岛型	中小尺度，通常与居住地、乡村、小型社区相结合	旅游对当地社会文化的影响，旅游对当地制造业和海岛经济的影响，居民生活质量等
保护区型	活动一般限制在欣赏、观察自然、科考、科学教育等方面，这种旅游是在严格控制和管理下最小化对环境的干扰，限制基础设施发展	游客人数、游客流以及空间集中的模式，保护自然和生态系统功能的游客分散模式，游客体验质量等
乡村型	包括广泛的动机和目的，常常表现为参观美丽地区等浅层次的旅游活动，零星分散在偏僻乡村	游客流、当地社会文化影响、乡村经济影响、游客流空间分布模式
山地型	深度发展的旅游区，大众旅游类型，集中各类活动	自然中基础设施或可达道路对环境的影响，人工造雪对小气候的影响，植被破坏和土壤流失，风景破坏，交通堵塞和废物管理
历史城镇型	主流的大众旅游地，大规模游客集中在纪念碑、博物馆等，短时停留	交通堵塞、土地使用的改变等

资料来源：Coccossis,《Tourism Environment carrying capacity》, 2000。

需要特别指出的是，山岳型风景区的游人容量指标体系对我国风景区的发展具有很强的借鉴与推广作用。目前我国国家级风景名胜区共 187 处，国务院于 1982 年、1988 年、1994 年、2002 年、2004 年和 2006 年先后公布了 6 批国家级风景名胜区，其中山岳型风景区约占 1/2，国内游人容量的实证研究也多数以山岳型风景区为研究对象（表 6-2）。

山岳型风景区游人容量指标体系示例　　　　　　　　　　表 6-2

一级指标	二级指标	三级指标
游览环境容量	线容量	人均占路长度
	面容量	人均占地面积
	景点最大负荷人数	
	景区最大负荷人数	
生活环境容量	供水能力，供水标准	供水人数
		供水时间
		供需平衡
	住宿接待能力，床位数	总床位数
		景区床位数
		分档床位数

续表

一级指标	二级指标	三级指标
旅游用地容量	可供开发使用的土地面积	游憩用地
		旅游接待服务设施用地
		旅游管理用地
自然环境容量	水体纳污能力	水体自净能力
		污水处理能力
	旅游垃圾处理能力	垃圾填埋
		垃圾焚烧
		垃圾回收

资料来源：刘玲，《旅游环境承载力研究》，2000。

关于游人容量合理指标的确定，现在普遍运用的数据来自于已开发风景区的接待旅游活动量的经验归纳。虽然游人容量在精确量测方面还没有达成学术共识，但目前的容量研究已倾向于建立一些容量统计方法来检查年度的相关指标变化，以此确定游人容量。

三、游人容量的量测方法

游人容量的量测作为服务于实践的关键，是一种非常重要的规划管理工具。现行的《风景名胜区规划规范》、《旅游规划通则》等规范标准中，根据已有的研究成果，将容量中的游人容量作了阶段性、较明晰的界定与规定，成为规划设计中容量量测的主要技术参考。

游人容量的量测主要包括游览空间容量、设施容量、生态容量、社会容量4种基本容量。

（一）游览空间容量

游览空间容量对于风景区来说，是最重要的游人容量。就大多数以观光游览为主要内容的传统风景区，游览空间容量几乎就等同于游人容量。

风景区的景源结构特征对于游览空间容量影响巨大，游览线路组织和游客的游览行为方式的差异，对游人容量会产生完全不同的结果。因此，应充分考虑风景区的景源结构特点，尤其是要考虑风景区游人容量是否存在瓶颈制约因素。如泰山的岱顶是每个游客必游之处，而且所有的登山线路都是直达岱顶。因此岱顶的游人容量就构成了整个风景区的"瓶颈"，与此相关的还有通往岱顶的游览道路的容量。

有关游览空间容量的量测一直以来研究很多，成果也多数得到认同，这里就主要的量测方法和指标做一介绍。

1. 瞬时容量量测公式

（1）面积测算法

$$瞬时游人容量(人) = \frac{风景区面积[1]}{单位规模指标[2]} \tag{6-1}$$

式中：

[1] 风景区面积有3种计算可能

a. 整个风景区面积来计算，适应于风景体系规划和风景区战略或概念规划。

b. 风景区"可游面积"计算，但"可游面积"难以准确地确定，只能是一个估算，有一定的主观成分，并且与其他专项规划难以衔接，所以可用性不强。

c. 景点、景区面积计算，适用于规划的各个层次，并可以同各专项规划协调，适应性较强。同时，还可以衡量一个风景区中景点分散与集中状况以及分区结构布局是否合理。

② 单位规模指标的确定

单位规模指标，是指在风景游览的同一时间中，每个游人活动所占用的最小面积，一般为 m^2/人。这个指标的确定有着较大的经验成分，所以应当具体问题具体分析。同时，指标也是一个综合变量，受游览心理因素、生态环境因素、功能技术因素等多方面影响。

以 1999 年《风景名胜区规划规范》中的风景区游览空间标准为例：

主景景点：50～100m^2/人

一般景点：100～400m^2/人

浴场海域：10～20m^2/人（海拔 0～－2m 以内水面）

浴场沙滩：5～10m^2/人（海拔 0～＋2m 以内沙滩）

（2）线路测算法

$$瞬时游人容量(人) = \frac{道路长度^{①}}{游人间距^{②}} \tag{6-2}$$

式中：

① 道路长度有两种计算可能

a. 全景区线路长度，全线容量，满足客流分布均匀的条件，属于静态容量，便于对风景区作宏观总体评价。

b. 全景区分段线路长度，路段容量，客流分布不均的条件，属于动态容量，便于对风景区局部调控管理，控制合理规模。

② 游人间距的确定

以 1999 年《风景名胜区规划规范》中的风景区游览空间标准为例：

道路面积：5～10m^2/人（以每个游人所占有平均道路面积计算）

（3）卡口测算法

$$游人容量 = 瓶颈游人容量 \tag{6-3}$$

卡口测算法是一种极限计算方法，是以某一必游景区内的一个极限因素确定的。如：必须游览的景区、景点的最大容量，必经道路的限制容量及配套供应的极限数据等作为游人的最大容量，也可以说这是一个安全容量。比如，华山的千尺幢、泰山的天街、武夷山的九曲溪等。

2. 日容量量测公式

$$风景区日游人容量 = 瞬时容量 × 日周转率 \tag{6-4}$$

式中风景区日周转率有两种计算可能：

a. 以单个景区、景点的日周转率来计算，相对应的瞬时容量也以单个景区景点取值。适合大型风景区景区之间联系松散、景区独立管理的情况，静态量测。

b. 以整个风景区的日周转率来计算，相对应的瞬时容量也以整个风景区取值。适合大型风景区每个景区都不构成卡口、景区相互开放的情况，考虑游客游览整个风景区的连续动态的行为过程，动态量测。

【**案例 6.1**】 以观光型山岳风景区——泰山为例（崔凤军，1997 年）

泰山作为我国东部沿海最负盛名的山岳风景区，是五岳之首。其腹地为人口密度很大的发达经济区，客源充足，年接待游人 300 万人次。泰山以主景区闻名，游人多集中于此热线上，超载现象时有发生，而外围景区却游人稀少，资源闲置严重，游客的时空变化分布非常显著，超载、弱载交替发生。因此泰山主景区的游人容量是整个风景区容量研究的基础（表 6-3）。

泰山主景区（游客必游区）游人容量量测　　　　　　　　　表 6-3

景区名称	瞬时容量(人)	合理日容量(人/日)	最大日容量(人/日)	依据或公式
红门—中天门 盘道游览线①	夏半年:760 冬半年:633	夏半年:8290 冬半年:5524	夏半年:18000 冬半年:13810	线路法 日容量公式②
天外村—中天门 环山公路游览线	夏半年:465 冬半年:350		夏半年:23914 冬半年:10910	线路法 日容量公式
中天门—南天门 登天游览线	夏半年:1500 冬半年:1080	夏半年:17700 冬半年:9840	夏半年:19200 冬半年:14160	线路法 日容量公式
岱顶、后石坞及 中天门游览区	夏半年:3250 冬半年:633	夏半年:16500 冬半年:13200	19500	面积法 卡口法
主景区游览空间 总游人容量	利用日容量得出:夏半年 16500 人/日,冬半年 9840 人/日; (利用瞬时容量得出夏半年 16600 人/日,冬半年 11100 人/日)两者比较,确定前者			卡口法 两种日容量 计算比较

① 表中的游览线：同时考虑了游览、交通两种功能，瞬时、合理容量是以游览行为特征为依据，最大日容量是以两者之和为依据。

② 日容量测算，各景区采用的是日周转率计算的第一种可能，总景区采用是第二种计算可能。
经过经济容量（住宿床位、水、电、交通运载）、当地居民心理容量的校核，确定：
泰山游人容量的综合值为夏半年为 16500 人/日，冬半年为 9840 人/日。
结论是，泰山游人容量主要取决于游览空间的游人容量，游人容量的时空分布规律即是游览空间容量的规律，泰山主景区游人容量的瓶颈是"中天门—南天门"游览线，其次是岱顶（其中主要是山顶客房数量、日出观景点面积）。

（二）设施容量

风景区的设施容量包括供水、供电、交通运输等基础设施容量和宾馆、饭店、游乐场等接待服务设施容量。一般来讲，日设施容量具有现实意义。

$$服务设施容量 = \frac{服务设施数(如床位数、座位数)}{使用率} \tag{6-5}$$

$$基础设施容量 = \frac{基础设施数(如总蓄水量、交通运输量)}{每人标准} \tag{6-6}$$

式中使用者在总规阶段宜细分，总人口包括外来游人、服务职工、当地居民三类人口容量。居民容量也要考虑淡水、用地、相关设施等的利用。

$$设施总容量 = 某种瓶颈设施容量 \tag{6-7}$$

交通容量、生活容量（水、电等）等对设施容量容易构成瓶颈，尤其在山地型风景区，可能构成基础设施瓶颈的通常是供水供电设施。

【案例 6.2】　以观光型山岳风景区——黄山为例（刘玲，2000 年）

黄山风景区的供水问题较为突出，水资源与游客量在旅游旺季的供需矛盾尖锐，直接影响到景区接待能力，成为限制旅游发展的瓶颈因素。其中，玉屏景区是黄山游人容量最小的景区（表 6-4）。

黄山各景区日设施容量（供水人数）　　　　表 6-4

主要指标	景区	温泉	云谷	北海	玉屏
可利用蓄水容量 (m³)		123368	13200	45576	3840
日需水量 (m³)		738.46	147.84	698.06	118.24
人均用水指标 (L/人·d)	标准床位	400	400	400	400
	普通床位	150	150	150	150
	不住宿游客	20	20	20	20
	常住人口	150	150	150	150
日可供水人数 (人次/d)		7187	4547	5100	4487

　　设施容量用于管理或规划用途时，一般不将其作为制定游人容量的限度，因为设施容量弹性大，易于建设，消除瓶颈的难度小，而且季节性变化也较大。比如大多数旅游区在旺季时严重超载运行，而淡季时又严重弱载，可以通过临时设施等手段进行调整。

　　近期，风景区可能会受设施容量的限制，但是，远期风景区的容量瓶颈依然是生态容量。

（三）生态容量

　　生态容量是指在一定时间内旅游区的生态环境不致退化或短时自行恢复的前提下，可以安全承受的游客活动量，即能接受的游客人数。

　　生态容量的研究常采用以下三种方法：

　　事实分析法：在旅游行动与环境影响已达平衡的系统，选择游客量压力不同调查其容量，所得数据用于测算相似地区游人容量。

　　模拟实验法：使用人工控制的破坏强度，观察其影响程度。根据实验结果测算相似地区游人容量。

　　长期监测法：从旅游活动开始阶段作长期调查，分析使用强度逐年增加所引起的改变。或在游客压力突增时，随时作短期调查。所得数据用于测算相似地区的游人容量。

　　1. 生态指标公式

　　依靠自然环境的自我恢复能力，自然环境对于旅游活动（诸如践踏等）能承受一定的压力，以此可以定量地确定其生态容量。

　　根据风景区的一般情况，《风景名胜区规划规范》中收集了游憩用地的一些概略性生态容量经验指标（表 6-5）。由于使用范围的宽泛，所以表中所列指标幅度变化很大，对风景区的战略总体规划具有一定的参考意义。具体使用时应结合其他生态单项容量进行校核，计算公式与面积法相同。

游憩用地生态容量指标　　　　表 6-5

用地类型	允许容人量和用地指标		用地类型	允许容人量和用地指标	
	（人/hm²）	（m²/人）		（人/hm²）	（m²/人）
1. 针业林地	2~3	5000~3300	6. 城镇公园	30~200	330~50
2. 阔叶林地	4~8	2500~1250	7. 专用浴场	<500	>20
3. 森林公园	<15~20	>660~500	8. 浴场水域	1000~2000	20~10
4. 疏林草地	20~25	500~400	9. 浴场沙滩	1000~2000	10~5
5. 草地公园	<70	>140			

资料来源：引自《风景名胜区规划规范》，1999。

$$生态容量 = \frac{风景区生态分区面积}{生态指标} \tag{6-8}$$

2. 净化能力公式

当旅游污染物的产出量超出自然生态系统的自我净化和吸收能力时，必须依靠人工方法对污染物进行处理。这样，从环境对旅游产生的废物处理能力的角度也可以确定风景区的生态容量。

反映净化能力的生态容量指标目前主要有：固体垃圾处理设施、废水处理设施可接纳的最大游客容量。一般，旅游者在风景区产生的污染物应在风景区内或附近予以净化、吸收，不宜向外区域扩散。故生态容量的测定应以风景区为基本空间单元。

$$生态容量 = \frac{自然环境能够吸纳的污染物之和 + 人工处理掉的污染物之和}{游客每人每天产生的污染物量} \tag{6-9}$$

【案例 6.3】 以生态型风景区——九寨沟为例（李艳娜，2000 年）

九寨沟是以自然景观为主的风景区，区域森林覆盖率高达 42%，对于旅游活动所产生的有害气体（主要是汽车尾气）具有较强的自净能力。由于风景区自身的特点，评价大气环境容量选取总悬浮微粒为指标，取大气环境有效厚度为 10km。对作为观赏水体的水质主要是水色、透明度的要求，而富营养化是目前九寨沟水体最突出的问题，因此选生化需氧量（BOD）为水环境容量的评价指标。在评价固体垃圾的环境容量时，考虑到九寨沟旅游发展对环境视觉美感要求较高，因此基本上不考虑固体垃圾的自然净化，全部采用人工处理。以人工处理固体垃圾总量及旅游者人均每日产生量加以计算。旅游者对植被的破坏方式主要是对游览线路两侧植被的践踏及个别采摘行为，九寨沟景点旅游存在沿线进行的特点，故在计算植被环境生态容量时，以主要景点游览线路里程（不含景点之间里程）和旅游者沿线活动范围（线路两侧各 5m）为依据，通过现场检测，确定承受标准（人 / 15m²），从而计算出植被环境生态容量（表 6-6）。

九寨沟区域生态容量表 表 6-6

水环境容量	大气环境容量	环境的固体垃圾容量	植被环境生态容量	生态容量
6365 人	5427 人	6204 人	7500 人	5427 人

（四）社会容量

社会容量这里主要是指旅游者和当地居民所能承受的因旅游业带来的环境、文化和社会经济影响的程度。从社会学角度看，涉及"人的因素"的游人容量较之单纯的自然生态容量要复杂并难以认定，也很难量化和建立函数对应关系。

就游客特征影响因子来说，包括游客的社会经济变量和旅游行为特征变量，比如，年龄、性别、收入、消费的可能性、出游动机、态度与期望、民族和种族背景、行为类型、旅游设施使用水平、游客密度、停留时间、旅游活动类型、游客满意度等，这些因素都会对游人容量产生影响。

一般来讲，难以量化的社会容量只是分析人们能承受的因旅游业带来的环境影响的忍耐度。最常用的指标是"饱和状态容量"，也就是游客和居民感到"拥挤"状态时的容量值，对于它的测算是一个比较复杂的问题。目前国内外应用最广的方法是问卷调查法，该方法是了解游客满意度、当地居民对旅游地及文化影响态度的有效方法，但问卷中的指标选择则是实际运用中的最大难点。

随着下列情况的变化，社会容量值域增大：

（1）风景区开发越成熟，环境改造与调适越彻底，社会容量越大；

（2）人群的种族形态越接近，社会容量越大；

（3）风景区用途越单一，社会容量越大；

（4）游客的游憩技能（如驾卡丁车）越高，对这种形式的游憩活动而言，社会容量越大；

（5）设备质量越高，环境越清洁，社会容量越大；

（6）长条形游憩活动地比四方形的社会容量越大；

（7）稠密的植被遮挡效果越好，社会容量越大。

【案例 6.4】 游客密度指数法（崔凤军，2001 年）

旅游者对当地居民的社会文化的冲击被用游客密度指数（VDI）来量测，即游客人数与当地居民人数的比值（又称游居比）。

$$游客密度指数 = \frac{游客人数}{居民人数} \tag{6-10}$$

相同大小的游客密度指数在不同区域内的社会文化影响力不同：一，旅游业占绝对主体的地域，居民承受力大于具有不同产业结构特征的地域，如，庐山牯岭镇能承受的游客密度大于泰安城区，而后者又大于兼有旅游功能的城市济南；二，旅游地生命周期中的后期阶段一般大于前期阶段的游客密度指数，这是由于当地居民从旅游开发中获得了收益并逐步适应了旅游活动氛围，心理承受能力加大；三，文化差异越大，旅游冲击力越大，居民承受的游客密度指数就越小。因此，不同的旅游目的地应有不同的游客密度指数值。

印度果阿社会容量分析（WTO，1989 年）

果阿邦位于印度中西部沿海，占地 3700km²，海岸线长 106km，其中 65km 的海滩，全省居民110 万人，已有相当程度的旅游开发，1988 年接待游客人数超过 85 万人，其中以国内游客为主，是一个以大面积的海滩、植被以及当地独特的文化模式为吸引物的综合性的旅游度假地。关于社会容量的评估，研究者就使用了类似游客密度指数的方法计算平均旺季日游客接待量和旅游开发区（沿海地区）居民人数的比例，其结果表明其比值在世界其他大型旅游区的合理比值范围内。重要的是，目前接待的主要旅游者来自相同文化背景的国内游客，而且以后也将如此。

（五）综合游人容量

一个风景区的游人容量有多大，受制于游览空间、生态环境、服务设施、基础设施以及当地居民心理承受能力等条件。通常，生态容量被看作风景区的极限游人容量，由于其刚性特征，生态容量值很难改变。而设施、社会容量弹性较大，最终都可以提高其阈值。虽然社会容量短期也呈现刚性，但经过长期引导与铺垫，不会构成瓶颈。

从管理的角度说，综合游人容量值还应该进行极限值和最佳值的测算。测算游人容量的极限值重点是测算风景区游览空间和设施空间的最大游客容量，而测算最佳值重点是测算游客心理感应认同的、能保证游览质量和效果的游客数量。与此同时也要注意测算风景区生态环境保护的极限容量与最佳容量以及旅游社区人均取得极限或最佳的经济收益容量。另外，游人容量还应随规划期限的不同而有相应的变化，这些对风景区管理均有很大的参考价值。

综合游人容量的阈值表现为，超出上限造成"超载负荷"；低于下限，又造成环境资源的浪费与闲置。一般，下限为经济效益，不得低于旅游开发的门槛容量。上限为环境效益，不得大于资源与环境保护要求的极限容量。目前，我国风景区游人容量的关键问题还是游人容量的上限——极限游人容量，它是影响风景区功能分区、设施等级、管理和保护措施的关键因素。

由于风景区的情况复杂多变，制约游人容量的变量因子也各不相同，游人容量始终处在一种动态的变化之中，所以上述量测游人容量的一般方法，具体如何运用，调整系数如何选取，都必须根据特定风景区的特定环境条件来确定。作为规划者所计算与调控的总量与变量必须有普遍的说服力与科学性，才能使在游人容量指导下建立的风景区规模与建设能够达到有效保护和充分利用风景资源的目标。

四、游人容量的探索实践

容量是一个庞大的概念与系统，尤其是当其应用于风景区这样综合性很强的区域中，更加显得复杂而多样，关于风景区规划中的容量问题始终处于不断发展探讨的阶段。

（一）定义内涵的发展

《风景名胜区规划规范》中的"游人容量"，是在学术研究中争议最多的热点问题，也是尚无定论的重要问题之一，在其研究领域更多地被称为"环境容量"。鉴于此，为了避免名称、概念引用时所造成的混乱，关于游人容量研究探索方面的内容，我们将沿袭其惯用称谓，称其为"环境容量"。

环境容量（Environment Capacity）是一个从生态学中发展起来的概念。最早出现于1838年，由比利时生物学家弗胡斯特提出，指"某一特定环境条件下（主要指生存空间、营养物质、阳光等生态因子的组合），某种生物个体存在数量的最高极限"，这个极限值在生态学中被定义为"环境容量"。随后容量极限值被应用于人口研究、环境保护、土地利用、旅游、资源管理、移民等多个学科领域，同时派生出诸多与之相近的概念，如环境承受力（Environmental Bearing Capacity）、环境承载力（Environmental Load Capacity）、环境忍耐力（Environmental Tolerance）等（表6-7）。

不同时期的国内外环境容量定义一览 表6-7

	相关背景	定义内容	研究重点	代表学科
国外	20世纪60～70年代 与国家公园和保护区相关。最早出现在20世纪30年代中期，美国国家公园局呼吁对国家公园的承载力或饱和点进行研究	• 指一个游憩地区，能够长期维持旅游品质的游憩使用量。（Wagar，1964） • 指某一地区，在一定时间内，维持一定水准给旅游者使用，而不破坏环境和影响游客体验的利用强度。（Lime、Stankey，1971） • 环境容量分为4种研究类型：生物物理容量、社会文化容量、心理容量和管理容量。（Lime、Manning，1971） • 某一区域的资源与环境状态在没有达到不可接受的破坏水平时所能维持的旅游活动水平。（Wall、Wright，1977）	早期侧重自然生态环境要素，包括物质体系（游乐设施、旅游基础设施）的自然承受能力，特别是生物因子的承受能力。 后期开始注意社会心理要素。 主要集中在一些经验型和相对独立性的实证工作	以自然科学家为核心，涉及森林学、生态学、地理学等
	20世纪80年代以后 可持续发展引起全社会的关注，旅游环境问题成为迫切需要解决的焦点	• 环境容量一是当地居民没有感到旅游不良影响前的容量；一是导致旅游流衰退前的旅游水平。应包括自然环境容量、经济容量、社会容量。（O'Reilly，1980） • 在没有产生不可接受的物质环境的影响下，在没有明显降低游客旅游经历的前提下，使用某一旅游区胜地的最大游客量。（Mathieson、Wall，1982） • 旅游社会容量为当地居民的社会损失在旅游发展过程中达到不可接受状态时的游客数量极限点。（Cook、d'Amore，1989） • 在没有引起对资源的负面影响、减少游客满意度、对该区域的社会经济文化构成威胁的情况下，对一个给定地区的最大使用水平。（McIntyre，1993） • 一个旅游区在提供使得旅游者满意的接待并对资源产生很小影响的前提下，所能进行旅游活动的规模。一般用游客人数表示。（WTO，1997）	从单纯的环境生态系统扩大到了旅游经济发展、社会发展系统。 进行了大量总结和综合性研究以及实证研究，大批文章和论著出版。认识到环境容量的复杂性，指出计算上的困难，推广价值受到局限，同时在规划管理上谋求解决途径	多学科参与，主要有地理学、旅游学、管理学、环境学、社会学、经济学等

续表

相关背景	定义内容	研究重点	代表学科
国内 20世纪80年代以后 大众旅游带来传统旅游区、风景区的环境容量问题极为严峻,环境严重退化、设施损坏、游客伤亡等时有发生。 传统的环境容量测算方法已不能适应实际需要。环境容量研究刻不容缓	· 在满足游人的最低游览要求(心理感应气氛)和达到保护风景区的环境质量要求时,风景区所能容纳的游客量。(保继刚,1987) · 环境容量是一个概念体系,包括基本容量和非基本容量两大类。前者分为旅游心理容量、资源容量、生态容量、经济发展容量、地域社会容量5种,后者分为合理容量和极限容量、既有容量和期望容量、与旅游活动空间尺度相联系的容量概念3种,是前者在时间上的具体化与外延结果。(楚义芳,1993) · 在可持续发展前提下,风景区在某一时间段内,其自然环境、人工环境和社会经济环境所能承受的旅游及其相关活动在规模、强度、速度上各极限值的最小值。(杨锐,1996) · 指在某一时期,某种状态或条件下,旅游区的环境所能承受的旅游经济活动量的阈值。(刘玲,2000) · 指在某一旅游地的环境的现存结构组合不发生明显有害变化的前提下,在一定时期内旅游地承受的旅游活动的强度。包括游客密度、旅游用地强度和旅游收益强度3个指标。(崔凤军,2001)	前期以基础理论研究和个案研究为热点。在规划和管理实践口,主要以控制游客人数为着眼点,在应用旅游环境容量量化模型时,也是以"游客数量"为最终的指标 后期量化方法探讨和管理对策研究于始呈现明显的增长态势,体现出对环境容量体系的反思与重塑。以"旅游活动量"表征环境容量	多学科参与,主要有地理学、旅游学、建筑学、环境学、管理学、经济学、社会学等

从不断发展变化的容量定义上看,相比较环境容量的原始定义,其内涵在过去的一个世纪中,已经从对单一生态要素的关注,扩展到了包括自然资源、社会资源、管理要素等范畴。

具体地说,环境容量的定义应能体现以下内涵:

1. 环境容量是反映人口、发展与资源、环境之间关系的重要指标,其实质在于保证人口、资源与环境之间的协调,保证发展的可持续性,即经济的增长不能以生态系统的破坏、环境质量的下降以及使子孙后代的生存与发展受到威胁为代价。

2. 环境容量的阈值至少应满足其直接利益相关者的基本条件:

(1) 自然环境质量,不损害环境的自然恢复能力,不打破自然演替规律。

(2) 游客游览质量,不降低旅游活动质量,不降低游客满意度。

(3) 居民生活质量,不能超出居民对旅游开发影响的最大容忍程度,必须保证其基本利益。

(4) 管理经济质量,不影响其管理水平的正常发挥,不影响旅游环境系统正常功能的发挥。

3. 环境容量具有动态性与可变性,也具有一定范围和时间内的确定性和稳定性。

4. 环境容量不仅是一种科学理论,更应作为一种管理理念存在,是风景区发展战略不可缺少的一部分。

(二) 概念体系的探索

关于环境容量概念体系的构成,学术界存在不同看法,一直是容量研究的热点。学者杨锐1996年曾尝试建立起一个风景区环境容量概念体系,指出风景区环境容量概念体系是由自然环境容量、人工环境容量与社会环境容量3部分构成的,其中每一大类又可细分为若干小类,详见表6-8。

从上述环境容量概念体系的构成可以看出,环境容量是一个层次丰富、影响因素很多、且各因素之间关系复杂的系统。这个复杂的概念体系是一系列不同角度、层次、特征的概念统称,一般常用的环境容量概念其实只是体系中的游览空间环境容量等几个单项概念。

风景区环境容量概念体系一览表 表 6-8

风景区环境容量概念体系	自然环境容量	生态环境容量	水质及大气质量等对旅游及其相关活动的承受能力
			土壤、地质、植被、野生动物、湿地等对旅游及其相关活动的承受能力
			地震、飓风、泥石流等自然灾害受旅游及其相关活动的影响力
			景观生态格局等对旅游及其相关活动的承受能力
		自然资源容量	自然景观资源(敏感性、结构性等)对旅游及其相关活动的承受能力
			水资源、土地资源对旅游及其相关活动的承受能力
			自然能源(风能、太阳能、潮汐能等)对旅游及其相关活动的承受能力
	人工环境容量	空间容量	可游览地区在空间上对旅游及其相关活动的承受能力
		设施容量* 市政基础设施容量	供水设施对旅游及其相关活动的承受能力
			排水设施对旅游及其相关活动的承受能力
			供电设施对旅游及其相关活动的承受能力
			供气设施对旅游及其相关活动的承受能力
			通信设施对旅游及其相关活动的承受能力
		道路交通设施容量	道路、停车场及机场、码头等对旅游及其相关活动的承受能力
		旅游服务设施容量	住宿设施对旅游及其相关活动的承受能力
			商业、服务业对旅游及其相关活动的承受能力
			文化、体育、娱乐设施对旅游及其相关活动的承受能力
			其他服务设施对旅游及其相关活动的承受能力
	社会环境容量	人文环境容量	文化习俗、历史古迹、大型工程设施等人文景观对旅游及其相关活动的承受能力
		经济环境容量	就业及经济背景对旅游及其相关活动的承受能力
		心理环境容量	(游客)审美体验对旅游及其相关活动的承受能力(游人容量)
			(居民)对环境及生活方式改变的承受能力(居民容量)
		管理环境容量	风景区管理水平对旅游及其相关活动的承受能力

* 有学者将设施容量归属于经济环境容量中，以此反映地区经济和社会发展水平对风景区建设的影响与制约（楚义芳，1989）。

资料来源：引自杨锐，1996，有修改。

（三）调控管理的尝试

应用环境容量这一概念，可以指示环境变化的程度和方向，预测可以接受的环境变化范围。但环境容量的复杂性和变异性意味着，将容量作为一个数据控制，并不能达到有效保护资源的目的。风景区的变化是不可避免的，为解决现行中国风景区的容量管理弊端，环境容量的研究和应用应逐步由游人控制向环境影响控制方向发展。正如瓦格（J. Alan Wagar）指出，明确环境容量本身并不是目的，而是通向目的的一种手段。脱离管理的环境容量是没有意义的。环境容量可以因管理技术的改变而改变。

环境容量的调控方式类型多样且因地因时制宜，从限制环境容量的因素角度，目前国内风景区常见的主要有游客调节、环境调节两种。前者是针对环境容量的压力部分进行调控以达到减压的目的，后者是针对环境容量的承载部分进行调控，通过工程的或者技术的手段改变起限制性作用的某项容量的阈值，其目的是扩大容量自身的规模、范围或利用程度。

1. 游客调控

（1）游客数量与时空分布调控

游客调控是针对游客进行的容量管理。当旅游活动强度超过了环境容量时对游客进行控制，从而达到在有限的环境容量前提下，合理、充分地进行最大化的游客配置。游客调节可以是对旅游者数量进行直接控制，也可以通过开辟新游览路线、采取季节票价等手段来实现旅游者在时空上的分流。目前常用的是淡旺季差价，黄山风景区 1996 年后实施了多种价格差，涉及门票、房价、索道等，主要目的是为了提高淡季的承载量。2002 年 2 月 1 日至 3 月 10 日期间面对教师及学生的门票全免，起到了开拓旅游淡季客源市场、调节游客时空分布的作用。

（2）旅游活动管理

旅游活动是决定风景区可以容纳旅游活动量的基本因素，旅游活动的特性对环境的空间容量、生态容量影响尤其突出。同一风景区，如果承受的旅游活动类型、时间、方式、空间分布等发生改变，环境容量值也会随之改变。试想，人均占地面积大、每次使用时间长的活动，比之占地少用时短的活动，同样规模的空间容量肯定小得多。因此，针对旅游活动的管理可以有效达到对环境容量的调控。

2. 环境调控

环境调控是针对环境进行的容量管理，通过对制约旅游活动的环境因素进行调节，从而提高环境容量的阈值，以此提高环境容量空间。

人工环境提高阈值常用方式是景区扩建、新建；废弃物处理工程规模的扩大；按时封闭部分景点进行生态恢复；区域协作突破经济制约；交通条件的改善、交通工具的增加等。

自然环境一般通过对空间结构、生态系统的改造来提高承载阈值，如山地风景区内登山道路的加宽和台间空地的设置、新生态物种的引进、扩大绿化面积进行生态补偿等。

环境调控的效果虽然明显，但是也可能带来一些难以预料的负面效应。譬如黄山为了提高山上北海玉屏景区的资源空间、住宿、供水等容量，扩建宾馆、改造供水供电工程，建设多条索道，这些立竿见影的措施却对景观、生态造成了长期的破坏。虽然，不同的管理目标决定了不同的环境容量，但就可持续发展来讲，还是应从自然生态环境容量出发寻找其根本的立足点。

3. 国外的管理探索

环境容量不仅是一种科学理论，更应作为一种管理理念存在。脱离了"游人数量"计算的环境容量，开始了众多实践理论的争论，国外在国家公园和保护区方面尝试了一些成功的管理模式。其中具有代表性的理论是斯坦基（George H. Stankey）等人 1984 年提出的 LAC（Limits of Acceptable Change，可接受改变的极限）理论。

LAC 理论最大的进步在于，环境容量体系不再被看作是科学理论的本身，而是在科学理论的研究支持下形成的一系列管理工具。环境容量控制指标追求的"数字极限"虽然是必需的，但不再被看成是唯一的可供自然环境、自然资源的管理者所利用的标准，也不再是由固化的普适性公式推导出来的简单数字，而是在融合了自然环境、游客、社区、管理者等各种利益相关者的利益诉求之后形成的一套指标体系，容量管理的核心已经转移为设计出一些具体的行动、措施，引入完善有效的公众参与机制，通过监测并控制某些特别关键的指标，从而实现对自然资源的最有效而无害的永续利用。

LAC 理论基于如下 5 点认识：为确定各种管理行动所保护的内容需要先有一些专门设立的目标；在以自然为主体的系统中，总会存在一些环境变化；任何游憩活动都会导致一些变化；管理所面对的问题是多大的变化是可以接受的（How much is too much）；对管理的结果进行检测是必要的，由此可以确定这些行动是否有效。其基本步骤如下：

步骤 1　确定规划地区的特殊价值、问题与关注点；

步骤 2　确定和描述游憩机会种类或规划分区；

步骤 3　选定评价资源状况和社会状况的指标；

步骤 4　对资源和社会的现状调查；

步骤 5　确定每一机会种类中资源状况和社会状况的评价标准；

步骤 6　确定待选的机会种类部署方案；

步骤 7　确定每一待选方案中的管理措施；

步骤 8　评价并确定一个优选方案；

步骤 9　推行优选方案中的措施并进行指标监测。

LAC 理论的诞生，带来了国家公园与保护区规划和管理方面革命性的变革，美国国家公园管理局根据 LAC 理论的基本框架，制定了"游客体验与资源保护"技术方法（VERP—Visitor Experience & Resource Protection），加拿大国家公园局制定了"游客活动管理规划"方法（VAMP—Visitor Activity Management Plan）、美国国家公园保护协会制定了"游客影响管理"的方法（VIM—Visitor Impact Management），澳大利亚制定了"旅游管理最佳模型"（TOMM—Tourism Optimization Management Model）等。这些技术方法和模型在上述国家的规划和管理实践中，尤其是在解决资源保护和旅游利用之间的矛盾上取得了很大的成功。它们的共通之处是：都描述了一种自然资源和游客体验的"令人向往的未来状态"；都建立了反映旅游体验质量和资源条件的"指标"体系；都确立了最低可接受条件的"标准"；都提出了为保证相应区域的状态满足上述标准如何适时而恰当地采取管理手段的"监测技术"；都开发了确保各种指标维持在特定标准内的"管理措施"。

第二节　景区规划

景区规划是为了集中组织与展示风景区的独特风貌，根据景观的特点及其地理位置和历史条件，在对景观资源现状分析与评价的基础上，按市场需求、资源保护、发展战略与结构布局的要求，通过综合安排游览观光的主体与客体的关系，组织形成具有一定品位、达到一定规模、一定格局的景点和观赏环境体系。景区规划是实施风景区战略的重要技术步骤。一般要经过区划、结构、布局三个主要步骤来完成。

一、景观的分析与组织

景观是风景区内可以引起视觉感受的某种现象，或一定区域内具有特征的景象。在风景游赏规划中，景观是其主要的规划素材。从某种意义上说，风景区规划就是对其景观进行调控和优化组合。

在进行景区规划前，应通过缜密准确的景观分析，达到对景物资源素材的把握。景观分析是景区规划的重要内容，在实际操作中甚至将其作为独立的单项规划内容。

景观的分析与组织就是运用审美能力对景物、景象、景观实施具体的鉴赏和理性分析，并探讨与之相适应的展示措施和具体处理手法，其中包含有景区规划构思的若干相关内容，是景区规划的重要基础与前提（图6-2）。

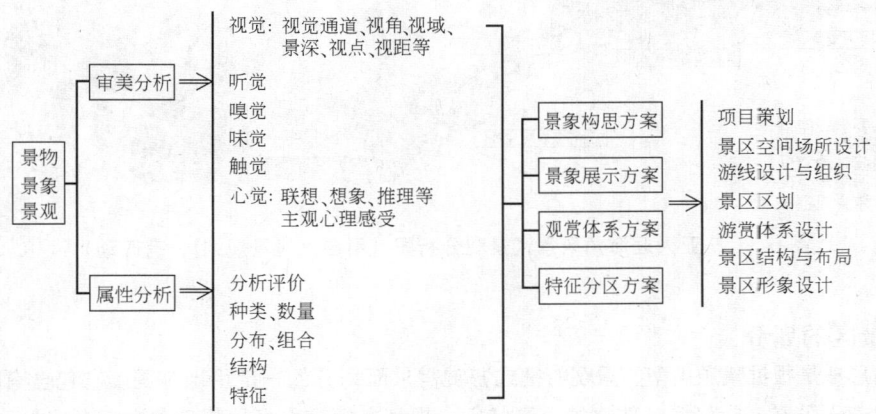

图 6-2　景观分析与组织结构示意

景观的分析与组织应遵循景观多样化和突出自然美的原则，大致包括如下内容：

1. 景物的种类、数量、审美属性及其组合特点的分析与区划；
2. 景观的种类、结构、特征及其画境的分析与处理；
3. 景感类型、欣赏方式、意趣表现的调控；
4. 景象空间展现构思及其意境表达；
5. 赏景点的选择及其视点、视角、视域、视距和景深层次的优化组合。

景观的分析与组织的结果通常以景观分析图或综合的景观地域分布图来表示，以此揭示风景区具有的景感规律和赏景关系。由于风景区规模和尺度的原因，景观分析组织的表现也会因地不同。一般，景观分析图在中小尺度的风景区规划中比较常用，而大型风景区则偏向于用综合景观地域分布图来表达。

【案例 6.5】　三亚天涯海角风景区景观分析（中国城市规划设计研究院，1988）

三亚天涯海角风景区是以历史名胜、滩湾石景为风景特征，面积 10km²。包括天涯海角、南天一柱、天涯湾、巴篱湾、马岭等。主要规划内容有海滨旅游、登山游览、中华民族文化城等。

根据现状，景观区域被划分为主要景观空间、游赏景观空间、缓坡林地空间、滨海漫步空间、沙滩景观空间 5 种类型。分别从视觉分析、景观特性、时空转换，同时结合游人游憩需求来划分，通过点、线、面 3 种不同特质的形式来体现，从中寻求景观组合的规律。

① 静态观赏空间：主要景观空间，包括边缘点（海岸空间 4 处）、高点（山景空间 2 处）。考虑景点之间的借景、赏景、视觉通道、视角、视域、景深、视点、视距等关系。

② 动态游览空间：滨海漫步空间、缓坡林地空间、沙滩景观空间，考虑游路、赏景点、景观展示、使用功能等需求。

③ 特殊景观空间：背景山地景观、海上娱乐与观景景观等。

分析图体现了景观的主次结构、层次、布局，各景观区域之间的渗透、结合、排列、交叉等相互关系，为详细的景观规划以及进一步的景区、项目、游线设计等确立了规划依据（图6-3）。

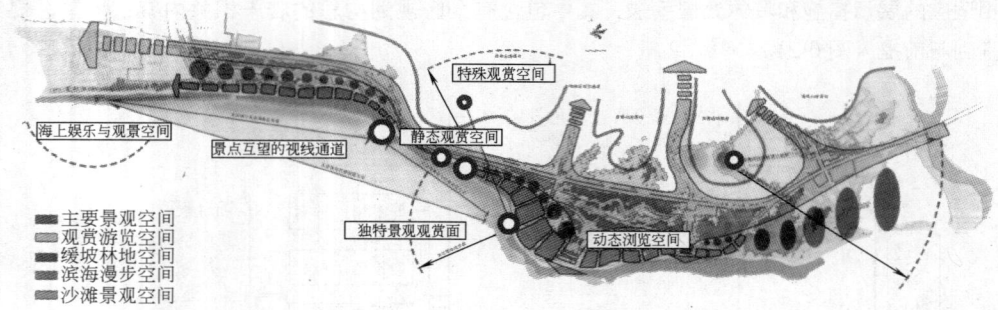

图6-3　三亚天涯海角风景区景观分析图（引自《风景规划》，有改动）

二、景区的划分

景区的形成是根据景源类型、景观特征或游赏需求而划分的一定用地范围。它包含有较多的景物和景点或若干景群，具有相对独立的分区特征。规划必须使众多的规划对象有适当的区划关系，以便针对规划对象的属性和特征分区，进行合理的规划和设计，实施恰当的建设和管理。

（一）景区划分依据与原则

1. 统一性

同一景区内的景观属性、特征、地理分布及其存在环境应基本一致。对于类型、特征相近的相邻景观应进行同类项合并，并划分区域。

2. 完整性

景区内的景观资源应具有完整性，景点相对集中。景区划分应维护原有的自然单元、人文单元相对完整，现状地域单元相对独立。

3. 特色性

各景区的主题必须鲜明，具有特色，且主题之间应互为烘托与联系。同时，从风景区的角度，景区还应围绕风景区的主题强化整体特色。

4. 可操作性

景区划分应合理解决各分区之间的分隔、过渡与联络关系。景区之间应有利于游览路线组织，便于游览、保护与管理。

（二）分区模式

景区规划分区的大小、粗细、特点是随着规划的深度而变化。规划越深则分区越精细，分区规模越小，各分区的特点也越显简洁或单一，各分区之间的分隔、过渡、联络等关系的处理也趋于精细或丰富。

中国风景区的发展经历了从单一型风景游览区到复合型再到综合型风景区的变化过程，景区规划也相应地从传统单一的"某某N景"（如西湖十景、燕京八景等）转变成多层次多类型的景区结构体系。

就目前的研究和实践现状来看，景区的划分基本可以理解为如下2种认识模式：

1. 单一分区模式

一般适用于规模较小或功能单一、用地简单的风景区。由于景观特色突出而具有垄断性，风景区一般均以游憩活动区（风景游览区）为主划分景区，而其他诸如接待区、商业区、疗养区等辅助区域只是作为功能区存在，不参与景区规划（图6-4）。大多数传统的风景名胜区都是采用单一分区模式，如泰山、黄山、黄果树等。

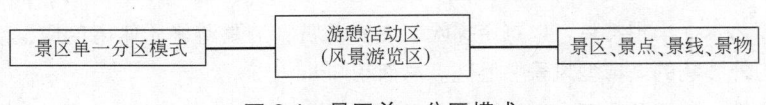

图6-4　景区单一分区模式

在风景游览区中，根据景观主题来划分景区，一般分为7种类型的景区，包括眺望型、文化古迹型、水景型、山景型、洞穴型、植物型、稀有现象（自然、地质现象）型。

【案例6.6】

泰山风景区（北京大学，1987年）

风景游览区分为9个景区，包括登天景区（主景区）、天烛峰景区、桃花峪景区、樱桃园景区、玉泉寺景区、齐鲁长城景区、灵岩寺景区、古地层景区、待开发景区。

黄果树风景区（贵州省城乡规划设计研究院，1996年）

风景游览区分为6区3点，包括大瀑布景区、天星景区、滴水滩景区、坝陵河访古景区、石头寨景区、郎弓景区以及石鸡晓唱景点、上峒景点、关脚瀑布景点。景区面积32.52km²，占风景区总面积的28.28%。其他如旅游服务中心、生活物资供应基地、旅游服务次中心、管理接待中心、度假服务区等辅助功能区独立于景区存在。

九寨沟风景区（四川省城乡规划设计研究院，2000年）

风景游览区分为5大景区，包括树正景区、诺日郎景区、剑岩景区、长海景区、扎如景区。景区面积643km²，占总面积的89.3%。游览设施独立于景区存在。由于九寨沟的资源级别很高，景区单一分区的模式有利于风景区的保护、利用与管理。

2. 综合分区模式

一般适用于规模较大或功能多样、用地复杂的风景区，是一种与风景区用地结构整合的分区模式。分区将以往的功能区、景、保护区等整合并用，景区被分别组织在不同层次和不同类型的用地结构单元之中，可以使景区在整个风景区的结构规模下得到清晰明确的定位（图6-5）。

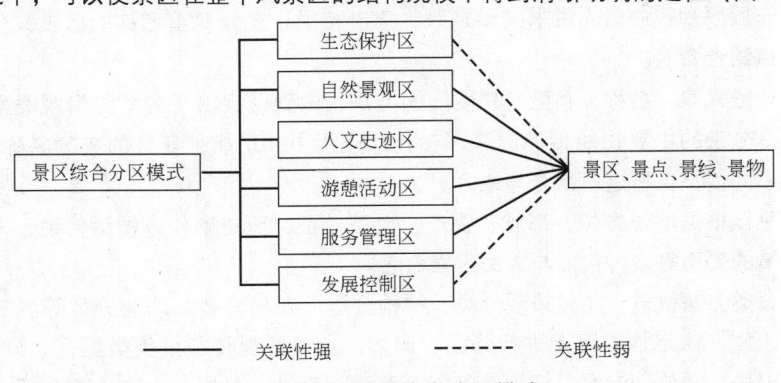

图6-5　景区综合分区模式

图中确立的 6 种基本区划，可以涵盖风景区范围的各种土地利用方式，并易于同海外国家公园衔接，便于与原有的规划分区相对接，便于识别与管理。较常见的综合分区模式是与功能区整合划分，形成"风景区—功能区—景区—景点"的结构层次。

【**案例 6.7**】 太阳岛风景区（**中国城市规划设计研究院，1998**）

以江漫沙滩洲岛、江湾湖沼为地貌特征，以湿地草甸植被、疏林草地为植物景观特征，以北国冰雪风光、冰雪艺术为季相特点，以野游探险、冰雪游赏、消夏避暑、休闲度假、娱乐运动为功能特征，具有海内外影响的城市型风景名胜区。总面积 38km²。

依据景源属性、特征及其存在环境，并保持原有的自然单元、人文单元的完整性，也考虑到未来发展的需要，将风景区划分为 5 个功能区、16 个景区（表 6-9）。

太阳岛风景区景区划分　　　　　　　　　　　　　　　　　　　　　　表 6-9

功能区	江滩草原游览区	野生动物观赏区	田园牧场度假区	沿江野外活动区	休闲娱乐管理区
景区	阳明滩景区 古兰滩景区 江汉游览线	东北虎林园景区 珍稀禽鸟景区 草食动物景区	观光农牧景区 假日农耕乐园 园艺垂钓景区	江滨沙滩浴场 野营野餐基地 划船游艇港湾	服务管理区 太阳岛四季园区 月亮湾游乐景区 上坞休养景区

（三）景区的范围、名称与主题

景区是组织景观和游赏特征的基本单位，明确景区的范围、名称与主题是风景区规划细化与深化的需要。

1. 范围界定

景区划分的定量工作。景区应具有明确的边界和面积，应依据风景区整体界线划分的基本原则，以景区为单位进行划界。

虽然景区所依据和承载的旅游活动具有宽泛的过渡地带，但是，出于土地权限、审批、管理、研究等多种原因，这种人为创造或确定的边界却是必需的。合理的界定范围是景区进行规划设计、实施容量管理等的基本保证与依据。

2. 景区命名

随着风景区发展的复杂态势，当代风景区规划所面对的规划对象越来越呈现出多元化的趋势。而景区的功能多样化要求景区名称应能使该区繁杂的信息浓缩为一个特有的便于识别的名称。

景区命名的一般原则：命名应讲求文雅别致，突出特征；充分尊重名称的历史文化延续性；科学合理地进行景点组合命名。

景区的命名一般采取"名称＋类型＋功能"的方法，做到既突出了名称与景观类型的恒定性和形象性，也将各有分工的主要功能传递出来。在具体应用中，功能越复杂的景区名称越趋向复杂，应根据风景区的不同情况自行进行组合与取舍。

景区的名称可以根据地理方位、形状、物产、典型特征、历史事件或神话传说、人物、诗词名句、表达思想感情的美愿等多种自然与人文因素命名。

景区的类型分类方法很多，如按景观分类、结构分类、布局分类、功能分类等。在实际应用中通常采用具有可比性、稳定性的因素进行分类。比如，参考景观特征分类类型，划分自然、人文、综合一级分类，山岳、湖泊、岩洞、江河、峡谷、海滨、森林、草原、史迹、综合等二级分类，以及在此基础上进一步细分的 N 级分类类型。

景区的功能，一般分为观光、游憩、休假、民俗、生态、综合等类型。

3. 景区主题

景区划分的定性工作。主题是景区建设的灵魂，应包括景区承载的基本特征、规划期望确立的形象定位等。

景区的主题应突出特征，而特征是由诸多因素决定的，自然因素决定着景区的基本地域特征，社会因素决定景区的发展趋势和人文精神特征，经济因素影响着景区的物质与空间特征，并可以转化成构景要素。

形象定位包括景观定位、功能定位、游客定位等，是景区有目的性地展开建设内容的依据，从而指导景区的空间规划与项目策划。

各景区主题做到特色突出、互补性强、系列化、网络化，就可以适应不同使用群的需求。

三、景区的结构布局

景区的结构布局应是在具体分析各景区的潜力与制约的基础上，着重研究点与区、区与中观以及整体的相关性，通过比较与调整，使风景区各景区之间形成性质分类、功能分区、成组布局、整体最优的多维网络结构，原则如下：

层次性，处理好局部、整体、外围的关系；

协调性，解决规划对象的特征、作用、空间关系的有机结合问题；

发展性，促进风景区有序发展，协调各组成部分，为整体最优创造理想条件；

特色性，构思新颖、体现地方和自身特色。

（一）组织结构

游赏系统的基本单位是景物。由同类或异类景物组合而成的群体环境和意境单元称景点。由几个景点构成的相对封闭的空间称景群。通过连接因素——游览道和观景点将几个景群统一起来就形成景区。景区的组织就是把不同风景单元组织在科学的结构规律或模型中，使整个游览系统旷奥相间，主次分明，景观丰富。

景区的组织具有明显的层次特性。一般层次由高到低，包括景区、景群、景点（景线、园苑、院落）、景物等不同的类型的单元结构。应遵照以下的组织原则：

依据景源内容与规模、景观特征分区、构景与游赏需求等因素进行组织；

使游赏对象在一定的结构单元和结构整体中发挥良好作用；

应为各景物间和结构单元间相因借创造有利条件。

景点组织具体应包括：景点的构成内容、特征、范围、容量；景点的主、次、配景和游赏系列组织；景点的设施配备；景点规划一览表 4 部分。

景区组织具体应包括：景区的构成内容、特征、范围、容量；景区的结构布局、主景、景观多样化组织；景区的游赏活动和游线组织；景区的设施和交通组织要点 4 部分。

（二）空间布局

景区的布局是为了在界限范围内，将规划构思通过不同的规划手法和处理方式，全面系统地安排在适当位置，为景区的各组成要素均能发挥良好作用创造理想条件，使风景区成为有机整体。应依据规划对象的地域分布、空间关系和内在联系进行综合部署，形成合理、完善而又有自身特点的布局结构。

归纳布局结构的模式，至少有散点式、串联式、渐进式、组团式、核式5种基本布局（图6-6）。当然在实际应用中，由于独特复杂的环境现状，大多数风景区综合以上各种典型的布局模型，灵活组织构成，呈现综合型布局形式。

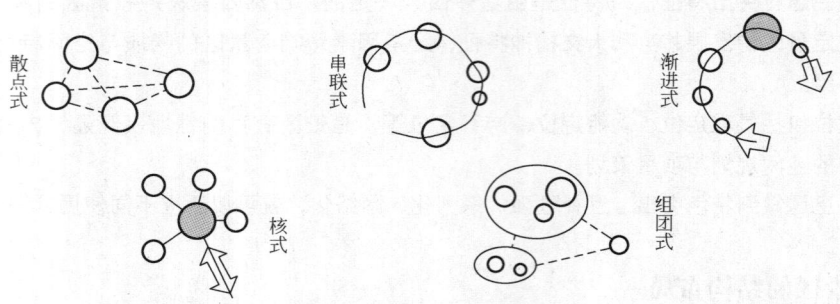

图6-6　景区空间布局模式示意

1. 散点式

风景资源特征较为均质，景区规模近似，且较为独立，景区的布局易形成平行并列的结构，连接方式也易成网络型。

庐山景区"牯岭景区、山南景区、沙河景区、九江市景区、独立风景点（3个）"呈四区三点散点式布局（江西省城乡规划设计研究院，1982）。

2. 串联式

较常见的景区布局，分环形、线形2种。以旅游路线依次串接景区，景区之间没有明显的主次关系，各景区连接简单，没有选择障碍，游客能以最便捷的道路、最节省的时间实现最佳的游览效果，其中以环形多出口布局系统为佳，不走回头路，利于游客疏散与容量控制。

3. 渐进式

与串联式布局接近，也可分环形、线形2种。但景区具有明显的序列关系，呈现起承、转合、高潮的线性顺序，要考虑正向序列和逆向序列的关系。同时，存在核心景区，且与其他景区关系密切，相互依存。

泰山主景区从岱庙景区—红门景区—中天门景区—南天门景区—岱顶景区，呈现渐进式的景区序列布局。

4. 组团式

景区划分具有层次性，易形成圈层式组团结构。

武夷山79km²，分2个景片"武夷山景片、城村景片"，武夷山景片又分5个景区"溪南景区、武夷宫景区、云窝天游桃源洞景区、九曲溪景区、山北景区"，城村景片分"城村景区"（福建省城乡规划设计研究院，1983）。

5. 核式

以一个或多个主要精华景区作为中心，四周通过道路、山脉、河流等沟通连接其他景区，形成核心结构，易形成放射状布局。

崂山形成的以巨峰风景游览区为中心，沿放射状山脉分布其他 7 个风景游览区，通过放射状的山涧、山岭、登山游览路沟通（中国城市规划设计研究院，1986）。

泰山、黄山等也具有中心高潮景区，其他景区环绕的核式结构。

井冈山风景区采取"以茨坪中心景区为核心，向黄洋界景区、龙潭景区、主峰景区、笔架山景区、桐木岭景区、湘洲景区、仙口景区有序推进"的核式空间布局战略（安徽师范大学，1999）。

第三节 游赏项目规划

风景区优良的风景资源和环境，引发了多样的游览欣赏活动项目和相应的功能技术设施设备。因此，项目的组织是因景产生、随意变化。景源越丰富，项目就越有可能多样。景源特点、用地条件、社会生活需求、功能技术条件和地域文化观念都是影响游赏项目组织的因素。

一、游赏项目设计原则

（一）适应性原则

景区规划项目要与风景资源基础、需求市场发展势态和所具备的开发条件相适应，因地制宜，符合风景区总体性质、开发定位。

风景区的项目设计要对现状条件和资源禀赋进行分析与挖掘，在充分准确的资源分析评价的基础上，从地脉、文脉、人脉三方面入手，进行理念的提升，与市场需求之间对应，同时考虑经济、技术的可行性，从而为项目的开展找到合适的定位和支撑点。

（二）特色性原则

确立鲜明的形象特色是项目设计的灵魂。风景区只有具备与众不同的特色，才能体现独创性、民族性，才能确立风景区的形象，在市场竞争中生存发展。

每个项目本身都具有潜在的特色，关键是如何挖掘、把握特色，并落实到如何强化特色。温泉本来是同质化的产品，做出特色很难，但日本形成并强化了其温泉的特色，使得日本温泉世界第一。

（三）体验性原则

在恰当的资源评价和准确的市场定位基础上，进行创意性的技术设计。以游客的体验经历为核心，使游客在旅游过程中，产生强烈的审美体验，是深度挖掘项目潜力的趋势。

从游客的角度出发，研究游客所接触的情景，研究游客的需求，设计游客的体验，是旅游中情景规划和体验设计的总体理念，也是情景规划和体验设计实际操作的核心。

（四）整合性原则

时空的整合，采取突出重点、分期开发、形成规模、完善配套的有序发展战略，尽快形成"拳头产品"的开发策略。

产业的整合，开发项目应与风景区的环境整治、地区的原有产业发展等有机结合，充分发挥旅游开发的效益，减少旅游开发的风险。

（五）持续发展原则

规划项目要求符合环境和资源保护的要求。尤其要重视对自然、历史文化资源及其周围环境的保护，规划项目要有利于当地社会经济的持续发展。

二、游赏项目库

项目的分类是项目策划中的思维单元。项目分类的目的，不仅要罗列项目单元，而且还要理清主体与客体之间的各种内在联系，正确建构分类框架，使不断发展的旅游形式，在相对稳定的框架中不断扩充成为可能，从而为规划者提供基础信息。特别需要重申的是，项目库不是一成不变的，应根据政策和不断变化的游憩形式需求定期更新。

以下选取了3种不同结构体系的项目库，分别从风景游赏、自然保护、旅游休闲3个角度，以各自不同的侧重点建立起游赏项目库的参考体系。

（一）侧重于风景游赏功能的项目资源库

根据景观价值度和游客喜爱度标准建立的风景名胜区体系，主要考虑的是景观特色的美学欣赏价值，着力突出以游览欣赏、休憩娱乐、科学文化活动为主要活动内容的开发方向，由此建立的游赏项目资源库是侧重于游赏功能的典型代表（表6-10）。

游赏项目类别表

表6-10

游赏类别	游　赏　项　目				
野外游憩	消闲散步	郊野游	垂钓	登山攀岩	骑驭
审美欣赏	揽胜	摄影	写生	寻幽	访古
	寄情	鉴赏	品评	写作	创作
科技教育	考察	探胜探险	观测研究	科普	教育
	采集	寻根回归	文博展览	纪念	宣传
娱乐体育	游戏娱乐	健身	演艺	体育	水上水下运动
		冰雪运动	沙草场活动	其他体智技能运动	
休养保健	避暑避寒	野营露营	休养	疗养	温泉浴
	海水浴	泥沙浴	日光浴	空气浴	森林浴
其他	民俗节庆	社交聚会	宗教礼仪	购物商贸	劳作体验

资料来源：《风景名胜区规划规范》，1999。

（二）侧重于自然资源保护的项目资源库

根据自然地理代表性和生态系统价值度标准建立的自然保护区，是生物基因库、环境指示器、自然博物馆、生态实验室、环境教育课堂，这种特殊体系所建立的旅游活动项目库是侧重于自然资源保护的典型代表（表6-11）。

自然保护区根据保护功能的逐渐减弱和开发功能的逐渐加强，依次分为低强度区、开发区、开发点、保护区外4个活动区域。通过严格合理的功能分区，确立允许开展的活动。表6-11列举的活动几乎包括了区内允许进行的所有常规旅游活动类型，在选择确定具体活动项目时应至少考虑以下问题：

是否要鼓励所有的旅游活动？

旅游活动是否与保护区的其他保护目标一致？

所有的旅游活动有无社会需求？

旅游活动涉及的预算和人力有多少？

自然保护区允许开展的活动 表 6-11

活动类型	项　目	低强度区	开发区	开发点	保护区外
野生动物观赏	步行	○	○		○
	骑自行车		○		○
	乘车或驾车		○		
旅行	近足		○		
	远足	○	○		○
	长途旅行	○	○		○
宣传与教育	旅游指导	○	○		
	解说			○	○
	访问保护区管理者和负责人		○	○	○
	影像播放			○	○
	图书资料室			○	○
	游客中心展室			○	○
文化活动和参观游览	参观古建筑		○	○	○
	参观寺庙		○	○	○
	观摩手工艺品制作				○
	民间舞蹈			○	○
	参观当地集市				○
	有趣的作品				○
组织活动	野炊		○		○
	篝火			○	○
	野营	○●	○●	○	○
体育	登山	○	○		
	踏浪	○●	○		○
	垂钓和狩猎				
娱乐	游艺				○
	游乐				○

注："○"允许开展的活动，"●"是指有条件性的活动。

资料来源：国家林业局野生动植物保护局，《自然保护区生态保护教育》，2002。

（三）侧重于旅游功能的项目资源库

由于旅游资源和旅游区界定范围的包容性和广泛性，使旅游区项目库成为最不受限制和想像力最丰富的项目策划代表。而限制较强的风景区可在此项目库中择优借鉴、从中筛选。

传统活动项目的经验与发展中的旅游项目相比总是有限的，项目库则是一个帮助创意与思考的好办法。吴人韦曾尝试以旅游者为中心的时间活动分类法，建立了以行、食、住、游、娱、购旅游六要素为依据的项目库，提供了一个将现有的、发展的项目都纳入其中的较合理框架（表6-12）。

旅游项目库 表 6-12

一级类型	二级类型	三 级 类 型
旅行	人力旅行	步行、越野步行、自行车、划船、竹筏、木筏、皮艇、水底观光走廊、坑道、栈道、人力桥等
	兽力旅行	大象、骆驼、马驴骡、牛马车、其他兽力车、兽力雪橇等
	自然力旅行	滑翔、滑翔跳伞、帆船、漂流、溜索荡索等
	动力旅行	飞艇、热气球、飞机、直升机、水上飞机、蒸汽机船、游艇、游轮、飞翔船、太阳能船、气垫船、潜水艇、水下观光船、汽车、电瓶车、喷气汽车、太阳能车、摩托、火车、轻轨、小火车、其他动力旅行器、索道缆车、自行爬山车、升降梯等
饮食	冷餐会	地方酒席、异地风情酒席、异国风情酒席等
	风味小吃	手工、烧烤、烘烤、腌制、浸制等
	酒吧茶肆	酒吧、咖啡馆、茶馆、饮用水、自动售货机等
	快餐	现卖现吃、现做现吃、现做外卖、即时外卖等
	自助餐	熟食、烧烤、水煮等
	方便食品	冲泡食品、轻便食品、宇航(高能)食品、保鲜食品、干食品、饮品等
	野炊	烧烤、水煮、蒸煮等
	野餐	阳伞野餐、桌凳野餐、席地野餐、随行野餐等
住宿	市镇旅馆	星级旅馆、青年旅馆、公寓、别墅、汽车旅馆、极地旅馆等
	度假村	山地度假村、山上度假村、宇宙度假村、其他风情度假村、一般度假村
	机动卧室	火车卧车、汽车卧车、轮船旅馆
	乡土风情旅馆	土著穴居、土著巢居、生土建筑、竹木建筑、毡包、渔民船居等
	野营	穴居、帐篷、露营
购物	旅游用品	鞋帽手套雨具、服装、食品、摄影录像器材、野营装备、垂钓及水上运动装备、其他旅游用品
	旅游纪念品	自然物产、工艺品、土特产、特产食品、特产日用品、特色生产工具、其他特产
	特价商品	各类特价商品
观光游览	天象景观	风云雨雪、日月星辰、佛光、海市蜃楼、彩虹、极光、陨石等
	地象景观	山岳、典型地质构造、化石点、自然灾变遗迹、岩溶地貌、风蚀地貌、其他蚀余
	水象景观	江河、湖泊、海洋、瀑布、溪涧、冷泉热泉、现代冰川、冰雪等
	生物景观	野生动物栖息地、树木、古树名木、奇花异草等
	草原	其他生物景观
	历史文化	社会经济文化遗迹、军事遗迹、古城和古城遗址、长城、宫廷建筑、宗教建筑、陵墓陵园、石窟、古代工程、牌坊山门、雕塑、石刻碑碣、各类园林、风俗民情、特色村镇、乡土建筑、民俗街区、节庆、集会、风俗礼仪等
	科教	科技设施、科幻设施、科技城、考古博物、影视基地、研修实习基地
娱乐体育	自然娱乐	冲浪、潜水、帆板、帆船、跳伞、激流或波浪娱乐、滑沙滑草、滑雪滑冰、风筝、其他自然力娱乐
	器械与健身娱乐	摇曳旋转器械、攀滑器械、搬运装挂装置、跳弹跨越设施、多人自行车、特技自行车、滑车、滑板、划船、水上自行车、脚踏轨道车、波浪车道、越野自行车、雪橇、武术气功、体操健身、健美减肥、游泳、人造波游泳等
	动力娱乐	汽车拖曳跳伞、快艇拖曳跳伞、汽车越野、赛车、汽车练习、摩托车、水上摩托艇、摩托艇、碰碰船、碰碰车、游艇、翻滚车、月球车等

续表

一级类型	二级类型	三 级 类 型
娱乐体育	理疗	避暑、避寒、冲击震动理疗、潮湿法理疗、推拿气功、针灸、药膳、理疗浴、沙浴、温泉浴、矿泉浴、负氧离子浴、森林浴、氧吧、桑拿浴、蒸汽浴、冰水浴等
	动物娱乐	动物驯养喂养、驯兽表演、斗鸡斗牛、放生等
	文化观赏娱乐	文化艺术馆、音乐、电影、环球电影、戏剧、茶馆书场、电视、舞会、卡拉 OK、各种沙龙聚会、节庆活动、宗教活动、风俗礼仪等
	体育竞技与军事娱乐	彩弹实战、射击、射箭、相扑、击剑、军事娱乐、其他军体竞技、赛艇、赛马、保龄球、草地保龄球、体育竞技观演、高尔夫球、网球、足球、篮球、排球、沙地排球、乒乓球、羽毛球、手球、马球、门球、垒球、棒球、曲棍球、冰球、水球、桌球、其他体育竞技活动
	智力娱乐	迷宫、猜谜、棋牌、越野智力比赛、电子游戏、虚拟现实、其他智力娱乐等
	生产娱乐	狩猎、诱捕、网捕、渔猎、垂钓、放牧饲养、农林种植收获、采撷、食品加工、纺织、锤炼打制、建造制作等

资料来源: 吴人韦，《旅游规划原理》，1999。

三、项目筛选

项目筛选是建立在对用地条件、市场需求以及项目相关性的分析基础上，对项目进行综合考评，最终选取风景名胜区适宜的特色项目。

（一）环境条件分析

考虑到用地适宜性、气象以及其他环境条件对游赏项目的限制问题，项目筛选必须分析并充分利用原有的环境资源，研究其立地条件，同时也必须符合风景名胜区管理的相关规定（表6-13）。

与旅游活动有关的环境条件   表 6-13

项 目	立地依存性			用地条件	气象条件	其 他	备 注
	观光资源	游憩资源	设施	地形、土地利用条件			
观光索道	●		○	选择适宜地段，避开主体景观	风速 15m/s 以下	有眺望条件，不能破坏景观	从严控制，严格审查
观光瞭望塔	●		○	—	—	有眺望条件	
高尔夫球场			●	除砂地、湿地、街道、裸地、岩石地外的地表	年可用日 200 天以上		从严控制，严格审查
滑雪场		●	○	坡度 6°～30°，有草地、积雪 50cm，有防风树林，高差 100～150m	积雪 1m 以上有 90～100 天/年	视野良好	风速 15m/s 停止使用
滑冰场		●	○	有平坦部分	天然的，冰厚平均7cm 以上，冰面温度20℃～3℃，少雨、雪		
快艇、汽船、滑水		●	○	陆上设施部分坡度 0°～5°，水深 3m，水岸坚固，湾形良好，静水面	适宜气温 20℃～30℃，水温 25℃以上，救助视域良好。	潮位：最大 1.5m(栈桥式) 波高：平均最高 0.3m 潮流：最大 约3.7km/h(快艇) 风速：5m/s 适宜	

续表

项目	立地依存性			用地条件	气象条件	其他	备注
	观光资源	游憩资源	设施	地形、土地利用条件			
海水浴场		●		沙滩坡度 2%～10%，岸线 500m 以上，岸上有树林，无有害生物	水温 23℃ 以上，气温 24℃ 以上，多晴日	水质：一般应在 10000MPN/100ml COD：2ppm 以下，不经常有油膜，能见度不小于 30cm	
球场、运动场等			●	坡度 5% 以下，平坦，有一定排水坡度	降雪少	植被良好，并有防风树林	绿地多，或公园附近
射箭场		○	●	地形富于起伏，坡度 40% 以下			无悬崖
自行车旅行、骑马	○	○	●	坡度最大限 8% 以下，长距离连续坡度不大于 3%		周围景观及眺望景观良好	基准以下的树林、草地、水面变化丰富
观光农业、狩猎		○	●	地表较平坦，有森林、草地、果树园，不宜在北坡			
自然探险	○		●	坡度 15% 以下，地表有森林、草地、岩岸等	—	眺望景观良好	
郊游地	○		●	坡度 40% 以下 20% 以上，地表有森林、草地等	—	向阳，有眺望景观，自然环境良好	
野营	●		○	坡度 5% 以下，有一定水面，地表有森林、草地等	气候温暖，湿度 80% 以下	眺望景观良好	有给水水源
避暑、疗养		●	○	海拔 800～1000m，坡度 20% 以下，地表有森林、草地	8 月气温在 15℃～25℃		
避寒		●	○	坡度 20% 以下，地表有森林、草地、果树园等	2 月气温在 7℃ 以上	有大量温泉	

●：有强依存性，○：有依存性。

资料来源：《观光旅游地区及观光设施的标准调查研究》1974，日本观光协会，有改动。

（二）市场需求分析

在风景区的项目规划中，既掌握目前总体市场的旅游规律，也要把握现实市场的需求，还要预测潜在市场的动态。建立在调查统计基础上的市场需求分析，研究不同消费群体和需求特点，通过对项目区位的市场辐射结构的确认，对细分市场进行深度研究，为项目设计寻求依据。

现实中很多调查的原始数据的准确性仍然有限，所以，一般的方法是数据分析和专家分析相结合，进行多方法结合的市场分析。

市场需求分析使项目的选择带有明显的经济特征，应充分研究供需平衡、产品（项目）替代性、产品（项目）周期性、游憩的间歇性、产品（项目）竞争性等。

（三）项目相关性分析

同一风景区可以开展各种游憩活动，各项活动之间相互关系主要有以下几类：

连锁关系：一项活动的发生会带动其他活动的发生，如海滨游泳对太阳浴、沙浴的连锁性。

冲突关系：两项活动在同一空间发生相互冲突，如钓鱼与划船、狩猎与攀岩。

观赏关系：一项活动成为被观赏的对象引发出另一项活动，如滑雪与风景观赏。

相互无关：两项活动可以在同一空间发生，互不影响，如钓鱼与散步。

相互冲突的游憩活动不得规划于同一空间，具有连锁关系、观赏关系的游憩活动在规划中应充分利用其空间上的关联性，互相借景，合理布局（表6-14）。

水上游憩活动的相互关系示例　　　　　　　　　　　　　　　　　　表6-14

	游泳	钓鱼	划船	游艇	帆板	潜水	滑水	冲浪	水上跳伞	漂流
游泳		×	×	×	×	●	×	×	●	●
钓鱼			×	×	×	×	×	×	×	×
划船				●	×	●	×	○	●	●
游艇					●	●	●	●	●	●
帆板						●	●			○
潜水							●	●		○
滑水								●	●	○
冲浪									●	○
水上跳伞										○
漂流										

● 兼容（相关）　　　　○ 无关　　　× 冲突（不兼容）

资料来源：吴承照，旅游区游憩活动地域组合研究，地理科学，1999.10。

第四节　游线组织规划

风景区以其独特的景物、景点、景区等景观系统吸引着游客的到访，游线组织规划则是最终实现景观特征的一个关键子系统，它与景观环境一起组成了风景区游赏体系的基本内容。

一、游线的设计与组织

游览路线也称游线、游路，是为游客安排的游览、欣赏风景的路线。游线的设计应为游客提供多种选择的机会，为游客需求的多样性、时尚变化、散客旅游的发展、容量调节创造条件。

游线组织应依据景观特征、游赏方式、游人结构、游人体力与游兴规律等因素，精心组织主要游线和多种专项游线。

（一）游线的选线

游线应满足形式融于自然的原则，其选线应至少考虑以下几方面的影响：

旅游流的影响，满足旅游流的交通组织需求，根据主流向确定风景区的主要入口、道路的分布与走向。

地形、地貌等自然条件的影响，因地制宜地处理好游线与山体、水体的关系，同时考虑地质和工程技术条件，经济、合理、科学地进行选线。

资源保护的影响，以对自然生态环境影响最小为原则，安排游线的位置、密度与规模等，如草原、森林等区域的游线密度应小，而山地应避免破坏山体，尽量依据等高线设计游线等。生态敏感地区的游线选线都应"近而不入"，也就是只能接近而不能进入。

景观特色的影响，景观特色是游线区别于其他道路的重要特征，景观特色应是游线选线的主要导向，选线应有利于将景区内有价值的景观资源组织、串接，有利于对现有景观的利用、展示，有利于提高环境质量，彰显游线特色。

（二）游线的序列

游线具有多空间、多视点、连续性特点，其线路的组织要求形成一个良好的游赏过程，因而就有了顺序发展、时间积累、连贯性等问题，形成了起景—高潮—结景的基本段落结构。如此将一系列不同景观特征、使用功能的空间按一定的观赏路线有秩序地贯通、穿插、组合起来，就是游线的序列。由于序列关注的是游线全局，游线序列因此被认为是关系到游览结构和整体布局的重要问题。

规划中经常要调动各种手段来突出景象高潮和主题区段的感染力，诸如空间上的层层递进、穿插贯通、景象上的主次景设置、借景配景，时间速度上的景点疏密、展现节奏，景感上的明暗色彩、比拟联想，手法上的掩藏显露、呼应衬托等。通过游线序列的巧妙组织，使游览活动有张有弛、劳逸结合、丰富多彩，形成欲扬先抑、步移景异、峰回路转等艺术效果。

传统风景区中，游线序列的组织有许多成功的例子，比如雄浑壮观的泰山登天游线，沿着红门—中天门—南天门—岱顶共6600余级步行登道台阶的游览序列，通过对游客登山节奏的松紧急缓以及空间抑扬明暗等控制，使登天的感情酝酿在到达岱顶时达到了顶峰。即便是幽深隐秘的宗教型风景区中，通过对道路的曲折、景致的藏露等把握，同样使序列设计非常精彩，比如四川青城山，古常道观的位置隐蔽，沿线利用若干小品建筑物结合地形之变化，创造了起、承、转、合之韵律。游人行进在这个有前奏、过渡、高潮、收束的空间序列之中，随着景观不断变幻，情绪亦起伏波动。就其园林造景的意义而言，它是一段诱导人们渐入佳境的游动观赏线。就其宗教意境的联想而言，则又象征着由凡间进入仙界的过渡历程。

（三）游线的主题

游线具有不同的景观组织和性格特征，而游线的主题设计不仅可以更好地突出和深化景观特色，还可以增加游线的可识别性，帮助游客准确把握景观资源的主要特征。

游线的景观种类繁多，一般，游线主题根据旅游活动类型可以主要分为观览类、体验类、休闲类、运动类、教育类、商务类等类型，然后，再结合具体的资源景观内容进行细化分类，如：

海坛风景区（中国城市规划设计研究院，1992）分为海滨海岛、山岳湖泊、海蚀地貌、遗址遗迹、渔村风情、军事遗址、运动娱乐、特色行业8个游线主题。

峨眉山风景区（四川省城乡规划设计研究院，1999）分为地质科考、度假休闲、登山探险、观花玩雪、商务会议、体育健身6个游线主题。

武夷山风景区（福建省城乡规划设计研究院，1983）分为古越文化、朱子文化、武夷岩茶、民俗旅游、自然保护区、革命传统教育6个游线主题。

（四）游线的空间布局

游线的空间布局应满足不同层次、不同空间的景观展示。从总体上说，游线的布局应是对风景区景观资源的全方位扫描，从局部上说，游线的布局又是对主要自然景点和人文景点进行的细微观察。

1. 游线的层次

根据景区、景点、景物的层次，相应的游线一般也分为主干道、次干道、游览步道3级，形成点、线、面合理结合的布局。

主干道，连接景区之间、景区与外部环境之间的主要交通干道，风景区层次，一般可供车行，在兼顾景观游览功能的同时，主要承担"旅"的交通功能，要求方便、舒适、快捷。

次干道，连接景区内部的主要交通道路，景区层次，一般为非机动车专用道，可使用自行车和电瓶车等，是景观游览的主要载体，主要承担"游"的游览功能，要求景色优美、舒适方便。

游览步道，深入景点内部的自然游览小径，景点层次，形式灵活多样，材质多以当地自然材料或环保再生物为主，如卵石、毛石、嵌草、砖、渣石、煤矸石等，以细部游览为主要目的，步行为主，提供驻足、最佳视点视域、解说等功能。

2. 游线空间模式

风景区游线的组织形式千变万化，根据游线串接景区的形式，依旧可以归纳为几种空间结构原型（参考景区的空间布局）。

二、游览方式与游程

在游线组织中，不同的景象特征要有与之相适应的游览欣赏方式。而游赏方式可以是静赏、动观、登山、涉水、探洞，可以是步行、乘车、坐船、骑马等。不同的游赏方式将出现不同的时间速度进程，也需要不同的体力消耗，因而涉及游人结构的年龄、性别、职业等变化所带来的游兴规律差异。

（一）游览方式

1. 分类

不同的游览方式会产生完全不同的旅游体验，根据景源的特征，寻找相匹配、适宜的游览方式（参考旅游项目库中的旅行部分），以此配合游线，进一步展示风景区的景观特色。

按交通工具分，有徒步、自行车、汽车、轨道等；

按游览速度分，有静止、慢速、中速、快速等游览方式；

按游览途径分，有自助式、解说式、向导式等。

由于交通工具、解说工具等技术的发展，使得游线不仅仅局限于地表，而是水（水上、水下）陆（陆上、地下）空（低空、高空）全方位、多角度地发展，游线的设计与组织变得更加丰富多彩。

【案例 6.8】

澳大利亚大堡礁国家公园，多样化的游览方式引导游客从多角度观赏。大堡礁作为水下生物体，游览方式有潜水、浮水、空中、透明船、陆上 5 种方式，形成五维风景。其中，空中游览是澳大利亚自然公园的一种重要游览方式，空中游览工具主要是直升机、热气球等，把三维风景向四维、五维拓展。特色交通工具配合解说、慢速游览，边游边玩，游旅结合。

2. 换乘组织

合理安排线路的转换节点，节点是不同性质游线的连接处，是不同旅游方式的切换点，常常也是不同游客群体的游线分岔点。转换节点的分布应相对集中，避开核心区，在入口、景区集散地等处设立。节点地带一般安排停车场、交通换乘中心、适当级别的服务设施。

不同的线路可进行多种、多次的换乘组织，使游览活动丰富活跃，减少因线路过长引起的单调乏味感。如漓江游览线，总长 83km（桂林至阳朔），经过水陆换乘，分站式游览，使游览质量大大提高，而游览的心理时间大大缩短（桂林规划工作组园林组，1979）。

3. 无障碍设计

风景区内应考虑设施公平使用的权利，所有入口通道、主要游览空间，应尽可能地进行无障碍设计。凡有高差的地方均应合理地设计方便步行或轮椅行走的坡道。根据人体舒适感需求，结合步行空间的设计，在适当的地方设置带座椅的休息场所。与游线相配套的公共设施设计，也应考虑残疾人和儿童专用的设备。

（二）游程

游程就是游线在时间上的体现与安排。

游客的游览受时间因素限制，尤其是中青年游客群体，省时成为其选择游线的主要因素之一。不同的游客对游览时间、线路、活动等都有不同的安排。因此，游线的组织应根据具体条件，配合相应的旅游活动，合理安排一日游、二日游、多日游等不同时间的游线，适合各个游客群体。

此外，游程安排还受游览方式、游览路线、游览距离、游览内容等限定。

第五节　游赏解说系统

游赏解说系统是风景区实施旅游功能、教育功能、服务功能、保护功能的必要基础，是帮助游客正确解读景区空间环境信息的重要手段。但是，目前风景区在解说系统建设方面还是一个薄弱环节，没有引起足够的重视，存在研究与实践匮乏、管理力量薄弱、解说物单一、制作粗陋、信息不充分、设计不专业等问题。

风景区研究游赏解说系统的意义在于，通过解说系统的合理规划，提高风景区的建设和管理水平，挖掘景区的历史文化内涵，体现景区鲜明特色，提高景区的文化品位和地区活力，从而改变整个风景区的整体形象。

一、游赏解说系统综述

（一）概念内涵

"解说系统"的含义，就是运用某种媒体和表达方式，使特定信息传播并到达信息接受者中间，帮助信息接受者了解相关事物的性质和特点，并达到服务和教育的基本功能。通过解说的独特功能，可以实现资源、游客、社区和旅游管理部门之间的相互交流。世界旅游组织阐释解说系统是旅游目的地诸要素中十分重要的组成部分，是旅游目的地的教育功能、服务功能、使用功能得以发挥的必要基础，是管理者管理游客的手段之一。2003年，建设部《国家重点风景名胜区总体规划编制报批管理规定》中第十七条"风景游赏规划应提出景区的景观特征和游赏主题，并提出游赏景点以及游赏路线、游程、解说等内容的组织安排"，规定的出台说明解说系统已成为风景区规划中不可缺少的内容。

解说是指通过第一手的实物、人工模型、景观及现场资料向公众介绍关于文化和自然遗产的意义及相互关系的宣传过程。风景区的解说要与亲身经历相结合，重点是向游客介绍、阐明并指导他们的户外活动，而不像一个博物馆或一个历史地将解说的焦点集中于其他事物上。风景区内的解说不同于一般的信息，它是游客服务的重要组成部分。

(二) 功能

一个完整的解说系统通常具有以下几个方面的功能，其中服务和教育是最基本的两种功能。

1. 服务功能

主要指基本的信息传递和导向功能，以简单的、多样的方式给游客提供服务方面的信息，使他们有安全、愉悦的感受。可识别的环境不仅给游客以安全感，而且还能增强游客内在体验的深度和强度。

2. 教育功能

通过文化信息的传递，反映景区的历史文脉，说明景点的独特内涵，使其较深入地了解景区的资源价值、与周围地区的关系，以及风景区在整个国家公园系统中的地位和意义，不但可以增添景区的魅力，提高景区文化品位，也可以满足游客精神上的需要。

另外，解说的教育功能还体现在引导、鼓励游客参加景区适当的管理、建设、再造等活动，学习在风景区内参与各种运动及游憩活动所必需的技能，如滑雪、户外生存、登山等技能。

解说提供了一种对话的途径，使游客、社区居民、管理者相互交流，达成相互间的理解和支持，实现风景区的良好运行。

3. 保护功能

通过解说系统的揭示和帮助信息，使游客在接触和享受风景区资源的同时，也能做到不对资源或设施造成过度利用或破坏，并鼓励游客与可能的破坏、损坏行为作斗争，加强旅游资源和设施的保护。

4. 景观功能

设计得宜的景区解说物能够表现刻画具有特色的景区形象，有助于形成具有特色的景区形象，增强景区吸引力与空间活力。在解说的强化下，游客对景观的时空演进也会产生清晰的序列，从而增强游览的乐趣。

(三) 分类

解说系统的分类繁多，不同的角度有不同的分类结果。一般，从根据提供信息服务的方式媒介可分为：向导式解说、自导式解说（图 6-7）。

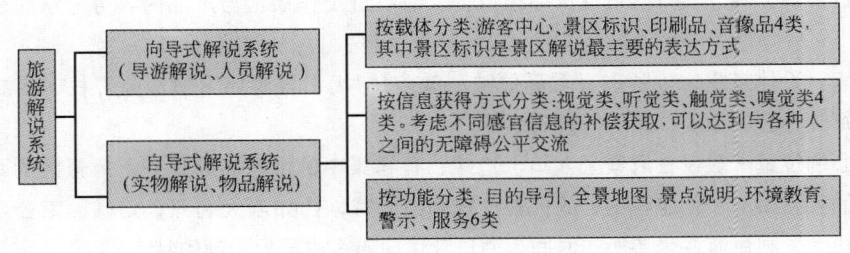

图 6-7　旅游解说系统分类结构

向导式解说系统，亦称导游解说系统、人员解说，以具有能动性的专门导游人员向旅游者进行主动的、动态的信息传导为主要表达方式。其形式多样，包括向导性解说、戏剧演出、定点解说、即兴活动和生存解说等。最大特点是双向沟通，能够回答游客提出的各种各样的问题，可以因人而异提供个性化服务。与此同时，导游员的素质、管理、经费等也会引起服务质量的波动，使解说的可靠性和准确性带有很多不确定性。

自导式解说系统，也称实物解说、物品解说。一般情况下，游赏解说系统都是指自导式解说系统，也是本书研究的主要对象。它是由书面材料、标准公共信息图形符号、语音等无生命设施、设备向游客提供静态的、被动的信息服务。由于受篇幅、容量限制，其解说提供的信息量有一定限度。但从另一角度看，这一限制使得自导式解说系统的解说内容一般都经过了精心的挑选和设计，具有较强的科学性和权威性。游客获取的信息也没有时间限制，可以根据自己的爱好、兴趣和体力自由决定获取信息的时间长短和进入深度。当然自导式解说系统也存在容易受到自然的和人为的破坏等弱点。

二、游赏解说系统主要内容

让游客"读懂"的景区，应具备良好的景区解说系统，即自导式解说系统。利用物品进行解说是风景区展示的主要手段，具体包括游客中心、景区标识、印刷品、音像品等。

（一）游客中心

游客中心是为游客提供信息咨询、进行宣传教育的场所。通过旅游指导、室内展览、提供资料、座谈讨论、专题讲座等形式实现上述目标。中心的资料一般要包括以下内容：哪里有什么可看的、可做的；怎样找到你想看的东西；游客正在看的是什么；在游区内应怎样做；究竟为什么要设立某种类型的景区（如生态保护区），系统地为游客提供游览服务。

游客中心的功能可以参考以下内容设置：

准确、及时、全面的信息平台，提供各种信息咨询服务，提供导游、活动预告，向游客提供景区印刷品，指导游客观光、购物、休闲、参加节庆活动等，提供特色礼品，提供天气预报（穿衣、感冒指数等）、灾害预报，救灾抢险、保护游客安全等；

环境教育与宣传阵地，组织讨论与座谈；设生态、生物、生境方面内容的科普展室、废弃物处理设施；音像放映室；图书阅览、儿童自然知识教育室；利用夜晚、雨天进行宣传教育等；

游客投诉窗口，建立良好的信息反馈渠道，及时改进工作质量与产品内容等，从而获得良好的口碑宣传；

游客之家，设休息室、放映室（循环放映科教宣传片）、导游接洽室、公告栏、旅游纪念品商店、书店、邮政柜台、小卖、厕所等设施功能。

游客中心的位置一般设在风景区入口、边缘、餐宿集中的地区，或是进入风景区的路线上。当然千差万别的实际情况使得游客中心的位置往往别出心裁，比如澳大利亚大堡礁国家公园的解说中心就设在游船上，利用游客坐游船的时间，通过录像向游客讲解大堡礁的特点。

（二）景区牌示标识

景区的解说牌示标识是指导游客参观游览最普遍的一种方式，按功能大致可以分为全景地图型、目的导引型、景点说明型、环境教育型、警示型、服务型6大类。标识的设置需根据景区的环境、特色及其总体规划和详细规划的考虑，标识的对象也不应仅涉及物或空间，还应反映多样的社会系统与文化现象的内涵。

1. 全景地图

全景地图型标识通过表示整个景区或者局部景区的道路、景点、服务设施等总体状况，表明景区内事物的位置关系及当前所在位置，帮助游客快速定位，并获取自己需要的信息。全景地图型标识有平面图、鸟瞰图、简介文字等表现形式，主要布置在入口、路口等人流集散处，可与目的导引型解说物结合使用。

目前常见的是风景区入口的"全园导游图"，它是风景区整体形象面对游客的第一次展现，因而也是策划、设计的重点，耗资较多，制作精致。

2. 目的导引

目的导引型标识具有引导游客到达目的地的功能，应清晰地、直接地表示出方向、前方目标、距离、旅行时间等要素，有时可以包含一个或多个目标地的信息，并提供到达的方式和路径。目前景区的目的导引标识侧重于表示方向和前方目标，很少表示出距目标的距离和步行所需时间。

目的导引标识主要布置在主要人流集散地、交叉路口、重要景点、主要休息点处，分为独立型和组合型两种。独立型单独布置，形状鲜明突出，在远距离就能吸引车辆与行人的注意力，导向性更强烈。组合型与其他几种标识组合布置，需近距离观看。

景区解说系统规划中，应将目的导引放在最重要的地位，并且自成一个独立完整的引导子系统，贯穿整个景区，并串联其他几种解说标识，构成整个景区解说系统的网架，并辐射到其他景区。目的导引子系统通过游客在游路移动中连续确认发挥功能。因此，通过现场观测考察，在力求较确切地预测利用者移动状况的基础上，对应于游客的移动路线做导引标识的配置规划。辐射范围应结合其他景区景点的等级和风景区总体规划的游览路线来确定。

3. 景点说明

景点说明型标识用以说明单个景点的性质、历史、内涵等信息，解说的信息要准确、有趣、简洁、易懂，可以体现解说系统的教育功能。景点对游客有较强的吸引力，因此游客愿意花较多时间阅读这类景点标识。但目前景区的景点，特别是自然景点的说明，多侧重于宣美描述性的解说，缺乏深度，应加强专业知识的渗透，比如在森林生态景区，应特别突出植物群落、生态恢复等方面的知识以及野生动物或植物之间的生态依存关系，还应提供观看罕见动植物的建议。

景点说明型标识主要布置在景点前、景点中或最佳观赏点处。

4. 环境教育

为启发和提高游客生态环境意识而设置。营造人与自然和谐的游览氛围，倡导健康、环保、文明的旅游方式。如香港九龙公园在观鸟的景点处设立的"在春秋雀鸟迁徙的季节，你可能在这里看到美丽的寿带鸟"。

5. 警示

保障安全与维护景区环境与空间秩序，具有提示、告诫或劝阻游客行动的功能。如标示"禁止……"、"注意……"等具体指示内容，此种牌示多用红色，设置在需游人止步或引起注意的地方，如山体危险处、湿滑地、维修地以及管理用地等。

6. 服务

主要指向服务功能建筑物的导引标识，包括厕所、餐厅、冷饮、小卖部、照相、休息场所、游船码头等牌示。除规范的公众信息提示外，其他温馨提醒如景区专有车辆的使用说明、车次通告等设置，都应从游客需要的角度加以设计。

（三）印刷品、音像品

印刷品解说游客可以随身携带，是重要的自助旅游信息及不容忽视的广告宣传。制作精良的印刷品（导游图、活动手册、科普认知手册等）可以被游客当作纪念品带回家，反复阅读，成为向他人介绍的景区宣传广告。

解说性印刷品写作风格应深入浅出，适合游客的口味，掌握好娱乐与指导性之间的平衡，类似聪明人读的"傻瓜书"，帮助游客快速、准确、容易地掌握信息。内容应尽可能简短扼要，重点放在图片和说明上。

以导游图为例，可以包括如下内容：一定要看的景点、适合拍照的景点、特色游线（海洋路、池塘小路）、就餐点、露营点、服务中心（医院、失物招领处）、活动项目等。同时，还可以利用导游图的背面用卡通图标的方式列出风景区的特点，比如景区的特点、需要注意的危险地带等；旅游预算，比如大致花销、减少开支的小窍门（淡季、团队、鼓励重游等）；细部的设计，比如针对不同人群，注明特色的游线和活动等。

音像品包括录音、录像、幻灯、语音解说等，具有直观、方便接受等特点，除影音纪念品外，音像品还可以配合景区标识、游客中心的宣传科普等在景区中根据提示自由使用，不仅扩大了静态标识的信息容量，而且弥补了音像品的现场感受，二者相得益彰。

三、游赏解说系统规划

解说规划的步骤一般包括：明确目的、指定范围、确定主题、选择表现方式（媒体）、确定解说的重点以及对规划结果进行评价。它们互相联系，也可随具体情况变化。

游赏解说系统规划应包括以下基本内容：解说体系的基本框架；解说物的种类、空间布局；解说设置的节点选择与确定；游线解说；细节设计等。

（一）体系结构

风景区游赏解说系统种类繁多，包含信息丰富，内容庞杂，不能简单视之，要分层次系统化地分析和设定。

风景区的节点是游赏解说系统的骨架，节点反映了游客的停留地位置，解说系统的分层次布点要以节点的划分与确定为依据。首先确定主要节点。出入口、重要景点等处道路交会，服务设施齐全，游客滞留时间较长，是最重要的人流集散节点，可确定为主要节点。与风景区的服务设施系统配合，较均匀分布，同时相应配置解说物。然后依次确定与配置次要节点和非节点位置（图6-8）。

（二）空间布局

游赏解说系统规划是游赏规划的重要组成部分，通过实现游赏解说物设置的体系化，形成景区空间结构构成要素在视觉环境意义上的体系化，强化景区内的联系与促成景点、设施的网络化，诱导空间秩序的形成。

游赏解说系统的空间布局应以景区的总体规划和详细规划为依托，并和其他专项规划，如景区游线规划、游览设施规划等紧密结合，同时，结合游客心理和行为模式的研究统筹安排。一般，成果以解说系统布局图为表现形式。

（三）游线解说

通常，游客使用频率高而导游无法随时解说的游线，都需要解说规划。规划一般采用沿线解说

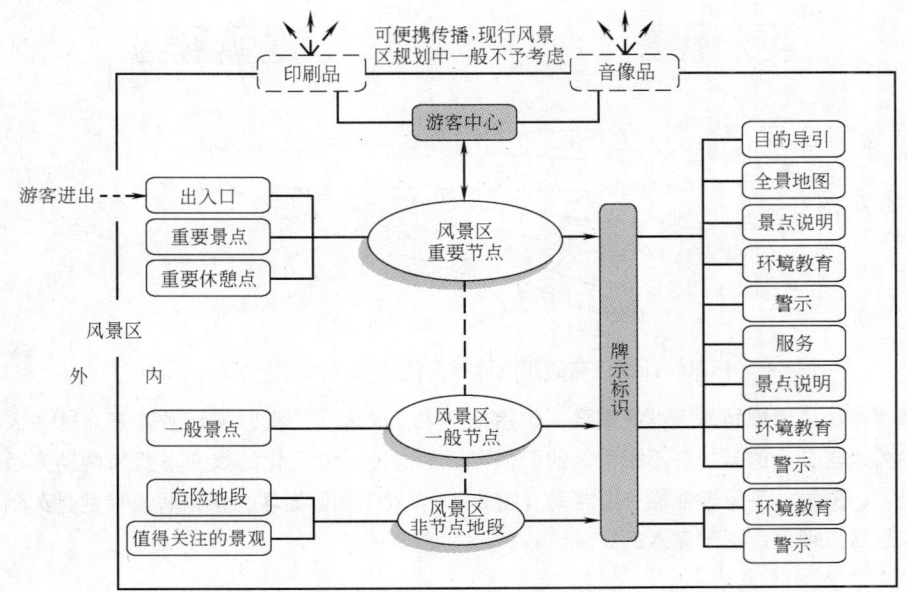

图 6-8　风景区游赏解说系统结构示意图

的方式，内容上包括专题解说、一般性解说。

专题解说：解说的内容集中在一个主题上。主题可以是自然生态方面的，如河流中的生物种类、森林的水土保持作用、土地利用的历史与现状等。也可以是人文社会方面的，如古代建筑的布局特点、村寨的节庆习俗与场所等。专题解说适用于具有典型景观主题的游线，解说内容比较系统而深入，专业性强，是景区深度开发的主要依托，但目前应用较少。

一般性解说：没有限定的主题，根据现场解说。适用于游线景观多样的游线，随机向游客提供适时信息的传播，解说内容相对浅显而广泛，目前应用较多。

（四）细部考虑

1. 设计原则

通用设计的 7 项原则（图 6-9）提示了风景区牌示标识等解说物设计所应重视的问题，富有启示性。而解说物的具体规划，则需要转换角度，从另一视点进行探讨。

广泛的适应，也就是无障碍设计。通用设计只是强调便捷舒适、付出最小努力等原则，而标识等解说物的规划则强调为更多群体对象设计，即面向五官的设计。因为各种各样的使用者，可能发生意想不到的事情，所以应允许失误。另外，广泛的适应还应考虑多种多样的情况，如夜间、雨天、紧急状况、耐久性及免维修等。

易于理解、简明易懂是最基本的要求，但做到广泛的理解则需要格外的努力。

环境氛围的营造、地方传统的演绎、具有幽默与诙谐、可爱性、与使用者共同设计等，都可以使解说物具有亲切感。

无论具有什么功能、个性，在风景区中解说物都应是美观，与环境协调的。

2. 无障碍的沟通

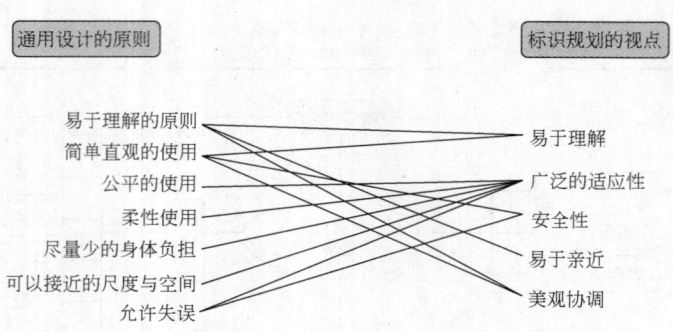

图 6-9 标识设计视点与通用设计原则的转化（据田中直人，2004）

　　游赏解说系统应考虑特殊人群的需要，包括残疾人、老人、儿童、国际游客等，这些人群对于解说系统的要求与公众的要求各不相同。他们需要更加方便、专门化的媒介形式来帮助沟通交流上的障碍，语言、图画、手势等都能有所帮助（图 6-10）。对于国际游客，多语解说特别是英语解说系统在我国风景区应得到广泛和深入的实施。

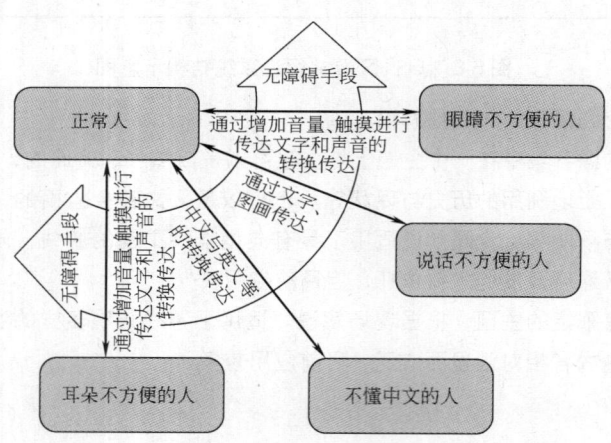

图 6-10 无障碍沟通示意各种人之间相互交流
需要借助无障碍化手段（据田中直人，2004）

　　3. 多学科的参与

　　从风景区景点所挖掘科学内涵的学科分布看，涉及许多领域，需要加强多学科对景点解说的研究。如山水成因的地貌学研究；稀有动植物存在的古生物学、气候学、进化学等的研究；古建筑的历史学、特征学的研究；古人类遗址的人类学、地貌学、气候学研究；民族服饰、饮食文化的人类学、人文地理学的研究等，都十分需要科学家的参与。同时，科学的解说还要求熟悉当地居民及游客的动机，深入浅出，并有侧重地实现向公众的传播。

　　4. 高科技的应用

　　解说系统的形式因时代的发展而不同，传统解说方式由于其载体的限制，展示的信息是静态而无延展性的，如景区牌示标识、导游图册等。随着现代科技的不断进步，解说系统在图解、文字、模型、演示等方面寻求到突破，出现了很多现代解说的方式，如：语音导游、录像展示、动态展示（高科技制作的各种效果）、计算机多媒体展示、参与性测验等。使用较为普遍的语音导游，可以在解说过程中配以音乐或背景音响效果，强化游客身临其境的感觉，而且新一代的系统，以CD或程序芯片代替磁带，可以使游客根据自己的行走游览速度选择接听景点各个部分的解说，享有绝对的主动权。

高科技应用于解说系统中，是以科普教育为准则，更多强调游客的主动参与，提高游客的游览兴趣和亲历实感，将深奥的内容生动而准确地传递给游客，保证沟通渠道的质量。

第七章　典型景观规划

在每个风景区中，几乎都有代表本风景区主体特色的一类或几类典型景观，有些还是具有独特风景价值的珍贵资源。在国家标准《风景名胜区规划规范》（GB 50298—1999）中已经作了明确规定，要求在风景区规划中"应依据其主体特征景观或有特殊价值的景观进行典型景观规划"。在新时期的风景区规划中要特别重视搞好典型景观规划，突出风景区特色，永续利用风景资源。

第一节 典型景观规划目标与原则

在每个风景区中，几乎都有代表本风景区主体特征的景观。在不少风景区中，还存在许多具有特殊风景游赏价值的景观。这些典型景观大多是天成地就之事物或现象，如崂山海上日出、黄山云海日出、蓬莱海市蜃楼等；也有一些是人工之作，但也非一时一世之功，多经世代维护发展，如龙门石窟、大足石刻等。此外，各具特色的地方风物作为不可缺少的人文景观要素，也构成了典型景观。典型景观是风景名胜区中具有代表性的一类景观，而不是指某一特定的景点和景区。比如某个风景区突出的景观类型为植物景观、地质地貌景观，那么植物景观、地质地貌景观就成为该风景名胜区的典型景观。典型景观的构成有三方面的特征：第一，能够提供给旅游者较多的美感种类及较强的美感强度；第二，其自身所具有的文化内涵，能深刻地体现出某种文化的特征和精髓；第三，在大自然变迁或人类科学文化发展中具有科学研究价值。

一、典型景观规划的目标

典型景观是风景区内最具风景游赏价值的资源，是风景区吸引游客的最主要的资源。典型景观规划要求通过对风景区典型景观特征与作用进行调查、分析与评价，合理利用典型景观的特征与价值，突出典型景观特点，保护好典型景观本体及其景观、生态环境，达到永续利用的目的；确定典型景观规划原则、目标、游赏项目及设施内容，组织专门的游赏活动；在规划中，还要处理好典型景观与风景区整体景观的关系，使典型景观得到突出并融于风景区整体之中。

典型景观规划的目的就是为了能使这些景观发挥应有的作用，规划中应在保护的基础上突出其景观特征，充分考虑其在风景区中的所处地位，合理组合典型景观和其他景观，制定科学的游览规划，使其发挥最大的生态效益、社会效益及经济效益，并且使其能长久存在，永续利用。

二、典型景观规划的原则

（一）保护典型景观的本体及环境

保护典型景观的本体及环境即景观保护的可持续发展原则。风景名胜区的典型景观，无论是天成地就的自然景观，还是历经风霜的人工杰作，其形成和发展都非一朝一夕之功，因此，保护景观本体及其环境，使其可持续发展，保护子孙后代的生存环境是规划的首要任务。典型景观的保护规划应从其成因和发展规律的角度，合理制定保护措施。

以武夷山风景区为例，九曲溪作为其典型景观的重点部分，它的好坏关系到风景区的存亡，为保证九曲溪的水量与水质，就必须依其形成和发展的规律，提出具体的保护措施。这些措施包括划定九曲溪流域保护区（部分区域已延伸至风景区以外的地区）、保护山林植被、防止人为破坏引起的水土流失、水源涵养区不得兴建工厂和其他污染的建设项目、流域保护区内村镇进行科学合理的规划，防止生活污水的污染等。

（二）挖掘和利用典型景观的景观特征与价值

挖掘和利用风景区典型景观的景观特征和价值，突出特点，并结合风景区文化和地方特征，组织适宜的游赏项目与活动，使人们在充分领略到这些景观之美的同时，寓景于情，寓教于游，全面体现典型景观的综合价值，充分发挥其应有的作用。如崂山的海上日出、黄山云海等景观，应按照其显现的规律和景观特征规划出相应的赏景点；再如，岩溶风景区的山水洞石和灰华景观体系，黄果树和龙宫风景区的暗河、瀑布、叠水、泉溪河湖水景体系，黄山群峰、桂林奇峰、武陵峰林等山峰景观体系，峨眉的高中低山竖向植物地带景观体系，均需按照其成因、存在条件、景观特征，规划其保护管理和游览欣赏内容；又如，武当山的古建筑群、敦煌和龙门的石窟、古寺庙的雕塑、大足石刻等景观体系，也均需视其创作规律和景观特征，规划其游览欣赏、展示及维护措施。

（三）妥善处理典型景观与其他景观的关系

风景区内除典型景观外，还有许多其他的景观资源，它们一起构成了风景区的整体景观风貌，典型景观的价值体现也离不开风景区整体环境的烘托。因此在加强对风景区典型景观的保护与利用的同时，应该妥善处理好其与其他景观的关系。

第二节　典型景观规划内容

风景区内的典型景观往往不是由单一的景观要素构成，而是多项景观要素共同形成：例如我国浙江省的杭州西湖风景名胜区，不仅具有独具特色的山水自然景观，其春华秋实、夏荷冬雪等自然之胜人竞咏之，留下了传颂千古的诗篇，与西子湖畔的大量名胜古迹互为印证。因此，典型景观规划必须按照风景资源评价的结果，将其最突出的特色归纳出来，对一部分重要的景观进行详细的规划。典型景观规划所要求的深度会比其他专项规划更为详细，图纸比例会更大些，规划涉及景点的平面和竖向上的规划，景点建筑风格、外观、色彩、体量等相关内容作出相应的规定，以及景点周边生态环境的保护、恢复与更新。为达到最佳的景观效果，提出相应的规划实施方案。在图纸表现上应当有一定数量的规划意向效果示意图，这样可以更加明确和直观地表达规划思想。在典型景观规划中需要强调的是无论是建筑的形式，还是植物素材的选择，都应该与风景区整体环境相结合，也就是中国传统园林理论中所提到的"巧于因借"、"因山构室"，要尊重当地的历史人文环境。特别是在当今，往往受到经济利益的驱使，受到长官意识的作用，对资源本身的价值造成了巨大的危害。

典型景观规划是杜绝目前风景区的"城市化、人工化、商业化"现象的重要框架，所以它对风景区今后的详细规划、景点的设计施工以及景区的管理都起着相当重要的指导作用，风景区性质的确定是在理论上确定风景区的发展方向，而典型景观规划是在外在表现形式上体现整个风景区的风貌特征。

典型景观的规划可以归纳为以下几个方面：

一、地质地貌景观规划

地质地貌景观不仅可以成为典型景观之一，例如武夷山丹霞群峰、黄龙灰华、桂林喀斯特山体及溶洞、五大连池火山堆等，它本身还是其他典型景观的重要载体，没有黄山的群峰也就没有云海日出的景观，没有峨眉山的金顶，也就没有了佛光的景观。所以，地质地貌景观规划包括了山体、水系、溶洞、竖向等多方面的内容。

在对典型景观进行地貌景观规划时，不要套用城市规划中的一些做法，比如"三通一平"在风景区规划中是必须制止的，对山体环境的大量改造，完全失去了建立风景区的初衷，应当根据景观的需要，适当地对地形进行少量的整理，所以在风景区中的道路不能盲目追求平坦、宽阔，应当尽量保持原有地形地貌，因地制宜。

具体如下：

1. 维护原有地貌特征与地景环境，保护地质珍迹、岩石与基岩、土层与地被、水体与水系，严禁炸山采石取土、乱挖滥填、盲目整平、剥离及覆盖表土，防止水土流失、土壤退化、污染环境。

2. 合理利用地形要素和地景素材，应随形就势、应高就低地组织地景特色，不得大范围地改变地形或平整土地，应把未利用地、废弃地、洪泛地纳入治山理水范围，加以规划利用。

3. 对重点建设地段，必须实行保护中开发、在开发中保护的原则，不得套用"几通一平"的开发模式，应统筹安排地形利用、工程补救、水系修复、表土恢复、地被更新、景观创意等各项技术措施。

4. 有效保护与展示大地标志物、主峰最高点、地形与测绘控制点，对海拔高度高差、坡度坡向、海河湖岸、水网密度、地表排水与地下水系、洪水潮汐淹没与侵蚀、水土流失与崩塌、滑坡与泥石流灾变等地形因素，均应有明确的分区分级控制。

5. 地貌景观规划应为其他景观规划、基础工程、水体水系流域整治及其他专项规划创造有利条件，并互相协调。

6. 对于形成竖向条件特殊的地质景观与天文气象景观如溶洞、冰川、地震遗迹、佛光蜃景等规划必须维护其形成条件，保护珍稀、独特的景物及其存在环境，在规划中均应遵循自然与科学规律及成景原理，有度有序地利用与发挥其潜力，组织适合其特征的景观特色。

以溶洞为例，溶洞作为地质地貌景观中重要和特殊的一类，有着其特殊的成因和发展规律，其规划中还应符合以下规定：

（1）必须维护岩溶地貌、洞穴体系及其形成条件，保护溶洞的各种景物及其形成因素，保护珍稀、独特的景物及其存在环境；

（2）在溶洞功能选择与游人容量控制、游赏对象确定与景象意趣展示、景点组织与景区划分、游赏方式与游线组织、导游与赏景点组织等方面，均应遵循自然与科学规律及其成景原理，兼顾洞景的欣赏、科学、历史、保健等价值，有度有序地利用与发挥洞景潜力，组织适合本溶洞特征的景观特色；应统筹安排洞内与洞外景观，培育洞顶植被，禁止对溶洞自然景物滥施人工；

（3）溶洞的石景与土石方工程、水景与给排水工程、交通与道桥工程、电源与电缆工程、防洪与安全设备工程等，均应服从风景整体需求，并同步规划设计；

（4）对溶洞的灯光与灯具配置、导游与电器控制，以及光象、音响、卫生等因素，均应有明确的分区分级控制要求及配套措施。

7. 对于典型景观规划的某些重点地段还必须作出具体的竖向规划，可能的话绘出图纸以指导后期的工程设计。竖向规划设计主要考虑地形条件、景观建筑布置、旅游活动与环境景观的关系，针对基地内土方的调配、道路或广场重要节点的标高、主要建筑物的室内外标高、排水方式等进行具体设计。

【案例7.1】　九寨沟风景名胜区钙华水景典型景观规划（四川省城乡规划设计院，引自《风景规划——〈风景名胜区规划规范〉实施手册》）

（一）典型景观概述

九寨沟风景名胜区是以高原钙华湖群、钙华瀑布和钙华滩流为主体的奇特风貌，在中国乃至整个世界上都堪称一绝，因而钙华水景正是九寨沟风景名胜区的典型景观。钙华水景呈以下3种形式：

钙华湖群：风景区内百余个湖泊，个个古树环绕，奇华簇拥，宛若镶上了美丽的花边。湖泊都有激流和瀑布相连，犹如用银链和白绢串连起来的一块块翡翠，各具特色，变幻无穷。湖面光华闪烁，水底色彩斑斓。微风吹拂，层层彩影晃动，动静形色交错，画面变化万千。

钙华瀑群：风景区所有的瀑布都从密林里狂奔而来，就像一台台绿色织布机永不停息织造各种规格的白色丝绸。这里有宽度居全国之冠的诺日朗瀑布，它在高高的翠岩上悬泻倾挂，以巨幅晶帘凌空飞落，雄浑壮丽。有的瀑布从山岩上腾越呼啸，几经跌碰，似一群银龙竞跃，声若滚雷，激溅起的无数小水珠，化作迷茫的水雾，在阳光下，常出现奇丽的彩虹。

钙华滩流：以珍珠滩为代表。一滩流水，倾斜而下，冲击着滩中星罗棋布的生物喀斯特体，于是溅起了千万朵晶莹夺目的水花，琅玕丛簇的高山柳、台湾松，半淹于水中，青翠欲滴，宛若一组组盆景。浑然天成、姿态万千的水中树奇观，令人倾心。

（二）典型景观的作用

钙华水景是九寨沟风景名胜区的主要景观，贯穿风景区的游赏地带，也是风景区观赏价值最高的景观，是九寨沟风景区的生命所在。

（三）典型景观规划目标

通过完善的景点设施配备，把典型景观以最佳方式展现给游人；并按景点容量控制游人规模，确保典型景观的永续利用。

（四）典型景观的利用

从典型景观现有的利用状况来看，总体效果尚可。现有游赏步道的选线、建设方式（如广泛采用的架空栈道方式），观景摄影台的选址、建设等都较为合理。但是随着风景区的发展，游人量的增大，问题随之出现。问题及完善办法如下：

问题①：现有游步道偏窄，一般仅1~1.2m。高峰期游人拥挤，效果不理想。

完善办法：理想的游步道宽度应在2m左右。但是风景区的地形状况特殊，许多地方为了不破坏自然土壤植被，不得不形成架空栈道，因而游步道的宽度受到客观条件的限制。规划考虑游步道的宽度在1.5m左右，则可以做到既不破坏景观及环境，也能满足游人需要。

问题②：现有景点的观景摄影台太少，远不能满足游客需要。

完善办法：通过实地勘查，把每个景点的观景点都找出来。有些景点周围的地形较好，便于利用，则一个景点可能有高视点、中视点、低视点3个层次的多处观景点；有些景点受环境条件的限制，则观景点较少。充分发掘可能存在的观景点位置，是完善典型景观的核心工作。然后，据此设置观景摄影台，组织相应的游览步道。

问题③：没有系统的景点标示，游人难以形成对景点的全面了解。

完善办法：设立系统的景点标示。每个景点标示应用中、英两种文字，简洁明了地注明景点的体量、特征等内容，加深游人对景点的了解。

（五）典型景观的保护

九寨沟风景区的钙华水景的特点是生态脆弱。如果没有严格的保护措施和合理的游人活动，景观将被破坏。因而一方面在游览步道和观景摄影台的选线定点和建设方式上一定要注意不能破坏自然生态和景观环境，另一方面管理工作一定要到位。

（六）典型景观与其他景观的关系

钙华水景景观是九寨沟风景区的景观展示主体，而风景区的其他景观如植物景观、雪峰景观、藏乡风情都是风景区景观的有机组成部分，共同构成风景区的景观整体。钙华水景贯穿了风景游赏区，而其他景观也无处不在，主景、从景、风情，情景交融，构成了九寨沟的总体形象。因此，风景区的景观展示一定要把这个总体形象完美地层现给游人。

【案例 7.2】 寒山寺风景区详细规划（中国城市规划设计研究院，引自《风景规划——〈风景名胜区规划规范〉实施手册》）

寒山寺风景名胜区的竖向规划原则为尽可能利用现有地形条件。目前，枫桥路已经修建到枫桥大街东侧，金门路也已经设计，有关部门给定的标高条件为枫桥路西端标高 3.30m。与景区东侧渔隐路连接处的设计标高为 3.50m。规划中，机动车停车场采用两侧排水；枫桥大街部分的标高基本上采用地形标高，全镇的自然排水方向为由南至北，在枫桥大街上设雨水口；寒山寺内保留现状标高；寒山别院基本上采用原有地形，基于造景的要求，局部加填土以形成起伏的地形；渔隐小圃采用地面渗透的排水方法。此外，据有关部门提供的数据，运河挖出的可用土为 6.75m³，一部分用于江枫洲和渔隐小圃的地形改造，一部分用于金门路的修建。

二、建筑风貌规划

（一）名胜古迹建筑的保护与利用

在风景要素中，建筑起到了"眉眼、点缀装饰、画龙点睛"的作用，特别是在景观视线的组织中，有时起到了点景、对景或组景的作用，当然也有不少的建筑成了风景中的败笔。风景建筑不仅影响视觉观感，而且建筑本身又满足一些功能的需求，是一种服务型的设施，很多的名胜古迹本身就是风景建筑或与之紧密相关，地方风情文化通常也与风景建筑息息相关。对于名胜古迹中建筑景观的处理应符合以下规定：

1. 应在保护好原有文物遗迹的基础上，进行适当修复和重建，除修复必要的游览步道和安全防护设施外，不得增设与其无关的人为设施，控制游人数量，规范游人行为，保护周围森林植被及生态环境。

2. 保护历史遗迹和自然景观的良好和可持续发展原则。要整体保护，全盘协调，而不是局部的增增补补。保护不是完全的重现，而是有重点的保护、有选择的恢复、有步骤的实行。尊重景观的历史面貌和价值，突出纪念性、科学性、文化性，依照其历史内涵和现代文化要求，进行适当的调整改造和建设，将中华民族精神、物质文化的重要遗产完整地奉献给子孙后代和世人。

（二）风景建筑的规划

对于风景区中建筑的规划，主要涉及两方面的内容：一是风景建筑的选址；二是风景建筑的形式。

1. 风景建筑的选址

首要的原则是"因借"，最重要的问题即相地立基，它不仅要使建筑与周围环境相融合，还要与遥远的景色建立联系，也就是说要将建筑有机地组织到风景中去。不同功能的风景建筑选址有不同的要求，一般来说景区管理和接待游客的服务型建筑，应该安排在风景区的入口附近，这类建筑可以在规划上自成格局，最好能预示即将展开的风景；游览路线中的风景建筑，重点要考虑游览路线长短和游人休憩停留的需要；而作为风景点缀和接待游客休息、眺望的建筑，则是风景区中的主要风景建筑，它的位置是根据风景区各景区对它的使用要求和构图需要来确定，不仅要求环境优美，有美景可借，同时对整个风景区能起到控制全局的作用。不同类型基地中的风景建筑的选址的具体要求也不一样，大致可以归纳为下列几种：

(1) 与山相关的建筑选址

① 山麓基址

山势若较为陡峭，建筑一般采用独立山外、紧邻山麓的处理为宜。这种情形，可借植物的帮助与山取得联系，如桂林七星岩的月牙楼。不论土山或石山，临峭壁时，若地质条件允许，都可以考虑依附峭壁起筑，这样，建筑与山的结合就更富有表现力，如敦煌及麦积山等处的石窟寺窟檐建筑。若山势较缓，更可沿山逐势由山麓蔓延而上，构成壮丽的建筑群，如陕西耀县药王山寺院以及甘、青、藏地区的一些喇嘛庙建筑。

② 山腰基址

在土山坡上建筑时，建筑群、组或个体都应顺从山脉气势布置，如颐和园万寿山的建筑处理。凡石山，则可根据断层来安排，如桂林七星岩辅星阁的设计。

③ 峰峦基址：在主要角度上，须突破山的天际线时，一种是服从山势作横向的发展（平远意境）的盘踞山巅的处理，不作过分的突出，如岱顶建筑；一种是为了改变山形构图或弥补山势之不足或突出强调山势的倾向，而作高耸的处理，如北京静明园玉泉山石塔的处理、桂林宝塔山的处理以及北京景山的万春亭的处理。在联系两峰之间的峦脊上，为助长山脉的气势，也借自然形势来表达建筑的控制力，常可布置建筑物，如果处理得好，艺术效果非常显著，如泰山南天门、桂林南溪山南溪亭等。在主要角度上须突出山本身的天际线时，建筑的背景则为山，在一般的情况下，以"平远"的处理较为适宜。

④ 谷涧基址

在山间平地、盆地或谷地布置建筑，可使其自成天地，如福建的武夷山庄。开路与外景相通，引导游人可用"山重水复疑无路，柳暗花明又一村"的"突现"手法；也可作标志来显示景致，以"引入"的手法来进行组织。若在峡谷或堑涧之间建造，或可参考黔蜀栈道以及古代飞阁复道的意匠来处理。

以上因山建筑的基址选择，如能注意与一洞、一坪、一瀑、一石（巨石）、一木（古树）取得关系，以这些为媒介，则建筑与山势就更容易达到有机融合的境界了。

(2) 与水相关的建筑选址

在这类基地中，除了以上跨越谷涧的建筑基址外，还可以有：

① 因借江河的基址

江河系流动的水面，在布置建筑时，总体上要考虑到与流动的带形水面的调和问题。建筑布局应以能够接受江河水景为主，若在河岸、矶头高旷处起高阁，置身其间俯览江景，可得国画章法的画面，很富有民族的传统情调，如滕王阁、黄鹤楼以及现存的杭州钱塘江畔的六和塔等。低临江河水面建筑，可以使人细察波流，选址临近江边，也可为水上活动创造条件，如桂林七星岩东江水榭等。利用江河作亭桥、廊桥等水面建筑，既可解决风景区中的跨河交通问题，又可使人坐涛观流置身濠上。如果造价许可，这种水面的建筑是很好的，如广西三江程阳桥等。

② 因借湖海的基址

若风景区是以碧波千顷的广阔水面为主题，则因借水景的建筑即成为风景区中建筑布局的主体。其位置的选择，无论是近邻还是远离水面，都应以能借广阔水面的景色为前提。而在一般小型湖沼附近进行建筑选址，以水滨和水上为佳，更有"近水楼台"的趣味。

（3）林间建筑选址

风景区以森林为主题，则主要建筑物应以引进森林，便于游人观赏林木风光为主。这样，建筑基址以选林间旷地为宜。建筑于林间旷地，如身处绿色山谷中；依就大树躯干凌空架设楼台，更别有"因借"妙趣，总之，以发挥森林地特征，引人得以亲近大自然为要点。

其他如草原、平野等基地，建筑地布局与自然地关系并无特殊之处，都可以根据风景内容、建筑物本身的使用要求以及总体构图的需要等条件来决定。

2. 风景建筑的形式

对于风景区中的建筑景观，另一个重要的关注焦点是建筑的形式，或者说是在功能的基础上的一种外在表象的东西，这是在特定历史文化条件下所形成的建筑风貌的重要表现。然而，随着全球化的趋势，风景区的建筑也无可避免地受到这种趋势的影响，大江南北各个风景区内还是充满了一些平庸、面貌千篇一律的建筑，不同地区风景区内建筑失去了多样性的特色而趋同。吴良镛先生在他的文章《世纪之交的凝思：建筑学的未来》中明确提出："现代建筑地区化，乡土建筑现代化，殊途同归，共同推动世界和地区的进步和丰富多彩。"风景区中的建筑，由于其特殊的景观和文化意义，更应担当起这个重任。在风景建筑规划中，要维护一切有价值的原有建筑及其环境，各类新建筑要服从风景环境的整体要求，建筑相地立基要顺从原有地形，对各类建筑的性质功能、内容规模、位置高度、体量体形、色彩风格，甚至一些相关的要素，都要作出明确的分区分级控制措施。

以四川黄龙风景区建筑规划设计为例，通过以下几个方面的规划设计突出了其地域文化的特色：①采用川西北独具地域特色的藏羌建筑，很好地结合了当地的地形、气候和居民的生活方式和技术条件；②相对分散的建筑群尺度上与狭窄的山谷地形配合得当，而每个建筑群中的建筑相对密集紧凑，又更多地保留了自然的地貌和旅游所需的停车场等空间，这种相对集中布置形成的建筑群落体量适中、化整为零、随地势布置，达成了与传统藏羌村寨相似的景观效果；③封闭的阳台和开敞的活动平台不仅应答了当地的气候条件，还显现了藏羌建筑的特色；④关注巷道和台阶，很好地阐述了藏羌村寨的传统风韵；⑤采用传统建筑形象的"陌生化"的处理手段，以现代材料技术和手法来表达传统的地域特色，使得建筑形象既新颖，又熟悉，在现代和传统之间达到某种平衡。

总体上风景区中的建筑风貌规划应符合以下规定：

1. 应维护一切有价值的原有建筑、建筑遗迹、古工程及其环境，严格保护文物类建筑，保护有特点的民居、村寨和乡土建筑及其风貌；

2. 风景区的各类新建筑，应服从风景环境的整体要求，不得与大自然争高低，在人工与自然协调融合的基础上，创造建筑景观和景点；

3. 建筑布局与相地立基，均应因地制宜，充分顺应和利用原有地形，尽量减少对原有地物与环境的损伤或改造；

4. 对风景区内各类建筑的性质与功能、内容与规模、标准与档次、位置与高度、体量与体形、色彩与风格等，均应有明确的分区分级控制措施；

5. 在景点规划或景区详细规划中，对主要建筑宜提出：（1）总平面布置；（2）剖面标高；（3）立面标高框架；（4）同自然环境和原有建筑的关系4项控制措施。

【案例7.3】 福州市鼓山风景名胜区规划中的建筑风貌典型景观规划（北京中国风景园林研究中心，2004年）

鼓山风景名胜区是以摩崖石刻、古寺名刹、天风海涛、瀑潭溪泉、山林峰石为景观特色，供开展科教健身、游憩、度假等活动的城郊山岳型国家级重点风景名胜区。依据其资源评价结果得出以下结论：鼓山风景名胜区风景资源特征是：以鼓山历代摩崖石刻为代表的人文风景价值在国内居优秀水平；以奇石、峡谷、溪流、潭池、瀑布为代表的山水景观在国内处于优良水平；以众多珍稀濒危动植物为代表的自然生态环境在全国居优良水平。典型景观规划中对于一些建筑景观资源提出保护措施并规划了具体的建设项目和方法：

（一）特征与主要作用

鼓山风景名胜区除著名的涌泉寺及其他历史建筑外，还有服务接待建筑，包括一些有历史文化意义的需保护性建筑群，及一些极具地方特色的民居、会所，构成了鼓山风景区又一特色，融功能性与实用性于一体，须加以保护利用及有序开发，在不破坏景区环境的前提下，促进景区的可持续发展。

（二）规划原则与目标

1. 风景区建筑要与周围环境相协调，维持有价值的原有建筑及其环境，保留有特点的民居和乡土建筑。建筑控制在两层，局部允许3层。

2. 建筑在选址和造型上，除考虑功能要求外，又要有利于点缀、烘托景观，体量宜小不宜大，色彩宜淡不宜浓。

3. 在对原有建筑进行调查分析的基础上，按规划总布局的要求，分别确定保留、改建、新建的建筑分布。

4. 建筑材料宜用地方材料，美观经济，坚固耐用，又与环境协调。

5. 将可依托城市的建筑服务设施尽量设在景区以外。

（三）规划建设项目与方法

1. 涌泉寺建于后梁开平二年（908年），现为省级文物保护单位，其建筑应完整加以保护，不得更动，其旁回龙阁建于乾隆二十七年。因此在涌泉寺附近的建筑应考虑与古建筑相协调，以传统形式为主。古道十八景群和下院的建筑以我国古典建筑风格为主，体现民族特点，般若庵以南的建筑形式可由传统的形式与现代的建筑风格相结合。

2. 长田—鳝溪以自然景观为主，入口处的白马庙及其周边建筑宜采用福州当地的建筑风格，青少年野营区的建筑造型要新颖轻巧活泼。并通过严格的管理措施，使整改后达到风景区整体景观要求的建筑风貌能永久保持下去。

3. 鼓岭山庄历史上是避暑胜地，曾有各国游客来此避暑。因此可恢复鼓岭山庄遗址，可建设中外传统的别墅，寻求与当地文化背景的配合。尽量限制并改造正建的有碍景观的建筑，个别建筑细部处理要与周围新的住宅群相协调，使各种不同风格的建筑相得益彰。对与风景区原有建筑风貌有较大差异的建筑，要予以整改，并控制景区建筑密度。对与原有建筑风貌差异不大的建筑，通过对其外观的修饰，使其符合景区建筑风貌，并通过严格的管理措施，使整改后达到风景区整体景观要求的建筑风貌能永久保持下去。

4. 南洋应形成以自然山野环境为主，建筑主要为山村村寨，风格简朴有野趣的整体效果，严格控制景区内的建筑密度及居民量，增加规划的可操作性。并通过严格的管理措施，使整改后达到风景区整体景观要求的建筑风貌能永久保持下去。

5. 绝顶峰的峰顶有许多有价值的摩崖石刻，不宜多设建筑，破坏环境气氛。为观景功能需要，设少量的平台、石凳等休息服务设施，风格要简朴。各个服务设施要服从风景环境的整体需求，能够融入风景游赏区的自然环境中，并在此基础上表现出景观建筑风貌。

6. 凤池白云洞建筑要考虑到周围环境的因素，更要衬托出自然景观的效果，宜用当地民族建筑风格。对景区内的遗址和古迹建筑，要进行保护和维修并保持其建筑风貌特色。对完全背离环境要求的建筑，必须予以整改，对与要求有差距的建筑，应通过建筑外装修、环境设计等进行整改，使之达到景区建筑风格要求。

7. 磨溪建筑不宜高大，应尽可能少，不破坏自然景观，完整地保持其自然风貌。对服务接待性建筑，要在外观上接近居民建筑的风格又有所变化，布置上宜小不宜大。在满足功能要求的前提下，建筑应依山顺势，灵活布局，化大为小。建筑高度不超过两层，色彩也应基本近似于传统建筑，与自然山水相契合。

（四）建筑景观规划综述

鼓山风景名胜区的建筑应是共性与个性的有机融合体。闽南的传统建筑风格是风景区所有建筑的共性，个性则表现于三类建筑的区别：风景区内的古迹是闽南古典建筑风格；风景区内的服务建筑及设施在闽南建筑风格的基础上，有一些局部变化，兼具实用功能性；风景区内的民居则保持闽东南民居传统特色，朴实大方。风景区建筑景观的成熟将是风景区走向成熟的标志。

三、植物景观规划

由于植物是有生命有机体，不同的自然条件下所形成的植被形态、植物演替规律都有所不同，因而在植物景观规划中，特别是植被的保护和恢复中，不同的植被类型应有不同的具体措施。植被区划是在一些地段上，依据植被类型及其地理分布的特征，划分出高中低各级，彼此有区别，但在内部具有相对一致性的植被类型及其规律组合的植被地理区。区划不仅可以提供植被资源及对生态环境作出确切的评价，从而因地制宜地制定出利用和改造植被的合理措施，并且是制定合理布局和利用植被、保护、美化环境、改造自然方案以及风景名胜区规划所必需的科学依据和基本资料之一。

（一）中国的植物区划

根据中国植被区划的原则、依据和单位，我国的植被划分为8个植被区域（包括16个植被亚区域）、18个植被地带（包括8个植被亚地带）和85个植被区。

1. 大兴安岭北部寒温带落叶针叶林区域：我国大兴安岭北部的落叶针叶林是欧亚大陆北方针叶

林的一部分，属于东西伯利亚南部落叶针叶林沿山地向南的延续部分；

2. 东北、华北温带落叶阔叶林区域：本区域包括东北东部山地，华北山地，山东、辽东丘陵山地，黄土高原东南部，华北平原和关中平原等地；

3. 华中、西南常绿阔叶林区域：本区域包括淮河、秦岭到南岭之间的广大亚热带地区，向西直到青藏高原边缘的山地。我国亚热带是世界上南北两半球同纬度地区唯一的面积最广大的湿润亚热带，这是我国的宝贵财富；

4. 华南、西南热带雨林、季雨林区域：这一区域包括北回归线以南的云南、广东、广西、台湾四省的南部以及西藏东南缘山地和南海诸岛；

5. 内蒙、东北温带草原区域：包括东北平原、内蒙高原和黄土高原的一部分。本区域可以划分为草甸草原、典型草原、荒漠化草原、森林等；

6. 西北温带荒漠区域：我国荒漠地区年降水量大部在 200mm 以下，很多地方不到 100mm，甚至不到 10mm，属于温带干旱气候和极端干旱气候。这里的植物普遍具有旱生特征，其旱生形态有：叶片缩小，叶子退化成刺，叶片完全退化，茎、叶被有密集的绒毛，或出现肉质茎和肉质叶等，以便减少水分蒸发或贮集水分。同时这里植物的根系特别发达，有的深达几十米，有的根系重量是地上部分的 8～10 倍，这样便能从土层的深度和广度吸收水分。这是在干旱生态环境下植物长期适应演化的结果；

7. 青藏高原高寒草甸、草原区域：本区域包括青海和西藏东南半部的大部分地区，并包括川西和云南西北部部分地区；

8. 高寒荒漠区域：分布在西藏西北部，海拔高度在 4500～5000m 以上。年降水量在 100mm 以下，有的地方不到 20mm，气候特点是寒冷而干燥。植被是以垫状驼绒黎、藏亚菊、蒿类为主。

（二）植物景观的特征

植物景观是风景名胜区中重要的典型景观之一，这主要由于植物的生长为动物、微生物甚至人类提供了良好而多样的物质基础及生存环境，而遒劲苍翠的古树名木、绚丽多彩的植物季相以及顽强奋进的生命表征，使植物景观成为自然与人文特征完美结合的典型代表。无论是在早期自然审美及中国山水画论中，将植物比作"毛发"，还是近代审美中形成"主景、配景、基调、背景"的理论，都表达出植物景观既是构成风景环境的必要元素，同时也是保护与培育风景资源的重要载体。

在风景区中，因植物景观所具有的不同组成结构、年龄而形成不同的景观特点，大致可以分为以下几个方面：

1. 林相

林相是森林群体的基本面貌。由构成森林树木的树种、组合状况与生长状况所决定。不同风景林有不同的林相。树木有常绿树与落叶树之分，森林也就有常绿林与落叶林之分。常绿林与落叶林的林相，特别是在树木的落叶期间是很不相同的，给予人们的感受是前者茂密、郁闭、阴暗与幽深，而后者则虽也予人以同样的感受，但相对稀疏、通透与显露了。落叶树与常绿树的混交林，则介乎二者之间。树木还有针叶树、阔叶树与大叶树之分，松、杉、桧、柏林表现出挺拔、坚强与厚密的效应；桦木、壳斗、桉树林表现出圆纯与粗疏；榆树、柳树、合欢及银桦就显得十分柔和了。一般针叶树的林冠线是屈曲起伏的，而阔叶林则往往是平缓的，至于由棕榈、椰子及槟榔等树木所组成的大叶林则会有潇洒的意味，特别是在林缘处，灌木林与乔木林也有不同的效应，前者往往是平视与俯视的效应，不形成雄伟、高大的感觉；后者在仰视的情况下会对比出人身的渺小，进入林中便感到渺茫。疏林、密林，林间空隙的大小，林下有无下木或草本，一层林冠还是多层林冠等，都表现出不同的林相而予人以不同的感受。

2. 季相

季相是林木或森林因季节而不同其面貌之谓。同一风景林由于季节的不同景观也有所不同，不同林相的风景林，其季相更为明显。能否表现出明显的季相，林木的种类是主要因素。在温带地区，四季分明，季相也是明显的。繁花似锦，百草含芳；浓荫密枝，万木向荣；白萍红树，山瘦林薄；长松点雪，枯木号风；这就是对季相的一种描述，对春夏秋冬四季4种景观的描述。不是所有树木都在春天开花，但人们总把春天看作开花的季节，而有花、繁花就成为春天的季相。也不是所有树木的树叶到秋天都会变红，但人们为了突出秋天的季相，总是在风景林中配置上秋红的叶色植物，阔叶树很能表述夏日的景观，而干枝屈曲突兀及色彩特殊的树木就能够同雪景相配合而强调出效果。我国传统以桃、梧桐、枫与梅作为春夏秋冬的象征，正由于这些树种所构成的森林能充分表现出不同的季相。

3. 时态

树木晨昏的面貌不同，表述出森林的时态。有些花是早晨开放的，有些植物的花到晚上就闭合起来，大多豆科植物的叶片是早上展开，入夜闭叠的，风景林时态的景观效应虽不强烈，但也是活生生的具有丰富变化的效应。

4. 林位

风景林同赏景点的相对位置关系，使人们对森林的欣赏有视域、视距与视角的不同，对森林的感受有局部还是全貌，外观还是内貌，清晰还是模糊等不同。在景观上模糊也是有价值的。相对位置的不同，使人们对森林的欣赏视角不同，产生平视、仰视或俯视的效应。在仰视的景观中景物显得雄伟高大，对比出自身的渺小；俯视就令人自豪，这是谁都能感受得到的效果。即使并不高大的风景林，仰视时也有雄伟的感受，任何宏伟的森林，一旦被俯视了，同广原、灌丛或小草的区别也就不大。

林木本身的立地也会影响到林相与森林的景观。立地土层的厚薄、肥瘠、反应以及坡度、坡向、海拔等都是决定植物的生长状况和森林情调等的因素。峨眉山华严峰下的冷杉林是参天乔木，雄伟无比，而生长在金顶上则成为不被注意的灌木。

5. 林龄

宏观地说，森林不过是地球表面植被兴替的过程，森林的年龄意味着植被演变中的各个时期；一般地说，森林的年龄有幼年林、壮年林与老年林等。林龄能决定林相从而表现出不同的景观，高大还是矮小，稀疏还是茂密，开朗还是郁闭，幽深还是浅露。风景林的季相也受林龄的支配，季相的出现有迟早，持续有久暂，表现有充分或含糊；高龄树木的高大的形体，露根，虬干，曲枝等形状与兀立刚劲的姿态，都能予人以深刻的印象，铭记着一个风景林的雄伟、苍劲与永恒的景观效应。

6. 感应

林木接受自然因子而迅速作出能为人类感官所感觉的反应，较为突出的是接受风力的作用所产生的效果。叶片撞击的萧瑟之声有无限凄楚的感觉；气流通过细小、均匀的树叶空隙所起的振动发声，使森林能发出如海涛汹涌一般的，又如雷鸣一般的声音就是"松涛"。松涛既能加强风景林的气氛，还不受视线的阻挡而起着引人入胜的作用，枝梢柔软能接受风力的作用而不断变换树形，就能表现出不同的姿态，使人感到景物生动的意味，"柳浪"就是这样。此外，林木叶面光滑，腊质或角质层较厚，并叶面的朝向近乎一致，有强烈反射日光的效果，能使景色更为辉煌。

7. 引致

由于森林的存在而伴随存在的事物中，有含烟带雨、荫重凉生、雪枝露花等，都能增添景观的妍丽和游憩的舒适。还有鸟踪兽迹，蝉鸣蝶翩出没于林间景观就更为生动与自然了。蝉声是听觉上的效果，与松涛一样不受视线的限制而起着引人入胜的作用，蝉在夏季才有，还有加强季相的作用，"蝉噪林愈静"，是我国古人对蝉声能增添自然气氛的写照。

8. 其他感应效果

上面已经提到了声与色的感受，不论是花色还是叶色，树声还是虫声，都可以作为风景林景观的特点。但芳香特点的效果，也是不容忽视的。芳香发自植物的花部，作用于人们的嗅觉感官，扩大了对景观的欣赏面，加深了对景物的感受，芳香也不受视线的阻挡，有加强自然气氛与引人入胜的效果。一处风景林的名产，对游客是很有号召力的，很多名产是食品与饮料，这是从味觉上感受的景观特色。在很大的风景林中，不必禁止游客对树木果实的采摘。这样便于辟了更多欣赏方面，提高游赏的兴趣。

（三）植物景观保护与优化的原则

对于风景区植物景观的保护和优化利用，有以下原则：

1. 地带性植被保护与恢复演替原则：风景区植物景观保护利用的目的是维护区域自然生态系统的自然属性，提高生态系统的稳定性，因此必须遵从地带性植被保护与恢复演替的规律；

2. 景观多样性与发展地方景观特色原则：在风景区森林植物景观优化利用中，应通过多种途径发展景观多样性，实现景观功能的多样性。同时还要强调保持地方特色，包括对古树名木以及其他特色观赏植物的保护和利用，应以强化景观特色和旅游功能为核心，实现生态、社会效益等综合发展的多功能优越性；

3. 短期措施与长期目标结合原则：风景区植物景观的保护和优化是一个长期的过程，因此需要在原有的基础上，根据各类植物景观的特色，以及风景区各区域的功能需要及发展要求，有计划、分阶段地进行优化调整。

（四）植物景观规划

对于植物景观规划应符合以下具体规定：

1. 维护原生种群和区系，保护古树名木和现有大树，培育地带性树种和特有植物群落；

2. 因境制宜地恢复、提高植被覆盖率，以适地适树的原则扩大林地，发挥植物的多种功能优势，改善风景区的生态和环境；

3. 利用和创造多种类型的植物景观或景点，重视植物的科学意义，组织专题游览环境和活动；

4. 对各类植物景观的植被覆盖率、林木郁闭度、植物结构、季相变化、主要树种、地被与攀援植物、特有植物群落、特殊意义植物等，应有明确的分区分级的控制性指标及要求；

5. 植物景观分布应同其他内容的规划分区相互协调；在旅游设施和居民社会用地范围内，应保持一定比例的高绿地率或高覆盖率控制区。

【案例7.4】 太湖风景名胜区西山景区植物典型景观规划（江苏省城市规划设计研究院，引自中

国城市规划信息网（www. china _ up. com）

（一）植物景观规划思想

1. 维护原生种群和区系，保护古树名木和现有大树，培育地带性树种和特有植物群落。

2. 因境制宜地恢复、提高植被覆盖率，以适地适树的原则扩大林地，发挥植物的多种功能优势，改善景区的生态和环境。

3. 利用和创造多种类型的植物景观和景点，重视植物的科学意义。

4. 植物景观分布应同其他内容的规划分区相互协调，在旅游设施和居民社会用地范围内，应保持一定比例的高绿地率或高覆盖率控制区。

（二）植物景观规划要点

1. 位于太湖水岸的湖滨地段的植被，特别是张家湾—涵村—蛇头山—平龙山沿线和消夏湾—石公山—四龙山沿线地段，在保护原有地带性植被结构基础上，增加色叶及观果景观植物，以提高水源涵养林的观赏效果，丰富季相变化。规划绿地率大于 70%，垂直郁闭度大于 0.4，植被主要以色叶乔灌景观林、水生植被景观林、湿地植被景观丛的形式配置。

2. 位于西山丘陵山地的中上部植被，主要以保护原有地带性植被结构为主，对于局部地区的单一林相进行改造，体现西山植被的地域性特色。规划绿地率大于 80%，其中，由单层同龄林构成，水平郁闭度为 0.4~0.7，由复层异龄林构成，垂直郁闭度大于 0.4，植被主要以针阔混交景观林、常绿乔灌景观林的形式配置。

3. 位于西山下部山坞、山麓的植被，主要保护和恢复原有各种经济果林，体现西山植被的地域性特色。规划绿地率大于 70%，水平郁闭度为 0.4~0.7，植被主要以观果乔灌景观林的形式配置。

四、历史文化保护规划

历史文化保护规划即民俗景观规划或隐形文化景观规划。各地的民俗风情对于旅游者来说可能是非常新鲜、有趣的事物，如着意开发，也会成为有价值的旅游资源，在规划中应注意：

1. 适度开发，一切细节上要力求突出民族与区域的特色，保持淳朴真实，力戒矫揉造作，不要为迎合旅游者的趣味而损害其纯真，在保护的前提下，对于旅游者很不习惯的某些方面，例如饮食习惯等，可以有某些变通措施；

2. 民风民俗的某些方面时间性较强，许多活动只在特定的日期进行；少数民族常居住于边远地区，旅途遥远或交通不便；其某些习俗不便对外公开，切不可违背本民族的意愿将其列入旅游项目。

【案例 7.5】 武夷山风景区历史文化保护规划（福建省城乡规划设计研究院，引自《风景规划——〈风景名胜区规划规范〉实施手册》）

（一）武夷山文化内涵

以架壑船棺为代表的古越文化；以朱熹为代表的朱子文化；儒道佛三教文化；武夷山岩茶文化等均是武夷山文化景观的代表。

（二）延续文化内涵措施

1. 古越族文化：保护好架壑船棺并选择良好的观景台，在城村建立古越音乐、歌舞演奏台。编排以古越文化为主导内容的九曲溪导游词，在城村建立古越文化博物馆，并设立一处模拟的古越文化博物区。开辟从九曲溪到城村的水上古越文化旅游专线。

2. 南宋理学文化：修复武夷精舍，划定其保护范围。建立朱熹纪念馆及研究机构，定期召开朱子学座谈会、研讨会等。将风景区的五夫里与朱熹墓的游线串在一起，开发朱子文化的旅游专线。

3. 道释文化：冲佑观恢复原貌，朱熹纪念馆另搬他处。止止庵可复原，白云岩可加以保护、维修。武夷山佛教文化以永乐寺为中心，道教文化以开远堂为中心。在武夷山风景区内原则上不修复或发展其他寺庙、道观。

4. 岩茶文化：修整御茶园，茶科所迁出御茶园，在园内开辟高档次的茶道表演，开辟为岩茶村，形成武夷山岩茶的生产、经销集散地和普通茶道的表演场所。定期开展以岩茶为内容的征文会、研讨班及科普讲座等。

5. 名人、民俗风情及民间艺术：在城村建立民俗村，安排武夷山乃至全省的民俗文化题材于民俗村内，形成具有典型福建地方特色的民俗文化集中地。在民俗村内可单独辟出柳永纪念馆及纪念性塑像。定期在民俗村举办民间艺术表演及在九曲溪两岸唱茶歌等。

第八章　游览设施规划

在风景区中，不仅有吸引游人的风景游览欣赏对象，还应有直接为游人服务的游览条件和相关设施。虽然游览设施规划在风景区中属于配套系统规划，但如果处理得当，其局部也可以成为游赏对象，如果规划设计不当，也可能成为破坏性因素，因而有必要对其进行系统配备与安排，将其纳入风景区的有序发展和有效控制之中。

各项游览设施配备的直接依据是游人数量。因而，游览设施系统规划的基本内容要从游人与设施现状分析入手，然后分析预测客源市场，并由此选择和确定游人发展规模，进而配备相应的游览设施与服务人口。各项游览设施在分布上的相对集中，出现了各种旅游基地组织与相关的基础工程配建问题。最后，对整个游览设施系统进行分析补充并加以完善处理。因此，游览设施规划主要包括游人与游览设施现状分析、客源分析预测与游人发展规模的选择、游览设施配备与直接服务人口估算、旅游基地组织与相关基础工程、游览设施系统及其环境分析5部分内容。

第一节　现状分析及相关预测

一、游人与游览设施现状分析

游人现状分析，应包括游人的规模、结构、递增率、时间和空间分布及其消费状况。分析的目的是为了掌握风景区内的游人情况及其变化态势，既为游人发展规模的确定提供内在依据，也是风景区发展对策和规划布局调控的重要因素。其中，年递增率积累的年代愈久，数据愈多，其综合参考价值也愈高；时间分布主要反映淡旺季和游览高峰变化；空间分布主要反映风景区内部的吸引力调控；消费状况对设施标准调控和经济效益评估有一定意义。

游览设施现状，主要是掌握风景区内设施规模、类别、等级等状况，找出供需矛盾关系，掌握各项设施与风景及其环境的关系是否协调，既为设施增减配套和更新换代提供现状依据，也是分析设施与游人关系的重要因素。设施现状分析应表明供需状况、设施与景观及其环境的相互关系。

二、客源分析预测

不同性质的风景区，因其特征、功能和级别的差异，而有不同的游人来源地，其中，还有主要客源地、重要客源地和潜在客源地等区别。客源市场分析的目的，在于更加准确地选择和确定客源市场的发展方向和目标，进行预测、选择和确定游人发展规模和结构。

客源市场分析，首先要求对各相关客源地游人的数量、结构、空间和时间分布进行分析，包括游人的年龄、性别、职业和文化程度等因素；第二，要分析客源地游人的出游规律或出游行为，包括社会、文化、心理和爱好等因素；第三，分析客源地游人的消费状况，包括收入状况、支出构成和消费习惯等因素。

【案例8.1】　四川芦山龙门洞风景区客源市场分析（西南交通大学，2000年，资料来源：http：//www.love263.com/news_view.asp？id=4325）

（一）客源市场的动态分析

龙门洞风景区的旅游资源具有集科教性、观赏性、休闲性、探险性、参与性于一身的特点，而休闲性、参与性的优势在于它的复游率高，回头客多，客源市场相对稳定。另外，芦山还处在成都—都江堰—卧龙—四姑娘山—夹金山—宝兴—芦山—雅安—成都的旅游环线上，同时，距进出甘孜州的川藏线 318 国道仅 10 多 km。具体可以从以下各个区域进行分析：

1. 四川省芦山县及相邻地区客源市场

芦山县城及其紧邻的雅安市、邛崃市，是龙门洞景区最近的客源市场。雅安与邛崃都是经济迅速发展的新兴城市，正处在居民进行短途度假旅游的黄金时期。芦山县人口目前有 12 万，但县城缺少有吸引力的休闲游乐活动场所，因此，芦山县将成为龙门洞景区稳定的客源市场。距离龙门洞景区仅 40km 的雅安碧峰峡风景区，年游客量达到了 120 万人。龙门洞距碧峰峡仅半个小时车程，并且以其景观特点成为对碧峰峡风景区的有利补充，因此，将会吸引碧峰峡的相当一部分游客。预计在龙门洞风景区建成初期，芦山县及相邻地区到景区游玩的游客将达到 3 万人次/年，并呈持续增长态势。

2. 四川省内客源市场

近年来，四川省经济水平持续增长，居民的旅游意识不断增强，其外游比率呈逐年增长态势，已进入了短途旅游向中程旅游过渡的黄金时间。四川省内每年约有 20% 以上的城镇人口（即大约 600 万人）前往郊外观光休闲与度假娱乐，随着龙门洞风景区的逐步开发，采取积极的促销措施，能吸引四川省内相当一部分游客，按其中 2% 成为龙门洞风景区的客源来计算，人数也可达 12 万人，这是一个很大的市场。

3. 国内外客源市场

目前，四川省作为全国自然旅游观光的重要目的地，每年可吸纳国外入境旅游者 37 万人次，接待国内旅游者 5020 万人次（1999 年）。龙门洞风景区在成都周边旅游环线上有着优越的区位条件，按 0.2% 的游人到龙门洞旅游来计算，人数也可达 10 万多人次，这是个潜力很大的客源市场。另外，川西自然生态旅游区不断开发拓展，也将与成都—雅安旅游环线形成强大的缤合效应，龙门洞风景区经过有效的市场促销，可依托成都门户旅游中心来开拓客源市场。

（二）客源市场定位

风景区的客源市场结构受景区地理区位与经济区位条件的制约，也和景区的资源类型及开发程度直接相关。龙门洞风景区的资源类型以洞穴地质景观和河滩、峡谷为主要特色，具有休闲度假、避暑健身、猎奇探险、娱乐观光等多种功能，是距离适中的城乡居民和成都及邻近大城市居民回归自然、旅游度假的首选之地。从地区区位看，龙门洞风景区距芦山县城 18km，距成都市仅 180km；从风景区现有和未来的交通发展状况看，客源可近及雅安、邛崃、成都市周边，远至四川省及整个西南地区，更将吸引国内外八方来宾。具体可定为 3 个级别的客源市场：

1. 一级客源市场

由成都市周边及雅安、邛崃等距风景区较近地区的客源构成。受地理区位、资源类型、景区开发程度与知名度决定，在相当长的一段时间内，一级客源市场将占主导地位。

2. 二级客源市场

由四川省内及西南周边地区与成都市之间交通方便的城市客源组成，在风景区达到一定规模和逐渐成熟之后，二级客源将逐渐占据更大份额。

3. 三级客源市场

由国内其他地区和海外来川游客组成。

根据以上分析，龙门洞风景区客源市场的开拓方向是：以成都及风景区近边市场为主体，同时依托成都—雅安旅游环线与四川省自然生态旅游大区域，积极开拓国内二级客源市场及国内外三级客源市场。

三、游人发展规模预测

通过对风景区环境容量和游客容量的计算，可以科学地估算出旅游的需求规模，以需求定供给。但是所求得的环境容量和游客容量是一个确定数值，而来风景区旅游的游客是一个不确定的数值，如果只依据所计算的容量规划供给的规模，很可能出现因游人不足，景区及设施不能充分利用，导致收益减少，或因游人过多，景区超负荷运转，游客得不到满意的体验，也不利于风景资源的保护。为此，在制定风景区规划方案时，不仅要计算容量，而且还要对游客增长规模进行预测，有计划地接待，才能做到供需平衡。

在客源分析的基础上，依据本风景区的吸引力、发展趋势和发展对策等因素，进而分析和选择客源市场的发展方向和目标，预测本地区游人、国内游人、海外游人递增率和旅游收入，确定主要、重要、潜在三种客源地，并预测三者相互转化、分期演替的条件和规律。当然，确定的年、日游人发展规模均不得大于相应的游人容量。

游人发展规模、结构的选择与确定，应符合表 8-1 的内容要求。

游人统计与预测

表 8-1

项 目	年 度	海外游人		国内游人		本地游人		三项合计		年游人规模 （万人/年）	年游人容量 （万人/年）	备 注
		数量	增率	数量	增率	数量	增率	数量	增率			
统计												
预测												

资料来源：《风景名胜区规划规范》，1999。

（一）游人规模预测的计算指标

1. 游人抵达数

是指到达旅游地的游客数，不包括在机场、车站、码头逗留后即离的过境游客，可分为：

（1）年抵达人数（人/年），通过年抵达游人数可大致决定游览设施的种类、规模，同各旅游地间进行比较，从历年抵达的人数统计中还可以观察到某些地区的经济发展动向及游人增长方向，有利于旅游地开发规模的决策。

（2）月抵达人数（人/月），根据各月份游人量变动数，可以判断该旅游地的季节特性。通过它可以确定旅游高峰季节，全年的旅游时间，游览设施的规模以及确定劳动力和旅馆的经营管理方法。

（3）日抵达人数（人/日），也用于确定游览设施规模。

2. 游人日数（或游人夜数）

游人日数：用游人数乘以每个游人在旅游地度过的天数。游人日数是一种抽样调查确定的平均值，也可通过旅馆的平均住宿率统计而得，所以也称"游人平均逗留期（天）"。

3. 游人流动量

游人流动量：单位时间内各交通线的利用人数及往返的流向。游人流动量关系着交通路线、游览设施的标准与规模。并从中可以得到旅游地的主要客源是哪些，可以看出游人选择交通工具的倾向，所以也是交通规划的主要依据。

4. 游人开支总额

游人开支总额：为确定旅游需求提供信息，但计量困难。为此可通过税收测量，或利用日计账计量，也可以从设计的"旅游开支模型"中获得。

（二）游客规模的预测方法（年抵达人数）

游客规模预测有长期预测、中期预测和短期预测。预测的方法很多，可以分为定性预测和定量预测2类，这里介绍几种常用的方法。

1. 特尔菲（Delphi）法

是专家意见法的一种，是20世纪40年代美国兰德公司提出的预测方法，特尔菲是古希腊神话中的圣地，其中有座阿波罗神殿能够预卜未来，因而借用其名。特尔菲法主要是通过信函的形式，轮番征求专家们对预测对象的匿名预测意见，使不同专家意见充分表达。该方法能客观地综合多数专家经验和主观判断的技巧，能对大量非技术性的无法定量分析的因素做出概率估算，并将概率估算结果告诉专家，充分发挥信息反馈和信息控制的作用，使分散的评估意见逐渐收敛，最后集中在协调一致的评估结果上，最终得到预测结果。其主要过程如下：

（1）明确预测主题，准备背景材料。开展预测之前，预测组织者要根据预测所要达到的目的，确定预测的主题，并收集整理有关调查主题的背景材料。

（2）拟定意见征询表。依据预测主题和有关背景材料，拟定需要了解的问题，列成预测意见征询表。征询的问题力求清楚明确，重点突出，而且问题数量不宜过多。其设计与问卷设计相似。

（3）选择专家。特尔菲法中专家的选择是非常重要的。所要求的专家，应当是对预测主题和预测问题有比较深入的研究、知识渊博、经验丰富、思路开阔、富于创造力和判断力的人。通常要求专家分布的广泛性、参与该项预测的积极性。专家的人数要适当，人数超过一定的范围，对结果准确度的提高并不一定有益，反而会增大数据收集和处理的工作量，延长评定周期。一般以20~50人为宜。

（4）轮番征询专家意见。首先将征询表和背景材料邮发给选聘的专家，在第一轮征询意见回收后，预测组织者以匿名方式将各种不同意见进行综合、分类和整理，然后再次邮发给专家征询意见，各位专家在第二轮征询过程中，可以坚持自己的意见，之后，再回寄给预测组织者。如此几经反馈，一般在3~5轮后，各位专家意见基本渐趋一致。

（5）汇总专家意见，量化预测结果。经过几轮的征询，专家意见渐趋一致，但仍然存在一种以上的不同预测，需要经过汇总、整理、分析、处理，最后得出数量化的预测结果。

2. 分析预测法

从总数预测部分值，例如从预期的旅游者到达总数（一个国家或一个地区），应用自己市场在历史上占总数的百分比，得到自己市场到达的旅游者数字。如黑龙江省的风景旅游规模预测，就是根据历史上风景区接待游客人数占全省接待总游客人数的百分比进行的。

【案例8.2】 黑龙江省风景旅游客源预测与定位（黑龙江城市规划勘测设计研究院，2002年。
资料来源：http://www.cotsa.com/Soft/UploadSoft）

（一）风景旅游游人规模预测

黑龙江省旅游资源主体为自然风景资源，并聚集分布于规划风景区内，全省近年旅游开发实际情况也表明风景区是黑龙江省旅游业最主要的基地，如 2000 年黑龙江省全年接待国内旅游者 2712 万人次，接待海外旅游者 55. 17 万人次，而其中接待国内风景旅游者 2030 万人次，接待海外风景旅游者 41 万人次。按照此比例，即按旅游者游程时间 75% 发生在风景区，以此对黑龙江省现状风景旅游规模进行预测，则：

2005 年：根据预测的 2005 年全省全年接待国内旅游者数值，即国内旅游者 4773 万人次和海外旅游者 107 万人次，再分别乘 75%，就得出当年黑龙江省将接待国内风景旅游者 3580 万人次，接待海外风景旅游者 80 万人次，共 3660 万人次。

2020 年：根据预测的 2020 年全省全年接待国内旅游者数值，即国内旅游者 13160 万人次和海外旅游者 293 万人次，再分别乘 75%，得出当年黑龙江省将接待国内风景旅游者 9870 万人次，接待海外风景旅游者 220 万人次，共 10090 万人次（表 8-2）。

黑龙江省风景旅游人数统计与预测　　　　　表 8-2

项目	年度	海外游人		国内游人		两项合计		年游人规模（万人）	年游人容量	备　注
		数量（万人）	增率（%）	数量（万人）	增率（%）	数量	增率（%）			
统计	2000	41. 00	35. 52	2030. 0	10. 92	2071. 00		2071. 00		国内游人包括省内和省外两部分
预测	2005	80. 00	14	3580. 00	12	3660. 00		3660. 00		
	2020	220. 00	7	9870. 00	7	10090. 0		10090. 0		

（二）风景旅游客源市场定位

一级基础客源市场：黑龙江省以城镇居民为骨干，依托全省各级风景区，利用周末、节假日开展休闲度假、观光旅游，组织青少年学生科学、文化考察旅游，以近距离短程游为主。

二级互换发展客源市场：国内北方地区。以城市居民为主体，依托国家级、省级风景名胜区，开展观光欣赏、滑雪度假旅游。

三级重点开发客源市场：国内南方地区。以大中城市客源、尤其东南部经济发达地区客源为主体，依托国家重点风景名胜区开展避暑度假、滑雪度假、观光欣赏和专项考察旅游。

四级重点拓展客源市场：海外重点客源地及我国港澳台地区。以俄罗斯、日、韩、东南亚各国及港澳台地区为重点。针对俄罗斯客源开发休闲度假旅游，针对日、韩客源开发文化专项考察旅游，针对东南亚、港澳台地区市场开发生态观光、避暑度假、滑雪度假旅游。

3. 自然增长率预测法

此法是取多年的平均增长率来计算游人的增长量。如明年的旅游者人数等于今年旅游者人数乘以过去 10 年的平均增长率。所取的年数要保证一定的数量，只有包括足够的年数，才足以抵消随波动变化的影响。其公式表达为：

$$y = x \times \left(1 + \frac{y_1 + y_2 + y_3 + \cdots\cdots + y_n}{n} \right) \tag{8-1}$$

式中　　y——预测值；

x ——今年游客人数；

y_1、$y_2 \cdots y_n$ ——历年游客增长率；

n ——年数。

4. 加权平均数法

此方法适用于每年旅游者人数变化波动较大的风景区。参与预测的一组历史数据中，一般远期数据影响小，近期数据影响大，为减少预测误差，按各个数据影响程度的大小赋予权数。并以加权算数平均数作为预测值的方法。其计算公式为

$$y = \frac{y_1 w_1 + y_2 w_2 + \cdots\cdots + y_n w_n}{w_1 + w_2 + \cdots\cdots + w_n} \qquad (8\text{-}2)$$

式中 y ——预测值；

y_n ——第 n 期的观察值；

W_n ——第 n 期数据的权数。

例：根据表 8-3 中所列的某风景区历年游人数量，求 2002 年的游客数量。

某风景区历年客流量　　　　　　表 8-3

年　份	1997	1998	1999	2000	2001
游客数量(万人)	1.5	3.0	2.4	4.5	4.2
权数	1	1.2	1.2	1.4	1.4

则 2002 年该风景区的客流量为：

$y = (1.5 \times 1 + 3.0 \times 1.2 + 2.4 \times 1.2 + 4.5 \times 1.4 + 4.2 \times 1.4) /$

　　$(1 + 1.2 + 1.2 + 1.4 + 1.4)$

　$= 3.25$（万人次）

5. 回归预测法

所谓回归分析，就是对具有相互联系的现象，根据大量的观察找出其关系形态，用一种数量统计选择合适的数学模型，近似地表达变量的平均变化关系，这个数学模型称为回归方程。若依据变量之间的相互关系，建立回归方程对某经济现象进行预测，称为回归分析预测，其中把要预测的经济现象称作因变量，而把那些与其有密切关系的现象称作自变量。

根据自变量个数的多少和数据分布情况，回归分析预测可以分为一元线性回归分析预测、多元线性回归分析预测和非线形回归分析预测等类型。其中如果研究的因果关系只涉及 2 个变量，并且变量间存在确定的线形关系形态，则被称为一元线性回归。应用一元线性回归进行旅游市场预测的主要步骤如下。

（1）确定预测目标和影响因素，收集历史统计资料数据；

（2）分析各变量之间是否存在着相关关系，建立一元线性回归方程，即

$$y = a + bx \qquad (8\text{-}3)$$

式中 y ——旅游客流量预测值（因变量）；

a —— 直线截距（回归参数）；

b —— 趋势线斜线（回归参数）；

x —— 时间变量（自变量）。

（3）建立标准方程，求 a、b 直线回归参数，标准方程为：

$$\sum y = na + b\sum x \tag{8-4}$$

$$\sum xy = a\sum x + b\sum x^2 \tag{8-5}$$

其中，n 是历史数据个数，如果简化，可将时间序列原点移到数列中心，使 $\sum x = 0$，即

$$\sum y = na$$

$$\sum xy = b\sum x^2$$

（4）用回归方程进行预测，并且分析和研究预测结果的误差范围和精度。

如果研究的因果关系与多个因素的变化有关，则可以用多个相关因素的变化来预测这一个因素的变化，如二次曲线预测法。其数学模型为

$$y = a + bx + cx^2 \tag{8-6}$$

式中　y —— 旅游客流量预测值；

　　　a、b、c —— 系数；

　　　x —— 时间变量。

【案例 8.3】

（1）根据某风景区历年客流量（表 8-4），建立游客增长规模模型。

某风景区历年客流量　　　　　　　　　　　　　　　　　　　　　　　　　表 8-4

年　份	1979	1980	1981	1982	1983	1984	1985	1986	1987
客流量（万人）	1.3	3.2	4.7	8.3	13.5	22.1	38.9	44.7	51.2

根据上表数据，采用一元线性回归和二次曲线预测法预测此游客增长规模模型分别为：

$$y = 20.88 + 6.77x$$

$$y = 16.04 + 6.77x + 0.725x^2$$

（2）丽江旅游客源市场规模预测

根据丽江地区 1991—1996 年 5 年内国内外游客数量增长情况（表 8-5），预测出丽江未来 8 年的旅游人数。

1991—1996 年丽江地区国际国内游客人数表　　　　　　　　　　　　表 8-5

年份	国外(人)	国内(万人)	年份	国外(人)	国内(万人)
1991	5679	—	1994	16885	20
1992	12517	15	1995	30518	81
1993	15850	17	1996	45930	125

将丽江地区已有的年游客量在 x-y 坐标图上表示出来，得图 8-1。

由图可见，其游客量与时间的关系表现为非线性关系。根据图像特征选择幂函数：$y = ax$ 的 b 次方表示它们的非线性关系。

$$y = ax^b$$

其中：y 为游客人数；x 为从 1992 年开始推算的年数；a、b 为相关回归系数。将拟合函数线性化处理得：

$$\ln y = \ln a + b\ln x$$

并利用 1991—1996 年的数据作线性回归，得到回归方程：

$$y = 0.9038x^{2.7347}$$

根据此回归方程，再使用趋势外推法，可预测出丽江未来 8 年乃至更长年份的旅游人数，如表 8-6 所列：

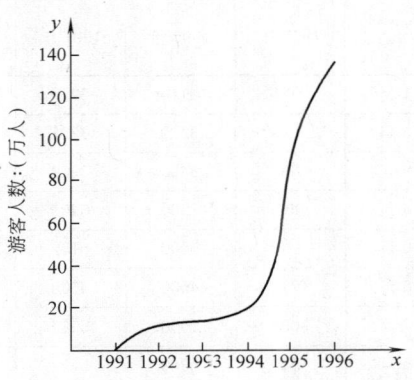

图 8-1 丽江旅游区游客数量增长曲线
引自 http：//dali8.net/Article
Show.asp? ArticleID＝2015

丽江未来游人规模预测 表 8-6

年 份	1997	1998	1999	2000	2001	2002	2003	2004
游客数（万人）	192	278	384	514	668	849	1059	1298

6. 对比法

估计将来的发展状况与过去的某一段时间或其他国家（地区）的某一段时间发展状况相同（相似），则可以用它们的增长率来代替将来的增长率，估计旅游增长情况。

（三）风景区旅游客源季节变动的预测（月抵达人数）

为了合理地确定风景区旅游的建设规模，不但要用上述任一种方法计算风景区年客流量，还要进一步转化为每月客流量。每月接待游客人数用下式计算（月抵达人数）：

$$Y_月 = P_月 \cdot Q$$

式中 $Y_月$——月接待游客量（人/月）；

$P_月$——月份指数；

Q——每月平均接待游客量。

式中的月份指数 P＝月份平均游人数/全年月份总平均数，全年月份总平均数＝历年月份平均游人数之和/12

每月平均接待游客量 Q＝预测年游客总人数/12

【案例 8.4】

某风景区 2004 年预测游客总人数为 201.68 万人次，根据表 8-7 中前 5 列数据计算 2004 年每月平均接待人数。

每月客流量预测计算表 表 8-7

月份	1995 年	1996 年	1997 年	1998 年	月份平均游人数	全年月份总平均数	P	Q	$Y_月$
1 月	500	3114	3255	6315	3296	11322	0.29	168067	48750
2 月	600	3200	3321	6500	3405	11322	0.30	168067	50551
3 月	700	3400	3500	6560	10354	11322	0.91	168067	153704
4 月	650	3300	3405	6400	15356	11322	1.36	168067	227958
5 月	810	5000	5102	7005	15898	11322	1.40	168067	236004
6 月	1211	4500	4605	6800	18426	11322	1.63	168067	273532
7 月	1000	5500	5612	7300	18035	11322	1.59	168067	267727
8 月	1010	5060	5122	7160	17888	11322	1.58	168067	265545
9 月	1030	5012	5088	7930	16489	11322	1.46	168067	244777
10 月	1500	6500	7009	8156	10045	11322	0.89	168067	149117
11 月	900	4000	4005	6421	3832	11322	0.34	168067	56878
12 月	505	2800	3500	4533	2835	11322	0.25	168067	42078
年合计					135859				
年预测									2016800

下面以 1 月份为例计算当月平均接待人数。

根据 $P_月$ ＝ 月份平均游人数 / 全年月份总平均数

其中：1 月份平均游人数 ＝ (500 ＋ 3114 ＋ 3255 ＋ 6315) / 4 ＝ 3296 人

全年月份总平均数 ＝ 135859 / 12 ＝ 11322 人

则：1 月月份指数 P_1 ＝ 3296 / 11322 · 100% ＝ 29%

根据 Q ＝ 预测年游客总人数 / 12

则：Q ＝ 201.68 / 12 ＝ 16.8067 万人次 / 月

把求得的 Q 和 P 代入公式 $Y_月$ ＝ $P_月$ · Q，就得出 2004 年 1 月接待游人预测数，即 Y_1 ＝ P_1 · Q ＝ 16.81 × 29% ＝ 4.875 万人次

用公式求出每月游人预测数（表 8-7 中第 8 至第 10 列），从各月数值的多少，就可以找出公园平、淡、旺季的月份。

四、旅游床位预测与直接服务人口估算

（一）旅游床位预测

确定旅游床位是一个很困难的问题，如果以旺季的需求来确定床位规模，在平季、淡季会造成设备闲置；若以旅游淡季来确定床位规模，在旺季床位紧张。因此应在风景区客容量季节变动预测的基础上，合理地确定旅游床位的数量。

床位数主要受客流总量与滞留时间的影响，而各种档次住宿设施的数量则决定于客源的结构，主要是游客的消费水平与消费习性。下面介绍几种预测床位的方法。

1. 以全年住宿总人数来求所需床位

$$C = \frac{R \times N}{T \times K} \tag{8-7}$$

式中各符号释义见表8-8。

式中各符号释义   表8-8

公式符号	单位	旅 游	休 疗 养
C	床	住宿游人床位需要数	休疗养员床位数
R	人次	全年住宿游人总数	全年休疗养员总人次
T	日	全年可游览的天数 (全年可利用天数)	全年可休疗养天数
N	日	游客平均住宿天数	每批休疗养员平均住宿天数
K	%	床位平均利用率	床位平均利用率

2. 以每天平均客流量求床位数

$$C = \frac{R(1-r)n}{T \times K} \tag{8-8}$$

式中 C ——每天平均停留客数对床位的需求;

   R ——客流量;

   r ——不住宿游客占游客的比例;

   n ——游客平均停留天数;

   T ——日历天数;

   k ——床位平均出租率。

【案例 8.5】

某风景区 1989 年平季、淡季、旺季可能接待人次如表8-9,求全年对床位平均需求量。

某风景区 1989 年游人量统计   单位:万人次 表8-9

淡 季					平 季			旺 季			
1	2	3	11	12	4	6	9	5	7	8	10
1.70	2.80	4.80	14.10	9.30	16.38	19.70	17.60	27.52	32.28	31.60	23.92

根据公式 $C = \frac{R(1-r)n}{T \times K}$

取 $r=0.2$, $n=2$, $K=0.75$

则按淡季 5 个月 151 天计算所需床位为:

$$C = \frac{(1.70+2.80+4.80+14.10+9.30) \times 10000 \times (1-0.2) \times 2}{151 \times 0.75} = 4620 \text{(张床位)}$$

按平季 3 个月 90 天计算,

$$C = \frac{(16.38+17.60+19.70) \times 10000 \times (1-0.2) \times 2}{90 \times 0.75} = 12724 \text{(张床位)}$$

按旺季共 4 个月 124 天计算床位,

$$C = \frac{(27.52+32.28+31.60+23.92) \times 10000 \times (1-0.2) \times 2}{124 \times 0.75} = 19840 \text{(张床位)}$$

全年平均月接待人次为 16.81 万人次，以日历天数为 30 天来计算月平均床位：

$$C = \frac{16.81 \times 10000 \times (1-0.2) \times 2}{30 \times 0.75} = 11954 （张床位）$$

分析比较 4 种计算结果，以平季或全年每天平均床位需求量安排旅游床位较为合理。

3. 以现状高峰日留宿人数求所需床位

$$C = Ro + Y \times N \tag{8-9}$$

式中　C——所需床位数；

　　Ro——现状高峰日留宿人数；

　　Y——每年平均增长数，由历年增长率统计进行估计；

　　N——规划年数。

此公式可用在缺乏必要的数据情况下，根据现状作粗略的推算，以解决初步规划时匡算用。

4. 以各月客流量的平均值计算床位

$$C = (\overline{X} + \delta) N \tag{8-10}$$

式中　C——估计的床位数；

　　N——游人平均住宿天数；

　　$\overline{X}$——每月游客量的平均值；

　　δ——各月游人量的均方差；

其中　　　　　　$\overline{X} = (X_1 + X_2 + \cdots\cdots + X_n)/n$

X_1、$X_2 \cdots\cdots X_n$——每月游客数；

　　　　　n——游览的月数。

$$\delta = \sqrt{\sum(X - X_1)^2/n}$$
$$= \sqrt{(X - X_1)^2 + (X - X_2)^2 + (X - Xn)^2/n}$$

当 $\delta = 0$ 时，则 $C = (\overline{X} + \delta) N$ 式就成为

$$C = \overline{X} \cdot \overline{N}$$

当对 $C = (\overline{X} + \delta) N$ 考虑床位利用率 K 时，则：

$$C = (\overline{X} - \delta)\overline{N}/K$$

此式适用于全年各月游人量分布不均匀的情况下使用。

在式 $C = (\overline{X} - \delta)\overline{N}/K$ 中，当 $\delta = 0$ 时，则

$$C = \overline{X} \cdot \overline{N}/K$$

此式适用于全年各月游人量分布较均匀的情况下使用。

5. 以游人总数求旅游床位

$$C = T \cdot P \cdot L/S \cdot N \cdot O \tag{8-11}$$

式中　C——平均每夜客房需求数；

　　T——游人总数；

　　P——住宿游人占游人总数的百分比；

　　N——每个客房平均住宿数，即用任何一阶段时间内的游人数除以游人留宿夜数；

　　O ——所用旅馆客房住宿率；

　　S ——每年旅馆营业天数；

　　L ——平均逗留时间。

　　上边介绍了几种计算床位的公式，在应用中应根据具体情况选择。

　　由于气候的关系，许多风景区的季节性变化非常明显，尽管对旅游床位作过科学的预测，但仍避免不了对风景区旅馆使用率带来极大的变化，在旅游旺季，床位紧张，到了淡季，有些旅馆床位很少有人使用，经济收入甚微。所以季节的变化使风景旅游业往往要付出极大的代价。可以采用以下几种措施缩小季节的变化。

　　(1) 正确预测游客规模，合理确定床位数量，把床位使用的季节波动控制在最小范围内；

　　(2) 扩大旅馆的接待对象，如有些旅馆饭店规定只接待外宾、高干，床位利用率低，经营得再好，利用率也只有20%～30%。若扩大接待对象，就可改变被动局面；

　　(3) 房价浮动，淡季优惠，接待会议，提高床位利用率；

　　(4) 在淡季举办各种有吸引力的活动，如节庆、博览、交易、赏雪等活动，以此吸引游人；

　　(5) 在旅游旺季开辟临时补充床位，如据庐山1979年调查，旅游高峰期，正规旅馆只能接待36%的游人，各单位办招待所接待30%，暑期中小学教室接待12%，居民组织的服务社接待2%，投亲靠友及住在群众家的约占20%。

　　(二) 直接服务人口估算

　　直接服务人口估算应以旅宿床位或饮食服务两类游览设施为主，其中，床位直接服务人口估算可按下式计算：

$$直接服务人口人员＝床位数×直接服务人口与床位数比例$$

(式中，直接服务人口与床位数比例：1∶2～1∶10)

第二节　游览设施规划

一、游览设施的配备

　　游览设施是风景区旅行游览接待服务设施的总称。可以将设施项目按其功能与行为习惯，统一归纳为8个类型，即旅行、游览、饮食、住宿、购物、娱乐、保健和其他共8类。旅行设施指旅行过程中所必需的交通通信设施；游览设施指游览所必需的导游、休憩、咨询、环卫、安全等设施；饮食和住宿设施的等级标准比较明确；购物设施指有风景区特点的商贸设施；娱乐设施指有风景区特点的文体娱乐或游娱文体设施；保健设施包括卫生、保健、救护、医疗、休疗养、度假等设施；将一些难以归类、不便归类和演化中的项目合并成一类，称为其他类。

　　游览设施配备应依据风景、景区、景点的性质与功能，游人规模与结构，以及用地、淡水、环境等条件，配备相应种类、级别、规模的设施项目。

　　游览设施配备的原则，要与需求相对应，既满足游人的多层次需要，也适应设施自身管理的要求，并考虑必要的弹性或利用系数，合理协调地配备相应类型、相应级别、相应规模的游览设施。

　　在8类游览设施中，住宿床位反映着风景区的性质和游程，影响着风景区的结构和基础工程及配套管理设施，因而，是一种标志性的重要调节控制指标，必须严格限定其规模和标准，应做到定性质、定数量、定位置、定用地面积或范围。

（一）住宿设施规划

住宿设施的规划建设主要考虑三方面的问题：一是根据游客规模的预测，确定旅馆床位数；二是从区域规划及风景区布局的角度，研究旅馆的位置、等级、风格、密度、面积等；三是考虑未来扩建的可能性。

风景区提供住宿的设施可以分为三种：一是旅馆；二是临时性住宿设施，如野营帐篷、竹楼、木楼、简易棚房等；三是辅助住宿设施，如农舍、别墅、寺观厢房等。旅馆的供给能力不具有季节性，而旅游具有很强的季节性，所以需要临时住宿设施和辅助住宿设施来调节，满足旺季时游人的需要，在淡季时又不致使旅馆大量过剩，从而降低成本。因此在旅游淡旺季明显的旅游地应尽量多提供临时和辅助住宿设施。在国外，供旅游旺季使用的补充住宿床位，数量比正规床位还要多。据联合国经济合作与发展组织统计，欧洲8个旅游发达的国家住宿床位构成如表8-10。

欧洲8个旅游较发达的国家旅游住宿构成　　　　　　　　表8-10

国　别	住宿床位数（1976年）（单位:万张)	其　中			
		旅馆、饭店床位		补充住宿床位	
		床位数	占总数的百分比（%）	床位数	与总数的百分比（%）
意大利	413.9	150.7	36	263.2	64
英国	338.9	137.4	41	196.5	59
法国	255.8	85.7	34	170.1	66
西班牙	225.4	95.0	43	128.4	57
联邦德国	195.7	97.9	50.1	97.8	49.9
澳大利亚	119.5	62.5	52	57	48
瑞士	104.6	27.6	26	77	74
南斯拉夫	96.1	24.5	25	71.6	75

资料来源：李万杰等编《森林公园规划设计》，1994。

1. 旅馆的功能分类、等级

据统计，在一次旅游活动中，旅游者有 1/3 到 1/2 的时间是在旅馆中度过的。旅馆除了提供基本的住宿和膳食服务外，还向旅行者提供健身、娱乐等服务项目。在旅游者的消费支出中，用于食、宿、娱乐的比例很高，约占总支出的一半左右。在这种情况下，旅游者对旅游中食宿的价格、实用性、舒适性、旅馆的建造风格及各种设施都有着强烈的要求。相应旅游地在食宿投资中也要占相当大的比例，而且要求精心规划、精心设计、精心建造、一般要求使用50年以上。

（1）功能分类

旅馆除了具有住宿、餐饮的一般功能外，还具有多种专门的功能。

商务功能。旅馆饭店通过设立专门的商务中心，为旅游者提供各种方便快捷的服务，如传真、国际直拨电话、互联网、文件处理等。商务性饭店可以在客房中配备齐备的商务设施，包括传真机、2条以上的电话线、与电话接驳的打印机、电脑互联网络的接口等，为商务游客提供工作便利。

度假功能。主要为旅游度假的游客提供服务。它注重为游客营造旅游活动中的家庭气氛，设施要求宽松舒适，并配备齐全的康乐设备。

会议功能。主要为各种商业展览、贸易洽谈、科学讲座和新闻发布等活动提供食宿和有关的设施及功能服务。旅馆内设置各类大小、规格不等的会议室、谈判间、演讲厅、展览厅等，并配备专业人员服务。

家居功能。指为那些专门为居住期较长的（几个月、半年甚至超过一年）长住游客提供家庭式服务的旅馆。

(2) 旅馆等级

旅游饭店的等级是按照设备、建筑材料、造价、服务人员、房间的比例以及所在地点管理服务水平等因素来划分的。国际上按照饭店的建筑规模、设备水平、舒适程度，形成了比较统一的标准，通行的旅游宾馆饭店分为5等，通常用"星"的数目来表示旅馆饭店的等级，即一星、二星、三星、四星、五星；二、三星属于中等；四星、五星属于高级豪华旅馆。无星旅馆一般比较简陋。在星级旅馆门口设有标志明文规定旅馆等级。此外，也有一些类似的表示方法，如美国旅游饭店以皇冠为标志，皇冠数量越多，饭店级别越高；美国汽车旅馆协会的分类标准是钻石；意大利旅游饭店则以豪华级、舒适级、经济级、低廉级来划分。世界各国旅游宾馆的等级标准虽没有固定模式，但划分方法、分类依据等基本一致。星级宾馆的划分条件从宾馆布局、内外装修、公共信息图形、采暖和制冷设备、计算机管理系统、前厅、客房、餐厅及酒吧、厨房、公共区域等几个方面进行定性和定量规定。星级旅馆的一般标准是：

一星：设备简单，具备食、宿两个基本功能，能满足客人最基本的旅游要求，属于经济等级，所提供的服务符合经济能力较低的游客需要。标准客房平均建筑面积 50m²，宾馆的标准间客房的净面积小于 15m²；

二星：设备一般，除具有客房、餐厅基本设备外，还有卖品部、邮电、理发等综合服务设施，可满足中下等收入水平的游客需要。标准客房平均建筑面积 48～56m²，宾馆的标准间客房的净面积 15～18m²；

三星：设备齐全，不仅提供食宿，还有会议室、游艺厅、满足中产阶级以上游客需要。标准客房平均建筑面积 60～72m²，宾馆的标准间客房的净面积 18～20m²；

四星：设备豪华，综合服务设施齐全，服务项目多，客人不仅能得到高级的物质享受，也能得到很好的精神享受。标准客房平均建筑面积 74～80m²，宾馆的标准间客房的净面积 21～23m²。

五星：设备十分豪华，服务设施齐全，服务质量很高，是游客进行社交、商务、会议、娱乐、购物、消遣、保健等的活动中心，收费标准高。标准客房平均建筑面积 80～100m²，宾馆的标准间客房的净面积 23～25m²。

我国自 1988 年 9 月 1 日起与国际接轨，采用星级标准对旅游宾馆进行等级划分。1998 年 5 月 1 日颁布了经过修订的新的星级评定标准，其中对三星级以上旅游饭店提供了一些选择性项目，以鼓励旅馆走特色化经营路子，同时从制度上进一步与国际惯例接轨。

2. 营地的种类及布局

风景区中的营地形式包括帐篷营地和拖车营地，帐篷和拖车露营是旅游接待设施中最便宜的形式。在西欧，由帐篷和拖车提供的床位空间远多于宾馆提供的床位。在美国，使用可移动车房去度假比欧洲更普遍。我国于 2003 年加入了世界汽车露营总会，并开始着手规划宿营地的建设问题。有关部门计划 2008 年之前在全国风景旅游区、自然保护区建成 1000 个国际标准化房车宿营地，这将对减少星级宾馆建设投资、吸引世界各国汽车宿营爱好者到中国起到积极的作用。辽宁省大连市金石滩十里黄金海岸西部的汽车宿营地占地 6hm²，能够停泊 50 辆车，并设立公厕、冲凉房、购物超市、餐饮间、沙滩水吧、运动场等相关硬件设施。河北省石家庄沙湖风景度假区的沙湖汽车宿营地位于石家庄市郊，占地近 460hm²，可以为自驾车游客提供住宿、沙滩越野车、水上漂流、拓展训练、骑马、划船等活动。

用于露营的场地需要满足以下条件：便捷的入口、良好的排水、平缓的坡度、很好的朝向，而且在可能的条件下，营地之间要有树木和绿篱相隔（挡风和私密性考虑）。

在西欧国家以及美国，依据营地中设施、空间和环境的组合情况，对帐篷营地和拖车营地采取了若干种不同标准。

依据结构的分类：

露营帐篷：在营地支起供临时使用的帆布折叠结构；

露营者面包车：作为自驱车辆的一个组成部分的可移动住所；

旅行活动房或拖车：汽车拖动的置于底盘上的临时住室结构；

可移动车房：置于底盘上的可移动或可拖动的全年候居住单元。

拖车停靠点应和帐篷营地相对隔离，尽管二者可以布局在同一营地。但两种游客的兴趣不同，可能会有冲突，而且拖车对基础设施的要求更高。

（1）营地种类

一般露营地可划分为 7 种主要类型（表 8-11）。

露营地的分类　　　　　　　　　　　　　　　　　　　　　　表 8-11

种　类	特　征
临时营地	设施最少，滞留时间一般不超过 48 小时
日间营地	营地仅限于白天使用，或有时仅可滞留一夜
周末营地	分布于乡村地区，允许进行户外游憩活动，提供运动设施。通常还为儿童提供游戏场地以及其他一些设施和环境（在法国，80% 的旅行活动房拥有者将其房车作为周末平房来使用）
居住营地	比周末营地更为长久。主要为旅行活动房、可移动车房或临时平房建筑所用。露营点（平房点最小面积 200m²）以年度为基础租赁，或以完全产权销售或产权租赁方式转让使用权
假日营地	靠近资源质量较高（海滨、湖滨、森林）、交通方便的地区
森林营地	在美国，森林营地配合森林游憩是典型的家庭度假地。中低密度开发，每一处营地多至 25 个单元，两单元之间最少留有 35m 的间隔，配有全套服务设施
旅游营地	高标准的假日营地，靠近或就在旅游度假区内

资料来源：（英）曼纽尔·鲍德博拉等著、唐子颖等译《旅游与游憩规划设计手册》，2004。

在发展中国家，帐篷通常由风景区提供。在其他地方，各人拥有或自主租赁帐篷、设备较常见，场地运营者提供空间、服务和公共设施。

（2）营地密度与规模

营地密度各国不一。在法国，营地内每个单元（帐篷或拖车及小汽车）占用的最小面积为 90m²。在德国，根据不同情况，变化于 120～150m² 之间。荷兰森林管理局推荐的密度更低：每单元

150m²（而且周围需是大片未开发用地）。为保证一定程度的与大自然的接触，美国国家公园推荐的营地密度变化很大：（1）将所有设施集中在一起的中央营地为 300m²/单元；（2）可容纳 400～1000 人、有道路入口和服务设施的森林营地为 800～10000m²/单元，且周围为大片林地所包围；（3）容纳 50～100 人、不配备任何设施的边疆（猎人）营地为 15000m²/单元，周围是原野地区。

对于一个每公顷可接待 200～300 人的高密度营地，其合适的营地规模为 3～5hm²，其允许的容量限度约为 600～1500 人左右。

3. 旅馆用地计算

（1）旅馆区总面积的计算

$$S = n \times P \tag{8-12}$$

式中　S ——旅馆区总面积；

$\quad\quad n$ ——床位数；

$\quad\quad P$ ——旅馆区用地指数

据建筑研究资料，$P = 120～200m²/$床，表 8-12 为北戴河床位指标：

北戴河床位指标资料统计表　　　　　　　　　　　　　　　表 8-12

床 位 性 质	现状床位用地指标 （m²/床）	规划采用的床位用地指标 （m²/床）
旅游	136	200
外事	365	200
国内旅游	76	110
休疗养	317.8	休：120～200 疗：150～225

资料来源：李万杰等编《森林公园规划设计》，1994。

（2）旅馆建筑用地面积

$$F = \frac{n \times A}{\rho \times L} \tag{8-13}$$

式中　F ——旅馆建筑用地面积；

$\quad\quad n$ ——床位数；

$\quad\quad A$ ——旅馆建筑面积指标；

$\quad\quad \rho$ ——建筑密度；

$\quad\quad L$ ——平均层数。

旅馆建筑密度 P：

一般标准：20%～30%，高级旅馆：10%。

旅馆建筑面积指标 A 是指每床位平均占建筑面积：

标准较低的旅馆：8～15m²/床；

一般标准旅馆：15～25m²/床；

标准较高的旅馆：25～35m²/床；

高级旅馆：35～70m²/床。

（二）饮食服务规划

在风景区，饮食业是一个很重要的组成部分，如黄山虽然扩建了很多饮食服务点（表8-13），但在旺季仍不能满足要求。因此应对风景区饮食服务作出规划，满足游客需求。

黄山各景区饮食服务点情况 表 8-13

地　点	店　名	供应品种	最大供应量（人）	建筑面积（m²）	营业面积（m²）	建筑质量
温泉	松源宾馆 黄山宾馆	中西餐 中餐	400 650	1451 840	561.6 598.5	永久 永久
汤口		中餐	350	403.2	250.2	永久
慈光阁			710	136.5		临时建筑
云谷寺				784.8	360	永久
玉屏楼		中餐、快餐	2700	220	98	木结构(临时)
北海		中餐	2900	1932	543	永久
西海		中餐	1800	473	180	木结构(临时)
松谷庵		中餐	80	74	38	永久
温泉(集体投资饭店)		中餐 点心	200	80	45	临时性厨房、餐厅

资料来源：李万杰等编《森林公园规划设计》，1994。

饮食接待能力与饮食提供服务的方式有关，如同样面积，快餐店由于人们就餐时间短，可以多接待一些人；而在餐馆里，人们就餐时间长，接待的人就少一些。一般的，饮食接待能力取决于营业总面积、人均就餐所需面积、营业时间、人均就餐所需时间等因素，有时还取决于原材料供应。

1. 饮食服务设施的类型

（1）独立的饮食服务设施

这种饮食服务不同其他行业联合，单独经营。独立饮食服务一般建筑在旅游起点的接待区、旅游路线的中间地带及游览区几个部位，其规划设计的特点是：

① 布局和服务功能要考虑旅游行为，在起始点准备、顺路小憩、中途补充、活动中心、歇脚久望等处，都是游人要进餐的地方，应安排餐饮供应；

② 饮食点作为旅游地景观的组成部分，设计上有特色，同时又是很好的观景场所；

③ 使用的多功能性，如用餐时作餐厅，平时茶水、冷、热饮，还可举行文娱活动。这样在游客增多时不拥挤，游人减少时也不闲置。

（2）旅馆附设餐饮设施

国外旅馆所经营的餐饮业务，其收入占整个旅馆收入的50%，从而引起旅馆极大的重视。这些旅馆常设酒吧、咖啡厅、音乐茶座等。

一般旅馆的住宿面积和餐饮面积有一定的经验关系，表8-14为美国几个大旅馆所设饮食服务项目及面积定额。

2. 餐位计算

必须针对游客需求量最高的一餐（中餐或晚餐）来计算，并以餐位数来表达。

餐位数＝[（游客日平均数＋日游客不均匀分布的均方差）×需求指数]/(周转率×利用率)

美国几个大旅馆所设饮食服务项目及面积定额　　　　　表 8-14

项　目	定额 （m²/人）	300 间客房		500 间客房		1000 间客房	
		单位 （人）	餐饮面积 （m²）	单位 （人）	餐饮面积 （m²）	单位 （人）	餐饮面积 （m²）
咖啡馆	1.6	120	192	200	320	300	480
餐馆	1.8	120	216	150	270	250	450
西餐厅	2.2	—	—	—	—	150	33
风味餐厅	2.0	80	160	80	160	2×80	320
小餐厅	2.0	—	—	2×30	120	8×30	180
屋顶餐厅	2.0	—	—	120	240	—	—
夜总会(可跳舞)	2.2	—	—	—	—	250	550
门厅酒吧	1.4	40	56	60	84	80	112
鸡尾酒吧	1.4	80	112	100	140	160	224
风味酒吧	1.4	—	—	—	—	40	56
快餐酒吧	1.6	30	48	40	64	80	128
游泳池酒吧	1.4	—	—	12	17	12	17
衣帽间	0.07	320	23	610	42	1200	84
公共卫生间	5.4/格	8 格	43	12 格	65	12 格	130
净面积			850		1522		3061
×20%			170		304		612
设计面积			1020		1830		3670

资料来源：丁文魁编《风景科学导论》，1993。

（三）停车场

对于风景区来说，凡是有车可达的，需要开辟停车场。国外一般标准，旅馆每 2～4 个房间要求一个汽车空位。我国可以根据私人小汽车拥有量，对停车场地进行增减。

其所需的面积可用下列公式计算：

$$A = r \cdot g \cdot m \cdot n / c \qquad (8\text{-}14)$$

式中　A ——停车场面积（m²）；

　　　r ——高峰游人数（人）；

　　　g ——各类车单位规模（m²/辆）；

　　　m ——乘车率（%）；

　　　n ——停车场利用率（%）；

　　　c ——每台车容纳人数（人）

乘车率和停车场利用率均可取 80%。各类车的单位规模见表 8-15。

各类车的单位规模　　　　　表 8-15

车的类型	小汽车(2 人)	小旅行车(10 人)	大客车(30 人)	特大客车(45 人)
单位规模(m²/辆)	17～23	24～32	27～36	70～100

资料来源：根据杨赉丽编《城市园林绿地规划》整理。

休疗养所停车场，比旅馆的要少，一般可采用每 20～30 床位设 1 车位。

二、游览服务基地的规划与建设

游览设施要发挥应有的效能，就要有相应的级配结构和合理的单元组织及其布局，并能与风景游赏和居民社会两个职能系统相互协调。游览设施布局应采用相对集中与适当分散相结合的原则，应方便游人，利于发挥设施效益，便于经营管理，减少干扰。应依据设施内容、规模大小、等级标准、用地条件和景观结构等，分别组成服务部、旅游点、旅游村、旅游镇、旅游城、旅游市6级旅游服务设施，并提出相应的基础工程原则和要求。

（一）旅游基地选择的原则

1. 应有一定的用地规模，既应接近游览对象又应有可靠的隔离，应符合风景保护的规定。严禁将住宿、饮食、购物、娱乐、保健、机动交通等设施布置在有碍景观和影响环境质量的地段。要特别考虑环境的适应性，比如著名的北海"银滩"，旅游设施过于贴近海边，对银滩的负面影响之甚难以用经济价值衡量，地方政府下决心恢复原生面貌，建筑物整体后退，但直接经济损失将是一个天文数字；

2. 应具备相应的水、电、能源、环保、抗灾等基础工程条件，靠近交通便捷的地段，依托现有游览设施及城镇设施；

3. 避开有自然灾害和不利于建设的地段；

4. 游览基地应为游人提供安全、舒适、便捷和低公害的服务条件。服务设施应满足不同文化层次、年龄结构和消费层次游人的需要，应与旅游规模相适应，建设高、中、低档次，季节性与永久性相结合的旅游服务系统。

在以上的4项原则中，用地规模应与基地的等级规模相适应，但在景观密集而用地紧缺的山地风景区，有时很难做到，因而将被迫缩小或降低设施标准，甚至取消某些设施基地的配置，而用相邻基地的代偿作用补救。

游览设施与游览对象的可靠隔离，常以山水地形为主要手段，也可用人工物隔离，或两者兼而用之，并充分估计各自的发展余地同有效隔离的关系。

基础工程条件在陡峭的山地或海岛上难以满足常规需求时，不宜勉强配置旅游基地，宜因地因时制宜，应用其他代偿方法弥补。例如：可以设置邻近、临时、流动设施等。

（二）旅游设施与旅游服务基地的分级配置

一般来说，风景区、景区、景点以及风景区内各景区、景点之间沿途的旅游线路是游客抵达、途径、游览、观光的4个组成部分，亦是为游客提供行、住、游、食、娱、购而建造游览设施的4个必不可少的组成地段。但是风景区内游览设施等级的划分不同于城镇或工矿企业居住区内公共建筑级别的划分，更不像居住区中心、小区中心和住宅组团3个层次那么有规律，而是要根据天然造化的风景区类型，景区的划分，景点的品质、数量与地域分布状态以及旅游线路与交通设施状况的不同，游客活动的内容、规律及客流聚会集中程度的不同，具体情况具体分析，因地就势灵活布置。据其设施内容、规模大小、等级标准的差异，通常可以组成6级游览设施基地，分别为：

服务部：服务部的规模最小。其标志性特点是没有住宿设施，其他设施也比较简单，可以据需要而灵活配置。

旅游点：旅游点的规模虽小，但已开始有住宿设施，其床位常控制在数十个以内，可以满足简易的宿食游购需求。

旅游村：旅游村或度假村已有比较齐全的行游食宿购娱健等各项设施，其床位常在百计，可以达到规模经营，已需要比较齐全的基础工程与之相配套。旅游村可以独立设置，可以三五集聚而成旅游村群，又可以依托在其他城市或村镇。例如：黄山温泉区的旅游村群，鸡公山的旅游村群，武陵源的锣鼓塔旅游村和索溪峪的军地坪旅游村。

旅游镇：旅游镇已相当于建制镇的规模，有着比较健全的行游食宿购娱健等各类设施，其床位常在数千以内，并有比较健全的基础工程相配套，也含有相应的居民社会组织因素。旅游镇可以独立设置，也可以依托在其他城镇或为其中的一个镇区。例如：庐山的牯岭镇，九华山的九华街，衡山的南岳镇，漓江的兴坪、杨堤、草坪等镇，骊山的临潼骊山镇，九寨沟的九寨沟旅游镇，太姥山与秦屿镇。

旅游城：旅游城已相当于县城的规模，有着比较完善的行游食宿购娱健等类设施，其床位规模可以过万，并有比较完善的基础工程配套。所包含的居民社会因素常自成系统，所以旅游城已很少独立设置，常与县城并联或合为一体，也可能成为大城市的卫星城或相对独立的一个区。例如：漓江与阳朔，井冈山与茨坪，嵩山与登封，海坛与平潭，苍山洱海与大理古城，黄果树与镇宁县城，西双版纳与景洪县、勐海县，嵊泗列岛与嵊泗县城。

旅游市：旅游市已相当于省辖市的规模，有完善的游览设施和完善的基础工程，其床位可以万计，并有健全的居民社会组织系统及其自我发展的经济实力。它同风景游览欣赏对象的关系也比较复杂，既相互依托、也相互制约。例如：桂林市与桂林山水，杭州与西湖，苏州无锡与太湖，承德与避暑山庄外八庙，泰安与泰山，南京与钟山，兴城与兴城海滨，岳阳与洞庭湖岳阳楼—君山岛，昆明与路南石林，肇庆与星湖—鼎湖山，都江与青城山—都江堰，洛阳与龙门风景区，厦门与鼓浪屿—万石山，三亚市与三亚海滨。

游览设施的分级配置，应有三方面原则约束：

第一，设施本身有合理的级配结构，便于自我有序发展；第二，级配结构能适应社会组合的多种需求，同依托城镇的级别相协调；第三，各类设施的级配控制，应同该设施的专业性质及其分级原则相协调。

在风景区规划中，对于所需要的游览设施的数量和级配，均应提出合理的测算和安排。而对其定位定点安排，应依据风景区的性质、结构布局和具体条件的差异，既可以将其分别配置在规划中的各级旅游基地中，也可以将其分别配置在所依托的各级城镇居民点中。但其总量和级配关系，均应符合风景区规划的需求。表8-16对风景区游览设施的分级配置进行了规定。具体的量化控制指标，可以在其他条目的单项指标中规定，也可以按照相关专业的量化指标进行规划。

服务设施与旅游基地分级配置表

表 8-16

设施类型	设施项目	服务部	旅游点	旅游村	旅游镇	旅游城	备　　注
一、旅行	1. 非机动交通	▲	▲	▲	▲	▲	步道、马道、自行车道、存车、修理
	2. 邮电通讯	△	△	▲	▲	▲	话亭、邮亭、邮电所、邮电局
	3. 机动车船	×	△	△	▲	▲	车站、车场、码头、油站、道班
	4. 火车站	×	×	×	△	△	对外交通,位于风景区外缘
	5. 机场	×	×	×	×	△	对外交通,位于风景区外缘

续表

设施类型	设施项目	服务部	旅游点	旅游村	旅游镇	旅游城	备注
二、游览	1. 导游小品	▲	▲	▲	▲	▲	标识、标志、公告牌、解说图片
	2. 休憩庇护	△	▲	▲	▲	▲	座椅桌、风雨亭、避难屋、集散点
	3. 环境卫生	△	▲	▲	▲	▲	废弃物箱、公厕、盥洗处、垃圾站
	4. 宣讲咨询	×	△	△	▲	▲	宣讲设施、模型、影院、游人中心
	5. 公安设施	×	△	▲	▲	▲	派出所、公安局、消防站、巡警
三、饮食	1. 饮食点	▲	▲	▲	▲	▲	冷热饮料、乳品、面包、糕点、糖果
	2. 饮食店	△	▲	▲	▲	▲	包括快餐、小吃、野餐烧烤点
	3. 一级餐厅	×	△	△	▲	▲	饭馆、饭铺、食堂
	4. 中级餐厅	×	×	△	△	▲	有停车车位
	5. 高级餐厅	×	×	△	△	▲	有停车车位
四、住宿	1. 简易旅宿点	×	▲	▲	▲	▲	包括野营点、公用卫生间
	2. 一般旅馆	×	△	▲	▲	▲	六级旅馆、团体旅舍
	3. 中级旅馆	×	×	▲	▲	▲	四、五级旅馆
	4. 高级旅馆	×	×	△	△	▲	二、三级旅馆
	5. 豪华旅馆	×	×	△	△	△	一级旅馆
五、购物	1. 小卖部、商亭	▲	▲	▲	▲	▲	
	2. 商摊集市墟场	×	△	△	▲	▲	集散有时、场地稳定
	3. 商店	×	×	△	▲	▲	包括商业买卖街、步行街
	4. 银行、金融	×	×	△	△	▲	储蓄所、银行
	5. 大型综合商场	×	×	×	△	▲	
六、娱乐	1. 文博展览	×	△	△	▲	▲	文化、图书、博物、科技、展览等馆
	2. 艺术表演	×	△	△	▲	▲	影剧院、音乐厅、杂技场、表演场
	3. 游戏娱乐	×	×	△	△	▲	游乐场、歌舞厅、俱乐部、活动中心
	4. 体育运动	×	×	△	△	▲	室内外各类体育运动健身竞赛场地
	5. 其他游娱文体	×	×	×	△	△	其他游娱文体台站团体训练基地
七、保健	1. 门诊所	△	△	▲	▲	▲	无床位、卫生站
	2. 医院	×	×	△	▲	▲	有床位
	3. 救护站	×	×	△	△	▲	无床位
	4. 休养度假	×	×	△	△	▲	有床位
	5. 疗养	×	×	△	△	▲	有床位
八、其他	1. 审美欣赏	▲	▲	▲	▲	▲	景观、寄情、鉴赏、小品类设施
	2. 科技教育	△	△	▲	▲	▲	观测、实验、科教、纪念设施
	3. 社会民俗	×	△	△	△	▲	民俗、节庆、乡土设施
	4. 宗教礼仪	×	×	△	△	△	宗教设施、坛庙堂祠、社交礼制设施
	5. 宜配新项目	×	×	△	△	△	演化中的德智体技能和功能设施

注：×禁止设置；△可以设置；▲应该设置。

资料来源：《风景名胜区规划规范》，1999。

【案例 8.6】 崂山风景区游览设施布局规划（中国城市规划设计研究院，引自《风景规划——〈风景名胜区规划规范〉实施手册》）

（一）旅游服务基地选择原则

为旅游者提供良好的生活、游览、交通、通信、购物等条件外，还要严格保护风景资源和环境。除满足上述服务功能外，还要考虑为旅游者提供良好的景观条件，使游人在基地周围也能得到享受。

一定要有便利的交通条件，以保证客货运输通畅。应考虑基础条件提供程度和现有设施的利用。

（二）旅游服务基地确定（表 8-17）

崂山风景区旅游服务基地规划一览表　　　　　　　　表 8-17

各级游览设施基地	名　称	接待规模（床）	备　注
旅游市	青岛市		
旅游城	沙子口镇		
旅游镇	王哥庄镇、惜福镇、夏庄镇、中韩哥庄镇		间接服务的旅游镇
	仰口湾	3000	直接服务的旅游镇。其中：高档：1500，中档：1000，低档：500
旅游村	流清旅游村	1050	其中：中档：600，低档：450
	青山旅游村	300	其中：中档：120，低档：180
	泉心旅游村	300	其中：中档：180，低档：120
	北九水度假村	160	
旅游点	太清宫旅游点 崂顶旅游点 青山旅游点	50 150 50	共 10 个永久性点和若干临时性点
服务部			饮食、购物、导购等，季节性临时性服务部

根据服务基地在服务系统中所起的作用、标准、规模等，崂山风景区服务基地按旅游市、城、镇、村、点、服务站这样一个系统考虑。

1. 旅游市——青岛市。青岛城市性质的主要职能之一是风景旅游，风景区域规划中确定了它是整个景域的门户和总基地，青岛市区同崂山的位置关系也进一步决定它是崂山风景区的重要旅游基地。青岛市旅馆业已具有一定的规模，在旅游服务系统中起着重要作用。

2. 旅游城——沙子口是规划中风景区人民政府所在地，是风景区内的经济、文化、交通、管理主要基地，也分担着流清景区的部分接待床位，同时，也有为驻军服务的职能。因而沙子口是风景恢复区内唯一多功能的城镇，应有较齐全的旅游服务设施和社会功能设施。

3. 旅游镇，直接和间接为崂山风景区服务的基地。间接服务的基地有王哥庄镇、惜福镇、夏庄镇、中韩哥庄镇，这些集镇都具有一定的规模的服务设施，在地理位置上处于风景区的边缘（北宅乡除外），是崂山风景区旅游食品和农副产品供应的后方基地。规划在仰口湾设置直接为旅游服务的度假旅游镇，接待床位 3000 床，总人口规模 6250 人。

4. 旅游村，直接和间接为崂山风景区各景区服务的基地。直接服务的村有流清度假旅游村、青山度假旅游村、泉心度假旅游村和北九水度假旅游村。在地理位置上，其中 3 个村处在南线上，一个村处在中线上，而且分别位于 3 条主要登巨峰的起点。如果以崂顶为圆心约 6.1km 为半径画圆，4 个基地正好都处在圆周上。

5. 旅游点，为各景区和各组景点服务的基地。直接服务的点，每个景区都有 1～2 个，且处于景点比较集中的地段，能提供简单的食、宿、休息、购物等服务。规划共设 10 个永久性点和若干临时性点。

6. 服务部，仅提供简易饮食、小卖、导游、憩息等服务设施。可以随需要而设，部分是永久性的，常同各类风景建设相结合；大多数将是季节性的和临时性的服务部。

表 8-18、表 8-19 分别为三亚旅游服务基地和海坛风景区旅游服务基地的规划。

三亚旅游服务基地规划一览表

表 8-18

各级旅游设施基地	名称	接待规模（床）	备注
旅游市	三亚	25000～31000	
旅游城	通什旅游城	6000～8000	
旅游镇	亚龙湾旅游镇	16000～20000	
旅游村	鹿回头、大东海、海棠湾、天涯、香水湾、太平山、五指山、七指岭、尖峰岭、千龙洞、半岭温泉		以高、中档为主，兼顾低档。其设施内容各有侧重，包含旅游、度假、冬泳、康复、科学文化活动
旅游点			为旅游区及主要景点较集中的地段提供设施的小型基地。提供有简单设施的饮食、住宿、购物、导游、休息等项服务

资料来源：根据张国强等编《风景规划——〈风景名胜区规划规范〉实施手册》整理。

海坛风景区旅游服务基地规划一览表

表 8-19

各级游览设施基地	名称	接待规模（床）	备注
旅游城	平潭	11000	以中档床位为主
旅游镇	田美镇	8000	其中高档 3500 床，豪华 500 床，中档 4000 床
旅游村	山歧澳旅游村	450	中档
	王爷山旅游村	200	低档
	君山旅游村	100	低档
	山利旅游村	100	低档
	南中旅游村	150	中低档结合
旅游点			位于主要景点或交通要道处，提供必要的小卖、冷热饮、小憩的场所。共设置 22 处

资料来源：根据张国强等编《风景规划——〈风景名胜区规划规范〉实施手册》整理。

三、旅游服务设施的建设及控制的原则与方法

旅游服务设施的盲目建设会对风景区带来巨大的危害，比如破坏风景名胜资源，破坏视觉景观，破坏生态水文环境等。以武陵源风景区为例：

武陵源风景区从 1980—1998 年进行了大规模的旅游服务设施的建设，这些建设主要发生在风景区的南大门锣鼓塔、东大门索溪峪、核心景区天子山。锣鼓塔的旅游床位数达 3484 张，索溪峪的旅游床位数达 6731 张，以天子山为主的核心景区内旅游床位（包括袁家界、杨家界等）2875 张。在该

地段建设之后，这些杰出的自然景观受到了严重的破坏。在对武陵源进行景观美学评价中，认为人工设施是对石英砂岩峰林景观产生负面影响的首要因素，其权重值为 -41.29，而正面影响权重仅为3。研究表明，人工干预对于武陵源世界自然遗产的美学质量来说，其弊大于利。对于生态环境的破坏主要体现在：5540m 长的金鞭溪的水质明显恶化，水质污染呈现明显的有机型污染，总磷在枯、丰、平 3 个水期超标率分别为 52.9%、50.0%、100.0%，并与游客年内季节分布趋势基本一致。大气环境质量逐年降低，生物多样性受到威胁。2001 年湖南省人大颁布了《湖南省武陵源世界自然遗产保护条例》并开始实施，规范了建设项目审批手续，使规划建设走上了法制化轨道，风景名胜区内的建设项目得到了控制，品质得到了提升。

世界上其他国家的国家公园和风景旅游区也同样经历了旅游设施盲目建设的困扰。世界上第一个国家公园——黄石公园至 20 世纪 70 年代末，公园内的野营基地已达 11 处，且主要集中在游人经常进出的路段旁和重要景区。1980 年以来，在公园中心的钓鱼桥（Fishing Bridge）、TW 服务社（TW Services）建立了综合服务基地，建有 358 套客房和乡村客舍，年供应量达 170 万次的豪华快餐店、游船码头和一个公共汽车运输系统、3 处租车中心。公园中南部的格兰特村（Grand Village）已发展成拥有 300 多套客房的现代化汽车旅馆、给养站和维修站等设施的旅游基地。公园内部游览设施的不断扩大，破坏了公园整体景观的和谐。更主要的是，对于多数体型较大的哺乳动物，尤其是食肉动物，人工建筑构成了他们运动中的主要障碍（如灰熊）。泰国巴塔亚旅游低地在 20 世纪 60 年代初是曼谷市民周末休憩地，1990 年的过夜游客量增加到了 245 万人，客房数从 1970 年的 300 间发展到 22000 间。度假旅游的发展刺激了海岸土地开发，沿岸开发与沿路开发使巴塔亚度假地不断沿海岸延伸，向纵深发展，自然环境质量下降，海水污染、基础设施不足等问题日益暴露出来，游人数从 1990 年开始下降。

总之，风景区内的旅游服务系统盲目建设的现象已经影响到了风景区的可持续发展，影响了风景区的生命周期。因此，应合理布局旅游服务设施，严格执行风景名胜区总体规划，对重点景区景点分别编制控制性详细规划和环境整治规划，核心景区禁止任何过夜接待设施的建设。在严格保护风景名胜资源的同时，控制风景区内的接待设施总量，合理规划设计旅游村镇。

1. 严格执行风景名胜区总体规划，制定游览设施的控制性详细规划

每个风景名胜区都有经过论证、审批的规划，规划中会明确确定风景区的性质、特点、功能布局、线路组织以及相应的游览设施项目等内容。要严格规划管理，按照规划审批，核心景区禁止任何过夜接待设施的建设，已有的接待设施应该逐步拆除。如我国自 1987 年开始申报自然和文化遗产工作以来，已经申报世界遗产名录的风景名胜区拆除或改造了不少违规游览设施。如武夷山风景名胜区被列为世界自然文化遗产后，根据总体规划的要求，先后分批组织景区内的旅店、商店等单位以及 400 余家核心区范围内的居民外迁。拆迁地区实行了全面的绿化，大大改善了自然环境面貌。又如青城山—都江堰风景名胜区列入世界自然文化遗产后，按照世界遗产的保护要求和国家有关法律法规，进行有史以来规模最大、整治最彻底的景区拆迁和环境整治工程，拆迁宾馆 3 家，游乐企业 14 家，农户 800 多户，拆迁建筑面积 14hm²，基本恢复了风景名胜区内的生态环境。另外还要对重点景区景点分别编制控制性详细规划和环境整治规划。在严格保护风景名胜资源的同时，控制风景区内的接待设施总量，合理规划设计旅游村镇。表 8-20 是猛洞河风景名胜区游览设施建设用地的控制规划表。

猛洞河风景名胜区游览设施建设用地控制规划表　　　表 8-20

王村镇	老司城村	哈妮宫	牛路河	旅游服务部
保留老镇区内的家庭客栈,规划在新开发区建设旅游服务设施,占地约 10hm²	规划老司城核心景区外围建设旅游服务设施,占地约 0.5hm²	保留现有,不再新增	保留现有,不再新增	每处占地约 100m²

资料来源：http：//www. ysx. gov. cn/zhuanti/mdh_gh/gh09. htm。

2. 游览设施应与自然环境和景观统一协调

宾馆、饭店、休疗养院、游乐场等大型永久性建筑,必须建在游览观光区的外围地带,不得破坏、影响景观。对于山岳型风景区中旅馆的位置,为不破坏自然景观,尽量选址在山外,实行山上游、山下住的原则。但有些地方如峨眉山、华山、黄山、泰山及庐山等,游人要在山上观日出、云海、佛光,据统计约有 30%～90% 的游人要在山上过夜,在这种情况下,可以考虑在山上建适当规模、适当体量的旅馆,但要注意馆址要选在不影响景观的地方,以隐蔽为好。

3. 改善风景区内外的交通联系

完善风景区内的内部交通网络,尽可能采用环保机动交通,使游客能够在风景区快速扩散,加快游客周转。同时使风景区与进出口岸的交通四通八达,加快游客向风景区外的服务基地扩散,减轻风景区内的接待压力。

第九章 道路交通规划

第一节 规划的原则与要求

一、基本概念

(一)交通

交通是由人们的社会生产活动和社会生活活动而产生的。广义上的交通是人、物、信息的流动,以某种确定的目标,按照一定的方式,通过一定的空间进行。通常的含义,是人和物的流动,采用的一定的方式,在一定的设施条件下,完成一定的运输任务,包括航空、水运、铁路和道路上的交通。

(二)道路

道路是伴随着交通而产生的。《尔雅》中讲到"道者蹈也,路者露也"。即道路是人们踩光了地上的野草,露出了土面而形成的,路是人走出来的。道路的形成一开始就是同一定目的的交通活动紧密联系在一起的。

(三)风景区对外交通

风景区对外交通泛指风景区与外界间联系的交通,其主要形式有航空、铁路、公路、水运等。同时风景区的对外交通往往需要依托风景区周边城市的相应交通设施,包括机场、铁路线路及站场、长途汽车站场、港口码头等。风景区对外交通与风景区内部交通应具有相互联系、相互转换的关系。

(四)风景区内部交通

通常意义的风景区内部交通是指风景区范围以内的交通,主要包括游览交通和社会服务交通,其中游览交通又分为车行游览交通和步行游览交通。

(五)风景区道路

风景区道路是风景区中担负交通的主要设施,是游人和车辆往来的专用地。风景区道路联系风景区的各个组成部分,既是风景区布局结构的骨架,又是风景区安排给水、排水以及其他工程基础设施的主要空间。在一些风景名胜区内由于客观的原因,也会存在一些社会交通道路,这就要求风景区内的道路交通规划要综合考虑这些因素,能利用的尽量利用,不能利用的也要将其消极负面影响降低到最小。

二、规划的基本原则

(1)风景区道路系统规划应与风景区游赏系统规划相结合,把道路作为风景游赏的重要组成部分。

(2)合理利用地形,因地制宜地选线,同当地景观和环境相配合。

(3)对景观敏感地段,应用技术手段进行检验,提出相应的景观控制要求。

(4)不得因追求某种道路等级标准而损伤景源和地貌,不得损坏景物和景观。

(5)应避免深挖高填,因道路通过而形成的竖向创伤面的高度或竖向砌筑面的高度,均不得大于道路宽度。并对创伤面提出恢复性补救措施。

三、规划的基本要求

(一)合理利用地形和现有道路,规划不同功能的道路

随着风景名胜事业的蓬勃发展,风景区内的交通流量迅速增长,很多风景区的交通问题日趋严

重。大量的车行旅游交通、步行游览交通、货运交通等在风景名胜区内经常相互混杂，发生矛盾，一方面对风景资源的保护带来了较大的威胁，另一方面也给游人带来诸多的不便，产生了较大的消极影响，对风景区的发展带来了不可低估的负面作用。

风景区大多位于地形较为复杂的区域，地形地貌的保护是风景资源保护中重要的内容。因此在道路系统规划时要合理地利用地形，在路网规划、道路的等级以及道路的选线等方面，要同风景环境融为一体，不得损伤地貌、景源、景物、景观。

（二）考虑风景区整体环境和功能布局的要求

风景区道路特别是干道用以联系风景区的各个主要部分，同时也反映着风景区的面貌，是游人欣赏风景区的主要途径。因此，风景区道路系统应力求与风景区整体环境相互协调，应根据风景区的具体情况，结合风景区的功能布局，把各个游览景区、主要的景点贯通起来，在保护风景资源的前提下，使之成为一个整体，使风景区道路能够满足风景区整体环境和功能布局的要求，成为风景区结构的重要骨架。在道路选线时，为了避免形成单调呆板的道路景观，创造动态变化而又连续的视觉环境，注重对视域内风景环境的保护和恢复，通常使用对景和借景的手法，把道路沿线附近的风景资源有机地组织起来，并尽可能运用变化构图的手法，通过道路有意识地曲折变化，改变对景在构图中的位置和视角，使主景对象与配景对象之间的呼应组合，互为因借，创造动态的富于乐趣的对景构图景观效果。

（三）快捷化的外部交通体系

风景区对外交通，为了使外来的客流和货流快捷流通，也就是通常所说的"旅要快"的要求，因而要求快速便捷，这个原则一般在到达风景区入口或边界时即可完成，然后转为内部交通。

通常风景区的对外交通可以利用风景区周边的交通道路（可以是国道、省道、县道）形成快速进出风景区的对外交通。如果周边没有可以利用的交通道路，也可以按照游赏和资源保护的要求规划建设对外交通，并与已有的交通线路相衔接。交通流量不同，对外交通的等级也不同。

（四）网络化的内部交通体系

风景区内部交通要求方便以适合风景区游赏的特点要求，在流量上与风景区游人量相协调，在流向上主要考虑联系各个景区，沟通各个游人集散地，方便游人的游赏需要，同时根据各个风景区的特点尽量形成完善的网络系统，以便满足不同游赏形式的需要。所以，风景区内的交通应充分结合风景资源保护的要求以及风景游赏的需要。而对于有些风景区内有大量的居民，考虑风景区内居民社会的要求，还需要在规划建设风景区内部交通时考虑内部居民的客流及货流的需要，这些交通流量与风景区步行游赏交通量之间尽量避免不必要的混杂和相互干扰。

第二节 道路系统规划

随着国民经济的发展和人民生活水平的不断提高，出外旅游的人越来越多。国家的公路、铁路、航空以及水路运输建设都在迅猛发展，人们对时间的价值也越来越重视。风景名胜区的道路建设也应适应这种趋势。

根据风景名胜区总体布局结构，规划中应尽可能地对风景区现状道路进行利用、调整和完善，形成对外交通道路—车行游览道—内部游览专用车行道—步行游览道等道路系统相结合的交通游览体系，加强各个景区间的交通联系，方便游人快速到达各景区进行游览。

一、过境公路和对外交通改善措施

规划应根据各个风景区过境交通现状及旅游发展需要，加强对过境公路周边环境的整治，完善风景区与周边城市相联系的公路系统，加强治理沿路有碍景观的建筑物及相关设施，同时加强区域协调和部门协调，尽可能地减少并控制货运交通对风景区的影响。

风景区对外交通是风景区与外界联系的主要通道，是风景区的窗口和广告牌，也是风景区给旅游者的第一印象。一般应从风景区入口服务区与直接通达风景区附近的火车站、飞机场、公路站点、水运码头相联系，把外来的游客接引到风景名胜区内来。对外交通道路的数量一般根据风景区出入口的数量分别布设。一般除了作为风景区与周边城市道路联系的通道，还是风景区内部交通与外部公路间的联系通道。有时对外交通道的交通流量会小于附近的社会交通线，但其建设标准不应低于相连接的社会交通线，而且在线路走向、景观视线的组织等方面还需要细心斟酌。一般风景区的对外交通道不应低于国家规定的三级公路标准，在国家级风景名胜区或游人量较多的风景名胜区，一般要按二级公路标准来进行规划建设。

二、车行游览道规划

车行游览道规划是风景区内各个景区之间的连线，是各功能区与旅游服务区的主要通道，也是对外交通与各功能区之间的联系通道。车行游览道在风景区道路网中起到骨架作用，具体线性走向应根据风景区的具体地形和景区、功能区的分布等条件统筹考虑布置。大型风景名胜区车行游览道一般还分为主干道和次干道2个级别，主干道多以交通功能为主，次干道则以交通游赏的功能为主。

风景区内车行游览道的建设应充分利用现状地形地貌，不能因为追求某种道路等级标准而损伤景源和地形地貌，也不得损坏景物和景观。对因道路通过而形成的竖向创伤面提出恢复性的补救措施。同时也应充分利用现状道路，进行改造升级和加强管理，形成由风景区各景区向外放射的对外交通，把各个景区、景点和外界交通、城市联系起来，形成一个整体的对外交通网络。

三、内部游览专用车行道规划

结合现状自然条件和风景区总体布局要求，在一些风景区内的某些特定区域需要规划建设一些内部游览专用车行道，既可以减少外部交通对风景区的干扰，有利于风景资源的保护，也可方便风景区内的交通组织和风景游赏活动的开展。如在林虑山风景名胜区内相对封闭的大峡谷区域，利用并完善现有车行道，规划作为内部游览专用车行道，以解决大峡谷区域内各景区之间的相互联系，以避免大峡谷区域内车辆混杂的弊端。

四、主要步行游览道规划

风景区内的步行游览道大多在风景特征强烈而集中的部位开辟，一般是风景区内部各个景点的连线，供游览者步行游览的通道，具有组织游览、集散游人的作用。步行游览道的布置应根据风景区内景源的分布，巧妙规划，精心设计，使游人通过游览通道能欣赏到最美的景观，使游人在不知不觉中逐渐深入，达到曲径通幽的效果。设计步行游览道时，应根据风景区内景点分布状况和道路现状，因山就势、路随山转，与环境充分融合，逐步形成完善的步行游览系统。山坡小于 25°时，宜修成斜坡步道。山坡大于 25°时，应设计台阶步行道（磴道）。在山坡大于 45°时，应适当延长线路，降低坡度，迂回而上；当线路延展困难时，则应设计成云梯（石台阶）。步行游览道宽度应根据游人数量和停留时间考虑，一般以 0.8～1.5m 为宜，并在场地较为宽敞处，设置避让集散点。在一些游人需要停留观景或小憩的地段，可以利用地形设置一片平台地，并安置一些石桌、石凳，供游人休憩、停留。同时加强道路设施建设和管理，特别要注意危险地段的安全设施建设和管理，在陡险路段要设置护栏等防护设施，以确保游人的安全。

第三节　交通设施与交通组织

一、交通设施

完善的交通设施，是合理组织交通的前提，一般风景区的交通设施主要由交通车站、停车场及交通标志 3 部分所组成，在建设材料、色彩及风格上应尽量与风景环境相协调。

（一）交通车站（码头）

根据风景区分布及游览组织，在风景区的外部设置交通车站（码头），并对客运交通及车辆（船舶）统一管理，树立旅游文明服务窗口形象。交通车站（码头）建设规模应服从风景区总体规划的要求，功能布局应合理，容量能充分满足游客接待量要求；景观环境和建设风格应与风景区整体风貌相协调。车站（码头）标志规范、醒目、美观。

（二）停车场

风景区一般在对外交通和内部游览专用车行道接口处以及对外交通和步行游览道接口处规划设置停车场，以方便游客集散和换乘车辆。停车场宜采用当地的材料铺设地面；在停车场设计允许的坡度范围内，宜顺应原有地形的起伏，不必强求平整；较大型的停车场内须通过设置分车带种植树木，对停车场进行绿化遮荫；停车场周边应利用乔木、灌木、微地形等进行视觉遮蔽，以减少对周围自然景观的破坏。

（三）交通标志

自进入风景名胜区内起，各个路口设置指示牌，标明道路名称；无人看管路口，指示灯需完善；景区内坡陡弯急处，必须设置限速牌和防护桩，必要时可设置反光镜；道路易滑坡处，必须设置警示牌和防护措施。交通标志还包括导游全景图、导览图、标识牌、景物介绍牌等。这些交通标志艺术感和文化气息应浓厚，造型特点应与风景区总体环境相协调。风景区道路两侧原则上不得设置商业性户外广告。

二、道路交通的组织

（1）依据风景资源保护的要求，在风景区总体布局时应综合考虑旅游服务设施的布置，合理布置吸引人流的旅游服务场所，避免由于人流过于集中而造成的拥堵现象。

（2）避免过境货运交通穿越风景区，引开穿越核心景区的过境交通。风景区内各单位的车辆核发限定数量的通行证。

（3）风景区内的社会货运交通和旅游交通经常会存在一定的矛盾，所以在风景区的最佳旅游时间内，要从时间上限制社会货运交通的进入，并在必要的时间段（如旅游高峰日）严禁其进入。

【案例9.1】 林虑山风景名胜区道路交通规划（中国城市规划设计研究院，2006年）

根据林虑山风景名胜区总体布局结构，规划对风景区现状道路进行利用、调整和完善，形成对外交通道路—内部游览专用车行道—步行游览道相结合的交通游览体系，加强各个景区间的交通联系，方便游人快速到达各景区进行游览（图9-1）。

一、过境公路和对外交通改善措施

规划根据林虑山风景区过境交通现状及旅游发展需要，协调并改善风景区过境交通的状况（见表9-1）。

过境公路规划建议一览表   表9-1

道路名称(起至点)	在风景区内长度	现状路面	规 划
新河公路	—	柏油路面	改造升级，加强管理
任村—马家岩—山西	12.77km	简易	改造升级，限制货运交通
市区—八垯—山西	2.81km	简易	改造升级，限制货运交通
合涧—黄崖底—山西	10.75km	简易	改造升级，限制货运交通
合涧—西华—山西	13.23km	简易	改造升级，加强管理

1. 继续完善新河公路、安林公路的建设与管理，加强公路周边环境的整治，使其作为风景区与外界联系的重要旅游通道。

2. 应完善风景区与林州市相联系的公路（包括任石公路、林石公路）系统，应尽量减少沿途村庄对道路的干扰。加强治理沿路有碍景观的建筑物及相关设施。

3. 加强与山西省过境交通的协调，建议其货运交通改走其他线路，过境交通仅作为客运和旅游交通专用线路。

4. 规划建议分水苑段新河公路改道从分水苑和井头村之间的山谷穿越，而原分水苑段新河公路保留作为旅游专用通道。

5. 规划建议紧邻漳河南岸的新河公路货运交通改道从漳河北岸公路通过，而原新河公路保留作为旅游专用通道。

二、车行游览道规划

充分利用现状道路，进行改造升级和加强管理，形成由风景区各景区向外放射的对外交通，把各个景区、景点和外界交通、城市联系起来，形成一个整体的对外交通网络（见表9-2）。

车行游览道规划一览表   表9-2

道路名称(起至点)	在风景区内长度	现状路面	规 划
市区—黄华山下寺	2.26km	简易	改造升级，加强管理
市区—天平山	5.54km	简易	改造升级，加强管理
市区—石板岩	9.81km	沥青路	增加道路设施建设，加强管理
林州市区—柿红头	8.82km	简易	改造，加强安全设施建设
林州市区—蚁尖寨	7.85km	简易	改造，加强安全设施建设

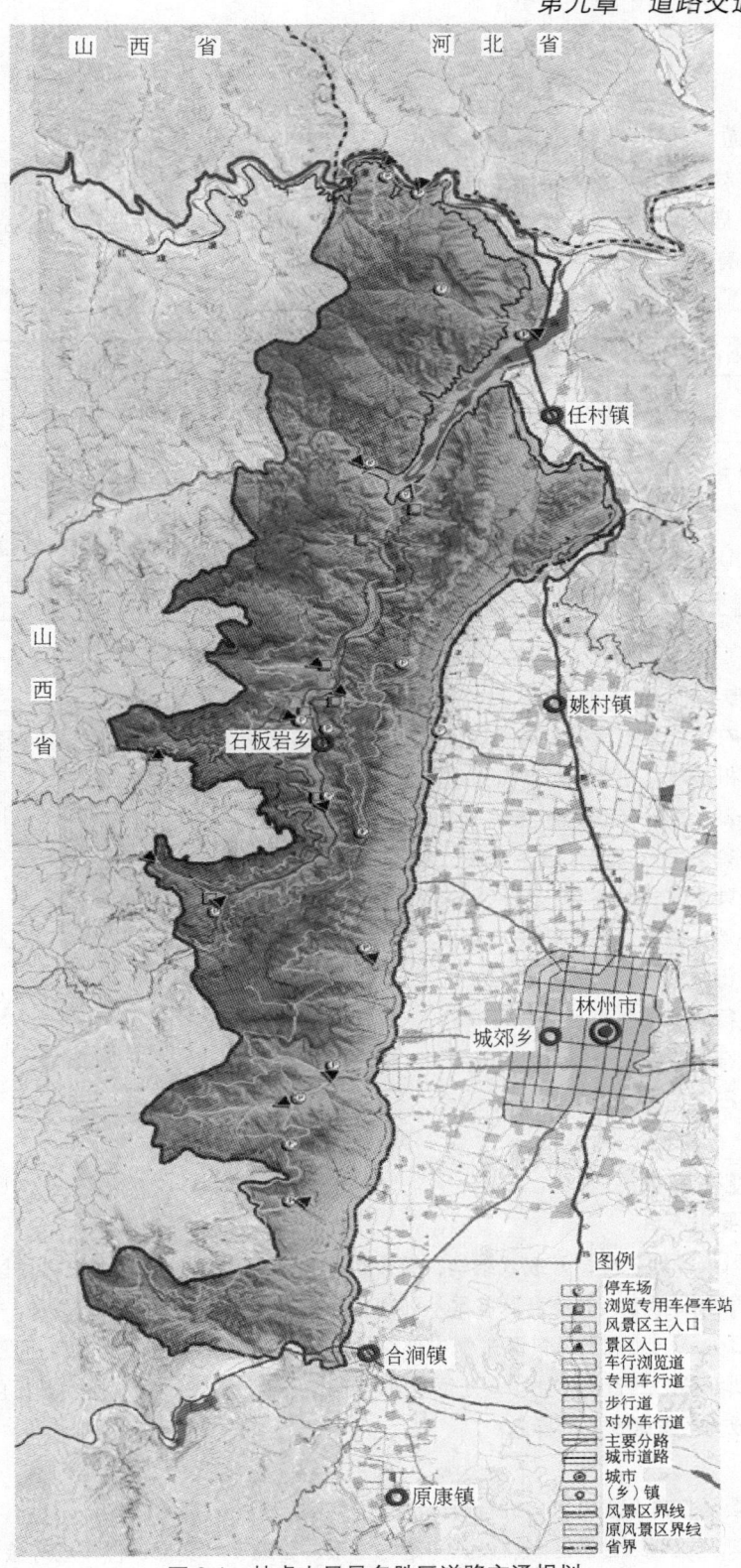

图 9-1　林虑山风景名胜区道路交通规划
(中国城市规划设计研究院，2006)

三、内部游览专用车行道规划

结合现状自然条件和风景区总体布局要求，在相对封闭的大峡谷区域，利用并完善现有车行道，规划作为内部游览专用车行道，以解决大峡谷区域内各景区之间的相互联系，避免大峡谷区域内车辆混杂的弊端，有利于风景资源的保护和风景游赏活动的开展（见表9-3）。

内部游览专用车行道规划一览表　　　　　　　　　　　表 9-3

道路名称(起至点)	长　度	路　面	备　注
任村—石板岩乡	17.71km	简易,部分水泥路	风景区内道路改造升级为内部旅游专用车道
石板岩乡—桃花洞	8.5km	标准水泥混凝土路面	加强管理,作为内部旅游专用车道和步行游览道
上庄—坟头村 (一干渠观光大道)	33km	简易,部分柏油路面	加强管理,作为沿一干渠的旅游观光大道
高家台—桃花谷	14.53km	简易	加强路面改造和安全管理

四、主要步行游览道规划

根据风景区内景点分布状况和道路现状，加强步行道路设施建设和管理，特别要注意危险地段的安全设施建设和管理，完善步行游览系统。规划开辟 8 条主要步行游览道路：

1. 圣子沟—漏子沟—车佛沟游览线，全长 14.44km。
2. 梁树沟—鲁班壑—观光大道游览线，全长 2.7km。
3. 大牛道—黄华山—四方垴—天平山—二号滑翔基地游览线，全长 34.52km。
4. 柿红头—蚁尖寨游览线，全长 4.9km。
5. 青年洞步行游览线，全长 5.88km。
6. 皇后沟步行游览线，全长 3.81km。
7. 空心坝步行游览线，全长 3.78km。
8. 仙霞谷步行游览线，全长 3.32km。

五、交通设施规划

1. 风景区主要出入口

由于林虑山风景区外向型、开放式结构，整个风景区范围无法封闭管理，风景区主要出入口仅作为风景区的一个重要标志，并不意味着是从外部交通进入风景区范围的入口数量。

规划主入口 3 处：一处位于风景区东侧中部，林石公路与观光大道的交叉口，现状建有牌坊门；一处位于风景区西北角，三省交界处；一处位于太行平湖北端。规划对这 3 处主入口应加强环境的保护与治理，使其成为风景区重要的标志。

2. 景区入口

规划在每个景区各自设立出入口进行封闭管理。除桃花谷设立 2 处景区入口外，其他景区分别设置一个景区入口。规划结合景区入口设置一定的售票、管理、小卖部、停车场等旅游服务设施。

3. 停车场和游览专用车停靠站

（1）分别在对外交通和内部游览专用车行道接口处规划设置停车场和游览车停靠站，以方便游客集散和换乘车辆。

（2）在对外交通和步行游览道接口处设置停车场，以方便游客下车步行游览。

（3）在大峡谷区域内各景区入口处规划游览车停靠站，以方便游客下车游览，规划游览车停靠站7处。

（4）风景区内规划18处停车场，总停车位1080辆（24m²/车位）。对于近期规划建设的桃花谷景区入口停车场、王相岩景区入口停车场，应在中远期大峡谷封闭管理后，逐步废止，进行绿化，恢复原有生态环境。

4. 交通设施与标志（略）

5. 交通组织（略）

第十章　居民社会调控规划

第一节　风景区的居民社会系统

我国发展风景名胜事业 20 多年来，已建立了具有中国特色的风景名胜区体系和管理机构，使一大批自然与文化资源得到了科学的管理和严格的保护。在这些风景优美的风景名胜区内，经历史的积淀和人口的聚集，逐渐形成了一些居民点。

这些居民点主要以城市（城镇）、集镇和农村等形式广泛分布在风景名胜区内，对风景名胜区的发展起着重要的影响。

一、居民社会概况

（一）城市（城镇）

以非农产业和非农人口聚居为主要特征的居民点。包括国家行政建制设立的市和镇。

（二）集镇

集镇是介于乡村和城市之间的过渡性聚落。一般是对建制镇以外的地方服务中心的统称。按国务院颁布的《集镇和村庄规划建设管理条例》规定："集镇是指乡、民族乡人民政府所在地和经县人民政府确认的由集市发展而成的作为农村一定区域经济、文化和生活服务中心的非建制镇。"

（三）农村

在经济特征和自然环境、民族文化等因素的作用下，农村存在着种种居住方式和形态特征。其规模从只有少许农户的小村到数千人口的大村不等。按形态对农村聚落进行分类，最常见的有以下几种类型：

1. 密集型农村聚落

密集型农村聚落大多出现在人口密集、旱作农业较为发达的风景区。在这些地区，由于农耕开发的历史悠久，村落中居民多代定居于此，人口逐渐增多而形成。居民住宅随着人口的增加而增多。这种村落一般格局是大而紧凑，各家各户的住宅排列一般听其自然，缺乏相应的规划指导。

这种村落呈集聚现象既有自然现象，也有社会原因。在自然因素中，水往往是一个重要因素。特别是在缺水的干旱地区，由于水源的限制，村落多选在供水方便而且充足的地方。因符合这种条件的地方往往不多，所以村落都比较大，农舍较为密集。在多水的地区，或易受水淹地区，村落则采用办法避水。在低地和沼泽地区，地形高的地方不多，所以凡是村落都趋向高地，而且规模也比较大。在社会原因方面，安全是重要的。为了防止盗匪的抢劫活动，农民往往聚集在一起，选择合适的地点，以发挥利用地形和集体防卫效力。这类村子，有的还在村外挖了壕沟，建立围墙，形成寨子。这类村子一般也比较大，而且有较长的历史。另外这类村子还受到血缘、宗教、土地制度的影响。也有些地区，在新中国成立后为了鼓励集体合并，加强生产而建成了较大规模的村落。

2. 分散型农村聚落

这类村落多分布于两种类型的地区。一般是地形条件不好的地方。如一些山区，地形崎岖，耕地面积不大，而且比较分散，往往在比较集中的地方有几家农户居住在一起。特殊情况下，还会出现独家村的现象。

3. 半聚集型农村聚落

介于上述两种类型中间的即为半聚集型农村聚落。属于这种聚落最典型的是山区小村。这类村子，户数不多，且各户之间保持一定距离。在山区，耕地面积不多，而且又受供水限制，每个村子有 10 多户或 20 几户人家。

4. 活动型村落

在一些地区还会出现活动型的村落，村落没有固定的地点，而是随着季节的变化或暂住地的生产、生活条件的变化而不停地改变居住地。这种村落一般出现在草原半干旱区、牧区和少数山区。在牧区，由于历史文化的因素和自然环境的变化，牧民一般逐水而居，由于自然草场的生态承载力低，有限面积的草场不能长期供养牲畜，所以在一地居住一段时间后，需要迁移到另一块牧草旺盛的能供养牲畜的地点，居住的房屋为帐篷式的，可拆迁。另外在少数以农、猎为主要经济活动的山区也存在着活动型的村落，一般多为文化欠发达的少数民族地区。他们地处深山，与外界没有联系，过着刀耕火种的生活。耕种方式为游耕，放火烧掉一片山林，然后开垦耕地，种上粮食。然而，在粮食生长期不施肥、也不灌溉等，导致肥力下降很快，往往仅能耕种一年，第二年又得重新寻找新的地点烧山耕种，住房多为毛草棚，极易搭建。这种生产生活方式对自然生态的破坏十分惊人。这 2 种活动型村落的规模都很小，甚至单户成村。

二、居民社会系统现状

（一）现状存在问题

在我国近十年的风景区建设实践中，风景区规划的工作者和管理者遇到了各种各样的居民问题。大致概括有以下 7 个方面：①不当的生产经营对风景的直接破坏。如风景区内的毁林开垦、毁草开垦、开山取石等不当的生产活动严重地破坏了风景资源。②工业对风景环境的污染。由于某些历史原因，一些对环境污染严重的工厂处在风景区的上游或上风方向，对风景区的大气、水源和环境造成了污染。部分生产水平落后的小型乡镇工厂如开采、冶炼、锻炼厂等，对风景区的道路等景观产生了不良影响。③过多的居民分布致使风景环境恶化。农民居民点密布常常给风景区带来人多地少、农业与风景争地等矛盾，造成开山造田、填水造地和自然资源超载利用的不合理现象。④风景区城镇化。我国一些历史悠久的山岳风景区就存在这一现象，如泰山的"天街"、九华山的"九华街"、武当山的"武当镇"等。⑤风景保护与城市建设的矛盾。我国毗邻城市的风景区，如杭州的西湖、肇庆的星湖、武汉的东湖等风景区与城市建成区穿插在一起，城市建设常常占用风景地，也影响景观，给风景保护带来了一系列问题。⑥企事业单位占地与盲目扩建，使风景区景观遭到较大的破坏。⑦我国大部分风景区经济落后，居民文化水平低，卫生习惯差，"乱""脏""杂"的地方面貌妨碍了风景区旅游事业的发展。

（二）现状问题产生的原因

当前风景名胜区内居民社会系统中存在问题的原因是多方面的，主要有以下几点：

1. 人多地少的国情

我国风景区大都是风景秀丽、气候宜人的可利用之地，不可避免地吸引了相当数量的人口去从事生产和居住。有的风景区和城市相互毗邻，有的风景区包含数量不等的小城镇，有的风景区内包含大量农村居民点，这些都是导致风景区居民问题的重要原因。

2. 人口规模缺乏有效控制和引导

随着风景名胜区事业的蓬勃发展，风景区受到人、财、物流和城镇化的冲击不断增加，各行各业纷纷涌进风景区兴办旅游事业和各项城市建设，导致风景区居民人口猛增，风景区的居民规模越来越大。如杭州西湖风景区因存在上述现象，在 60km² 的范围内已分布有近 5 万居民，人口密度高达 803 人/km²。

3. 规划和管理的不健全

由于多年来对居民缺乏足够的研究，许多风景区的居民问题未得到妥善解决，以致客观存在的居民社会盲目而无引导地影响风景区的发展。

综上所述，我国国情和风景区的历史与现状决定了居民社会和居民问题是许多风景区客观存在的现象，对与风景区息息相关的居住人口进行系统的研究是解决风景区现有矛盾和防患于未然的重要途径，应得到规划界的足够重视。

第二节　居民社会调控规划

一、规划的重要性

在居民社会复杂的风景区内，风景保护与居民活动（如开山炸石、滥伐森林、垦荒种地、工厂污染等）的矛盾主要表现在风景区土地的利用生产上，而对土地利用方式的调整直接牵动农业生产和劳动力结构的变化，也影响居民社会的各方面。因此，规划者必须进一步地调查居民社会，研究合理导向和调控居民活动的方法（如被禁止经营的行业应由什么产业取代，劳动力转业的途径、怎样搬迁工厂、如何调整和迁移分布过密的居民等），为风景区保护提供科学依据。只有针对规划目标，对居民社会进行系统地研究和规划，才是解决风景保护问题的根本途径，也就是说，只有制定法令措施和作好居民社会规划相结合的方法，才能从根本上促进保护问题的解决。

二、规划原则

风景区的居民社会规划是在保护风景区和环境的大前提下，从人口、居民点、经济生产与布局、劳动力结构、教育和社会问题等方面对风景区的居民社会进行整体控制、调整、引导，促使风景区内多功能因素健康协调地发展，达到主动地保护风景资源和环境的目的。

（一）严格控制人口规模

风景区有必要借鉴特大城市的户口控制方法，从严控制迁入人口。迁入的常住人口必须局限于高素质的行政骨干、技术骨干、服务技师和教师等。基于这一要求，规划应确定风景区不同时期的人口控制规模。在社会组织中，建立适合风景区特点的社会运转机制。

（二）建立合理的居民点体系

合理的新居民点体系是风景区居民社会有序演变的基本骨架。在居民点性质和分布中，建立合理的新居民点体系，合理地组织居民生产与生活，引导风景区内部的居民向外迁移并控制人口流入风景区。有条件的风景区还可以挑选一些典型村落，结合地方风土人情统一规划，为风景区内其他居民点的建设提供借鉴经验。

（三）建立统一的行政管理机构

风景区的地域独特性和功能的综合性要求风景区成立统一的行政管理机构来统一管理风景区资

源、旅游和居民社会。确定风景区行政管理范围应遵循 3 条基本原则：

1. 保持景点的空间完整性和历史的一致性；
2. 保持经济与社会服务功能在地域上的相对独立性；
3. 行政管理的可行性和有效性。

（四）引导和控制产业发展方向

在产业和劳动力发展调控中，通过详细调查需要取缔和淘汰的行业，制定一系列促进劳动力合理转向的优惠政策和措施，引导和有效控制淘汰产业劳动力的合理转向。

三、规划的主要内容

（一）风景区内小城镇发展规划

目前，在一些面积较大的风景名胜区内，存在着数量不等的小城镇，如五台山风景名胜区的怀台镇、衡山风景名胜区的南岳镇、九寨沟风景名胜区的漳扎镇、九华山风景名胜区的九华镇等。而对于那些跨区域、跨市县的大型风景名胜区，如三亚风景名胜区、桂林漓江风景名胜区、大理风景名胜区、太湖风景名胜区和崂山风景名胜区等，则其内部的小城镇数量更多。

虽然说风景名胜区内小城镇的发展与建设争议颇多，但其重要性不言而喻，否则，不但不利于当地居民的生活水平的提高，而且对风景资源的保护也将因为得不到当地居民的支持而很难得到积极有效的保护。因此我们不能因为这类小城镇与风景资源密切相关就因噎废食、裹足不前，为了保护风景资源而将它们排除在发展之外，抱着消极态度来对待它们的发展；也不能因为要发展这类小城镇而忽略风景资源保护的重要性，以牺牲风景资源为代价而盲目套用一般小城镇发展的模式。

我国幅员辽阔，风景区类型丰富多样，对于不同的风景名胜区，其内部小城镇的数量和现状发展条件也各不相同。在认真调研的基础上，基于风景资源保护为前提条件下，科学选择各城镇产业发展方向，合理进行小城镇建设，才能实现小城镇与风景名胜区的协调发展，开创风景资源保护与居民社会发展"双赢"的良好局面。因此在大多数风景区居民社会调控规划中，都须研究确定这些小城镇的性质、规模、主导产业发展方向、空间布局、景观风貌等内容。

（二）农村居民点调控规划

农民、农业、农村作为风景名胜区内居民社会系统的重要组成部分，与风景资源的保护和永续利用休戚相关，相辅相成，一直是业内人士关注的重要焦点，因此，如何处理好风景资源保护与当地农民致富的矛盾，如何协调好风景资源的公共使用与保障"三农"利益之间的关系，是实现农村与风景名胜区协调发展的关键所在。

在农村居民点调控体系中，根据资源保护和新农村建设发展需要，按人口导向趋势，一般将农村居民点规划分为以下 4 类。

1. 聚集型居民点

通过政策和经济上的鼓励，在景区外面的非风景地段有规划地改造或新建少数居民点，使它们比景区内居民点有更多的就业机会和更好的生产与生活条件，而成为吸引景区内居民的场所。

2. 搬迁型居民点

指少数占据重要游览线路或景点，近期需要搬迁的小村落。

3. 控制型居民点

风景区内某些规模较大的村落，居民生产稳定，环境条件较好，只要控制人口规模与合理改造，其存在有利于风景区保护和建设。

4. 缩小型居民点

风景区内大部分广为分散的村落，通过外围聚集型居民点的吸引，其人口将渐趋衰减。

【案例 10.1】 林虑山风景名胜区居民社会调控规划（中国城市规划设计研究院，2006 年）

一、石板岩（集）镇区发展规划

石板岩（集）镇区是林虑山风景名胜区的旅游服务基地，也是林虑山风景名胜区旅游形象的重要窗口。因此本规划对石板岩（集）镇区发展提出以下规划建议，以便在城镇总体规划修编时相互协调。

1. 集镇性质：根据石板岩（集）镇的资源条件与地理区位，规划确定其性质为"林虑山风景名胜区的旅游服务基地，具有太行峡谷风光的风景旅游镇"。（集）镇产业发展应以旅游服务业、传统手工业等为主，严禁发展有污染的工业。

2. 集镇规模：考虑到风景区内的移民搬迁安置和未来发展的要求，规划确定镇区人口发展规模：常住人口控制在 0.25 万以内，流动人口（主要为旅游人口）控制在 0.15 万人，总人口规模在 0.4 万以内，建设用地总规模严格控制在 40hm² 以内。

3. 空间布局：保护现有的空间结构，挖掘镇区内土地资源的潜力，加强镇区的改造和整治，近期不宜向外拓展用地。

4. 集镇建筑景观规划：石板岩集镇的景观特色以突出山水小镇的空间氛围和"石板石屋"的当地建筑风貌特色为主。建筑材料以当地常用的石板石材为主，墙体以采用石板贴面为主，不得贴任何面砖、铝板及缺乏自然气息的材料。屋面以石板铺面为主，不得采用大红大绿等鲜艳色彩的屋面材料。窗户不宜采用大面积镜面玻璃。建筑风格必须体现传统民居风格，古朴自然，层高以 1～2 层为主。广场周边和街道两侧的建筑应色调统一，风格古朴；沿街店铺的招牌旗幌应使用或模仿天然材质；路面铺装采用石板铺地，肌理纹路随性自然。村镇中不同位置、地势的房屋建筑应就地就势，利用不同的高差营造出青翠之中参差有致的空间效果。

二、农村居民点调控规划

风景区内农村居民点调控规划总体思路是：一方面以建设社会主义新农村为目标，逐步实现农村与风景名胜区的协调发展；另一方面科学控制农村人口规模，促进农村人口向风景区外城镇的合理迁移，逐步减少农村居民点数量和农村人口数量。

根据风景区保护规划的要求，对风景区内农村居民点进行如下调控（图 10-1）：

1. 搬迁型居民点：指那些位于红旗渠保护区和太行峡谷保护区范围内人口规模很小、人居环境差的农村居民点。规划近期应予以全部搬迁，搬迁应统一规划，依法实施，政府应制定优惠政策鼓励居民外迁。具体条件如下：

（1）红旗渠保护区内 50 人以下的村庄；

（2）太行峡谷保护区内海拔在 1000m 以上且人口在 50 人以下的村庄。

2. 缩小型居民点：这些居民点分布较广，频繁的经济、生活等活动对风景区内的生态环境造成

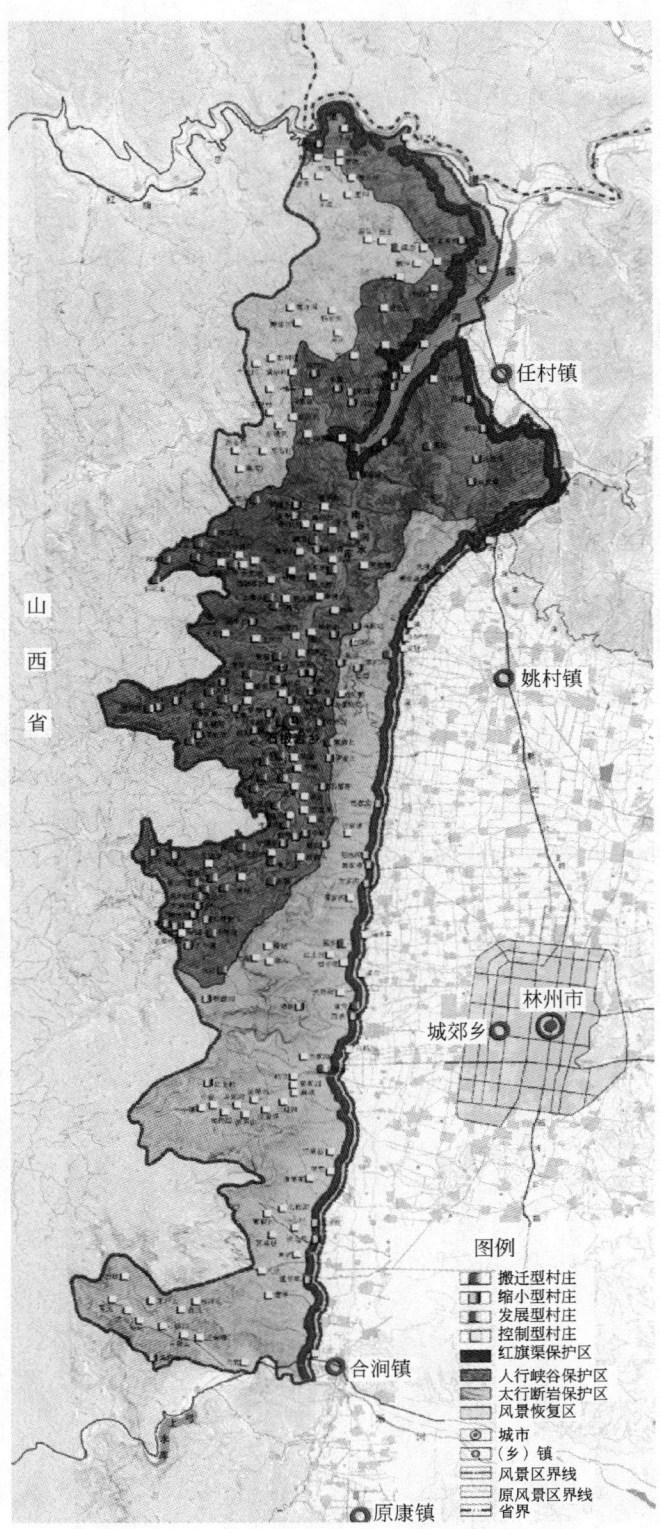

图 10-1 林虑山风景名胜区居民社会调控规划（中国城市规划设计研究院，2006）

了较大威胁，不利于这些风景地段风景资源的保护。规划应使居民点规模逐渐缩小，远期条件成熟时也实行逐步搬迁。具体条件如下：

(1) 红旗渠保护区内除搬迁型居民点外的所有村庄；

(2) 太行峡谷保护区内位于海拔 1000m 以上除搬迁型村庄外的所有村庄；

(3) 太行峡谷保护区内位于海拔 1000m 以下且人口规模在 50 人以下的村庄；

(4) 太行断崖保护区内位于海拔在 1000m 以上的村庄且人口在 50 人以下的村庄。

3. 聚居型居民点：这些居民点的发展与扩大有利于带动全区经济的发展。这一类居民点通过合理规划与集中建设，可以就近吸纳部分撤并居民点的人口，其存在有利于风景旅游资源的开发和保护。这类居民点以发展条件较好的旅游镇和旅游村为主，除石板岩集镇外，包括益伏口、皇后、桃花洞村、大王相、高家台、黄华、桃源等村庄。

对于这类居民点要实行严格的建设控制，新建房屋要严禁占用耕地和山体，特别要避免对风景区内特级、一级景点产生破坏和干扰，房屋建筑应与风景环境相协调。

4. 控制型居民点：这一类居民点只要控制人口规模，通过合理规划与良好的管理，其存在对风景资源的破坏不大。具体条件为：

(1) 太行峡谷保护区和太行断崖保护区内除缩小型、搬迁型、聚居型村庄以外的其他村庄；

(2) 风景恢复区内所有的村庄。

对于这类居民点实行建设与规模上的双重控制。第一，村庄规模严格控制其规模的增长，不再允许扩大房基地，特别要严禁占用耕地和山体的新建房屋，避免对风景区内特级、一级景点产生破坏和干扰，只允许在旧房原址上翻建。第二，居民点房屋建筑应与风景环境相协调，尽可能地采用乡土材料，力争保持传统民居风格，重视保护和发展现有村庄中有价值的特色建筑、民俗风情和环境风貌。

5. 农村居民点规划建设要求（略）

第十一章　经济发展引导规划

风景区是人与自然协调发展的典型地区，其经济社会发展不同于常规的乡村和城市空间，因而，风景区规划中的经济发展专项规划，也不同于常规的城乡经济发展规划，这个规划重在引导，把常规经济政策和计划同风景区的具体经济条件和性质结合起来，形成独具风景区特征的经济发展方向和条件。

第一节 风景区经济发展的特点

由于我国社会、经济、政治、文化等方面的实际情况，我国风景区不仅有大量的旅游活动，同时还有大量的生产经营活动，使得风景区经济除了游憩、景观、生态等功能之外还具有一种特定的经济功能，通常包括：管理机构和管理职工对各种资源的维护、利用、管理等活动；当地居民的生活和生产活动；外来游人的旅游活动等。风景区的经济发展就是这些与风景区有关的经济活动引起的。

一、经济发展引导的相关概念

（一）经济发展的含义

经济发展是指一个国家或地区随着经济增长而出现的经济、社会和政治的整体演进和改善。具体地说，经济发展的内涵包括 3 个方面：一是经济数量的增长，即一个国家或地区产品和劳务通过增加投入或提高效率获得更多的产出，构成经济发展的物质基础；二是经济结构的优化，即一个国家或地区投入结构、产出结构、分配结构、消费结构以及人口结构等各种结构的协调和优化，是经济发展的必然环节；三是经济质量的提高，即一个国家或地区经济效益水平、社会和个人福利水平、居民实际生活质量、经济稳定程度、自然生态环境改善程度以及政治、文化和人的现代化，是经济发展的最终标志。

（二）经济发展与经济增长的关系

经济发展与经济增长有密切联系。经济增长不仅包含在经济发展之中，而且还是促成经济发展的基本动力和物质保障。一般而言，经济增长是手段，经济发展是目的；经济增长是经济发展的基础，经济发展是经济增长的结果。虽然在个别条件下有时也会出现无增长而有发展的情况，但从长期看，没有经济增长就不会有持续的经济发展。

经济发展与经济增长又是有区别的。经济增长只是指一国经济更多的产出，其增长程度仅仅以国民生产总值与国民收入以及它们的人均值的增长率等单一指标来表示。而经济发展除了包括经济增长的内容外，还包括随着经济增长而出现的经济、社会和政治等方面的演进，其发展程度需要用能反映这种变化的综合性指标来衡量。

经济增长的内涵较狭窄，是一个偏重于数量的概念，而经济发展的内涵则较宽，是一个既包含数量又包含质量的概念，在质和量的统一中更注重经济质态的升级和优化。单纯的经济增长并不等于经济发展。如果经济的增长是在低效益即过多的要素投入基础上达到的，即使产出增长了，社会和个人也不会因此而得到增加的收益，实际生活质量没有太大提高；如果经济的增长是在损害经济结构优化的情况下达到的，如工农业结构及积累同消费结构遭到损害，即使产出增长了，居民的福利及生活质量也没有多少提高；如果经济增长了，但带来的不是整个社会和居民的福利的普遍增进，而是出现了收入与分配上的极端不公，两极分化；如此等等，都可以说是只有经济增长而无经济发展。

因此，在风景名胜区内既要坚持风景资源保护为前提，也需要正确处理经济发展与经济增长的关系，既要注重经济的增长，同时更要注重经济的发展，要使社会经济结构不断优化，使风景名胜区内社会经济不断增进，居民社会更加和谐。

（三）产业划分和产业结构

产业是指在社会分工中具有相对独立性，在社会经济职能上具有特殊性的同类社会经济活动的集合。产业是社会分工的产物。早期人类社会，没有明显的社会分工，人们的各种生存活动还不具备相对独立性和特殊的社会经济职能，因而也就没有产业部门的分工可言。由于生产力水平的提高和剩余产品的出现，社会分工随之而产生，并且，随着社会经济的发展，社会分工不断深化，产业也日益增多。产业分工的状况及其多少，反映着一国生产力的发展水平和生产社会化程度的高低。

产业结构是指产业的组成和各组成部分之间的经济联系和数量对比关系。一般用各产业提供的产值或占用劳动力数量占总体的比例来表示。这里所说产业的各组成部分，包括国民经济各部门及各部门内部各行业，因此，产业结构中的产业是一个较为广泛的范畴。合理的产业结构不仅能增加供给，而且能促进经济发展，有利于社会总供给和社会总需求的平衡。

产业结构的划分，同产业的划分有着直接的联系。产业划分往往具有多和方法，这样产业结构也就具有多重类型。产业结构通常有以下几种类型：

1. 两大部类结构。这是从社会再生产的实现条件出发来划分的。根据各类物质产品在社会再生产过程中实现的不同，把社会生产划分为生产资料生产和消费资料生产两大部类。

2. 农、轻、重结构。按照生产对象的性质和生产方法的不同，社会物质生产部门可以分为农业、轻工业和重工业三大部门。

3. 三次产业结构。三次产业分类法基本上按照加工的层次和延伸的进程把全部经济活动划分为第一产业、第二产业、第三产业三类。第一产业是以自然存在物为对象所进行的生产活动，包括种植业、畜牧业、林业、渔业、狩猎业、水产养殖业等部门。第二产业是对初级产品进行加工和再加工的活动，包括采矿业、制造业、建筑业等工业部门。第三产业是为传递产品而进行的劳务活动，包括商业、运输业、饮食业、金融业、保险业、科学、教育、文化、卫生等一切第一、二产业以外的部门。

4. 按资源密集度分类的产业结构。依据对各种经济资源的依赖程度，国民经济各产业部门可以划分为资本密集型产业、劳动密集型产业和技术密集型产业等。这种划分方法明确了不同产业在利用资源上的显著特征，有助于从资源合理配置上来考虑确定相应的产业结构。

二、风景区经济的特点

风景区是人与自然协调发展的典型地区，其经济社会发展不同于一般的城市经济和农村经济，也不等同于单纯的旅游经济。具体说，风景区经济的特点主要表现在以下几个主要方面：

（一）特有性

风景区是一种特殊环境。它主要满足人们的精神文化需要，这种特性决定了风景区经济与一般区域经济的差别。例如作为一般区域经济主体的第二产业在风景区域往往受到较为严格的限制，这是在特殊区域中形成的特有的经济系统。

（二）依赖性

这种特点主要是指风景区经济对风景资源的依赖性。风景区经济的发展与风景资源的关系是密不可分的，风景资源是风景区经济发展的客观载体，如果风景资源破坏了，风景区经济就失去了依赖的基础，则风景区经济也将随之衰败；如果风景区不存在了，则风景区经济也将消失。

（三）服务性

由风景区提供的服务包括交通运输服务、饮食服务、住宿服务、导游翻译服务、旅游商品供应服务以及各种其他与旅游直接或间接相关的服务。这种服务不仅是一种经济行为，为风景区的发展提供直接的服务，而且还影响着风景区第三产业的发展以及风景区相关设施的结构与布局。

（四）限制性

风景区的性质决定了风景区的建设与发展必须建立在风景资源保护的基础上，风景区在产业部门的选择和产业空间的布局等方面都会由于风景资源保护而受到诸多方面的限制。如对风景区内产生三废污染的工业发展的限制，旅游服务设施建设规模的控制等。

充分认识到风景区经济的这些特点，对正确制定风景区经济发展方向和政策具有十分重要的作用。如果我们将其等同于一般的区域经济，这对风景区的保护及其建设都是不利的。

三、风景区经济发展的影响因素

在风景区这个特定的地域内，影响其经济发展的因素较多，只有对这些因素做出全面系统的分析，才能准确找出风景区经济发展的优势与不足，从而结合自身实际情况，分轻重缓急划分正确的分期建设项目，确定适合的产业经济发展政策。

（一）自然因素

自然因素包括自然条件和自然资源。自然条件系指风景区的地质、地貌、气候、水文等，它是风景区生产方式尤其是农业生产方式的主要决定因素，也是风景地貌构景的基础以及风景资源类型的决定因素；自然资源则包括作为风景资源的自然景观（也包括人文景观）以及物质生产的自然资源，其中风景资源决定着风景区的特色，是产生风景经济的"动力"资源。

（二）交通因素

风景区的外部交通是风景区与外界的联系方式，是决定风景区可达性的主要因素。它不仅能缩短空间距离，更主要的是缩短时间距离。我国一些位于主要铁路沿线的风景区游人量往往多于那些位置偏僻、交通不便的风景区，城市附近的风景区游人量也多于远离城市的风景区，这些都得益于其优越的交通区位优势。因此，在我国目前的生产力水平下，风景区的外部交通是决定旅游市场，影响风景区经济整体发展的重要因素。

风景区的内部交通往往与资源的空间分布有关。过于分散的景点加剧了游客对长时间行程的厌倦感，"旅"而不"游"的现象，影响了风景资源的综合价值。其次，风景区的路网密度、路面状况等也有一定影响。

（三）人力因素

风景区内的文教事业、商品意识、管理水平、卫生状况等因素对旅游经济的发展具有不可忽视的影响。文化教育水平低，往往对市场变动信息和游客带来的各种商品信息采集、分析能力低，而从旅游业的发展中获取更多更有价值的商品信息,其效益往往比旅游经济本身效益还大,四川峨眉山、青城山也曾是交通闭塞、贫穷落后的地区,旅游业的发展给农民带来许多有用信息,他们及时调整农村产业结构,加工、服务、交通运输业迅速发展起来,取得了很好的经济和生态效益。

此外,旅游人才这个"软资源"的作用日趋重要,它不仅影响旅游服务的质量,而且直接影响游客的游娱情趣,并通过他们产生扩散作用。对于管理决策阶层,则必须树立正确的指导思想,在保护资源的前提下开发利用,正确兼顾眼前利益与长远利益,局部利益与整体利益,在协调各部门各行业进行充分市场调研的基础上,制定风景区经济及旅游业的发展规划。

(四)经济现状因素

现状经济发展水平对风景区未来的发展有着较为重要的影响,尤其对于经济还比较落后的我国绝大多数风景区来说。经济落后的风景区,大多具有纯朴的民风和令人陶醉的自然风光及田园风光。但当地人们往往不以此为"风景",一般也难以从中获取什么效益。

总之,风景区经济系统是一项复杂的社会—地理系统。不同的地区、不同类型的风景区,影响因素具有不同的重要性。采用科学客观的分析方法,可以测算出这些因素的权重排序,然后采取相应的对策发挥特长优势,解决存在的不足,确保风景区经济稳步协调发展。

第二节 规划的内容和原则

一、规划的主要内容

风景区经济是一种建立在风景资源保护基础上的特有经济,其经济发展专项规划应以保护风景资源为前提,以相应的国民经济和社会发展计划为基本依据,重在引导和调整,以促进风景区经济健康、良好地发展。一般风景区经济发展引导规划应包括经济现状的调查与分析;经济发展的引导方向;经济结构及其调整;空间布局及其控制;促进经济发展的措施等方面的内容。

风景区经济引导规划应以经济结构和空间布局的合理化为原则,提出适合风景区经济发展的模式及保障经济持续发展的步骤和措施。一方面要通过经济资源的宏观配置,形成良好的产业组合,实现最大的整体效益;另一方面要把生产要素按地域优化组合,以促进生产力的发展。通过正确分析和把握影响经济发展的各种因素,例如资源、交通、市场、劳力、集散、季节、经济技术、社会政策等,提出适合本风景区经济发展的权重排序和对策,确保风景区经济的持续、稳步发展。

二、规划的原则要求

(一)以相应的国民经济和社会发展计划为基本依据

风景区经济是一种与风景区有着内在联系并且不损害风景资源的特有经济,也是国家和地区、国民经济与社会发展不可或缺的组成部分和特殊地区,对地方经济发展起着重要的先导作用。就基本国情和现实看,国民经济社会政策和计划是风景区经济发展的基本依据,风景区规划所决定的旅游设施和基本工程项目以及用地规划,应分批纳入国民经济和社会发展计划;同时国民经济和社会发展计划确定的有关建设项目,其选址与布局应符合风景区的布局,也应符合风景区规划的要求。这就加强了风景区规划与国民经济和社会发展之间的关系。为此,风景区规划应以相应的国民经济和社会发展计划为基本依据,并与相应的旅游发展战略相协调,形成独具风景区特征的经济发展模式。

（二）保持经济产业结构的合理化

风景区内的经济产业结构应在保护好风景资源的前提下，以风景效益为主，兼顾社会经济效益，因地制宜地合理利用风景区的风景资源和经济资源，确定主导产业，协调其余相关产业，保持经济产业结构的合理化。

首先以保护风景资源为前提，明确各主要产业的发展内容、资源配置、优化组合及其轻重缓急变化，协调风景区的主导产业和其余相关产业的发展。通过保持各产业部门结构间的比例均衡，追求社会效益、生态效益和经济效益的综合发展。例如一般风景区一方面通过充分发挥旅游业对经济的"催化"作用来促进工农业的发展，但旅游业的单项突进，就有可能加剧交通运输业的"瓶颈"效应。因此，围绕主导产业，其余一些相关产业部门必须协调发展，保持健康、良好的产业结构比例。

其次风景区内旅游经济、生态农业和工副业的发展应有利于风景区的保护、建设和管理。通过明确这些经济产业发展的合理途径，追求产业发展规模与效益的统一，促进风景区经济的可持续发展。风景区经济的发展仅仅靠规模的扩大是不行的，还必须依靠效益的增长，而且，单个产业部门经济效益的最大化也并不等于最佳的综合经济效益。比如旅游业，无限制地追求游人数量确实给旅游部门增加了收入，但却给环境生态、基础设施带来了更大的压力和破坏，也就是说，综合经济效益并不一定提高，因此，旅游业的发展速度和规模应该有一个最佳限额，达到这个限额后就"封顶"，不再追求游客数量的增长，而是争取提高游客在本地区的平均消费水平。地方工农业经济发展为旅游业提供丰富产品，尤其是具有地方特色的旅游工艺品就可以促进旅游业效益的提高。

（三）注重空间布局的合理化

风景区经济的空间布局，主要指风景区产业部门的空间位置选择，它是风景区能否在保护风景资源的前提下开发利用的重要保障。尽管我国风景区类型多样，情况各异，但产业的空间布局仍有一些共同规律。违背了这些规律，就难以合理安排风景区经济的空间布局，不但造成对景观和生态的严重破坏，而且妨碍风景区经济的持续发展。

首先应明确风景区内部经济、风景区周边经济与风景区所在地经济等三者间的差异、空间关系和内在联系。一般通过有限经营风景区内部经济，重点发展风景区周边经济；大力开拓风景区所在地经济，从而促进整个地区经济的腾飞。在有限经营风景区内部经济中，常是挖掘主营一产、限营三产、禁营二产；在重点发展外缘经济中，常在旅游基地或依托城镇中主营三产、配营二产、限营一产；在大力开拓所在地经济中，常在供养地或生产基地中主营一产、二产，在主要客源地开拓三产市场。

其次应以保护和提高风景品质，永续利用风景资源为目标，明确风景区经济的分区分级控制和引导方向，这是风景区经济空间布局的出发点。通过把生产要素分区优化组合，合理促进和有效控制各区经济的有序发展，追求经济发展和环境保护的有机统一，促进经济生产与自然风景的协调融合，实现风景区经济的空间布局合理化。

第三，明确综合农业生产分区、农业生产基地、工副业布局及其与风景保护区、风景游赏地、旅游基地的关系，促进风景区土地的科学利用，这是风景区经济合理布局的关键。为了保证风景区生态、景观的完整性，风景类用地在风景区必须得到充分的保障；生产、生活用地与风景用地更好地融合，应尽力做到生产、生活用地"风景化"，从风景审美的角度去艺术地使用这些土地创造出新的风景；科学调整土地质量、潜力、生态系统等，提高土地利用集约化水平，充分利用风景区内土地后备资源潜力，以提高土地的风景价值，做到地尽其利，物尽其用。

（四）统筹风景区经济发展，避免经济发展的破坏性倾向

风景区经济发展应遵循风景区经济的空间消长规律，统筹风景区与周边地区经济的科学合理发展，避免因经济发展而给风景区带来的负面影响。

首先应避免风景区的"城市化"。它是由于风景区（门内）部门经济尤其是第三产业的商业、饮食餐宿服务业以及交通业过于发展，而且在布局上过分集中于一些游人较多、区位较好的景区景点，从而破坏了这些地区自然景观的原有风貌及氛围。基于这一点，风景区内旅游村、旅游镇的兴起与发展是一件十分慎重的事情，它们必须与优美的自然（及人文）景观保持相当的距离。

其次应避免风景区的"孤岛化"。它是指由于风景区周围土地的过度开发或经济产业的不合理布局；工业化、都市化的发展以及环境污染等原因而使风景区周围环境恶化、风景区资源受到严重威胁的现象。我国的风景区尤其是一些城郊型风景区，"孤岛化"现象早已经存在而且相当严重和普遍，如承德避暑山庄（与外八庙）。

风景区内的景区景点同样存在"孤岛化"问题。比如景点周围不合理地布局了大量商业、服务设施、道路交通，农业上的毁林开荒，污染环境的工厂、工场（采石场等）等。如何采取有效措施解决这种"孤岛化"倾向呢？首先应将风景区经济与整个地区经济纳入统一规划，科学确定风景区域内城市（县城）发展性质和规模。其次，在风景区（景区、景点）外围划定适当的保护范围，保护范围内禁止污染性工业部门的存在（门内禁止任何工业），对于农业、服务业、交通运输业等则采用指导性原则以实现土地的合理利用。

【案例 11.1】 林虑山风景名胜区经济发展引导规划（中国城市规划设计研究院，2006 年）

一、规划原则和指导思想

1. 注重旅游村镇的旅游经济的发展，依托中心城市、合理发展旅游城镇、有选择建设旅游村，以旅游观光、旅游服务业为龙头，带动商贸、交通、邮电等相关产业的发展。

2. 以建设社会主义新农村为目标，加强风景资源保护与农村经济发展的协调，科学引导风景名胜区内农村经济发展，逐步实现农村与风景名胜区的协调发展。

3. 调整和优化农村经济产业结构，把农业发展与资源保护、风景旅游相结合，发挥农业和旅游业的联动效益，以生态观光农业为突破口，发展农村旅游和特色农产品，提高农产品的商品率和市场竞争力，切实促进农民增收。

4. 优先发展以旅游经济为龙头的第三产业，突出旅游业对经济发展的催化作用和磁场吸引作用，全面提升第三产业的前进步伐。同时重视旅游服务接待设施的建设发展，其中包括餐饮、娱乐、休闲、体育、交通运输、文化等相关行业。

二、旅游业发展规划与布局

风景区旅游业的发展布局依据风景名胜区总体规划，结合风景区旅游线路，依托中心城市、合理发展旅游城镇、有选择建设旅游村，以旅游观光、旅游服务业为龙头，带动商贸、交通、邮电等相关产业的发展。在空间布局上形成旅游城—旅游（集）镇—旅游村—旅游服务站4个层次，按辐射能力形成面积不等的旅游经济区域。各乡镇及广大的农村居民点将成为旅游业发展的主要战场，使旅游业的直接收入向乡镇居民及广大农民倾斜，使他们成为旅游业直接收入的主要受益者，同时林州市区通过发展与旅游相关的第三产业而成为旅游业发展的间接受益者。最终使整个风景区的居民都能从旅游业中获得应有的收益。

1. 林州市是风景区最重要的服务基地、交通枢纽、行政管理中心。规划以观光、度假为旅游业主导发展方向，重点发展商贸旅游、休闲购物、休闲度假等相关产品和服务，同时配套建设一批度假休闲基地，满足游人观光度假的需求。

2. 石板岩（集）镇作为林虑山风景名胜区的旅游服务基地，周边有较为丰富的自然景观和人文景观资源，既可以成为休闲观光旅游的目的地，也是自助式观光旅游的服务基地，以经营宾馆住宿、餐饮娱乐等旅游服务业以及商贸业为主，是展示风景区旅游形象的窗口。应切实加强旅游接待服务行业的综合管理，美化环境，全面提高旅游服务水平。同时大力发展旅游工艺品加工业及传统手工业，以提高旅游业发展的经济效益和社会效益。

3. 对于高家台、益伏口等旅游村、旅游服务站，这些村庄景观资源丰富，有旅游开发价值和开发基础，规划以自助式旅游为主，同时在不影响景观资源保护的基础上，可以建设一些简易的旅游服务设施，以满足简易的食宿游购需求。

三、农业发展与布局

风景区内农业发展的总体规划思路是：（1）发展观光农业，提高农业和旅游业的关联作用，提升风景区农业发展的特色；（2）发展生态农业，保持农村资源和风景资源的可持续发展；（3）调整农业产业结构，大力发展"两高一优"特色农业，提高农业经济效益。

风景区农业产业的空间布局主要分为3个层面：

1. 沿一干渠观光大道两侧，以发展观光农业为主要方向，建立特色经济林生产基地、花卉生产基地，将农业生产与观光旅游相结合，发挥农业与旅游业的关联集聚效益。

2. 在峡谷山地区域，以生态林业种植为主要发展方向，绿化荒山、增加植物景观、推行"退耕还林"战略。

3. 因地制宜，在石板岩集镇和有发展基础的村落，积极发展食品加工业，引导和鼓励个体、民营企业利用风景区丰富的资源条件，开发核桃、板栗、山楂、花椒、酸枣等具有地方特色的食品工业，创出名牌。

四、产业发展分区管制措施（略）

第十二章　土地利用协调规划

土地利用协调规划作为风景区专项规划，是风景区总体规划的重要组成部分。土地利用协调规划明确了风景区土地未来发展的利用模式，是风景区保护、建设和管理的重要依据，也是风景区可持续发展的重要措施。

第一节　土地的基本概念

一、土地资源的特性

土地一般是指地球表层的陆地部分，包括内陆水域和滩涂。如果从广义角度看，土地是指陆地及其空间的全部环境因素，是由土壤、气候、地质、地貌、生物和水文、水文地质等因素构成的自然综合体。土地是人类生存的基础，为人类的一切活动提供空间场所。土地是自然界物质循环和能量循环转换中心，蕴藏着丰富的矿藏，为人类生产、生活提供物质资源，为农业生产和人类生活提供生态条件，为人类的经济活动提供空间环境。风景区土地作为土地的特殊类型，更为人类提供游憩、景观、生态等功能，其资源的自然特性和经济特性是影响风景区土地利用协调规划的重要因素。

（一）自然特性

1. 土地资源的不可再生性和效用的永续性

土地不可再生性是指从总体上来说，土地资源是不能像其他生产要素那样通过人类劳动生产出来的生产要素。土地资源的不可再生性引起土地利用的高度紧张，人口不断增加，土地相对减少是一个世界性的普遍现象，而这个问题在我国尤为突出，人均用地远远低于世界平均水平。风景区的土地更非一般的土地，其地表上下时常负载着自然与文化遗产，连带着宝贵的风景资源，一旦遭受破坏，要恢复更加困难。然而，只要土地使用得当，土地的效用即土地的价值却会一直延续下去。

2. 土地位置的固定性和质量的差异性

土地位置的固定性是指土地相互之间具有一定的相对位置和空间关系。这种相对位置和空间关系是不以人的意志为转移的。土地位置的固定性是土地具有经济意义的主要自然特性。土地的位置不同，资源质量和特色不同，景源的分布，环境的质量和容量不同，造成了土地之间存在自然差异性。

（二）经济特性

土地的经济特性是指土地供给的稀缺性和土地效益的级差性。土地的稀缺性是土地的重要经济特性，是指土地供给相对于土地需求的稀缺。稀缺性是经济学中的一个重要概念，正因为稀缺性的存在，土地才有价格。人口的增加，相对地使土地更为稀少，土地价格不断上涨，这就是所谓的经济财物，也就是有偿物，使用者必须付出代价才能享用。

土地效益的级差性指由于土地质量的差异性而使不同的土地的生产力不同，从而在经济效益上具有级差性。

（三）社会特性

今天的地球表面，极大部分的土地已有了明确的隶属，这样使得土地必然依附于一定的拥有地权的社会权力，特别是在我国土地公有制的条件下，明显反映出土地的社会属性。风景区土地地表上下负载着自然与文化遗产，理应属国家所有。风景区土地的利用受到国家权力机构的管理和调控。

（四）法律特性

在商品经济条件下，风景区土地是一项资产。由于它的不可移动的自然特性，而归之于不动产的资产类别，同时土地地权的社会隶属（如我国实行的土地使用权有偿转让等），都经过立法程序而得到法律的认可与支持，因此使土地具有法律特性。

二、土地所有制

土地所有制是土地重要的经济特性和法律特性。土地所有制的形式，决定了生产关系的性质。土地价格和土地地租是以土地所有权的存在为前提的。一切形态的地租都是土地所有权在经济上的实现。从更确切的意义上来说，土地占有权比土地所有权更为重要。土地占有权是指占有土地的权利、方式，特别是占有的期限。土地占有权的产生是土地所有权与土地使用权分离的产物，是指土地所有权与使用权分离的方式。

风景区土地不仅是单纯的土地，它作为风景资源的载体，为人类提供的游憩、景观、生态等功能，是它区别于其他土地类型的重要特征，这种特征赋予了风景区土地独特的资源特性。

在土地利用的过程中，由于土地利用方向的改变往往具有较大困难，因而如果决策失误，往往会造成较大的损失，甚至是难以挽回。风景区土地国有化，对于加强规划、开发、管理和整治，对于风景区的合理发展、风景区土地的合理利用有重大的实际意义，它可以保证国家按照整体利益支配、使用、管理好风景区土地，做到"地尽其用"，克服土地利用上的自发性、盲目性，保证风景区规划与国土规划、区域规划、城市总体规划、土地利用总体规划及其他相关规划相互协调。

三、影响风景区土地利用的因素

（一）自然因素

自然因素包括自然条件和自然资源。自然条件是指风景区土地的位置、地貌、水文、气候、土质、植被、矿藏等，它是风景区生产方式尤其是农业生产方式的主要决定因素，也是风景地貌构景的基础，以及风景资源类型的决定因素；自然资源则包括作为风景资源的自然景观（也包括人文景观）以及物质生产的自然资源，其中风景资源决定着风景区的特色，是产生风景经济的"动力"资源。

1. 景观因素

包括山川地貌风景、优美度、特殊度、规模度、历史文化科学价值、景象组合等项目。如资源时空分布和类型组合情况评价，如果资源类型过于单一，或受季节变化限制过大，空间分布上景点离散，资源密度小，将影响风景区的整体开发价值。

2. 环境质量因素

包括气体、水体、固体、生物、阳光等项目。风景区要有空气清新、水质洁静、幽静的自然环境，否则风景美就无从谈起。

3. 环境气氛因素

包括环境容量（风景区所能容纳的游人量）、绿化覆盖率、安全稳定性、舒适性等项目。

（二）经济因素

土地利用的经济因素，首先是社会经济发展的状况对土地的需求，其次是土地利用的可能性，最后是土地利用的经济效益。随着社会经济的发展，人们在娱乐、休憩、体育、旅游等方面的需求日益提高，相应地增加风景区用地需求，其他各部门、各行各业也都对土地的占用提出越来越高的需求。协调这些需求，有区别、有步骤地满足这些需求，在不同需求之间合理地分配土地，是人们经常面临的任务。不论人们是否认识到，也不论人们是否有意识地去进行，在对土地的需求与土地资源的供给之间，客观上都存在着一个如何平衡的问题。只有掌握好这种平衡，才能够克服供求矛盾，使土地得到合理的利用。

任何项目的建设都需要大量的投资，风景区也不例外。经济因素对风景区土地利用的影响，还表现为随着社会经济的发展，以人力、物力、财力形式表现的经济条件的增强，即社会生产力水平（其中包括科技水平）的提高，从而具备了进一步利用土地的物质力量。就人力而言，包括劳动力的数量、质量，其中包括科技人员的数量和质量；就物力而言，包括可用于土地开垦、整治以及土木基本建设的机械设备、工具、材料的品种、规格和数量。财力是指国家、部门、企业、家庭和个人能够投向土地经营的资金数量。所有这些具体指标，都反映了人们利用风景区土地的可能性的大小。

一方面，社会经济的发展要求在广度和深度上加强风景区土地的利用，另一方面社会经济的发展，又使人们利用风景区土地的手段和力量不断加强，这就使土地利用的面貌不断改观。一般说来，人类社会生产力越不发达，土地利用的状况就越原始、落后，因而也就接近土地原始的自然状态；反之，土地利用的状况越受控于人类，也就日益脱离其原始的自然状态。受控水平的提高，也就意味着大大提高有限的土地的承载能力和土地生产率，这是社会进步的必然结果。当然，如果利用不当，也会出现土地的使用不当、浪费、污染、生态平衡失调等，这种情况值得警惕和防治。可见，经济发展水平对整个风景区今后的发展有着举足轻重的影响。

由于我国社会、经济、政治、文化等方面的实际情况，我们的风景区不仅有大量的旅游活动，同时还有大量的生产经营活动，使得风景区除了游憩、景观、生态功能之外还成为一种特定的经济功能。风景区的经济发展，实际上已成为一种特定的区域综合开发，因此风景区土地利用的深度和广度还必须考虑在经济上是否合算。

（三）交通因素

外部交通是风景区与外界联系的桥梁，便利的交通能大大缩短两者的空间距离。可进入交通条件、距城市远近、基础设施条件是决定风景区可通达性的主要因素，也是影响风景区经济整体发展的重要因素。

内部交通则是联系风景区各个"景点"的桥梁。风景区的内部交通往往与景源的空间分布有关，过于分散的景点会延长景点间的距离，从而加剧了游客对长时间行程的厌倦感，出现"旅"而不"游"的现象，影响了风景资源的综合价值。其次，风景区的路网密度、路面状况等对风景区土地的利用也有一定影响。

（四）市场因素

旅游市场是风景区土地利用规划最重要的依据之一。近年来，世界旅游市场正在发生变化，其趋势可以概括为：（1）旅游市场的需求主体是单身贵族、上班族、小家庭、退休者或接近退休年龄者，旅游者有更成熟的休闲游憩计划；（2）为了适应社会老龄化趋势，世界旅游市场也趋向于老年旅游市场开拓；（3）旅游者接受教育层次更高、体格更健壮，旅游产品需求更趋专业化；（4）年轻旅游者较为富有、流动性大、有追求独特的休闲经历（如健身俱乐部、野外探险、度假）；（5）传统式的、家庭取向的休闲娱乐活动增长较慢；（6）观光客逐年下降，非观光客逐年上升。

第二节　土地利用的现状调查和分析

一、土地资源现状调查的目的

风景区土地资源调查是对风景区土地资源的类型、数量、质量、空间变异，生产潜力、适宜性及其在社会经济活动中利用和管理的状况进行综合考察的一项基础性工作，其目的主要是：

（一）为土地资源管理提供基本数据

风景区土地资源是人类最宝贵的自然资源和文化资源，对风景区土地资源的科学管理是保护风景区土地的前提条件。土地管理一般有两方面的内容：即对土地利用情况的监测和对土地所有权、使用权的管理。科学的土地资源管理必须要全面掌握有关风景区土地资源特征、数量、质量、分布和环境条件等方面的资料，而且必须建立土地登记统计制度和土地档案，用图件、表格或土地资源管理信息系统存贮多类土地类型的面积和空间分布，土地利用现状及其界线，土地的质量状况，土地的权属，土地的历史情况、现状特点等。

（二）充分发挥风景区土地综合潜力的基础工作

土地利用规划是合理组织土地利用的一项综合性措施，它是在综合考察区域土地资源的基础上，对土地资源的特征、环境条件、历史情况、现状特点、空间分布、适宜性、综合潜力等做出评价后，提出土地资源合理利用与开发的意见和规划方案的一项系统工程。

（三）土地资源动态监测的实现过程

我国风景区建设中出现的毁林建房、滥采乱伐、破坏风景名胜古迹、滥建宾馆和饭店、滥建索道等破坏性建设的现象和由此出现的风景区人工化、城市化、商业化等的倾向中可以看出，土地利用规划不合理已经成为我国风景区建设中出现的严重问题。对于土地的不合理利用，将直接破坏风景区的自然生态环境和风景资源的游赏环境，造成风景区生态环境恶化，风景资源失去观赏价值，最终导致风景区性质的改变。周期性地开展土地资源清查工作，以便对土地利用现状和土地位置、数量的变化动态进行监测，随时采取措施，保护土地资源，维持生态平衡，改善或调整土地利用方式和土地利用结构。

（四）制订土地利用协调规划的重要依据

制订风景区土地利用协调规划，合理安排各类用地的比例关系，提出合理利用土地的意见，确定风景区土地未来发展的方向，都必须要有土地总面积、各类用地面积及其分布和质量状况作依据。

二、土地利用现状调查的方法与结果分析

（一）土地利用现状调查的基本方法

1. 经纬仪测图

经纬仪测图方法具有轻便、灵活、工效较高等优点。在起伏较大的地区使用这种方法测图更有其优越性。主要分为控制点测绘、碎部点测绘、记录、计算等步骤。

2. 平板仪测图

大平板仪测图方法的优点是作业组的人数较少，但观测和绘图集中在测绘员一个人身上，故影响工作效率的提高。这种测图方法在平坦地区使用比在山区更为有利。

3. 航空遥感调查

航摄像片调查是在充分研究影像特征（形状、色调、纹理、图形等）与地物、土地构成要素、土地利用等的相互关联或对应关系的基础上进行土地类型、土地利用的判读、调查和绘注等工作。航片调绘一般包括地类调查、线状地物调绘以及边界和土地权属的调绘等内容。利用航空照片进行土地资源调查可以将大量野外工作转移到室内完成。土地利用现状调查中航片调绘主要包括资料分析和划分航片调绘面积、室内预判、外业调绘和补测、室内转绘和整饰4个阶段。

4. 卫星遥感监测和机辅制图

土地是一个动态的生态系统，通过采用不同时期的遥感影像进行叠加、综合、对比，即可以准确地反映出土地利用的变化动态。另一方面，卫星遥感图像记录了地物波谱辐射能量的空间分布以及辐射能源的强弱与实际地物的辐射特性的相关性，并以CCT磁带的形式提供给用户，因此为计算机图像处理和计算机辅助制图提供了可能。因此卫星遥感监测已成为目前土地利用调查中最有效的手段。

（二）土地利用现状分析

土地利用现状分析，是在风景区的自然、社会经济条件下，对全区各类用地的不同利用方式及其结构所作的分析，包括风景、社会、经济三方面效益的分析。用表格、图纸或文字表明土地利用现状的特征，风景用地与生产生活用地之间的关系，分析土地利用结构、布局和矛盾，总结土地资源开发利用的方向、潜力、条件与利弊以及演变的规律，列举风景区土地在保护、利用、管理中存在的问题。

第三节　土地资源的分析评估

风景区土地资源分析评估，应包括对风景区内土地资源的特点、数量、质量与潜力进行综合评估或专项评估，是以保护自然与文化遗产，保护原有景观特征和地方特色，维持生物多样性和生态良性循环，充分发挥景源的综合潜力为出发点的土地评估，针对自然和人文要素的各个方面，对土地进行可比的规划评估。

一、土地资源评估的任务

1. 通过对风景区土地资源的数量、质量、结构、功能和性质的评估，为预测土地利用潜力、确定规划目标、平衡用地矛盾提供科学论证，也为风景区的土地利用提供科学的依据。

2. 通过评估，建构风景区土地资源的合理的利用结构，并使风景区在建设与管理过程中获得较高的社会效益、环境效益与经济效益。

3. 通过评估，为发挥整体效应、宏观效应提供经验，为不同类型景点的建设准备条件。

二、土地资源评估的类型

（一）土地的自然适宜性、生产潜力和土地经济评估

根据不同的目的，可以将土地评估分为土地自然适宜性评估、土地生产潜力评估、土地经济评估。土地自然适宜性评估是指土地在一定条件下，对不同的土地用途的适宜程度的综合分析与评定；

土地生产潜力评估是指土地在一定的土地利用模式下对土地的生产力水平的鉴定；土地经济评估是指土地在一定的土地利用方式下对其经济效益的综合鉴定。

（二）土地的定性评估和定量评估

根据评估的方法可以将土地评估分为定性评估和定量评估。定性评估是指评估过程中采用定性的术语进行描述、逻辑判断进行推理，其结论也是用定性的术语表示。定性评估一般用于小比例尺的土地评估，它可以根据土地的自然条件和社会经济条件对社会、环境及经济几个方面的很多效益综合评价，其成果具有概略的性质。定量评估是指评估过程中采用定量的数据，用数学方法进行推算，其结论可以用精确的数据表示。定量评估一般用于大比例尺的土地评估。

（三）土地的专项评估和综合评估

按土地评估的目标的综合性程度可以分为专项评估和综合评估。专项评估也叫单目标评估，专项评估是以某一种专项的用途或利益为出发点，例如分等评估、价值评估、因素评估等；综合评估也叫多目标评估，综合评估可在专项评估的基础上进行，它是以所有可能的用途或利益为出发点，在一系列自然和人文因素方面，对用地进行可比的规划评估。它根据风景区各项用地的综合要求合理分配土地利用的要求来评价土地。一般按其可利用程度分为有利、不利和比较有利三种地区、地段或地块，并在地形图上表示。专项评估和综合评估是相对的，相互之间没有固定的界限。有时专项评估和综合评估可以共存于一个评估工作中。

（四）土地的当前适宜性和潜在适宜性评估

评估类型的另一种区分是当前适宜性和潜在适宜性评估。当前土地适宜性的分类涉及不经大型改良而处于当前状态下的土地的好坏，进行当前适宜性评估时可以假定存在小的改良。这种改良是风景区土地利用类型规范的一个组成部分。潜在的适宜性的分类则涉及如果经过大型改良之后在将来某个时候土地的好坏。

第四节　土地利用协调规划

一、土地利用协调规划的基本概念

（一）土地利用协调规划的定义

风景区土地利用协调规划是在土地利用现状分析、土地资源评估的基础上，根据规划的目标和任务，对各种用地进行需求预测和反复平衡，拟定各种用地指标，编制规划方案和编绘规划图纸。它既是规划的基本方法，也是规划的主要成果。它是以生态环境保护和风景资源保护优先为原则，充分发挥景源的综合潜力，将风景游赏用地、游览设施用地、居民社会用地、交通与工程用地、林地、园地、耕地、草地水域等各种用地进行统筹合理安排，控制和调整各类月地，协调各种用地矛盾，限制不适当开发利用行为，形成良好的土地利用结构，以实现风景区的可持续发展。

（二）土地利用协调规划的复杂性

风景区的土地利用比较复杂，因为其风景用地往往和生产、生活用地交融在一起。两者关系处理好了，则生产、生活可以创造新的风景，如田园风光等；处理不好，生产、生活侵占风景用地，造成对风景的人为破坏。虽然从理论上可以证明商品经济条件下完全由市场调节的土地最优配置与计划经济条件下通过规划实现的土地最优配置是一致的，但却是两种完全不同的解决问题的方法。

市场经济条件下认为，每个土地使用者只要使自己的土地达到最优利用，整个风景区的土地也就达到了最优配置。而计划经济条件下，从土地规划的角度要同时做出决策，力图使所有用地达到最优利用。市场经济条件下，土地使用者在法律允许的范围内不用考虑自己对别人的影响，而风景区土地利用规划却要考虑所有用地之间的互相影响。

二、风景区用地的分类

（一）用地分类的意义

1. 风景区土地统计的前提

风景区土地分类是人们认识和掌握土地的一个重要手段和工具。通过对土地的分类可以调查、统计和掌握土地资源的类型、土地的数量、质量以及土地资源在风景区各部门之间的分配，了解土地日常变动，可为风景区土地管理提供基础资料。

2. 风景区土地规划的基础

了解和掌握了风景区土地的特性和分类，就可以根据风景区经济的发展，按照风景区土地的自然特性和它的经济适用性，因地制宜合理地把风景区土地用到它最适宜的用途上，充分发挥土地资源的作用。

3. 监督风景区土地利用的有效手段

风景区用地分类，为分析和评价风景区土地的利用状况提供了依据。据此可以建立有科学根据的风景区土地利用监督系统。

（二）风景区用地的分类内容

风景区用地分类，首先以风景区用地特征和作用及规划管理需求为基本原则，同时还要考虑全国土地利用现状分类和相关专业用地分类等常用方法，使其分类原则和分类方法协调，以便调查成果和相关资料可以互用与共享。风景区用地分类，应依照土地的主导用途进行划分和归类。风景区用地具体分类如表12-1：

风景区用地分类表　　　　　　　　　　　　　　　　表 12-1

大类	中类	小类	用地名称	范　围	规划限定
甲			风景游赏用地	游览欣赏对象集中区的用地。向游人开放	▲
	甲1		风景点建设用地	各级风景结构单元(如景物、景点、景群、园院、景区等)的用地	▲
	甲2		风景保护用地	独立于景点以外的自然景观、史迹、生态等保护区用地	▲
	甲3		风景恢复用地	独立于景点以外的需要重点恢复、培育、涵养和保持的对象用地	▲
	甲4		野外游憩用地	独立于景点之外，人工设施较少的大型自然露天游憩场所	▲
	甲5		其他观光用地	独立于上述四类用地之外的风景游赏用地。如宗教、风景林地等	△
乙			游览设施用地	直接为游人服务而又独立于景点之外的旅行游览接待服务设施用地	▲
	乙1		旅游点建设用地	独立设置的各级旅游基地(如部、点、村、镇、城等)的用地	▲
	乙2		游娱文体用地	独立于旅游点外的游戏娱乐、文化体育、艺术表演用地	▲
	乙3		休养保健用地	独立设置的避暑避寒、休养、疗养、医疗、保健、康复等用地	▲
	乙4		购物商贸用地	独立设置的商贸、金融保险、集贸市场、食宿服务等设施用地	△
	乙5		其他游览设施用地	上述四类之外，独立设置的游览设施用地，如公共浴场等用地	△

续表

类别代号 大类	类别代号 中类	类别代号 小类	用地名称	范　　围	规划限定
丙			居民社会用地	间接为游人服务而又独立设置的居民社会、生产管理等用地	△
	丙1		居民点建设用地	独立设置的各级居民点(如组、点、村、镇、城等)的用地	△
	丙2		管理机构用地	独立设置的风景区管理机构、行政机构用地	▲
	丙3		科技教育用地	独立地段的科技教育用地。如观测科研、广播、职教等用地	△
	丙4		工副业生产用地	为风景区服务而独立设置的各种工副业及附属设施用地	△
	丙5		其他居民社会用地	如殡葬设施等	○
丁			交通与工程用地	风景区自身需求的对外、内部交通通信与独立的基础工程用地	▲
	丁1		对外交通通信用地	风景区入口同外部沟通的交通用地。位于风景区外缘	▲
	丁2		内部交通通信用地	独立于风景点、旅游点、居民点之外的风景区内部联系交通	▲
	丁3		供应工程用地	独立设置的水、电、气、热等工程及其附属设施用地	△
	丁4		环境工程用地	独立设置的环保、环卫、水保、垃圾、污物处理设施用地	△
	丁5		其他工程用地	如防洪水利、消防防灾、工程施工、养护管理设施等工程用地	△
戊			林地	生长乔木、竹类、灌木、沿海红树林等林木的土地,风景林不包括在内	△
	戊1		成林地	有林地,郁闭度大于30%的林地	△
	戊2		灌木林	覆盖度大于40%的灌木林地	△
	戊3		苗圃	固定的育苗地	△
	戊4		竹林	生长竹类的林地	△
	戊5		其他林地	如迹地、未成林造林地、郁闭度小于30%的林地	○
己			园地	种植以采集果、叶、根、茎为主的集约经营的多年生作物	△
	己1		果园	种植果树的园地	△
	己2		桑园	种植桑树的园地	△
	己3		茶园	种植茶园的园地	○
	己4		胶园	种植橡胶树的园地	△
	己5		其他园地	如花圃苗圃、热作园地及其他多年生作物园地	○
庚			耕地	种植农作物的土地	○
	庚1		菜地	种植蔬菜为主的耕地	○
	庚2		水浇地	指水田菜地以外,一般年景能正常灌溉的耕地	○
	庚3		水田	种植水生作物的耕地	○
	庚4		旱地	无灌溉设施、靠降水生长作物的耕地	○
	庚5		其他耕地	如季节性、一次性使用的耕地、望天田等	○
辛			草地	生长各种草本植物为主的土地	△
	辛1		天然牧草地	用于放牧或割草的草地、花草地	○
	辛2		改良牧草地	采用灌排水、施肥、松耙、补植进行改良的草地	○

续表

类别代号			用地名称	范　围	规划限定
大类	中类	小类			
辛	辛3		人工牧草地	人工种植牧草的草地	○
	辛4		人工草地	人工种植铺装的草地、草坪、花草地	△
	辛5		其他草地	如荒草地、杂草地	△
壬			水域	未列入各景点或单位的水域	△
	壬1		江、河		△
	壬2		湖泊、水库	包括坑塘	△
	壬3		海域	海湾	△
	壬4		滩涂	包括沼泽、水中苇地	△
	壬5		其他水域用地	冰川及永久积雪地、沟渠水工建筑地	△
癸			滞留用地	非风景区需求，但滞留在风景区内的各项用地	×
	癸1		滞留工厂仓储用地		×
	癸2		滞留事业单位用地		×
	癸3		滞留交通工程用地		×
	癸4		未利用地	因各种原因尚未使用的土地	○
	癸5		其他滞留用地		×

注：规划限定说明：应该设置▲；可以设置△；可保留不宜新置○；禁止设置×。

风景区用地分类的代号，大类采用中文表示，中类和小类各用一位阿拉伯数字表示。本代号可用于风景区规划图纸和文件。

三、风景区土地利用协调规划的原则

在制定风景区土地利用规划时，必须遵循以下基本原则：

（一）突出风景区土地利用的重点与特点，扩大风景用地

风景区的类型丰富多样，从景观特性分有山岳型风景区、峡谷型风景区、岩洞型风景区、江河型风景区、湖泊型风景区、海滨型风景区、森林型风景区、草原型风景区、史迹型风景区、革命纪念地、综合型景观风景区等，如何突出风景区的重点和特点尤为重要。

（二）保护风景游赏地、林地、水源地和优良耕地

风景游赏地是游览欣赏对象集中区的用地，是风景区核心用地；林地、水源也是构成风景区组成的骨架，保护利用是我国风景区土地利用的指导思想。我国 1999 年颁布了《风景名胜区规划规范》，具体规定了风景区的保护宗旨、措施及发展方针。我国的人均耕地只有 1.5 亩（约 1000m² ）左右，不到全世界平均水平的 2/7，目前全国有 1/3 的省（区）人均耕地不足一亩（约 667m²）。保护优良耕地是我国土地利用政策的出发点。

（三）因地制宜地合理调整土地利用，发展符合风景区特征的土地利用方式与结构

大多数资源和景源，通常都具有多种利用价值，也就是资源利用的多重性或多功能性。在资源利用中，追求一物多用、综合利用、循环利用、永续利用是我们努力的方向。风景区土地利用规划

需因地制宜地合理调整土地利用，发展符合风景区特征的土地利用方式与结构。

四、风景区各类用地数量的计算及其平衡

风景区是一个有机的整体，风景区中的生产和生活活动以及各项建设事业都有内在的联系。风景区各类用地的增减变化，应依据风景区的性质和当地条件，因地制宜与实事求是地处理。通常应尽可能地扩展甲类用地，配置相应的乙类用地，控制丙类、丁类、庚类用地，缩减癸类用地。这样可以更加充分地利用风景区的土地潜力，表达风景区用地特征，增强风景区的主导效益。

风景区用地的计算分3个步骤：第一步，根据对风景区进行实际调查（现状图上度量和实地测量）的材料，计算出风景区各项用地的构成和风景区总用地；第二步，确定近期和远期的用地指标，并计算出风景区规划期的总用地；第三步，在最后定案的风景区土地规划总平面图上量出各种用地的数字，进行技术经济分析，经过调整后，编出最后的风景区用地平衡表（表12-2）。

风景区用地平衡表 　　　　　表 12-2

序号	用地代号	用地名称	面积 (km²)	占总用地(%)		人均(m²/人)		备注
				现状	规划	现状	规划	
00	合计	风景区规划用地		100	100			
01	甲	风景游赏用地						
02	乙	游览设施用地						
03	丙	居民社会用地						
04	丁	交通与工程用地						
05	戊	林地						
06	己	园地						
07	庚	耕地						
08	辛	草地						
09	壬	水域						
10	癸	滞留用地						
备注		_年,现状总人口_万人。其中:(1)游人_(2)职工_(3)居民_						
		_年,规划总人口_万人。其中:(1)游人_(2)职工_(3)居民_						

【案例 12.1】 林虑山风景区土地利用协调规划（中国城市规划设计研究院，2006 年）（图 12-1）

一、土地资源分析（略）

二、土地利用现状分析（略）

三、土地利用协调规划

1. 规划原则

（1）协调好与《林州市土地利用总体规划》等相关土地利用规划的关系，发挥土地利用总体规划的宏观调控作用。

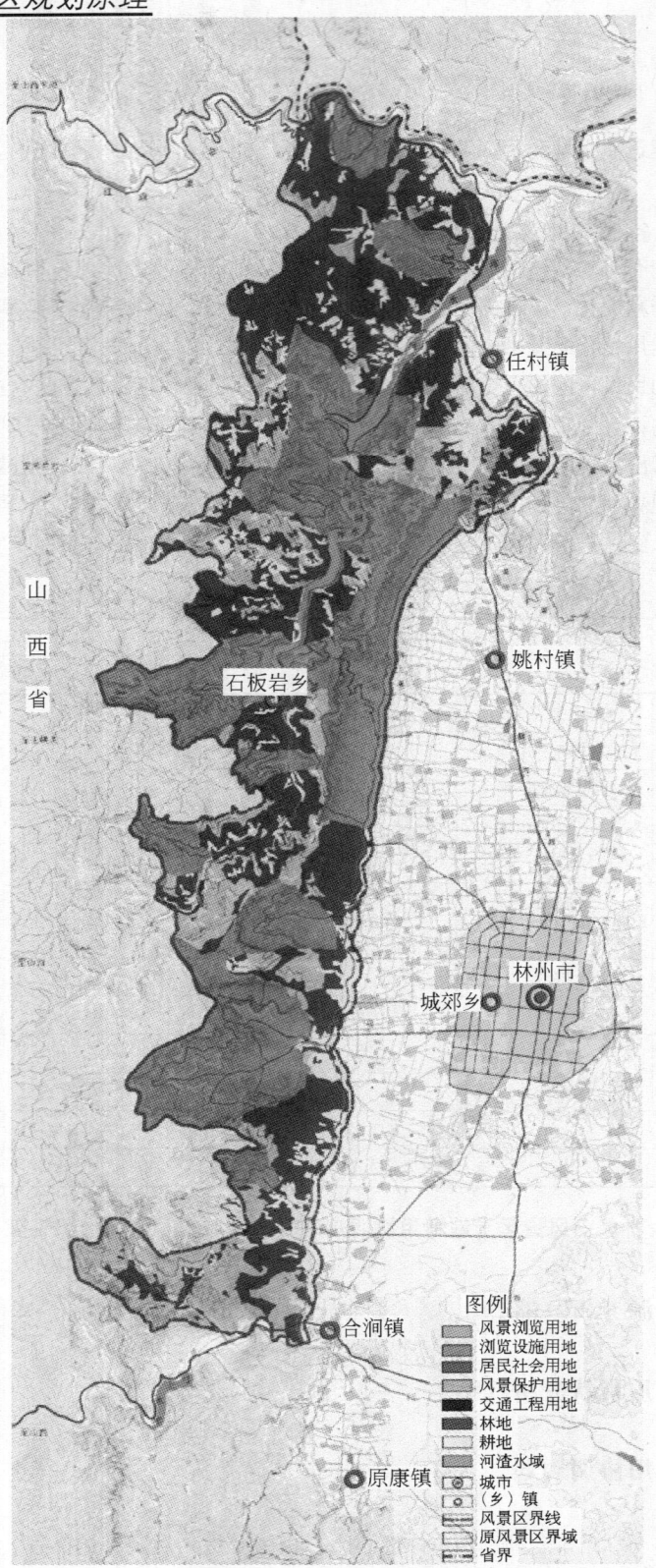

图 12-1　林虑山风景名胜区居民社会调控规划（中国城市规划设计研究院，2006）

（2）突出风景区土地利用的特点和重点，扩展风景游赏用地。对景观价值较高、风景资源较为集中，适合观赏游览的用地纳入风景游赏用地。

（3）林地、耕地等用地既是重要的土地资源，也是风景区内重要的风景资源，应该严格加以保护。

（4）在土地利用规划中确定的未利用地大多为断崖台地，属于风景区内重要的风景资源，应该加以保护与培育。

2. 土地利用分类

依据《风景名胜区规划规范》，结合风景名胜区的土地利用现状和特点，在风景区总体规划的指导下，将风景区用地分为风景游赏用地、风景保护用地、游览设施用地、居民社会用地、交通与工程用地、耕地、林地、水域 8 类（表 12-3）。

风景区土地利用规划一览表　　　　　　　　　　　表 12-3

用地类型	面积（km²）	占地百分比（％）
风景游赏用地	122.67	38.65
游览设施用地	0.1	0.03
居民社会用地	3.03	0.86
风景保护用地	33.89	10.69
交通与工程用地	3.98	1.25
林地	114.11	35.95
耕地	31.06	9.88
水域	8.54	2.69
总计	317.38	100.00

（1）风景游赏用地：主要是指游览欣赏对象集中区并且向游人开放的用地。包括风景点建设用地以及耕地、林地、园地、水域等用地，除风景点建设用地需要改变原有用地使用性质外，其他用地一般不需改变用地使用性质。规划风景游赏用地面积 122.67km²，占风景区总用地的比例由现状的 5.86% 增加到 38.65%。

（2）风景保护用地：主要是指在风景游赏用地之外，需要重点培育、恢复、涵养和保持的对象用地。规划后风景区内风景保护用地面积为 33.89km²，占风景区总用地面积的 10.69%。

（3）游览设施用地：指直接为游人服务而又独立于景点之外的旅游接待服务设施用地。规划后风景区内游览设施用地面积为 0.1km²，占风景区总用地面积的 0.03%（注：主要指风景区内集中的住宿和旅游服务设施建设用地，居民社会用地内的旅游服务设施用地不计入）。

（4）居民社会用地：指风景区内的村、镇居民点以及风景区管理机构用地。规划居民社会用地面积为 3.03km²，占风景区总用地的 0.86%。

（5）交通与工程用地：指风景区自身需求的对外、内部交通通信与独立的基础工程用地。规划后风景区的交通与工程用地面积为 3.98km²，占风景区总用地的比例由现状的 0.34% 提高到规划后的 1.25%。

(6) 林地：指风景区内未列入风景游赏用地的林地。其中林地郁闭度大于30%，灌丛的覆盖率大于40%。规划后林地面积为114.11km²，占风景区总用地的35.95%。

(7) 耕地：指风景区内与风景游赏无关的种植农作物的土地，包括旱地、水田、菜地等。规划后耕地面积为31.06km²，占风景区总用地的9.88%。

(8) 水域：指风景区内未列入景点的水面，包括坑塘、池沼、溪流等。规划后水域面积8.54km²，占风景区总用地的2.69%。

第十三章　基础工程规划

与城市社会经济的正常健康发展，需要有相应的基础设施与之相配套、相协调、相适应一样，健全完善的基础设施工程体系是保障风景区内各项游赏、游览活动正常开展进行的重要基础条件。

我国地域范围广阔，风景名胜旅游资源十分丰富，风景区类型繁多，如观光游览型、休闲游憩型、疗养度假型、综合型等。不同地区、不同功能类型风景区所包含设置的旅游观光、休闲活动项目千差万别，因而，其对配套基础设施的需求状况也不尽相同。通常，在风景区总体规划阶段，需要进行合理预测、统筹规划考虑的基础设施工程规划内容包括：给水工程、排水工程、供电工程、通信工程、燃气工程、供热工程、环境卫生设施和综合防灾8个方面，具有较强的工程性、技术性特点。

通常情况下，风景区一般均远离城市建成区。风景区内各项旅游活动正常开展对于燃气的需求量，相对城市而言非常小。从经济合理性的角度出发，风景区能源供应应以电能和瓶装液化石油气为主，无需规划建设管道燃气工程。在我国北方地区，冬季寒冷季节人们为维持正常的生活、工作和生产活动，必须采取相应的取暖措施来予以保障，通常通过建立各种集中或分散供热设施系统来满足需要。但对于北方寒冷地区的风景区来说，到了冬季寒冷季节，各项旅游观光游览活动往往也由于气候原因而处于停歇或半停歇状态，因此对于冬季采暖的需求也非常有限。与此同时，考虑到经济上的合理性和风景区大气环境质量保护的要求，即使有少量的采暖需求，也不提倡通过规划建设区域集中供热设施系统或自建风景区独立供热设施系统的方式来满足需要，而宜采用空调取暖或电加热设施取暖的方式予以解决，既经济、又环保。

因此，本部分内容仅对在风景区总体规划过程中，必须进行合理统筹规划，同时也是不可或缺的几项重要基础设施工程，提出相关的具体规划原则、规划要求和规划方案，包括给水、排水、供电、通信、环境卫生设施和综合防灾6个方面的具体内容。

第一节　规划主要任务

相对城市而言，风景区的功能较为单一和简单，并且因风景区的主要功能类别和游览时节不同，对基础设施的需求差别很大。风景区基础设施工程规划的主要任务是：根据风景区规划发展目标和对各种不同类型基础设施的具体需求状况，合理预测确定规划期内相关基础设施工程的用量需求与设施规模，结合风景区周边的城镇基础设施建设现状与规划情况，因地制宜、合理地确定各项基础设施的具体规划建设方案，科学布局各项设施，制定相应的设施建设策略与保护措施。

一、给水工程规划主要任务

根据风景区及周边相邻城镇的供水水源和供水设施情况，合理选择确定风景区供水水源和供水设施的规模；科学布局风景区供水设施和各级供水管网系统，满足风景区内各类用户对供水水质、水量、水压的相应要求；同时，制定或提出相应的供水水源保护措施。

二、排水工程规划主要任务

根据风景区自然环境和用水状况以及周边相邻城镇的排水设施规划建设情况，合理确定规划期内的风景区污水产生量，污水处理方式和处理设施规模，雨水排放方式和排放设施规模；科学布局污水处理厂（站、装置）等污水处理设施、排涝泵站等雨水排放设施，以及各级污水、雨水收集管网系统；制定或提出相应的风景区水环境保护、污水再生利用对策与措施等。

三、供电工程规划主要任务

结合周边城镇电力资源和供电设施状况，合理预测规划期内的风景区用电量负荷，确定供电电源和供配电设施的规模、容量、电压等级；科学布局变电所（站）等变配电设施和配电网络；制定或提出各类供电设施和电力线路的具体保护措施。

四、通信工程规划主要任务

结合周边城镇通信现状和发展趋势，确定规划期内风景区通信发展目标，合理预测通信需求量；合理确定规划期内风景区邮政、电信、广播、电视等各种通信设施的规模和容量；科学布局各类通信设施和通信线路；制定或提出通信设施和通信线路的保护措施。

五、环境卫生设施规划主要任务

结合周边城镇环卫设施建设现状和发展规划，合理预测规划期内风景区各类生活垃圾产生量，确定垃圾收集、运输、处理方式；合理确定风景区主要环境卫生设施的数量和规模；科学布局垃圾收集、转运设施和公共厕所等各种环境卫生设施；制定或提出风景区环境卫生设施的隔离和防护措施。

六、防灾工程规划主要任务

根据各风景区具体的自然环境条件特点和特殊要求，确定风景区防灾工程的具体内容；科学布局风景区各项具体防灾设施；制定或提出风景区各类灾害防治的具体防护管理对策与措施。

第二节 规划原则

风景区基础设施工程规划是风景区总体规划过程中一项必不可少的配套专业内容规划，其主要作用是为风景区内的各项旅游观光、休闲娱乐活动场所和餐饮、住宿、商业等旅游服务设施正常运行提供必要的基础设施保障条件。不同于城市基础设施工程规划，风景区内的基础设施工程规划需特别加强与风景区的相互协调关系，基础设施建设要尽量避免与风景区的自然景观环境和风景区整体风貌相冲突，尽可能实现基础设施工程与风景区的自然、人文景观相和谐、相统一。

为此，风景区基础设施工程规划应遵循以下几条基本原则：

1. 基础设施工程作为风景区总体功能发挥和各项游览、游赏活动正常开展的基础性支撑保障系统，其规划必须服从和服务于风景区的总体规划，必须与风景区的规划目标、规划年限相一致，与风景区的规划功能性质、职能定位相适宜，满足风景区各项旅游服务设施正常功能发挥的需要。

2. 基础设施规划项目内容与风景区对其实际需求状况相一致；规划深度与风景区规划阶段相适应。

3. 充分考虑周边城镇现有基础设施条件和规划发展趋势，具备条件的，应尽可能和周边城镇的基础设施共享利用，避免设施重复建设，减少工程投资，节省运行成本，提高设施利用效率。

4. 基础设施规划建设应符合风景区风景资源的保护、合理开发利用和管理要求；不得破坏自然景观环境和影响游览观赏视线，尽可能实现与周围自然人文景观的和谐、协调、统一。

5. 基础设施工程规划技术标准应与各专业相应的国家或行业技术标准、规范相一致，并遵循各自专业的国家或行业技术标准、规范。

第三节　给水工程规划

水是生命之源，也是风景区正常运转和各项功能正常发挥必不可少的支持要素与基本保障条件。风景区给水工程规划的目标就是安全可靠、经济合理地供给风景区内的各项用水需求，满足各类用水对象对供水水量、水质和水压的要求。

一、用水量指标确定

风景区内的用水类型划分，按照不同的用途可划分为生活用水、市政用水和消防用水 3 大类，其中生活用水主要包括宾馆旅社、餐饮饭店、休闲娱乐活动场所、商业零售场所等旅游服务设施用水和风景区配套行政管理办公场所、游客服务中心用水等，用水水质需符合《生活饮用水卫生标准》(GB 5749—2006)，水压符合《室外给水设计规范》(GB 50013—2006) 规定。市政用水，主要包括风景区内的道路保洁浇洒用水、绿化用水、车辆冲洗用水和景观河湖补水等。消防用水，主要是指为保障风景区内一些重要或特殊建筑物等的防火安全所需要的用水。风景区总用水量，包括风景区内的各项生活用水、市政用水和消防用水等，各类用水量的多少需根据用水量标准来进行预测确定。

用水量指标，是指规划期内风景区不同用水对象如单位床位数、单位人口、单位场所面积等所采用的用水量定额。用水量指标的选取既是风景区用水总量预测的基础，也是风景区给水、排水工程规划设计的主要依据。用水量指标的确定必须科学合理，既要符合当地实际，又需具有一定的超前性。如果指标定得过高，将造成资源和设施的浪费以及各类成本的提高；但如果指标定得过低，则不能满足需要，影响风景区的正常运转和长远发展。不同用水对象，应采用不同的用水量标准，自然条件的不同和社会经济发展水平的差异，将直接影响到用水量标准的大小。

针对我国地域广阔，不同地区的自然气候条件和经济发展水平差异悬殊，用水量标准将会有一定的差别，规划确定风景区各不同用水对象的用水量指标，除参照国家现行《城市给水工程规划规范》(GB 50282—98)、《室外给水设计规范》(GB 50013—2006) 和《建筑给水排水设计规范》(GB 50015—2003) 等相关规范规定外，还应结合当地用水的实际情况和未来发展趋势，经综合考虑后确定。为提高给水工程规划的适应性和指标选取时的可操作性，用水量指标应保持一定的弹性，即指标值包含一定范围的变化幅度。风景区主要旅游服务设施和配套服务设施用水量指标的选取，可参照表 13-1 确定。

二、用水量预测

风景区用水量预测，是指采用一定的预测方法，对某一规划时期内的风景区用水需求总量进行预测。用水量预测时限与风景区总体规划年限相一致，一般分近期（5 年左右）和远期（15～20 年）。

风景区旅游服务设施和配套服务设施用水量指标 表 13-1

用水设施名称	单 位	用水量指标	备 注
宾馆客房 　旅客 　员工	 L/床·日 L/人·日	 250～400 80～100	不包括餐厅、厨房、洗衣房、空调、采暖等用水；宾馆指各类高级旅馆、饭店、酒家、度假村等,客房内均有卫生间
普通旅馆、招待所、单身职工宿舍	L/人·日	80～200	不包括食堂、洗衣房、空调、采暖等用水
疗养院、休养所	L/床·日	200～300	指病房生活用水
餐饮、休闲娱乐业 　中餐酒楼 　快餐店、职工食堂 　酒吧、咖啡馆、茶座、卡拉 OK 房	 L/人·次 L/人·次 L/人·次	 40～60 20～25 5～15	
商业场所	L/m²·日	5～8	
办公场所、游客服务中心	L/人·班	30～50	
道路浇洒用水	L/m²·次	1.0～1.5	浇洒次数按气候条件以 2～3 次/日计
绿化用水	L/m²·d	1.0～2.0	
洗车用水	L/辆·次	40～60	指轿车采用高压水枪冲洗方式
消防用水	—	—	按《建筑设计防火规范》(GB 50016—2006)规定确定
不可预见水量	—	—	含管网漏失水量,按上述用水量的 15%～25% 计算

针对风景区内用水对象和用水类型的特殊性，用水总量预测通常采用分类用水量求和的方法得到，如下式：

$$Q = \sum Q_i \qquad (13-1)$$

式中　Q——风景区总用水量；

　　　Q_i——风景区各类用水量预测值。

三、供水水源选择

风景区供水水源选择，根据规划期风景区用水需求量预测情况，首先考虑是否具备能和邻近的城市（镇）共享共用供水设施的条件，否则需独立选择供水水源，规划建设相应的取水水源和供水工程设施。

供水水源分为地下水源和地表水源。通常，地下水由于经地层过滤且受地面气候及其他因素的影响较小，具有水质稳定、水质较好、不易受污染等优点，但相对地表水源又存在着水量受埋藏与补给条件影响较大，径流量相对较小，水的矿化度和硬度较高等缺点。地表水源情况与地下水源正好相反，水质状况受各种外部因素影响较大，易受到污染，但矿化度、硬度较低，径流量一般较大，季节变化性较强。

风景区供水水源选择，根据风景区所在地水源供给条件、用水需求量大小等实际情况，经技术、经济综合比较后确定。一般来说，风景区规模较大，用水量需求较高，不具备与周边城市（镇）共用供水设施，但所在地区供水水源条件较为优越的情况下，水源选择按照统筹考虑地表水与地下水，优先考虑选用水量充沛、水质较好、距离较近、取水条件便利的地表水源作为供水水源，地下水源作为补充备用。目前，随着整个社会对风景旅游观念的逐步改变，逐渐由过去的低层次、粗放式旅游向正规化、高品质旅游方向发展，人们对于风景区各种自然资源和生态保护的意识不断增强。当前大多数风景区在进行总体规划时，都尽可能地提出了风景区内游、风景区外住，山上游、山下住的规划设计理念和思路，并据此理念规划布置各类配套旅游服务设施，因此，真正风景区内的实际用水需求量并不大。针对这种情况，通常选择水量足够、水质稳定较好、不会对周边环境造成影响的地下水源或山溪、泉水作为风景区内的供水水源。

不论是地表水，还是地下水，供水水源水质都应当符合《生活饮用水水源水质标准》（CJ 3020—93）规定，其中地表水源还需满足《地表水环境质量标准》（GB 3838—2002）中适宜作为生活饮用水水源的标准要求。水源水质较好，通常只需经消毒处理或简易净化处理（如过滤、消毒）后，即可供给使用。如果水源受到轻度污染，经常规净化处理（如絮凝、沉淀、过滤、消毒等）后，水质达到《生活饮用水卫生标准》（GB 5749—2006）规定，可供给使用。若水源水质超过《生活饮用水水源水质标准》规定，不宜作为生活饮用水水源，但限于客观条件制约，需要加以利用时，需采用相关的深度净化处理技术进行净化处理，出水水质符合《生活饮用水卫生标准》规定，并取得当地卫生主管部门批准后，供给风景区使用。

四、给水工程规划

风景区给水系统规划主要是对为风景区提供供水服务的供水厂、输配水管网等相关供水设施提出相应的具体规划建设要求与规划方案。设置供水厂的目的是通过一系列的净水构筑物和净水处理工艺流程，去除原水中的悬浮物质、细菌、藻类等常见有害物质以及铁、锰、氟等金属离子和某些有机污染物，使净化后的水质能够满足风景区内的各项用水水质要求。输配水管网是满足风景区正常供水需求的重要设施，同时也与道路、排水等其他市政设施的规划布局密切相关，因此必须对其布置原则提出明确的规划要求。

（一）供水厂规划布置

根据风景区总体规划所确定的各项旅游服务设施和配套服务设施用地布局规划方案，选择在风景区内的市政公用设施用地靠近主要用水区域，特别是用水量最大区域的合适位置，规划建设风景区供水厂。水厂厂址应选在工程地质较好，不受洪水威胁，地下水位低，地基承载能力较大，湿陷性等级不高的地方，以降低工程造价；同时，尽可能设在交通便利、输配电线路短的地段。具备条件时，应尽可能采用重力输水，以节省运行费用。

水厂净水工艺在满足出水水质符合《生活饮用水卫生标准》（GB 5749—2006）要求基础上，力求简单有效，以降低工程投资，减少生产成本，方便运行管理，通常情况下采用常规净水处理工艺（原水——混凝沉淀——过滤——消毒——出水）即可达到要求。若水源受到轻微污染，常规净水处理工艺不能满足要求时，可考虑采用深度净化处理工艺，或另选供水水源，并通过技术经济比较后确定。

供水厂设计规模按风景区最大用水需求量确定，并根据风景区的规划期限，考虑近远期结合和分期实施的要求。不同建设规模水厂的用地指标，依据《室外给水排水工程技术经济指标》和《城市给水工程规划规范》，可参照表 13-2 确定。水厂厂区周围要求设置宽度不小于 10m 的绿化带。

风景区供水厂用地控制指标 表 13-2

水厂设计规模	单位供水量用地指标[m²/(m³/d)]	
	地表水沉淀净化处理工艺综合指标	地表水过滤净化处理工艺综合指标
10 万 m³/d 以上	0.2～0.3	0.2～0.4
2～10 万 m³/d	0.3～0.7	0.4～0.8
1～2 万 m³/d		0.8～1.4
0.5～1 万 m³/d	0.7～1.2	1.4～2.0
0.5 万 m³/d 以下		1.7～2.5

（二）供水管网系统布置原则

供水管网由输水管（由取水水源到供水厂的管道）和配水管（由供水厂到各用户的管道）组成，供水管网定线力求简短。供水管网的布置形式，根据风景区总体规划布局方案、用户分布及对用水的要求等，在确保正常工作或在局部管网发生故障时，能够保证风景区内不中断供水，可采用环状与枝状相结合的方式，总体布置成环状，局部地区可采用枝状。通常，在风景区主要供水区采用环状管网，提高供水安全可靠性；在用户分散的边远地区或用水量不大且用水保证率要求不高的地区可采用枝状管网布置方式，节省投资。另外，一般在风景区建设初期采用枝状管网，随着风景区的发展完善，逐步形成环状管网布置。

风景区供水管网的布置，根据规划用水区域地形条件，沿现有或规划道路敷设，并尽量避免在重要道路下敷设。供水管道埋深，根据当地气候、水文地质条件和地面荷载情况确定。通常在满足供水要求的前提下，优先考虑选用成本低、易施工、维修便利、防腐性能好的新型供水管道管材，如新型塑料给水管或玻璃钢管。

风景区供水管网的布置充分考虑近期建设和远期发展的需要，留有余地。加强风景区内供水管道的日常维护管理与检修工作，减少供水事故发生，提高供水安全可靠性。

第四节 排水工程规划

风景区内除了需要有完善的给水系统外，还必须具有良好的排水系统。排水工程规划就是对风景区内所产生的各种污水、雨水的达标处理和顺利排除进行全面系统的安排和布局，保护环境免受污染，实现风景区社会效益、经济效益和环境效益的全面协调发展。

一、排水体制选择

风景区内需要排除的水，按照其来源和性质分为污水和雨水两大类，其中污水通常仅含生活污水。风景区生活污水通常是指风景区内的宾馆、饭店、商业娱乐场所、办公管理场所等处所产生的污水，这类污水中含有较多的有机污染物质，并带有病原微生物和寄生虫卵等，必须经过处理，达到相应的标准后，方可排放。

合理选择排水体制是排水系统规划中十分重要的问题。它不仅关系到整个排水系统是否实用和能否满足环境保护的要求，同时也影响排水工程的建设投资和日常运行维护费用。基于风景区对环境保护的要求较高，排水体制通常采用雨、污分流制。风景区内各项旅游服务设施和配套服务设施所产生的各种生活污水，经污水管道收集、输送至污水处理设施处理达标后，排入水体或进行再生利用。雨水的排除通常通过地面漫流，就近进入风景区内不成系统的明沟或小溪流，然后汇入较大的排放水体。

二、污水工程规划

污水工程规划分为污水管道系统规划和污水处理设施（污水处理厂）规划两部分。污水收集管道系统规划的主要任务包括污水产生量的确定、排水区域的划分、污水管道的定线和在道路上的位置确定等内容。污水处理厂规划主要是厂址选择、用地规模确定以及污水处理工艺的选择等。

（一）污水量预测

风景区污水产生量大小的确定，是污水收集管道系统和污水处理厂规划设计的基本依据。

风景区污水产生量的预测可以通过综合用水量（平均日）乘以污水排放系数求得。污水排放系数是指在一定计量时间（年）内的污水排放量与用水量（平均日）的比值。由于风景区的用水主要是由各类生活用水组成，风景区污水产生量由综合用水量（平均日）乘以综合生活污水排放系数得到。相对城市而言，风景区给排水设施完善程度和排水设施规划普及率都将更高，污水排放系数可取 0.85～0.9，即污水产生量可按综合用水量（平均日）的 85%～90% 进行估算预测。地下水位较高地区，还应适当考虑地下水的渗入量。

（二）污水管道系统布置

风景区污水管道系统布置力求用最短的管线，在顺坡的情况下使埋深较小，把规划区内最大面积上的污水送往污水处理设施，进行达标处理排放。污水管道定线充分利用地形条件，在整个排水区域地势较低地带，敷设污水主干管和干管，便于支管的污水自流接入。污水管道一般沿现有或规划道路布置并与道路中心线平行，通常设置在污水量较大，地下管线较少的一侧的人行道、绿化带或慢车道下。污水输送尽可能采用重力流形式，尽量不设或少设中途提升泵站，节省基建投资及日常运行管理与维护费用。

污水管道的埋深在满足技术要求的条件下越小越好。管道最小覆土厚度根据当地的冻土深度、管道外部荷载和房屋连接管的埋深等因素综合考虑确定，理想覆土厚度为 1～2m。我国室外排水设计规范规定，没有保温措施的生活污水管道其内底面可埋设在冰冻线以上 0.15m；有保温措施或水温较高的污水管道其管底在冰冻线以上的标高还可以适当提高。污水管道在车行道下的最小覆土厚度不小于 0.7m，在非车行道下其最小覆土厚度可以适当减少。通常情况下，污水管道为重力流，管道都有一定的坡度，在确定下游管段埋深时需考虑上游管段的要求，在气候温暖、地势平坦的地区，污水管道最小覆土厚度往往决定于管道之间衔接的要求。

污水管道管材应具有一定的强度，抗渗性能好，耐腐蚀及良好的水力条件，并应考虑造价低，尽量就地取材。目前，常用的污水排水管渠主要有混凝土管、钢筋混凝土管和塑料管。混凝土管和钢筋混凝土管制作方便、造价较低、易于就地取材，在排水工程中应用十分广泛，但容易被碱性污水侵蚀，质量大，搬运不便，管段较短，接口较多。近年来新兴发展起来的新型塑料排水管（如硬聚氯乙烯管——UPVC 管），由于其具有较强的耐腐蚀性与良好的水力条件，材质轻，施工维修方便，得到了广泛的应用。

通常情况下，污水管道系统的上游部分流量很小，若根据流量计算，其管径必然很小，管径过小极易堵塞。当采用较大管径时，可选用较小的坡度，使管道埋深减小。若按计算所得的管径小于最小管径，可采用最小管径。设计流量很小而采用最小管径的设计管段称为不计算管段。不计算管段不进行水力计算，没有设计流速，可直接规定其管道的最小坡度。依据《室外排水设计规范》（GB 50014—2006）规定，污水管道最小管径和最小设计坡度可按表 13-3 确定。

风景区污水管道最小管径和最小设计坡度 表 13-3

管 道 位 置	最小管径(mm)	最小设计坡度
风景区街坊内	200	0.004
风景区街道下	300	0.003

污水管网系统规划需处理好近远期的关系，以近期建设为主，考虑远期发展需要，并在规划中明确分期建设安排。

（三）污水处理设施规划

污水中通常含有大量的有害、有毒物质，如不经过处理任其自由排放，必然会污染水体、恶化环境、传播疾病，严重危害风景区的自然环境和游人身心健康。因此，风景区污水在排放前必须进行达标处理。

根据风景区污水量产生情况，首先考虑周边相邻城镇是否建有城镇污水处理设施和是否具备与其共享、共用的便利条件。否则，需独立设置风景区污水处理设施（装置、站、厂等）。根据风景区的规划用地布局方案和各项旅游服务设施、配套服务设施的布设情况，选择在风景区市政公用设施用地的合适位置（如风景区下风向，并保持有一定宽度的隔离地带，地势较低，排水出口靠近水体或再生水利用场所，用地的水文地质、工程地质条件较好，交通便利、水电供应条件良好等），规划设置风景区污水处理设施。污水处理厂建设用地面积与污水产生量和处理方式有关，针对不同污水产生量、不同处理级别污水处理厂所需的用地面积指标，可参照表 13-4 确定，同时还需根据具体情况，考虑未来风景区进一步发展扩大对污水处理厂发展用地的需求。

风景区污水处理厂规划用地指标 表 13-4

建设规模	用地指标[$m^2/(m^3/d)$]		
	一级污水处理工艺	二级污水处理工艺（一）	二级污水处理工艺（二）
10～20 万 m^3/d	0.4～0.6	0.6～0.9	0.8～1.2
5～10 万 m^3/d	0.5～0.8	0.8～1.2	1.0～2.5
2～5 万 m^3/d	0.6～1.0	1.0～1.5	2.5～4.0
1～2 万 m^3/d	0.6～1.4	1.0～2.0	4.0～6.0

注：1. 用地指标是按生产必需的用地面积计算。

2. 本指标不包括厂区周围绿化带用地。

3. 污水处理级别按处理工艺流程划分：

一级处理工艺流程，主要为泵房、沉砂、沉淀及污泥浓缩、干化处理等。

二级处理（一），其工艺流程主要为泵房、沉砂、初次沉淀、曝气、二次沉淀及污泥浓缩、干化处理等。

二级处理（二），其工艺流程主要为泵房、沉砂、初次沉淀、曝气、二次沉淀、消毒及污泥提升、浓缩、消化、脱水及沼气利用等。

污水处理设施工艺流程的选择，根据出水出路和用途确定。处理后的出水排入地表水体，其处理工艺应能满足出水水质符合《地表水环境质量标准》（GB 3838—2002）和《城镇污水处理厂污染物排放标准》（GB 18918—2002）中的相关规定。处理后的出水用于农田灌溉，污水处理工艺应能满足出水水质达到《污水灌溉农田水质标准》（GB 5054—92）的规定。处理后的出水回用于风景区杂用水、景观环境用水用途，污水处理工艺应能满足出水水质达到国家相关污水再生利用水质标准，如《城市污水再生利用 城市杂用水水质》（GB/T 18920—2002）和《城市污水再生利用 景观环境用水水质》（GB/T 18921—2002）等相关标准规定要求。污水处理工艺在满足相应的出水水质要求前提下，应力求占地小、简单高效，以降低投资、减少成本、方便运行管理。污水处理按处理程度划分，通常分为一级、二级和三级。一般情况下，风景区污水采用常规二级生化处理工艺即可达到国家规定排放水体的标准要求，若风景区水体对出水排放要求特别高或考虑出水进行再生利用，可采用更进一步的三级深度处理工艺。妥善考虑风景区污水处理厂污泥的运输和无害化处理、处置途径问题。

污水处理厂处理规模按风景区污水量产生情况确定，并根据规划期限，考虑近远期结合、分期实施。

三、雨水工程规划

相对城市而言，风景区雨水工程规划更为简单一些，雨水管渠系统规划的主要任务是确定或选用当地暴雨强度公式，确定雨水排水区域与排水方式，进行雨水管渠的定线，确定雨水排放通道和排放口位置等相关内容。

（一）雨水管渠水力计算

雨水管渠的设计，假定降雨在汇水面积上均匀分布，选择降雨强度最大的雨量作为设计依据。根据当地多年的雨量记录推算得出的暴雨强度公式，作为雨水管渠设计的依据。

按照规范，暴雨强度公式一般采用下列计算公式得到：

$$q = \frac{167A_1(1 + c\lg P)}{(t + b)^n} \tag{13-2}$$

式中　　　q——暴雨强度（L/s·10^4m²）；

　　　　　P——重现期（年）；

　　　　　t——降雨历时（min）；

A_1，c，b，n——地方参数，根据各地统计方法进行计算确定。

通常，各地都有可直接应用的暴雨强度公式，在进行风景区雨水管渠系统规划设计时，直接采用即可。

（二）雨水管渠系统规划

风景区雨水管渠系统规划布置的总原则是使雨水能够顺利地从风景区内排泄出去，同时实现既合理、又经济的目标。

风景区内雨水径流的水质虽然和它流过的地面情况有关，但由于风景区内一般都不可能存在易产生污染的工业企业等生产性设施，因此，即使是初期雨水也会是比较清洁的，直接排入邻近水体，不致破坏环境卫生，也不会降低水体的使用功能和经济价值。

通常情况下，风景区一般都具有较为适合雨水自然排放的有利地形条件。雨水排除可充分利用地形条件，按照高水高排、低水低排的原则，以最短的路线和较小的管径，依靠重力流将雨水就近排入邻近的河湖、洼地、山溪等自然水体，不需另行处理。若风景区的主要规划设计区域傍山建设，需在建设区周围设截洪沟渠（管），拦截坡上的径流，排除山洪雨水。

风景区雨水管渠沿道路敷设，干管设在排水区的低处道路下。干管在道路横断面上的位置最好位于人行道下或慢车道下，以便检修。为达到雨水地面径流顺畅的目标，参照《室外排水设计规范》，设计道路纵坡应控制在 0.3%～6% 范围之内。风景区内主要道路根据纵坡、路面积水情况，在道路两侧间隔 50～80m 设置雨水口。

为确保雨水管渠正常工作，避免发生淤积、冲刷等情况，《室外排水设计规范》对雨水管渠的最小管径和最小设计坡度作出了相应的规定，具体为：雨水支干管最小管径 300mm，相应的最小设计坡度为 0.003；雨水口连接管最小管径 200mm，设计坡度不小于 0.01。梯形明渠底宽最小 0.3m。

雨水管渠的最小覆土厚度，在车行道下一般不小于 0.7m；在冰冻深度小于 0.6m 的地区，可采用无覆土的地面式暗沟。雨水管渠的最大埋深与理想埋深同污水管道一致。雨水明渠应避免穿过风景区内的高地。

第五节　供电工程规划

安全可靠的供电系统是确保风景区内各项活动正常开展的重要基础保障条件。供电工程规划的主要任务是在对风景区用电负荷需求进行科学合理预测的基础上，确定可以满足风景区用电需求的供电电源，风景区内所需设置的配电所及开关站位置、容量和用地要求，以及风景区内供电线路的定线和埋设要求等，为风景区正常运行提供充足、安全可靠的电力供应。

一、用电负荷预测指标

用电负荷预测是供电工程规划的基础依据，供电规模、变配电站（所）容量、输配电线路的输电能力等均依据用电负荷预测结果来确定。如果变配电站（所）和输配电线路的容量选择过大，将造成设备的积压和浪费。反之，则不能满足需要，影响风景区各项活动的正常开展。因此，用电负荷的科学合理预测是供电系统规划的基础。

风景区用电主要由宾馆旅社、餐饮饭店、休闲娱乐活动场所、商业零售场所等旅游服务设施用电，行政管理办公场所、游客服务中心（站、点）等风景区配套服务设施用电，风景区广场、道路照明用电以及风景区供排水处理设施用电等几部分组成。

针对风景区用电类别的特殊性，参照《城市电力规划规范》（GB/50293—1999）和其他相关规范、规定，风景区用电量负荷预测根据不同用电场所的用电性质和用电类别，综合采用单位建设用地负荷密度指标法和单位建筑面积负荷密度指标法进行预测。若风景区内含有部分城镇居民，采用人均城市居民生活用电量指标进行用电量负荷预测。公共建筑单位建筑面积负荷密度大小，主要取决于建筑等级、规模和需要配套的用电设备完善程度。其中，宾馆、饭店还与所选用空调制冷机组的型号、综合性营业项目（餐饮、娱乐、影剧等）的多少有关；商业建筑还与营业场地的大小、经营商品的档次、品种等有关。

风景区单位建设用地用电负荷密度指标和部分公共建筑单位建筑面积用电负荷密度指标的选取，分别参照表 13-5 和表 13-6 确定。

风景区单位建设用地用电负荷指标　　　　　　　表 13-5

用 地 分 类	单 位	用电量指标	备 注
高档别墅、宾馆用地	W/m²	30～40	
普通旅馆、家庭客栈用地	W/m²	20～30	
商业、旅游服务业用地	W/m²	20～40	
休闲娱乐用地	W/m²	20～35	
行政办公用地	W/m²	15～25	
其他公共设施用地	W/m²	15～20	科研、疗养、宗教活动场所等
广场、道路、停车场用地	kW/km²	20～25	
市政公用设施用地	kW/km²	800～850	供排水、供电、邮电、环卫设施等用地

风景区单位建筑面积用电负荷指标　　　　　　　表 13-6

公共建筑名称	单 位	单位建筑面积负荷密度
中高档宾馆 　吸收式制冷 　压缩式制冷	W/m² W/m²	25～40 40～80
大型商场	W/m²	80～100
中、小型商场	W/m²	30～50
行政管理办公楼	W/m²	40～60

二、供电工程规划

(一) 变配电所规划

风景区供电电源通常引自相邻城镇变电所（站），变电所（站）电压等级一般为 220kV、110kV、35kV 和 10kV。

根据风景区用电量负荷预测情况，再根据风景区的规划用地布局方案以及各项旅游服务设施和配套服务设施的布设情况，选择在风景区市政公用设施用地，靠近用电负荷中心区域的合适位置设置风景区配电所及开关站，从邻近城镇变电所（站）引入风景区供电电源。变电所主变压器台数不宜少于 2 台或多于 4 台，单台变压器容量应标准化、系列化，且不宜大于下列数值：

　　　　　　　220kV　　　　　　180MVA

　　　　　　　110kV　　　　　　60MVA

　　　　　　　35kV　　　　　　　20MVA

主变压器容量过大，造成低压出线过多，带来出线走廊困难，或造成低压线输送过远，不经济。主变压器台数多采用 2 台。35～220kV 变电所主变压器单台容量选择，应符合表 13-7 规定。

35～220kV 变电所主变压器单台容量表　　　　　　　表 13-7

变电所电压等级	单台主变压器容量(MVA)
220kV	90、120、150、180、240
110kV	20、31.5、40、50、63
35kV	5.6、7.5、10、15、20、31.5

规划新建变电所用地面积预留，可按表 13-8 选取。

35～220kV 变电所规划用地面积控制指标　　　　表 13-8

变压等级(kV)一次电压/二次电压	主变压器容量与台数(MVA/台)	变电所结构形式及用地面积(m²)		
		全户外式用地面积	半户外式用地面积	户内式用地面积
220/110(66,35)	90～180/2～3	8000～20000	5000～8000	2000～4500
110(66)/10	20～63/2～3	3500～5500	1500～3000	800～1500
35/10	5.6～31.5/2～3	2000～3500	1000～2000	500～1000

风景区配电所一般为户内型结构，配电所的配电变压器台数一般为 2 台，单台变压器容量不宜超过 630kVA，进线两回。315kVA 及以下的变压器宜采用变压器台，户外安装在风景区主要道路、绿地和建筑物中。具备条件时，可采用电缆进出线的箱式配电所。进行风景区 10kV 公用配电所和开闭所布局时，供电半径一般不宜大于 500m，以地埋电缆供电时，供电半径不宜大于 300m。

风景区配电所可考虑与其他建筑物合建。独立设置时，建筑物设计形式应特别注意考虑与周围景观环境的协调统一，并适当提高建筑标准。

（二）配电网络规划

风景区配电网络一般采用放射式，负荷密集地区及电缆线路宜采用环式。风景区内部分不能中断供电的重要用电设施部位采用双电源供电，不具备双电源供电条件的，设置自备发电机组供应系统，提高风景区供电安全可靠性，应对突发事故时满足室内应急疏散照明、消防等一级负荷用电需求。双电源供电设施进线开关之间应有可靠的连锁装置。

风景区内供电线路的敷设，通常除在变（配）电站出线集中地段采用电缆沟槽或电缆管孔排管敷设外，一般采用直埋敷设的方式，满足风景区景观视觉环境要求。电力电缆线路埋设路径的选择，应考虑安全、可行、维护便利及节省投资等条件，通常沿风景区的现有或规划道路一侧埋地敷设。直埋的电缆应使用铠装电缆。电缆沟底必须具有良好的土层，不应有石块或硬质杂物。电缆从地下或电缆沟引出地面时，地面上 2m 的一段应用金属管或金属罩加以保护。

电缆的选型在满足运行条件下，根据线路敷设方式确定结构和形式。在条件适宜时，优先采用塑料绝缘电缆。低压配电电缆可用单芯塑料电缆，便于支接。电缆导线、材料与截面的选择除按输送容量、经济电流密度、热稳定、敷设方式等一般条件校核外，一个电网内 35kV 及以下的主干线电缆应力求统一，每个电压等级可选用 2 种规格，预留容量，一次埋入。

加强风景区内电力电缆线路的日常检修、维护管理工作，减少事故发生，提高供电安全性能。地下电缆安全保护区为电缆线路两侧各 0.75m 所形成的两平行线内的区域。直埋电缆与树木主干的距离，一般不宜小于 0.7m。

第六节　通信工程规划

风景区通信工程规划包括邮政设施（邮政所）、通信设施（有线电话系统与无线通信系统）、有线电视、广播等通信设施系统规划。通信工程规划充分考虑已有设施的情况，充分挖掘现有通信工程设施能力，避免设施的重复建设，合理协调新建设施的布局。通信工程设施的可行性与经济合理性相结合，同时考虑未来通信技术智能化、数字化、综合化和业务多样化的发展趋势。通信工程规划宜按近细远粗的原则进行。

一、邮政设施规划

为便于风景区内游客办理邮政业务，如收寄各类零星函件、包裹，办理窗口投递邮件、汇款及普通汇款兑付等，需进行邮政设施（邮政所）规划。

风景区邮政设施规划，首先考虑在合适的服务半径（1.0～2.0km）之内，风景区邻近周边城镇是否设有可以共享共用的邮政局所。否则，应在风景区的游客服务中心或公用设施用地合适区域设立一个邮政所，以满足风景区内游人办理邮政业务需要。

风景区邮政所选址，通常选在风景区内的游人活动集聚区，交通便利，符合风景区规划要求，并适当留有发展余地。风景区邮政所服务半径可按 1.5～2.0km 确定。邮政所规划面积，根据风景区游人容量规模，参照城市邮政所等级划分及标准，如表 13-9 所示。

邮政所等级划分及建设标准　　　　　　　　　　表 13-9

项　目	单　位	一等所	二等所	三等所
邮政所建筑面积	m²	250～280	210～240	140～160
邮政所使用面积	m²	220～240	180～200	120～140
处理标准邮件的数量	万件	≥55	≥18	<18

二、通信设施规划

（一）有线电话系统（电话局所）规划

风景区电话需求量采用单耗指标套算法进行预测，并根据电话总用量换算成电话设备容量。

单耗指标根据不同建筑性质和游人规模综合考虑确定。风景区不同建筑性质电话需求单耗指标选取，参照表 13-10 计算确定。

风景区不同建筑性质每对电话主线所服务的建筑面积　　　　表 13-10

建　筑　性　质	每对电话主线所服务的建筑面积(m²)
宾馆饭店	20～30
游客服务中心	40～50
商业服务设施	30～40
行政管理办公场所	25～30
休闲娱乐场所	100～120

此外，风景区分散旅游服务点按 2 门/处考虑，风景区主要游览道路每隔 300～500m 设置一部公用电话。

风景区一般不单独设置电话局所。新增电话需求容量通常由相邻城镇的现有电话端局来满足需求。现有城镇电话端局容量不足的，通过对现有端局进行扩容或引入新的电话端局、上一级电话端局的方式，满足风景区电话使用需求。参照城市电话局所规划要求，电话局、所（站）设备容量的占用率近期为 50%，中期为 80%，远期为 85%（均指程控电话）。电话出局管道孔数为设备容量的 1.5 倍，出局电缆的线对数平均为 1200～1800 对，每座电话端局的终期设备容量为 4～6 万门，每座电话所（站）的终期设备容量为 1～2 万门。

电话线路是连接电话端局与用户之间的纽带，是有线电话系统规划最重要的环节。合理确定线路路由和线路容量是电话线路规划的两个重要因素。线路路由尽可能短直，并应选择在相对比较永久性的道路上敷设，以提高使用安全可靠性和施工维护便利性。规划线路应留有足够的容量，在经济、技术允许的情况下，首先使用通信光缆或同轴电缆等高容量线路。

风景区有线电话系统线路敷设，通常采用管道埋设或直埋。管道宜敷设在人行道下，若在人行道下无法敷设，可敷设在非机动车道下，不宜敷设在机动车道下。管道中心线与道路中心线或建筑红线平行，管道位置宜与杆路同侧，便于电缆引上，管道不宜敷设在埋深较大的其他管线附近。管道埋深（管顶至路面）宜为 0.8～1.2m，确因条件限制无法满足时，可适当减少。管道电缆应埋在冰冻层以下，且在地下水位以上。管道敷设应有一定的坡度，一般采用 3‰～4‰，不得小于 2.5‰，以利渗入管内地下水的排除。直埋电缆、光缆路由要求与管道线路路由相同。线路不宜敷设在地下水位高、常年积水的地方。一般情况下，直埋电缆、光缆的埋深宜为 0.7～0.9m，并应加覆盖物保护，设置标志。

有线电话系统管道埋设或直埋线路，与其他地下管线及设施间均应保持一定的最小净距，并在日常管理中加强线路检修与维护管理，确保风景区内的通信服务安全畅通。

（二）无线通信系统（移动电话网）规划

近年来，我国城市无线通信系统发展十分迅速，中国移动、中国联通等几大移动通信电话网络的覆盖范围，几乎已经遍及全国所有地区的城市，服务质量也在逐年不断提高。

随着城市无线移动电话通信网络的不断发展，其通信容量完全可以满足各地风景区的无线移动电话使用需求，确保与外界保持通信畅通，无需对此进行新的规划建设。即使个别风景区内的部分特殊区域，因地形、地势条件原因而产生信号不好或存在信号盲区问题，通过在适当地点增设信号基站的方式，即可解决。

（三）有线电视、广播系统规划

与近年来我国城市无线移动电话通信网络发展迅速状况类似，城市有线电视、广播系统建设也得到了快速的发展，有线电视信号网络和广播信号传送网络覆盖范围也基本上遍及全国所有的城镇，网络信号质量稳定，服务质量不断提高。

现有城市有线电视、广播台（站）容量和信号传输线路的容量，也完全可以满足各地风景区对有线电视和广播系统设施的需求，为风景区游人提供丰富的精神文化生活需要，无需规划新的有线电视和广播台（站）。

从城镇引入风景区的有线电视、广播线路应尽可能短直，少穿越道路，便于施工及检修维护。有线电视、广播线路路由上有通信光缆，且技术经济条件许可，经与通信部门商议同意，可利用光缆的一部分作有线电视、有线广播线路。有线电视电缆、广播电缆线路路由上如有通信管道，可利用管道敷设电视电缆、广播电缆，但不宜和电力电缆共管孔敷设。通常情况下，为节省投资，风景区有线电视电缆、广播线路采用埋地电缆线路。风景区建筑物内敷设电视电缆、广播线路宜采用暗线方式，保持美观。有线电视系统应有可靠的防雷与接地措施。

加强风景区内有线电视、广播线路的日常管理与检修维护工作，确保信号通畅。

第七节 环境卫生设施规划

加强环境卫生设施的规划建设与管理水平，营造干净、整洁、卫生的旅游观光与休闲游憩环境是促进风景区又好又快发展的一个重要基础设施保障条件。风景区环境卫生设施系统规划，主要包括生活垃圾处理设施和公共厕所两类环卫设施系统的规划。生活垃圾处理设施规划，按照减量化、无害化、资源化的原则，满足风景区生活垃圾收集、运输和处理的需要。公共厕所规划，按照风景区总体规划方案，以数量满足需要、布局合理、建设标准与风景区级别相一致、建筑风格与周边环境相协调的原则进行布置。

一、生活垃圾处理设施规划

风景区生活垃圾处理设施系统规划包含生活垃圾的收集、清运、处理、处置与利用等几个方面的内容，最终实现生活垃圾的减量化、无害化、资源化处理目标。

(一) 垃圾产生量预测指标

风景区生活垃圾的来源主要包括风景区内游人和管理人员的日常生活垃圾、商业和公共旅游服务行业的商业垃圾、风景区公共场所的清扫垃圾等组成。垃圾主要成分包括废纸制品、织物、废塑料制品、炊厨废物、废弃蔬菜瓜果与主副食品、废旧包装材料、枝叶、灰土等。随着我国经济发展和生活水平的不断提高，风景区生活垃圾产生量增长不断加快，和城市一样，生活垃圾成分无机物减少、有机物增加、可燃物增多趋势明显。通常生活垃圾中除了易腐烂的有机物和灰土外，其他各种废品基本上都可以回收利用。

风景区生活垃圾产生量通常采用人均指标法进行预测。我国城市生活垃圾产生量规划人均指标为 0.8~1.8kg/人·d，按当地实际资料采用，无当地实际资料时，通常取 1.0~1.2kg/人·d 进行预测计算。风景区生活垃圾产量略低于城市产量，规划预测时，根据风景区所处的不同具体地区，参照城市生活垃圾产生量规划人均指标值选取。参照《城市环境卫生设施规划规范》(GB 50337—2003)，风景区生活垃圾产生量按下式计算：

$$Q = \delta \cdot n \cdot q / 1000 \qquad (13\text{-}3)$$

式中 Q——规划期风景区生活垃圾产生量（t/d）；

n——风景区内游人及管理人员总量（人）；

q——人均生活垃圾日产量（kg/人·d）；

δ——生活垃圾产生量变化系数，参考当地城镇实际资料选用，若无资料时，一般可采用 1.3~1.4。

(二) 垃圾处理设施规划

风景区生活垃圾处理设施系统规划，包括垃圾的收集、清运、处理、处置与回收利用。

1. 生活垃圾的收集与运输

风景区生活垃圾的收集与清运，是指垃圾产生以后，由相关的容器将其收集起来，集中到垃圾收集站点后，用清运车辆将垃圾运送至垃圾转运站或处理场。垃圾收运系统是整个垃圾处理系统的重要环节，直接影响到垃圾的处理方式。生活垃圾的收集方法有混合收集和分类收集两种。混合收集，是将产生的各种垃圾混在一起进行收集，该收集方法简单方便，对设施和运输的条件要求低，但不利于后期的无害化处理和资源的回收利用。分类收集，是将风景区所产生的生活垃圾分为可回收物（如纸张类、塑料、织物、瓶罐等）、有害垃圾（如废弃电池、灯管、日用化学品等）和其他垃圾三类，通过设置不同颜色的回收容器进行分类回收。对于有回收利用价值的垃圾，应尽可能进行回收利用，实现资源化目标。对于有害垃圾，必须进行焚烧、填埋或特殊处理。对于其他垃圾可视具体情况进行焚烧或填埋处理。

风景区生活垃圾收集运输方式的选择，按照保护环境、高效合理、节省投资、为后续处理创造有利条件的原则进行。风景区生活垃圾收集，原则上应采取容器化、密闭化的分类收集方式。垃圾袋装化后，投入设置于风景区内建筑物旁、道路、广场、停车场等处的垃圾收集箱（桶）内。风景区内垃圾收集箱（桶）的设置间距根据道路功能、广场等公共设施性质与游人容量状况选取确定。风景区内主要游览道路每隔 80～100m，一般游览道路每隔 200～400m，在道路两侧设置垃圾收集箱（桶）。风景区人流密集区域或景点每隔 30～50m 设置一个垃圾桶或果皮箱。在风景区停车场出入口附近需设置垃圾收集箱（桶）。风景区内的垃圾箱（桶）应美观、卫生、耐用、防雨、阻燃，并力求和周围景观环境相协调。生活垃圾的清运是从各垃圾收集站点把垃圾装运到转运站、处理厂的过程。垃圾清运力求快速、经济和卫生，风景区生活垃圾运输宜采用集装箱式密闭化转运，并实行机械化运输方式，要求日产、日收、日清。

为避免垃圾处理过程对风景区景观风貌和环境质量的影响，节约土地，提高垃圾处理设施的利用效率与处理效益，风景区生活垃圾的处理、处置和利用，通常考虑利用周边相邻城镇的垃圾处理、处置与回收利用设施，来实现垃圾无害化处理与资源化目标。通常选择在风景区市政公用设施用地内，交通条件便利，符合卫生要求的合适位置（如主导风向的下风向）设置生活垃圾中转站。中转站的作用是将从各收集点收运来的垃圾，在中转站换成大型运输车辆或其他运输成本更低的运输工具，送往周边城镇垃圾处理厂或处置场，同时，必要情况下，还可将转运站设计成具有压缩集装功能的综合性转运站，在此进行垃圾的压缩打包与分选分类，从而提高垃圾运量和后续处理效率。垃圾转运站用地面积根据风景区的日垃圾转运量确定。转运站应与周围建筑物保持一定的间隔防护距离，一般不小于 5m。参照《城市环境卫生设施规划规范》，风景区生活垃圾转运站设置标准参考表13-11 确定。

风景区生活垃圾转运站设置标准　　　　　　　　　　表 13-11

转运量（t/d）	用地面积（m²）	与相邻建筑物间距（m）	绿化隔离带宽度（m）
＞450	＞8000	≥30	≥15
150～450	2500～10000	≥15	≥8
50～150	800～3000	≥10	≥5
＜50	200～1000	≥8	≥3

2. 生活垃圾处理与处置

风景区规划期内生活垃圾无害化处理率应达到 100％。当前，生活垃圾处理方法通常采用填埋、堆肥、焚烧及其他处理方法，其中，相对处理技术比较成熟、操作管理简单、投资和运行费用较低的垃圾填埋方法，应用最为广泛。但其垃圾减容效果差、占地面积大、垃圾渗滤液二次污染问题突出、填埋过程产生的沼气易爆炸或燃烧、场址选择受地形条件和水文地质条件限制等缺点也较为突出。随着我国深入开展资源节约型社会建设的不断推进和经济实力的不断提高，可以大量节约土地资源和最大限度实现垃圾处理再生资源回收利用目标的生活垃圾处理方法，将成为未来垃圾处理方式的必然选择，如采用堆肥与填埋相结合、焚烧与填埋相结合的垃圾综合处理方式，逐步开展垃圾处理综合利用，最终实现减量化、无害化、资源化处理目标。

垃圾填埋场封场稳定后可以进行再利用，如用作绿化用地、游乐运动场地、物资堆放场地、造山置景等各种合适的用途与综合利用。

风景区内产生的少量特种垃圾（如医疗废弃物等）必须进行单独收集、清运，最后送入邻近的危险废弃物处理厂，进行特殊无害化处理。

风景区内所产生的生活垃圾，尽可能地利用周边城镇生活垃圾处理设施进行处理与处置，最大限度地发挥区域性基础设施的投资建设与处理效益。若周边城镇不具备条件，风景区需独立规划建设垃圾处理设施时，垃圾处理工艺的选择主要考虑技术上成熟可靠、安全，经济上合理，场地选择较为容易，环境污染危险性小，资源化利用程度高等相关因素，择优选用。目前通常的填埋、堆肥、焚烧三种处理方法优缺点比较见表 13-12。

生活垃圾填埋、堆肥、焚烧 3 种处理方法比较　　　　　　　　表 13-12

项　　目	垃圾处理方法		
	填埋	堆肥	焚烧
技术可靠性	可靠	可靠,国内有一定经验	可靠
操作安全性	好	好	较好,注意防火
选　址	较困难,要考虑地理条件,防止水体受污染,需远离城镇或风景区	较容易,但需避开城镇密集区	较容易,但需避开城镇密集区
占地面积	大	中等	小
适用条件	适用范围广,对垃圾成分无严格要求,但对无机物含量大于60%、填埋场征地容易、水文条件好、气候干旱少雨等条件尤为适用	垃圾中可生物降解有机物含量大于40%,堆肥产品有较大市场	要求垃圾热值大于 4000kJ/kg,土地资源紧张,经济条件好
最终处置	无	非堆肥物需作处置,一般占初始量的25%～35%	残渣需作处理,一般占初始量的10%～20%
产品市场	有沼气回收的填埋场,沼气可作发电等利用	落实堆肥市场有一定困难,需采用多种措施	热能或电能易被利用
资源利用	恢复土地利用或再生土地资源	作农肥和回收部分物质	垃圾分选可回收部分物质
地表水污染	有可能,但可采取措施防止污染	无	残渣填埋时与填埋方法类似
地下水污染	有可能,需采取防渗保护	较小	无
大气污染	可用导气、覆盖等措施控制	有轻微气味	烟气处理不当时,对大气有一定污染
土壤污染	限于填埋场区域	需控制堆肥有害物含量	无
管理水平	较简单	较高	较高
投资、运行费用	较低	较高	最高

二、公共厕所规划

公共厕所作为风景区一项普通的配套环卫基础设施，其所起的作用远不能和任何一项旅游服务设施相比拟，但其规划布局是否合理，建设标准的高低以及建筑形式与外观色彩的选用，都直接影响到风景区内游人的游览舒适程度和景观环境视觉感受。

风景区公共厕所按照全面规划、合理布局、美化环境、整洁卫生、方便使用的原则进行统筹规划。风景区内主要观光游览区、商业零售服务区、游客服务中心、休闲广场、停车场等公共场所区域应设置公共厕所。公共厕所设置数量，可参照如下的标准要求确定：游人密集商业服务区公厕服务半径 300~500m，主要观光游览区域 500~700m，一般观光游览道路 700~1000m。公共厕所建筑面积一般为 40~60m²。公厕用地选择应因地制宜、合理规划。建设与管理标准根据风景区的性质与级别确定，并符合国家《旅游厕所质量等级的划分与评定》（GB/T 18973—2003）要求，一般不应低于二星级的等级标准要求，部分核心地段不低于三星级标准要求，并实行统一专人管理。独立式公共厕所与相邻建筑物间宜设置不小于 3m 的绿化隔离带，在满足环境及景观要求下，风景区绿地内可以设置公共厕所。具备条件的，应规划建设附建式公共厕所，公厕建筑形式与外立面色彩力求与周边的景观环境、建筑风格相协调。

公共厕所的附近和入口处，应设置明显的统一标志。公共厕所内部应空气流通，光线充足，通道路平，并有防臭、防蛆、防蝇和防鼠等技术设施。公共厕所的粪便严禁直接排入风景区雨水管、河流水体或水沟内。设有污水管道的区域，排入污水管道，与风景区或城镇生活污水一并进行统一收集、集中达标处理排放。没有污水管道的区域，应设立化粪池或贮粪池等排放系统。

第八节 综合防灾系统规划

根据风景区名胜古迹众多、依山傍水而建、森林植被茂盛等特点，综合防灾系统规划通常包括消防、防洪（涝）、地质灾害防治（如滑坡、崩塌、泥石流等）和森林病虫害防治四个方面的具体内容。按照"预防为主、防治结合、防救结合"的原则，风景区防灾工作包括对各种灾害的监测、预报、防护、抗御、救援和灾后恢复援建等内容，并注重各灾种防抗系统的彼此协调、统一指挥、共同作用，强调防灾的整体性和防灾设施的综合利用。

一、消防规划

风景区消防规划包括建筑物防火和森林防火两个方面的内容，是综合防灾系统规划的重点。消防工作的方针是"预防为主、防消结合"，主要工作任务是建立、完善风景区内的各项消防安全设施，加强消防管理工作，教育和提高全民消防安全意识等。

（一）建筑物防火规划

风景区建筑物防火措施主要包括：一是建设用地规划力求合理布局，民用液化气贮配站点、加油站点等特殊危险设施用地选址应严格遵循相关的规范、标准要求，特别是要保持规范要求的安全防火间距，减少风景区火灾发生隐患。二是若涉及古村落或古建筑改造保护，规划设计方案应保持一定的防火间距，相邻建筑物之间必须留出规定的消防间距和消防通道，满足消防车通行需要。参照城市消防规划要求，两建筑物之间的防火间距：一、二级耐火等级之间的距离最少采用6m，三级与三级耐火等级之间的距离采用8m，四级与四级耐火等级之间的距离采用12m。消防通道宽度应不小于3.5m，净空高度不小于4m，尽端式消防通道的回车场尺寸应不小于15m×15m。同时，较为常见的砖木结构古建筑在更新改造过程中，应采用防火建筑装饰材料或对建材进行防火阻燃处理，提高建筑物防火、耐火等级。三是按要求合理布局设置消防站、消火栓、消防水池、消防给水管道等消防设施。参照《城市消防站建设标准》（修订）规定，风景区需单独设置消防站时，一般可按小型普通消防站标准规划布置，用地控制面积为400～1400m²，必要时设置标准型普通消防站，用地控制面积为2400～4500m²。消防站建筑物的耐火等级不应低于二级。风景区内建筑物密集地区主要道路一般每隔120～150m间距，设置一个室外地上式消火栓，室外消火栓与风景区或城镇供水系统相连通，设有明显标志。四是建立、健全风景区内的消防巡逻检查制度，及时发现火灾隐患。重视风景区内居民、游客的消防安全意识宣传教育工作，通过加强防火安全教育，减少人为失误引起火灾的概率。组建风景区义务消防队伍，普及消防知识，增强群众自救和辅助专业消防队伍扑救火灾的能力。建立单位、个人防火安全责任制，将消防安全责任真正落实到具体的单位、个人身上。

（二）森林防火规划

风景区森林防火措施主要包括：一是在风景区山林入口处建立森林防火站，对进山游人进行防火宣传教育和防火安全检查，禁止游人将易燃易爆品带入山上。二是建立各级森林防火指挥调度系统，组建专业、半专业扑火队伍和群众义务防火队；购置专业扑火设备和扑火工具；建立畅通无阻的森林防火通信网络。三是建立森林防火监控体系，实行森林防火地面巡护和监管制度；在风景区最高峰设立小型防火瞭望塔，实现风景区森林防火瞭望覆盖率达到100％。四是必要时建设风景区森林防火阻隔网络。五是加强风景区内河、湖、库、塘水体的保护与治理，在作为风景区景观水体同时，充分利用其作为补充消防供水水源。

二、防洪排涝规划

风景区规划范围内或邻近周边存在河流、湖泊等易发生洪涝灾害水体时，需采取相应的防洪排涝措施或加强对相关防洪排涝措施的完善，以确保在雨季水量较大时，风景区内人员、旅游设施或供游览文物古迹的防洪排涝安全要求。

风景区的防洪排涝对策应从源头的保护与治理入手，蓄排结合，共同防治。具体措施，一是重视风景区内的水土保持、植被保护工作，加强水土流失治理，控制地表径流和泥沙，减少其进入河槽。二是加强风景区内水库、湖泊、堰塘的安全维护，充分利用现有水库、湖泊、堰塘、洼地的拦蓄或滞蓄功能，提高洪水调蓄能力，消减洪峰流量。三是加强风景区内河道、沟渠的疏浚治理工作，并结合景观整治，适当拓宽水面，加大河道的通水能力，降低水位，减少洪涝水威胁。四是根据需要并考虑景观要求，设置必要的堤防、护岸、截（排）洪沟等防洪设施，临水建筑与河道保持一定的防护距离。地势低洼处，应采取相应的防涝措施，如修建排涝泵站等。截（排）洪沟的布置，根据山坡径流、坡度、土质及排出口位置等因素综合考虑，因地制宜，因势利导，就近排放。截（排）洪沟走向宜沿等高线布置，选择山坡缓、土质较好的坡段，并尽可能与风景区内的园林绿化、水土保持、河湖水系规划相结合。

受洪灾威胁的风景区防洪标准的确定，根据其等级、旅游价值、知名度和受淹损失程度，参照国家《防洪标准》(GB 50201—94)相关规定，本着"既要设防，又要适度"的原则，参照表 13-13 选取。

不同景源级别风景区防洪标准　　　　　　　　　　表 13-13

景源分级	风景旅游价值、知名度和受淹损失程度	防洪标准[重现期(年)]
特 级	世界级景点，具有珍贵、独特、世界遗产价值和意义，享有世界知名度，受淹后损失特别巨大	200～100
一 级	国家级景点，具有名贵、罕见、国家重点保护价值和国家代表性作用，享有较高的国内外知名度，受淹后损失巨大	100～50
二 级	省级景点，具有重要、特殊、省级重点保护价值和地方代表性作用，在省内外享有一定的知名度，受淹后损失较大	50～30
三 级	市县级景点，具有一定保护价值和游线辅助作用，在市县当地有一定的知名度，受淹后会产生一定损失	30～20
四 级	一般景点，具有一般价值和构景作用，在当地有一定的吸引力，受淹后损失较小	20～10

若风景区内包含有不耐淹的文物古迹，参照《防洪标准》规定，根据其文物保护的级别分为 3 个等级，各等级的防洪标准按表 13-14 选取。

风景区文物古迹的等级和防洪标准　　　　　　　　表 13-14

等 级	文物保护的级别	防洪标准[重现期(年)]
Ⅰ	国家级	≥100
Ⅱ	省(自治区、直辖市)级	100～50
Ⅲ	县(市)级	50～20

对于既是风景区内的文物古迹，同时也是旅游景点的情况，这类防护对象的防洪标准，应根据其等级按上述两者防洪标准中较高的选取，其目的在于使该防护对象具有较高的防洪安全度，以更好地保护风景区内的文物古迹，进一步促进风景区旅游业的快速发展。

对于风景区内一些特别重要又不耐淹的文物古迹、文化遗产和旅游设施，其防洪标准的选取，可以根据具体情况适当提高。

三、地质灾害防治规划

风景区地质灾害防治规划，主要是针对风景区内常见的滑坡、崩塌、泥石流等地质灾害，进行有效的监测、预防和抗御。

通常情况下，风景区内低山地区的岩石，经过长期的自然风化、剥蚀、侵蚀，其风化壳厚度可达 10 多米，甚至几十米，在遭遇暴雨和山洪时，极易形成滑坡、崩塌、泥石流等地质灾害，对风景区游人的游览活动和建筑物财产安全造成一定的潜在危险和危害。

风景区滑坡、崩塌、泥石流等地质灾害的防治，按照上游采取保水固土措施、中游采取拦截措施、下游采取排泄措施的原则，进行综合防治。

对于风景区内易发生地质灾害的区域地段，应采取工程措施和非工程措施(生物措施)相结合的防治方式，进行灾害预防和抗御，包括修筑人工护坡，截排洪沟，导流堤、陡槽；固定坡面，使坡面保持稳定，必要时在滑坡、塌方处设置挡构筑物；以及加强植被覆盖保护，控制水土流失，防止冲刷等一系列的相关防治措施。同时，在风景区规划建设过程中进一步重视、加强工程地质勘察工作，避免在滑坡体、塌陷区、断裂带等易发生地质灾害的地段上规划建设各类建设工程项目。

四、森林病虫害防治规划

对于拥有良好森林资源条件的风景区，加强森林病虫害防治工作十分必要。由于全球气候变化和自然生态环境受到污染破坏，诸如近年来在广大南方地区所发生的松材线虫病，流行速度很快，风景区一旦染上，将有可能对森林资源造成毁灭性的破坏危害，必须引起高度重视，并积极采取各种有效的防治措施。

森林病虫害防治实行"预防为主，综合治理"的方针。风景区森林病虫害防治措施，主要包括：一是在风景区入口处设立检疫检查站，严禁各类带有或易传播病虫害的木材产品进入林区，发现新传入的危险性病虫害，应当及时采取严密封锁、扑灭措施，不得将危险性病虫害传出。二是采取有效措施，保护好风景区内的各种有益生物，并有计划地进行繁殖和培养，发挥生物防治作用。三是积极采用人工防治、诱捕防治、化学防治和飞机喷洒等多种综合性森林病虫害防治措施，逐步改变森林生态环境，提高森林抗御自然灾害的能力。四是针对松树林易发生病虫害的特点，推广采用林下植树的方式，促使松树纯林改变为针阔混交林，提高林分抗病虫害能力。五是特别针对风景区内的各种古树名木，采取逐株综合保护措施，防虫去病，提高古树名木的生长力，施药必须遵守有关规定，防止污染环境，减少杀伤有益生物。

第十四章　管理与实施规划

"搞好风景名胜区工作，前提是规划，核心是保护，关键在管理。"这既是我们搞好风景名胜区工作的指导思想，也是开展风景名胜区各项工作的行动指南。没有规划，保护、建设和管理就无从说起。没有管理，就谈不上风景名胜区的可持续发展。风景名胜区规划的顺利实施，需要有制度、资金、法律、人力资源等作为保障。

第一节　分期发展规划

一、分期发展规划

分期发展规划，系指风景名胜区发展总体规划实施阶段的分期。风景名胜区的总体规划需要有配套的分期规划来保证其逐步实现和有序过渡。风景名胜区总体规划的期限为20年，通常分为近期、远期、远景三期，或近期、中期、远期和远景四期。每个分期的年限，一般须同国民经济和社会发展计划相适应，以便于相互协调和包容。在安排每一期的发展目标与重点项目时，均应兼顾风景游赏、游览设施、居民社会协调发展，体现风景名胜区自身发展规律与特点。

（一）近期规划

由于各地和各阶段的风景区规划程序不同，所以近期规划的时间，应该从规划确定后并开始实施的年度标起。近期发展规划的年限从开始实施的那一年起，为5年以内；同时应与国民经济发展五年计划的相关要求相一致。其主要内容和具体建设项目应比较明确；运转机制调控的重点和任务也应比较明确；风景游赏发展、旅游设施配套、居民社会调整三者的轻重缓急与协调关系也应比较明确；关于投资匡算和效益评估及实施措施也应该比较明确和可行。因此，近期发展规划提出的具体建设项目、规模、布局、投资估算和实施措施都应是比较明确和可行的。

（二）远期规划

远期发展规划的时间一般为5～20年，这同国土规划、城市规划的期限大致相同。远期规划目标应使各项规划内容初具规模，即规划的整体构架应基本形成。如果对规划原理、数据经验、判断能力三者的把握基本无误，在20年中又未发生不可预计的社会因素，一个合格的规划成果的整体构架是可以基本形成的。

（三）远景规划

远景发展规划的时间一般是大于20年至可以预想到的未来。远景发展规划的目标应提出风景名胜区规划所能达到的最佳状态和目标，是风景名胜区进入良性循环和持续发展的满意阶段。远景规划中的风景区，不仅能自我生存和有序发展，而且可能从乡村空间和城市空间分离、独立出来，并以其独特的形象和魅力，构成人类所期盼的、理想的第三生存空间。

二、近期建设投资估算

风景名胜区近期规划需要进行投资估算，也称投资匡算。

（一）投资估算依据

根据风景名胜区的特点，风景名胜区规划的投资一般包括景点资源保护投资、景点建设投资、基础设施建设投资和其他投资等。不同类别的投资项目可通过查阅国家或地方现行相关文件规定和标准，具体参照国家或地方类似工程的造价经济指标加以估算。例如：（1）资源保护费用：依据国际、国家或地方资源保护的估价经济指标加以匡算。（2）建筑工程费：依据工程各子项建设内容、所属行业，根据国家有关工程预算定额（如公路造价20万～40万元/km，宾馆造价1.5万～3万元/床），按照各行业主管部门颁发的有关工程估算编制办法、估算指标和地方计价、费用定额，参照省内类似工程投资指标，并结合当地实际情况进行估算。（2）设备购置费：按现行市场价格估算。（3）安装工程费：按工程量并结合当地实际情况进行估算。（4）建设单位管理费、勘测设计费、工程监理及质检费、职工培训费、联合试运转费及其他工程费用按工程各子项，依据行业有关规定、标准分别计列。

（二）投资估算的具体项目

风景名胜区规划投资估算的具体项目一般包括景点建设、风景资源保护、服务设施、道路、供电、通信、给排水、造林、居民或单位动迁、管理机构建设等工程项目。估算的投资额是风景区建设规模的重要标志。在编制规划大纲和总体规划阶段，均要有总的投资估算和各单项规模的投资估算，并要确定近、中、远各规划期阶段的投资额与投资渠道。风景名胜区近期建设规划的投资项目包括：景点建设、景区土地征用、景区道路系统、景区环境治理、美化工程、景区配套基础工程、景区配套服务设施、景区农户搬迁、景区宣传、景区管理人员培训以及其他不可预见费用等。

（三）投资估算的范围

关于投资估算的范围，近期规划要求详细和具体一些，并反映当代风景区发展中所普遍存在的居民社会调整问题。因为在大多数风景区，如果缺少居民社会调整的经费及渠道，一些风景或旅游规划项目就难以启动。因此，近期规划项目和投资估算应包括资源保护、风景游赏、旅游设施（给水、排水、通信、电力、道路等设施，以满足游客的"食、宿、行、游、购、娱"需求）、居民社会调整4个职能系统的内容，并反映四者的相关关系。同时，还应包括保育规划实施措施所需要的投资经费。

远期规划的投资估算，相对概要一些，另一方面居民社会因素的可变性较大，可以不作常规考虑，因而远期投资估算通常由风景游赏和旅游设施2个系统的内容组成，同时还应反映其间的相关关系。规划中投资总额的计算范围，通常由规划项目的投资估算组成，这显然比较粗略，但考虑当前数据经验的实际状况，也考虑到规划差异需要相当时间才能逐渐缩小，所以取此计算范围的可行性较大，也还是抓住了基本数据。当然，这并不排斥在局部地区或详细规划中，可以依据需要和可能，作进一步的深入计算。

（四）估算资金的筹措

关于投资估算的资金筹措，通常主要有：政府（中央、省、市、县）专项资金投入，引进外资和民间自筹（企业资金、个体资金）等。

三、风景名胜区效益估算

（一）生态效益估算

自然生态环境的保护是推进景区旅游业可持续发展的根本所在，通过对风景名胜区自然生态环境的整治和保护，通过保护和增加森林植被，可加强风景区的水源涵养功能，改善风景环境，保持生态平衡，产生显著的生态效益。

如通过退耕还林、封山育林、景区绿化、文物保护等一系列项目的建设，将进一步改善风景区的生态环境，有效地防止水土流失、土地沙漠化。天然植被的保护和绿化，将改善景区周围的生态环境，给景区营造更为绚丽的景色。

又如通过环保型公厕、排污设施、垃圾处理站等一系列基础设施的建设，将使大量游客到来而造成的环境保护压力降到最低限度，使景区环境免遭破坏，对景区生态环境起到主动、积极的保护作用。

（二）社会效益估算

景区旅游业的不断发展，必将带动当地商业服务业、交通、邮电通信业的快速发展，随着旅游人数的不断增加，游客吃、住、行、娱乐的需求日益增大，给旅游业相关产业带来巨大的发展空间和机遇，可极大地增加当地社会就业机会，减少待业人口，带来社会的稳定和繁荣。

通过对景区旅游资源的开发和自然生态环境的保护促进旅游业的发展，进一步推进当地交通、邮电通信、市政建设等基础设施的建设，可大大改善投资环境，给商家创造无限商机，从而带动当地社会经济的全面发展。

旅游业的发展，给当地人民群众在与来自四面八方的游客交往中接受外面的新思维、新意识和新技术带来了契机，大大提高当地人民群众的素质，为社会精神文明建设和经济建设打下了良好的群众基础。

（三）经济效益估算

风景名胜区经济效益估算，系根据规划建设的投资匡算、贷款资金银行利息、各年度生产与经营管理费用，计算出开发成本；再根据规划设计的游览接待环境容量、客源市场状况和旅游发展趋势，预测各年度的旅游收入，扣除税收，减去开发成本，计算出各年的盈利和投资回收期。

关于效益估算的范围，根据《风景名胜区规划规范》，主要由风景名胜区服务项目的直接经济收入和风景名胜区自身生产经济发展的收入两部分组成，这是比较容易估算，也是相对比较准确的主要效益估算。

总之，在风景名胜区的效益估算方面，通常侧重于直接经济效益的具体估算，而对于更大范围的经济效益、更广领域的社会效益和更深层次的生态效益等，在规划投资估算中，通常不作为常规要求。各风景区和编制单位在条件可能和允许的情况下，可以根据各自的具体情况和要求作更加深入的探讨。

第二节　风景名胜区管理

风景名胜区是指风景名胜资源集中、自然环境优美、具有一定规模和游览条件，并经县级以上人民政府审定命名、划定范围供人游览、观赏、休息和进行科学文化活动的地域。风景名胜区是对风景名胜资源进行法律保护的一种地域保护形式。国家对风景名胜区实行综合管理和分级管理相结合的制度。国务院建设行政主管部门主管全国风景名胜区工作，地方各级政府建设行政主管部门主管本行政区域内的风景名胜区工作。风景名胜区依法设立管理机构，负责具体管理工作。各级建设行政主管部门和各地风景名胜区管理机构共同肩负着管理风景名胜区的历史使命。

一、风景名胜区的管理

现代管理理论创始人法约尔指出：管理是由计划、组织、指挥、协调及控制等职能为要素所组成的活动的过程。风景名胜区的管理是指风景名胜区的管理者运用各种科学的管理方法，对风景名胜区拥有的人力、财力、物力、时间、信息以及风景旅游资源进行计划、组织、指挥、协调及控制等一系列活动的总和。风景名胜区的管理要素主要包括管理体制、管理模式和经营模式。

（一）风景名胜区管理体制评述

从本质上讲，风景名胜区管理体制的核心问题就是如何在风景名胜区内部不同利益主体之间和地方政府—中央政府之间建立合理的分权和利益—责任机制，而这种机制的形成因为传统的所有权同新的利用方式之间的矛盾以及合法的权利夹杂着部门利益而变得复杂了。

我国在设立风景名胜区，实行统一管理之前，依景点的权属，由各有关部门分头管理。山川由林业、水利或地方政府管理，寺庙由宗教部门管理，文物古迹由文化部门管理，土地由乡镇管理。各家按自身利益和需要进行使用、开发和建设，从而造成风景名胜资源的严重破坏。

到 20 世纪 70 年代末，人们开始认识到了这一点。1979 年中央决定由建设部主管全国风景名胜区工作，开始建立风景名胜区管理体系。要求在保护前提下开发利用，为发展旅游业服务，为国民经济建设服务。

1985 年，国务院在《风景名胜区管理暂行条例》中明文规定："城乡建设环境保护部主管全国风景名胜区工作，地方县级以上各级人民政府城乡建设部门主管本行政区域内的风景名胜区工作。"对各级风景名胜区实行归口管理，其主要任务是在所属人民政府领导下，组织风景名胜资源调查和评价，申报审定风景名胜区，组织编制和审批风景名胜区规划，制定管理法规和实施办法，监督和检查风景名胜区保护、建设和管理工作。根据这项规定，各地方相继制定了一些地方性法规，并根据具体情况设立了景区管理机构。

2006 年 9 月 6 日，国务院第 149 次常务会议通过了《风景名胜区条例》，并于 2006 年 12 月 1 日起施行。该条例进一步明确规范了风景名胜区管理体制。《风景名胜区条例》第三条规定："国家对风景名胜区实行科学规划、统一管理、严格保护、永续利用的原则。"第四条规定："风景名胜区所在地县级以上地方人民政府设置的风景名胜区管理机构，负责风景名胜区的保护、利用和统一管理工作。"第五条规定："国务院建设主管部门负责全国风景名胜区的监督管理工作。国务院其他有关部门按照国务院规定的职责分工，负责风景名胜区的有关监督管理工作。省、自治区人民政府建设主管部门和直辖市人民政府风景名胜区主管部门，负责本行政区域内风景名胜区的监督管理工作。省、自治区、直辖市人民政府其他有关部门按照规定的职责分工，负责风景名胜区的有关监督管理工作。"

根据《风景名胜区条例》上述规定，风景名胜区管理机构将具体履行统一综合管理职能，而各级建设主管部门及各级相关部门主要履行监督管理职能。具体而言，建设主管部门的主要职责在于：研究拟定风景名胜区的中长期规划、方针、政策和法规，负责对国家风景名胜区及其规划的审查报批和保护监督工作，研究拟定风景名胜区经济政策和技术政策，负责办理风景名胜区申报世界自然和文化遗产项目工作，负责开展风景名胜区的精神文明建设工作，组织国际合作与交流，指导行业协会工作，承担领导交办的其他各项工作等。

而对于风景名胜区所在地县级以上地方人民政府设置的风景名胜区管理机构而言，其主要职责在于：保障国家有关法律、法规和方针政策的贯彻实施，制定各项管理制度，行使行政处罚权；组织开展风景名胜资源动态调查并建立档案，实施风景名胜区的资源保护和监督执法；实施风景名胜区规划、建设、用地管理和监督执法；负责组织风景名胜区基础设施和公共服务设施的建设、管理和维护；实施风景名胜区门票收益管理、游人容量调控和游览秩序组织与监督执法；组织开展有关科学研究工作，宣传普及科学文化知识；履行政府授予的其他相关行政管理职能。

目前，在我国具体的风景名胜区规划建设和管理实践中，存在着2种风景名胜区管理体制：（1）设立风景名胜区人民政府，如张家界的武陵源区人民政府。这一管理体制是在风景名胜区所在地划定的行政区域内，设立县级以上人民政府，由政府全面负责所辖风景名胜区的保护、利用、规划和建设，同时，它还负责整个行政区域内的经济、社会、文化事业建设，设立相应的政府机构，行使县级人民政府的职能。（2）设立风景名胜区管理委员会。这种管理体制是在风景名胜区所在地划定的风景名胜区范围及其外围保护带设立风景名胜区管理委员会（以下简称管委会），在所在地人民政府领导下，由景区管委会负责风景名胜区的保护、利用、规划和建设。景区管委会不具有人民政府的职能，但可行使所在地人民政府在风景名胜区范围内授予的部分管理职能，实质上所具有的是不完全的政府职能。目前国内采取这一方式管理风景名胜区的有四川、贵州等地。在《风景名胜区条例》出台后，第一种管理体制将通过改革统一成较为规范的第二种管理体制。

我国目前尚未建立起自上而下直属的、系统的，并拥有实质性的财政和人力资源管理权的上级权威管理机构和基层务实管理机构。因此，针对当前的风景区管理体制，必须明确权利和责任界定的几个基本原则：（1）管理的权限应当分解，并清晰地界定给能够使资源保护与利用效率最大化的部门；（2）管理的权限一定要同所能承担的责任严格对应；（3）要尽量通过市场的补偿机制完成风景名胜区内权利、责任和利益的转移；（4）风景名胜区政府主管部门应成为多元利益主体中中立的一方。政府是游戏规则的制定者和仲裁者，而不是直接参与者，尽量保持其公正性和可信赖性，是其能否有效执法的关键。

（二）风景名胜区管理模式评述

我国风景名胜区因起步较晚，在各地探索的过渡时期，各个风景名胜区根据各自的情况成立相应的管理机构，因此，当前管理机构存有多种类型，就其管理模式而言，主要有以下5种类型。

1. 政府机构型

在风景名胜区设立以风景名胜区为行政辖区的人民政府，上级政府授予全面管理的行政职能，对风景名胜区直接实施行政管理。它除了管理风景名胜区的保护、利用、规划和建设之外，还要管理风景名胜区所辖范围内的公安、工商、宗教等各项事务，有的还辖有乡镇等行政区划单位，是一个一统天下的管理机构，是一个仅没有设人大和政协的实实在在的一级地方政府。此种类型的管理机构，管理力度大，管理容易到位，如武陵源等风景名胜区成立的一级政府，对风景区有效地实施统一规划和统一管理。

2. 准政府机构型

在风景名胜区设置管理委员会或管理局、管理处等专门机构，隶属于上级政府或上级政府委托当地政府代管，负责风景名胜区的具体管理工作。如峨眉山、九华山、千山等风景名胜区成立了管理局或管委会，为风景区实施统一规划和统一管理发挥了积极作用。

3. 协调议事型

由风景名胜区所在地的地方政府主要领导牵头，各有关部门作为成员单位参加，成立风景名胜区管理委员会，对风景名胜区的管理主要行使组织协调职能，其办公室设在某一主要职能部门或单位，具体负责风景名胜区的管理工作。

4. 跨区协调型

当一个风景名胜区跨越几个市（县、区）或乡镇行政区域时，无法设置统一的管理机构，只能设立起协调作用的管理委员会，负责牵头编制风景名胜区的总体规划和详细规划，交由分布在各行政区域的景区分头实施，并负责检查督促各景区的日常工作，协调处理一些问题，其权力是很有限的。但是，它所面对的却都是实权很大的市（县、区）、乡镇政府或部门，因此这类管理机构是软弱无力的，实际上管理职能有限。这是当前普遍存在的一种管理机构类型。

5. 景点管理型

风景名胜区的地域范围虽已划定，但因统一的管理机构迟迟不能设立，现有的机构只能管已建的几个景点，其余均仍由地方某部门管理。此种类型的管理机构难以适应风景名胜区的保护、利用、规划、建设和发展旅游等重任。

由此可见，风景名胜区管理机构，在行政上，可以是地方一级人民政府，或是所属政府的一个行政职能部门或派出机构，或是协调机构，由各级政府实行直接领导。一般而言，国家风景名胜区管理机构接受省或地级市人民政府领导，省市级风景名胜区管理机构接受地市级人民政府领导，县级风景名胜区管理机构接受县级人民政府领导。

（三）风景名胜区经营模式

风景名胜区的经营就是调动景的各种资源，在有效保护资源（包括风景旅游资源、生态环境资源、文物文化资源）的前提下，合理利用并获得合理效益的营销、管理与服务等活动。它包含了2层含义，即对资源的有效保护和对资源的合理利用。景区的旅游资源要在保护的前提下利用，在利用中促进保护，既要有效保护，又要适度开发和合理利用。

1. 当前实践中存在的3种景区经营模式

当前，在我国风景名胜区的经营实践中，存在着景区直接由国家经营管理，景区企业化经营和景区部分企业化经营3种经营模式。

（1）风景名胜区由国家直接经营管理

这是目前我国风景名胜区较为普遍采用的经营模式。在这种模式中，景区的经营主体是景区的管理机构，隶属于景区所在地的建设、园林、文物、林业、水利、国土资源等资源主管部门。这种经营模式中，景区的所有权和经营权、开发权与保护权互不分离。景区管理机构既是所有权代表，又是景区经营主体；管理机构集管理权和经营权于一身；既负责区资源开发，又负责景区资源与环境保护。景区的管理、保护和开发费用全部由国家财政承担，景区的门票及其他旅游项目由国家定价，收入上缴国家财政。

（2）风景名胜区企业化经营

风景名胜区企业化经营就是将风景名胜区交给特定的旅游企业按市场化来经营，这种经营模式最典型的形式，就是将国有风景名胜区交给特定的旅游企业上市经营。景区上市经营是伴随着我国旅游业和资本市场的发展而出现的一种新的经济现象，一种新的景区经营模式，这种经营模式的基本特征是：①景区的所有权与经营权分离，所有权属于国家，上市公司享有景区的经营权，国家通过景区资源折价参股的方式获得收益；②景区与特定的旅游服务企业组合在一起，以上市公司方式捆绑经营，上市公司对景区实行带有垄断性质的市场化经营与管理。由于景区上市经营是近几年才出现的一种新的景区经营模式，因此这种经营模式一出现，就在理论界引起激烈的争论。

(3) 风景名胜区部分企业化经营

风景名胜区部分企业化经营指的是景区将部分旅游项目，如门票、餐饮、购物、游乐场等按照市场价值规律运营。这是一种不成熟的，带有过渡性的经营模式。它是由国家直接经营风景区这种模式演变而来的，目前，实行部分企业化经营的景区占多数。对我国的大多数风景区而言，在整个经济的市场化改革的大背景下，都面临着一个共同的困难：这就是国家财政已无力承受日益繁重的风景区管理、保护和开发费用，风景区面临着严峻的财政约束。在这种情况下，景区为了自身的生存发展，普遍采取把景区的一部分项目，如门票、餐饮、购物、旅游服务设施等按市场价值规律运营的做法，以寻找一条风景区的生存和发展之路。在实践中，这种不成熟的，带有过渡性质的经营模式，由于仍然保持着所有权与经营权合一的产权制度，经营者的经营自主权非常有限，难以充分调动经营者的积极性，部分项目市场化经营得到的收入也仅仅是用于弥补景区日常的管理、保护费用，难以形成大的资源保护与利用能力，风景区的竞争力也难以提升。此外，在这种经营模式中，由于缺乏规划、管理或对规划的严格实施，在短期利益、局部利益的驱动下，景区的项目开发往往带有很大的盲目性，容易对景区的资源造成破坏，这方面的教训屡见不鲜。因此，风景名胜区部分企业化经营只是在我国国民经济市场化改革过程中的一种权宜之计，是一种带有过渡性质、不成熟的经营形式。

2. 风景名胜区宜实行特许经营模式

前文所述的几种经营模式，不完全符合市场经济原则，不利于风景区旅游业的健康发展，不利于景区资源的有效保护，不是最为理想的经营模式。由于风景名胜资源是一种特殊的公共资源，不能只视为旅游资源；风景名胜区的功能又是多样化、全方位的，它除了具有游览的功能以外，还具有科研、教育、启智、生态环境及动植物多样性保护等多种功能。此外，它对国民的爱国意识、国际的友好交往、社会进步等潜移默化的影响力也不可低估，因此风景名胜区不能按一般的企业经营模式来经营。在目前的社会经济条件下，我国的风景名胜区宜实行特许经营模式。

同时，风景名胜区的特许经营模式有其法律基础。《风景名胜区条例》第三十七条明确规定："风景名胜区内的交通、服务等项目，应当由风景名胜区管理机构依照有关法律、法规和风景名胜区规划，采用招标等公平竞争的方式确定经营者。"第三十九条规定："风景名胜区管理机构不得从事以营利为目的的经营活动，不得将规划、管理和监督等行政管理职能委托给企业或者个人行使。风景名胜区管理机构的工作人员，不得在风景名胜区内的企业兼职。"由此可见，风景名胜区的经营性活动和管理性活动可以合理分离，风景名胜区管理机构直接行使管理性职能，而经营性职能可以通过授权委托特许其他经营者来加以行使。据此，景区特许经营模式是指在确保景区所有权属于国家的前提下，引入竞争机制，通过招标、公开拍卖景区在一定时期的经营权，获得经营权的企业享有对景区的独家经营权。

风景名胜区实行特许经营制有多方面的好处：

① 国家通过拍卖景区的经营权，每年都可以得到不菲的收益，这些收益除了对国家财政有所贡

献以外，还可用于弥补景区的保护与利用相关的配套项目建设费用，景区的财政困境将从根本上得到缓解或解决。

② 景区实行特许经营制以后，景区所有权与经营权的分离，有利于景区建立政企分开、高效的现代经营制度，经营者享有充分的经营自主权，这将大大增强景区经营企业的活力，大大提高景区的经营效率。

③ 在特许的范围内，经营企业对景区的资源按照市场价值规律运营，有利于提高风景名胜资源配置的效率，风景名胜资源的经济价值将得到充分实现。

④ 通过公开拍卖景区经营权的方式确定经营者，充分体现了市场经济的"公开、公正、公平"原则，与那种将风景名胜区交给某一家上市公司垄断经营的做法相比，特许经营制更有利于实现社会资源的有效配置。

⑤ 景区经营实行特许经营制，可以有效地激励经营企业保护好风景名胜资源。如果在经营期间，经营企业不保护好景区的资源，那么在下一轮景区经营权的竞争中，就会失去特许经营合同，让位于别的企业。

综上所述，在国家风景名胜区资源国有的情况下实行风景名胜区特许经营模式是一种既符合市场经济原则，又有利于风景名胜区可持续发展的市场化经营模式。正因如此，世界上不少国家或地区如美国、摩纳哥、中国澳门等对一些既需要垄断经营，又需引进竞争机制、体现市场经济原则的一些行业，如公交线路、旅游线路等实行特许经营制，并取得了良好的效果。风景名胜区资源的经营管理亦是如此。

由于风景名胜区内存在着 2 种性质不同的旅游产品，即资源保护项目（如自然景观、文物、历史遗迹、动植物等）和经营性项目（如门票、索道、餐饮服务、商业服务、交通服务等），因此，风景名胜区要进行科学的经营，应当对不同性质的业务进行分离，根据各景区的实际情况将经营性项目与资源保护项目剥离，对资源保护项目仍然保持自然垄断特征，而在经营性项目上引入竞争机制。在建立风景名胜资源国有统一保护体系的情况下，管理机构可以积极探索改革景区的经营模式，注重培育和规范市场，积极发挥市场作用，激活风景名胜区的经营机制，通过探索特许经营和委托经营等方式，将风景名胜区适宜市场化的经营项目交由企业经营，提高风景名胜资源的利用效益。并合理制定相应的风景名胜区资源准入经营或特许经营规则，以规范经营管理者的行为。

二、风景名胜区的综合管理

（一）风景名胜区资源管理

1. 风景名胜区资源有偿使用管理

《风景名胜区条例》第三十七条明确规定："风景名胜区管理机构应当与经营者签订合同，依法确定各自的权利义务。经营者应当缴纳风景名胜资源有偿使用费。"第三十八条规定："风景名胜区的门票收入和风景名胜资源有偿使用费应当专门用于风景名胜资源的保护和管理以及风景名胜区内财产的所有权人、使用权人损失的补偿。"

风景名胜资源的有偿使用，是指国家对风景名胜资源行使所有权和管理权的前提下，将风景名胜区的建设经营权和微观管理权委托给企业行使，企业与国家签订合同，明确分成比例、服务质量和价格、合同期可根据各风景名胜区的实际情况确定，一般为 20～30 年，合同期满后，再进行招标，优胜者中标，同等条件下原合同单位有优先权。

风景名胜资源的有偿使用，是与风景名胜区统一集中管理相适应的资源管理模式，也是解决目前风景名胜资源开发利用资金短缺的根本方法。风景名胜资源作为一种特殊资源，除发挥其环境效益和休闲娱乐、教育的社会效益外，还必须实现其经济效益。

风景名胜区的风景名胜资源是国有资源的一部分，属国家所有，任何单位和个人都不得将其占为己有。任何依托风景名胜资源从事各种活动而受益的单位或个人，都有缴纳风景名胜资源使用费的义务和职责。风景名胜区管理机构是国家设置的，代表国家实施风景区的行政管理，管理风景区全部风景名胜资源，有权向使用风景名胜资源的单位和个人收取风景名胜资源使用费，专项用于风景区的保护和建设。

风景名胜区的风景名胜资源包括有形资产和无形资产两部分。其有形资产，泛指风景名胜区界限范围内的土地、设施、景点和一草一木；这些有形资产巧妙地科学组合，为驻景区单位或个人营造了一个特定的空间环境，使他们可从中受益。风景区的无形资产即为蜚声海内外，享有一定或很高知名度的风景名胜区的品牌名称。驻景区单位或个人在进行的一切信息交流中均使用了风景区的品牌名称，借风景区的名声提高了自身的知名度，从中受益匪浅。在市场经济环境里，需要遵循等价交换和有偿服务的原则。因此，驻景区单位或个人，只有按章缴纳风景名胜资源使用费的义务，而无任何抗缴的权利。风景名胜区管理机构要制定征收风景名胜资源有偿使用费的章程，设置专门机构，负责征收工作。

风景名胜区管理机构，依据建设部门会同财政、物价部门商定，由政府批准的收费办法，向在风景名胜区范围内，利用风景名胜资源而受益的单位或个人征收风景名胜资源有偿使用费。收费的内容及标准为：经批准征（拨）用土地、水面进行建设的单位和个人，按工程项目批准的投资总额一定比例征收；经营宾馆、饭店、招待所、干休所、疗养院、培训中心、旅馆等提供食宿的单位和个人，经营性部分按客房床位收入一定比例征收，非经营性部分则减半征收；经营饮食、摄影、零售及旅游车船等提供住宿床位以外的商业服务业的单位和个人，按营业额一定比例征收；风景游览点按门票收入一定比例征收。

风景名胜资源费的征收，由风景名胜区管理部门按有关规定向同级物价部门领取收费许可证和收费员证，印发收费通知单，上门亮证收费，并统一使用财政部门监制的专用收费凭证。

征收的风景名胜资源费作为预算外资金管理，实行"财政专户储存，计划管理、财政审批、银行监督"的管理方式，专款专用，用于风景名胜区资源保护、建设、管理；并由建设行政主管部门每年从征收的资源费中提取一定比例，用于补贴风景名胜区的建设项目，表彰奖励风景名胜区系统先进单位、先进个人和培训干部。

2. 特许经营管理

从当前的制度环境和旅游景区开发的现状来看，发展中地区采用特许经营权委托的方式可能更有利于政府和企业目标的实现。这样一种混合目标以委托经营的方式可以较好地实现权责利统一的原则以及社会发展、环境质量、经济发展方面的指标。按约定的条款定期考核，完成任务的可以继续经营，完不成任务的，则取消其特许经营的权利。企业通过公开的市场途径取得特许经营权，可以在完成政府委托任务的基础上谋求自身发展。这样一种运作方式，既可以保证社会合理地运用公共资产的权利，又能够使企业获取应得的利益，可以有效地促进旅游景区的保护和发展。而且这种特许经营的方式，不仅发掘了景区的潜在价值，还能够将政府的管理资源有效地挖掘出来，通过市场运作，实现更大的经济利益。

风景名胜区的缆车、摊点、宾馆、酒店等一切经营、服务性项目可实施特许经营许可制度。风景名胜区管理机构通过招标、考核资质、选优等形式，发放特许经营许可证，委托企业来经营。风景名胜区管理机构从特许经营项目的利润中收取一定的费用，即特许经营费，作为对风景名胜资源的补偿，用于风景名胜区的管理与资源的保护。

（二）门票专营管理

1. 门票的作用

风景名胜区销售的入园门票，其作用主要有 2 个：一是限制游客数量。当风景区的环境容量远大于游客的需求量时，为了有效地利用资源，则采取公共开放政策，免费入园；当游客需求量不断上升，需求量超过零价格资源容量时，则以收取门票费用来维持合理的游客容量。二是对风景区建设和保护投入的某种补偿。由此可见，风景名胜区销售的门票不全是市场供求关系的产物，它亦是在满足人们享受公共资源的前提条件下，保护风景名胜资源的一种手段。

2. 门票的管理

《风景名胜区条例》第三十七条明确规定："进入风景名胜区的门票，由风景名胜区管理机构负责出售。门票价格依照有关价格的法律、法规的规定执行。"风景名胜区的社会公益事业性质决定了销售门票是部分补偿享用资源的政府行为。依据资源有偿使用和资源价值补偿原则，风景名胜区门票实行专营制度，门票的收益归国家所有，并由风景名胜区管理机构代表所属人民政府进行统一管理与支配。风景名胜区门票专营权是政府对风景名胜资源实行统一管理的重要手段，门票的收入是管理风景名胜资源来自社会的一种资金投入方式，属公共积累，是国家公共收益，是风景名胜区实行有效保护和管理的重要经济来源，也是风景名胜区实行特许经营制度的重要前提。风景名胜区的门票收入应贯彻"取之于景区，用之于景区"原则，用于风景名胜区资源保护、管理和建设，各地区不得挪作他用。企业部门等不得从中收取任何基金，免征各种税金，不能将风景名胜资源和门票专营权作为经营性资本纳入市场化运作，不能上市和实行股份化。

（三）游人规模控制

对于风景区游人规模的控制，最为常用的是对入区（园）率的控制，入区（园）率系指单位时间内在风景名胜区（或公园）里实际游览的游客人数占该风景名胜区（或公园）游人容量的百分比。一个风景区入区（园）率的大小，既直接体现出某风景对游客吸引力的强弱、风景区的服务质量和管理水平的高低，又反映出该风景区游览的舒适程度。据一些风景区的统计，入区（园）率控制在 60%～65% 为最佳。若高于 65%，虽然门票收入显著增加了，但是游览中的游客会感到拥挤，游览的舒适度就降低了；入区（园）率若低于 30%，风景区因门票收入大幅度减少，则会出现经营亏损。因此，入区（园）率是正确反映风景区经营效果和游览舒适度的重要指标。为此，将 30% 和 65% 的入区（园）率分别作为测定风景区经营亏损和适宜舒适度的临界值，用作考核风景区游览经营效益和是否具有良好游赏环境的标准。以此督促检查风景区资源保护、宣传、景点景区环境建设、优质服务等工作的成效。入区（园）率计算式为：

$$L_r = R_{sr}/R_{lh} \times 100\%$$

式中，R_{sr} 为进入风景区的游客人数，R_{lh} 为风景区的游人容量。

（四）其他日常事业性管理

1. 风景名胜区安全管理

风景区安全状况如何，直接影响到风景名胜区的形象。《风景名胜区条例》第三十六条规定："风景名胜区管理机构应当建立健全安全保障制度，加强安全管理，保障游览安全，并督促风景名胜区内的经营单位接受有关部门依据法律、法规进行的监督检查。"风景名胜区要加强治安、安全管理，切实保障游览者的安全和景物的完好。要设置维护游览秩序和治安的机构或专门人员，配备必要的装备，加强治安巡逻和检查。对寻衅闹事、扰乱秩序和进行违法犯罪活动的不法分子，要严厉打击，确保国家财产和游人的安全。对船、车、缆车、索道、码头等交通设施、游览活动器械、险要道路、繁忙道口及危险地段要定期检查，落实责任制度，加强管理和维护，及时排除危岩险石和其他不安全因素。在危险地段及水域或猛兽出没、有害生物生长地区要设置安全标志，做出防范说明。在没有安全保障的区域，不得开展游览活动。

风景名胜区要有计划地组织游览活动。风景名胜区管理机构，应同有关地区的交通、铁道、公安等部门密切配合，安排好输送游人的计划和做好疏导工作，禁止超过允许容量接纳游人。因超容量引起的人身安全和景物破坏事故，要追究有关领导和管理者的责任。

2. 风景名胜区卫生管理

风景名胜区卫生状况，直接反映环境质量和生活质量。风景名胜区要做好文明游览的宣传教育工作，引导游人遵守公共秩序，爱护风景区名胜资源，爱护公物，注重卫生。每个风景名胜区都要制定游览注意事项，认真贯彻执行。

风景名胜区要妥善处理生活污水、垃圾、不断改善环境卫生，加强监督和检查，严禁随意排泄或倾倒。要按照国家规定，加强对饮食和服务业的卫生管理，对于不符合规定和卫生要求的要及时处理。

3. 风景名胜区财务管理

财务管理工作的具体内容主要是制定财务管理制度、编制财务计划、处理财务关系、组织日常财务管理、开展财务分析、检查财务纪律、考核财务成果等。风景名胜区财务管理的主要任务是要有效地反映、核算、分析、监督和控制风景名胜区的经济活动，不断提高风景名胜区的环境效益、社会效益和经济效益。

在风景名胜区财产管理方面，财务部门设置风景区文物景点设施和相应的资金科目，对原有文物景点设施的资产，按国清［1992］24号《国家行政事业单位财产清查登记工作方案》规定进行估价；对新近建成的景点设施资产，按其实际造价计价入账；对经常性维修费用在业务支出中列支；翻修、修建和新建费用，则在专项支出中列支。另外，风景名胜区财务记账，采取借贷记账法，按权责发生制作账。

4. 风景名胜区档案管理

风景名胜区的档案是风景名胜区保护、建设和管理决策的基础和依据。风景名胜区应当建立健全档案制度，对风景名胜区的历史沿革、资源状况、范围界限、生态环境，各项设施、建设活动、生产经济、游览接待等情况进行调查统计研究，形成完整的资料，妥善保存。此外，风景名胜区档案管理还要建立健全档案统计制度。须以原始记录为依据，包括档案管理情况、档案的接收、整理、价值鉴定、档案的提供利用及利用效果等方面的统计。须建立台账、记录，以备查考。

5. 风景名胜区人力资源管理

风景名胜区人力资源管理包括对风景名胜区所需人员的招聘、组织、培训、激励和奖励，目的是通过员工的服务使景区能满足游客的需要。风景名胜区人力资源管理是风景名胜区经营管理重要内容之一，这是因为：其一，景区员工的工作态度和能力影响着向游客提供服务的方式，也直接影响游客游玩的乐趣和游客对景区的看法；其二，景区的劳动力成本可能成为景区最大的单项支出项目。

风景名胜区人力资源管理要注意以下几点：（1）人力规划，即组织优化现在和将来的人力资源。包括对现有员工优缺点的分析；对未来需要的员工数量、类型及招聘时机的预测；员工培训和员工发展；骨干员工的发展途径。（2）建立有效的激励机制。风景名胜区人力资源管理人员要通过加强人性化管理，激励员工的工作热情，开发员工的潜能，提高员工的能力，发挥员工的最大效能。（3）员工培训，既可以起到激励员工的作用，使他们感受到景区的重视，同时又是实现员工自我价值的重要途径。

第三节　规划的审批及实施建议

一、规划的编制与审批

（一）规划的编制

风景名胜区规划是切实地保护、合理地开发建设和科学地管理风景名胜区的综合部署。经批准的规划是风景名胜区保护、建设和管理工作的依据。风景名胜区规划应根据《风景名胜区条例》的规定要求进行编制。该条例第十四条规定："风景名胜区应当自设立之日起 2 年内编制完成总体规划。总体规划的规划期一般为 20 年。"第十五条规定："风景名胜区详细规划应当根据核心景区和其他景区的不同要求编制，确定基础设施、旅游设施、文化设施等建设项目的选址、布局与规模，并明确建设用地范围和规划设计条件。风景名胜区详细规划，应当符合风景名胜区总体规划。"第十六条规定："国家级风景名胜区规划由省、自治区人民政府建设主管部门或者直辖市人民政府风景名胜区主管部门组织编制。省级风景名胜区规划由县级人民政府组织编制。"第十七条规定："编制风景名胜区规划，应当采用招标等公平竞争的方式选择具有相应资质等级的单位承担。风景名胜区规划应当按照经审定的风景名胜区范围、性质和保护目标，依照国家有关法律、法规和技术规范编制。"第十八条规定："编制风景名胜区规划，应当广泛征求有关部门、公众和专家的意见；必要时，应当进行听证。"第二十三条规定："风景名胜区总体规划的规划期届满前 2 年，规划的组织编制机关应当组织专家对规划进行评估，作出是否重新编制规划的决定。在新规划批准前，原规划继续有效。"上述规定进一步明确了风景名胜区规划编制的时间、编制的内容、编制的主体、编制过程和规划编制的时效性等，是风景名胜区进行规划编制的行动指南。

总而言之，风景名胜区规划应在所属人民政府领导下，由城乡建设部门或风景名胜区管理机构会同文物、环保、旅游、农林水利、电力、交通、邮电、商业、服务等有关部门组织编制。风景名胜区规划文件的编制，可委托国内有资格的规划、设计、科研单位或大专院校协助进行。要指定技术总负责人，负责组织、协调、汇总规划。编制风景名胜区规划首先要搞好对风景名胜资源的多学科综合考察，收集完整的基础资料。风景名胜区规划基础资料，由规划文件编制单位负责收集并充实完善。全部资料经整理后由风景名胜区管理机构永久保存。

（二）风景名胜区规划的审批

规划编制完成后，根据《风景名胜区条例》关于风景名胜区规划实行分级审批的规定，各级风景名胜区总体规划和详细规划的审批，须遵循如下规定：

1. 国家级风景名胜区的总体规划，由省、自治区、直辖市人民政府审查后，报国务院审批。国家级风景名胜区的详细规划，由省、自治区人民政府建设主管部门或者直辖市人民政府风景名胜区主管部门报国务院建设主管部门审批。

2. 省级风景名胜区的总体规划，由省、自治区、直辖市人民政府审批，报国务院建设主管部门备案。省级风景名胜区的详细规划，由省、自治区人民政府建设主管部门或者直辖市人民政府风景名胜区主管部门审批。

3. 风景名胜区规划经批准后，应当向社会公布，任何组织和个人有权查阅。风景名胜区内的单位和个人应当遵守经批准的风景名胜区规划，服从规划管理。风景名胜区规划未经批准的，不得在风景名胜区内进行各类建设活动。

4. 经批准的风景名胜区规划不得擅自修改。确需对风景名胜区总体规划中的风景名胜区范围、性质、保护目标、生态资源保护措施、重大建设项目布局、开发利用强度以及风景名胜区的功能结构、空间布局、游客容量进行修改的，应当报原审批机关批准；对其他内容进行修改的，应当报原审批机关备案。风景名胜区详细规划确需修改的，应当报原审批机关批准。政府或者政府部门修改风景名胜区规划对公民、法人或者其他组织造成财产损失的，应当依法给予补偿。

二、规划的实施建议

风景名胜区总体规划审核批准后，就进入了下一个实施阶段。为了更好地保障风景名胜区规划的有效、科学和顺利实施，需要采取相应的措施。实施规划的措施建议可包括规划公布、法制建设、实施保障政策、机构与队伍建设等方面的内容。

（一）创新并理顺风景名胜区管理体制，为风景名胜区规划的实施创造良好的体制环境

1. 建立国家统一的风景资源保护体系，加强统一管理

对风景名胜区实行统一管理，这是由风景名胜资源的特点所决定的。国家是风景资源的所有权主体，风景名胜资源归国家所有，并具有公共产品的特点。风景名胜区是多种资源的有机综合体，不可分割。只有实行统一管理，才能科学、合理地配置各类资源，充分发挥资源的综合性功能。

风景名胜区的管理长期处于权力分散、职能交叉、多头管理的散乱状态。风景名胜区的管理涉及多个政府组织机构或部门，如城建、文物、旅游、环保、林业、工商以及地方政府等。各部门为了自己的利益，往往在本位思想的驱使下对景区资源进行条块分割。却没有一个统一的权威部门代表国家行使景区资源所有者权力，导致政企不分、政出多门、各自为政的恶性竞争，削弱了风景名胜区管理部门的管理权限，风景名胜区管理部门的责权不清晰，管理力量薄弱，阻碍了风景名胜区资源保护与利用工作的开展。

因此，当前亟须构建一个国家统一的风景资源保护管理体系，需要设立唯一的、权威的风景资源保护管理机构来代表国家行使所有权，特别是代表国家统一主管和负责风景名胜区资源的保护

管理。

根据宪法，国务院是国有资源的法定代表。为保证国家产权的统一和国有资产的收益，国务院可以指定一个权威机构代理行使风景资源资产权，该权威部门在国务院授权代理范围内，对国有风景资源进行统一的产权管理，负责风景区规划的审批、土地使用权的出让、租赁，风景资源使用权出让、风景资源保护规划等，并根据工作需要，在各省或各个区设立派出机构，派出机构属于权威部门垂直领导下的工作机构，拥有对风景区直接管理机构的领导权、监督管理权和对风景资源开发经营企业经营活动的监督管理权。在这方面可参照国外相关经验，例如，1916年美国依法在内政部设立国家公园管理局（National Park Service）专门负责全国的公园事务；1935年通过的历史遗迹法案规定将国家文化资源和自然资源统一交由国家公园管理局管理，履行公园系统的规划、土地管理、自然资源管理、文化资源管理、特许承租管理等职能。美国国家公园的管理者将自己定位于管家或服务员的角色，而不是业主的角色，作为非盈利性机构专注于自然文化遗产的保护与管理，日常开支由联邦政府拨款。

2. 规范风景区管理机构职责，实现管理权与经营权分离

国际经验表明，国家风景名胜区管委会应是一个利益中性的具有独立地位的管理机构，不能直接或间接参与风景名胜区的各项经营活动。风景名胜区管委会是派出机构的代表、地方政府各职能部门代表、当地群众代表、风景区开发经营单位代表联合组成的风景区日常管理机构。景区管委会的职责应包括以下内容：一是颁发和修改景区内经营性项目的经营许可证，保证这种特许资源配置到运行高效的企业；二是制定并监督执行规制价格，为了激励企业成长和更好地履行资源保护和养护义务，一般应实行价格上限的激励性价格规制；三是通过制定和实施景区经营性项目运作企业的进入条件和行为准则，实行进入经营市场的规制；四是制定景区长期、中期规划和年度计划，选择价格、产品品质等要素调节企业的经营活动，明确自身的发展战略；五是支持景区科学研究和教育工作，寻求保护和合理利用资源的有效途径，培育人们的可持续发展理念。风景区日常管理机构的管理经费来源于产权部门从资产受益中划拨和风景区经营实体上缴的工商、卫生、防疫费。这种将管理权和经营权分离的风景区开发经营机制，有利于克服地方利益和部门利益侵害国家利益，防止国有资产流失和浪费，也有利于克服管理权人、管理部门权力腐败，从而使其管理职能得到有效的制约。

3. 政企分开，积极探索有效的、合理的、科学的风景名胜区经营模式

风景名胜区管理机构要处理好风景名胜区内部政府管理职能和企业经营行为的关系。风景名胜区要实行政企分开。管理机构的职责是保护资源，执行规划，各地不得将风景名胜区的规划管理和监督责任交由企业承担，管理机构本身也不得从事开发经营活动。政府和有关部门在实施管理和监督的同时，要大胆改革景区的经营模式，注重培育和规范市场，积极发挥市场作用，激活风景名胜区的经营机制，通过探索特许经营和委托经营等方式，将风景名胜区的经营权交由企业经营，提高风景名胜资源的利用效益。按照中央关于加快推进城市公用事业改革的要求，建设部已经起草制订了《市政公用事业特许经营管理办法》，对地方起到了很好的指导和规范作用。针对风景名胜区内部各类项目开发经营不规范的状况，有必要对风景名胜区开发经营问题和监管手段进行深入的研究，按照有利于风景名胜资源保护、有利于强化政府管理职能、有利于广大人民群众长远利益要求，积极探索和建立适应风景名胜区经营特点的风景名胜区经营模式，进一步推动风景名胜区经营机制的改革。

4. 实施分类指导和分类管理

针对我国风景名胜区类型多样、规模不一、景物构成千差万别和地域条件不同等特点，对不同类型的风景名胜区实行分类指导。从有利于强化风景名胜资源管理的角度对我国风景名胜区的类别进行科学划分，根据不同类别的风景名胜区性质、特点、规律，确定其保护重点、管理模式和指导原则，进行分类统一指导，进一步提高风景名胜区的整体管理水平。

5. 建立部门间沟通和协调机制

风景名胜区的管理涉及国务院授权的风景名胜区行业主管部门建设部，以及相关行业部门，包括旅游、文物、林业、宗教、土地、环保、公安、工商、交通、通信、电力等。风景名胜区各项事业相互依存，要争取各个相关部门的支持，建立和完善相应的沟通和协调机制，以形成一股合力，有效地保护和利用各种资源，促进各项事业共同繁荣，最终促进风景名胜区的综合协调发展。

（二）开辟多元的资金来源渠道，为规划实施提供资金保障

1. 建立稳定、持续的政府投入机制

风景名胜资源是一种特殊的公共资源，风景名胜区事业是一项社会公益性很强的事业，大量组织管理工作是政府行为，各级政府一定要把风景名胜区事业的改革与发展纳入重要议事日程，及时协调解决工作中的矛盾和问题。政府在编制国民经济和社会发展计划、区域发展计划、土地利用总体规划、城市总体规划时，应综合考虑风景名胜区事业同经济、社会发展的相互关系，并纳入相关规划之中，从投资、信贷、税收等方面给予必要的政策扶持。国家资金的投入是必须的，如果国家没有直接的经济投入作调控杠杆，中央政府的管理必然不力。国家投入不足带来的政府行为扭曲是其最大的负面影响，近些年来表现最为严重的就是一些风景名胜区"商业化""城市化""人工化"的问题。欧、美、日本等一些发达国家的国家公园管理，除了有国家公园保护的法律、法规、政策外，不折不扣执行国家管理局制定的政策的基本保证是国家投入的资金。世界上已有124个国家建立了国家公园管理制度，由于公益的性质决定几乎所有的国家公园都是靠国家政府的拨款。例如：美国有90%的资金来自联邦政府的财政投入，1998年联邦政府对国家公园的投资为17.54亿美元。另外的资金来源是门票收入、特许经营管理费和其他收入，这些收入都被认为是国家的资源收入，由国家财政留给公园用于保护。

因此，对于国家风景名胜区管理的直接投入应当是法定的、稳定的，应当纳入国家经济和社会发展规划之中，确保其有稳定的资金投入渠道。为此：（1）加快推广征收风景名胜资源有偿使用费的办法。省建设厅、财政厅、物价局要尽快调研起草风景名胜区有偿使用费征收管理办法，规范资源有偿使用费的征收和管理，从制度上、政策上保障风景名胜区保护资金的稳定来源。（2）建立特许经营许可证制度，征收特许经营费用。对风景名胜区内的一切经营、服务性项目，实施特许经营许可制度，风景名胜区管理机构通过招标、考核资质、选优等形式，发放特许经营许可证，委托企业来经营。风景名胜区管理机构从特许经营项目的利润中收取一定的费用，即特许经营费，作为对风景名胜资源的补偿，用于风景名胜区的管理与资源保护。（3）风景名胜区门票收入是国家公共收益，必须用于风景名胜区的管理、保护。各地区不得挪用、瓜分，企业部门等不得从中收取任何基金，免征各种税金。

2. 广泛开辟多元的资金筹措渠道

多方筹措景区保护资金，积极探索多元投资开发建设风景名胜区的新路子。目前，我国财政还不富裕，不可能像发达国家的国家公园那样有充分的经济保障。因此，对于解决风景名胜区基础设施严重落后的局面，不能仅仅指望国家的直接资金投入。必须调整和完善有关国家风景名胜区的经济政策，改革景区建设投资体制，广开资金渠道，引导和提倡多元投资，多渠道、多层次、多方位筹集风景名胜区保护、建设和管理资金。各景区单位在遵循相关法律规章制度的情况下可以通过抵押贷款融资、项目招商引资、利用国债等方式，并且广泛吸纳法人资本、自然人资本和外资参与景区基础设施和保护设施的建设。（1）广泛吸纳企业和私人资金。目前，一些国内外的企业、民营者的资金开始转向风景名胜行业，这是一个发展的机会。政府应创造条件，通过股份合作、委托经营、租赁经营等多种经营方式，吸引企业和私人的资金，将那些有经济效益的基础设施项目让给企业投资，广泛吸纳社会资本。（2）发放国家债券，为风景名胜区筹资。每年安排一定的国债，用于风景名胜区的基础设施建设，优先向国家级风景名胜区贷款，解决风景名胜区基础设施长期欠账的问题。（3）根据风景名胜资源有偿使用的原则，对风景名胜区外的饭店、宾馆、餐饮、商业销售、旅行社、交通运输等受益的经营单位，征收风景名胜资源保护管理费。

（三）加快立法进程，严格执法，为风景名胜区规划实施提供法律保障

1. 加强风景名胜资源的法制管理

要将风景名胜资源的产权、管理权和经营权分开，进而形成相互监督、共同受益的良性循环机制，就必须从立法与规范体系中予以明确。根据我国现行法律体系和行政法渊源，风景区资源立法和管理可以按照宪法—法律—行政法规—部门规章、地方性法规、地方规章—规范性文件这样一个层次来构建。法律法规迫使旅游经营者或旅游者予以遵循，否则就要受到法律惩罚，具有目标的明确性、执行的强制性以及效果的直接性等优势，所以它可以弥补经济激励措施约束力不足的缺陷。应加快保护风景名胜的立法工作，把风景名胜区的开发和管理都置于法律法规的管制之下，用法律的手段来依法管理。

2. 加快立法进程，完善风景名胜区及规划的法律体系

根据党中央关于依法治国的基本方略要求，要进一步加快风景名胜区立法进程。1985 年国务院颁布了《风景名胜区管理暂行条例》，"暂行"了 20 多年。直到 2006 年才出台了《风景名胜区条例》，而对《条例》中涉及的风景名胜区性质、范围、执法主体及定级审批、规划审批、保护监督以及违规处罚等重要内容需要进行进一步论证、完善和加以明确。鉴于我国目前的《风景名胜区条例》仍没有完备的法律地位，而 1992 年，建设部起草的《风景名胜区法》，至今尚未纳入国家立法的程序。立法滞后带来了一系列的问题，表现最严重的问题是规划管理不力，造成了风景名胜区内的乱搭乱建严重。因此，加快立法进程，搞好法制建设已刻不容缓，建议列入特殊的、重要的议事日程。除了立法之外，还应该进一步制订、颁布和完善相关的法律、法规及条例，不断健全风景名胜区法律体系。

3. 严格执法，规范风景名胜区规划管理的行政行为

各级地方人民政府及其风景名胜区规划部门、城市园林部门要严格执行《城市规划法》、《文物保护法》、《环境保护法》、《土地管理法》及《风景名胜区条例》等法律法规，认真遵守经过审批具有法律效力的各项规划，确保规划依法实施。各级风景名胜区规划部门要提高工作效率，明确建设项目规划审批规则和审批时限，加强建设项目规划审批后的监督管理，及时查处违法建设的行为。要进一步严格规章制度，风景名胜区规划和风景名胜区规划编制、调整、审批的程序、权限、责任和时限，对涉及规划强制性内容执行、建设项目核发、违法建设查处等关键环节，要做出明确具体的规定。要建章立制，强化对行政行为的监督，切实规范和约束风景名胜区规划部门和工作人员的

行政行为。

4. 建立行政纠正和行政责任追究制度

要建立有效的监督制约工作机制，规划的编制与实施管理应当分开。规划的编制和调整，应由具有国家规定的规划设计资质的单位承担，管理部门不再直接编制和调整规划。规划设计单位要严格执行国家规定的标准规范，不得迎合业主不符合标准规范的要求。改变规划管理部门既编制、调整又组织实施规划，纠正规划管理权缺乏监督制约，自由裁量权过大的状况。

对风景名胜区规划管理中违反法定程序和技术规范审批规划，违反规划批准建设，违反近期建设规划批准建设，违反省域城镇体系规划和城市总体规划批准重大项目选址，违反法定程序调整规划强制性内容批准建设，违反历史文化名城保护规划、违反风景名胜区规划和违反文物保护规划批准建设等行为，上级风景名胜区规划部门和城市园林部门要及时责成责任部门纠正；对于造成后果的，应当依法追究直接责任人和主管领导的责任；对于造成严重影响和重大损失的，还要追究主要领导的责任。触犯刑律的，要移交司法机关依法查处。

风景名胜区规划部门、城市园林部门对违反风景名胜区规划和风景名胜区规划案件要及时查处，对违法建设不依法查处的，要追究责任。上级部门要对下级部门违法案件的查处情况进行监督，督促其限期处理，并报告结果。对不履行规定审批程序，默许违法建设行为，以及对下级部门监管不力的，也要追究相应的责任。

（四）制定科技规划，加强科学研究，为风景名胜区规划实施提供科技保障

1. 制定风景名胜区科技规划

风景名胜区的保护管理需要广泛的科学技术支撑，包括生物、生态、地质、地理、水文、气象、建筑、园林、历史、美学、艺术和管理等学科。因此科技规划的编制也是至关重要的。科技规划是保护风景名胜资源的理论依据和行为准则。目前，全国大部分风景名胜区都制定了总体规划，但有些规划在保护风景名胜资源、实现其可持续利用方面，缺乏科技系统和具体措施方面的规划。因此，风景区必须组织有关专家加以修编和完善。风景区科学研究管理机构，应根据风景区的保护管理特点和存在问题，制定相应的科技规划。主要内容包括：根据保护对象的特点、现状和保护管理中的问题确定科学研究总体发展方向、发展目标及主要科学研究内容，安排各个时期的科学研究项目；提出保护区科学研究队伍建设、与国内外科学研究机构开展科学技术合作的方案；提出科学研究设施建设的方案；以及科学研究活动所需经费的筹措方式等。

2. 加强风景名胜区科学研究及管理

科学研究是风景区实施有效保护，实现风景区管理目标的保证。风景区科学研究的内容，可分为应用研究和理论研究两类。应用研究主要是指针对每个风景区管理的实际需要，为不断改善保护措施，提高保护效果，实现管理目标直接服务的一系列支持性科学研究。理论研究主要是指借助风景区内自然生物及其环境条件或自然历史遗迹的代表性、自然性和典型性等特点所进行的一系列相关学科的基础理论研究。

风景名胜区的科学研究管理是风景名胜区管理工作的重要组成部分。风景名胜区科学研究管理工作主要包括：（1）设立科学研究管理机构；（2）制定科学研究规划；（3）制定科学研究计划；（4）科学研究项目的实施；（5）科学研究成果的归档；（6）科学研究成果的评价、验收和报奖；（7）科学研究成果的应用和推广。

3. 科学实施和监测风景名胜区规划

风景名胜区的建设必须以科学的总体规划和详细规划为指导，避免开发中的随意性和盲目性，保证建设项目的科学性。政府和有关部门在开发利用风景名胜资源时，必须严格执行规划，有序开发，合理利用，严格保护。

在科学实施风景名胜区规划和进行规划项目建设的过程中，要根据建设部《风景名胜区建设管理规定》，严格实行风景名胜区内的《建设选址审批书》制度，以制止一些不宜在风景名胜区内建设的项目，纠正不合理选址，对建设项目的建筑密度、容积率以及体量、造型、用材、色彩等方面提出严格要求，根据国家有关规定和风景名胜区的规划，严格审查，防止破坏性建设。

在科学监测风景名胜区规划实施的过程中，要加快建立全国风景名胜区规划与管理动态信息系统，利用现代化的手段进行监管。相关的管理部门应该加强对直辖市、省会城市等大城市、国家重点风景名胜区特别是其核心景区的各类开发活动和规划实施情况的动态监测。另外，有条件的可以建立遥感监测系统，利用现代化的卫星遥感技术，有效地进行定期监测。

（五）加强领导队伍和职工队伍建设，为风景名胜区规划实施提供人力资源保障

风景名胜区的现代化建设，需要一批能胜任风景名胜区规划和建设任务的专业技术队伍，掌握现代科学知识及本风景名胜区历史文化的管理人员和服务人员。

1. 培养和建立一支高素质的风景名胜区管理干部队伍

加强组织对风景名胜区的领导干部和骨干人员的专门培训，以掌握必要的专业知识，更好地开展风景名胜区的指导工作。各级风景名胜区规划部门、城市园林部门的机构设置要适应依法行政、统一管理和强化监督的需要。领导干部应当有相应管理经历，工作人员要具备专业职称、职业条件。各级风景名胜区主管部门要高度重视和支持风景名胜区管理干部和工作人员培训工作，制订培养计划，做出切实可行的安排，多渠道培训专门人才。可以引进有关的技术骨干人才，也可以通过办学培训渠道，培养本土人才。同时还要加强各级管理人员的职业道德教育和业务技能训练，提高其服务意识、水平和质量。此外，还可以建立风景名胜区领导干部任职资格和保护景区的目标考核责任制，推进管理干部培训工作的开展和风景名胜区管理水平的提高。

2. 风景名胜区要加强职工队伍的建设，提高职工的素质

要建立健全培训制度，采取在职学习、脱产学习、业余学习、轮训和游览淡季集训等多种形式，提高职工队伍的政治素质和文化技术水平，掌握风景名胜区工作的基本知识和方法。并加强职位教育和岗位培训，要不断更新业务知识，切实提高业务水平。

（六）加强规划公布体系建设，建立健全规划实施的监督机制

1. 加强规划公布体系建设

建立和完善规划的公示制度，不断加强规划的公布体系建设，让社会了解规划、理解规划、参与规划的实施和监督。风景名胜区的主管部门要向全国风景园林规划设计、施工单位开放市场，公开招标，平等竞争，这将更有利于规划的科学性和施工建设的高水准。同时，风景名胜区规划部门要将批准的风景名胜区规划、各类建设项目以及重大案件的处理结果及时向社会公布，应当逐步将旧城改造等建设项目规划审批结果向社会公布，批准开发企业建设住宅项目规划必须向社会公布。此外，还要大力做好宣传工作，充分发挥电视、广播、报刊、网络等新闻媒体的作用，向社会各界普及风景名胜区及规划建设知识，增强全民的参与意识和监督意识。

2. 逐步建立和完善多元的规划实施社会监督机制

广泛引入社会监督机制，与立法机关、司法机关、行政执法监督部门、新闻单位、社会团体、城乡居民建立定期联系和监督网络，让全社会共同监督规划的实施。

要逐步建立和完善多元的社会监督机制：（1）人大监督。人大对政府的管理行为进行监督。风景名胜区规划管理应当受同级人大的监督，风景名胜区规划实施情况每年应当向同级人民代表大会常务委员会报告。（2）政府监督。按照党中央关于依法行政和"行为规范、运转协调、公正透明、廉洁高效"的要求，要进一步强化风景名胜区的政府监督管理职能。上级政府对下级政府或管理机构的管理行为和企业经营行为进行监督，下级风景名胜区规划部门应当就风景名胜区规划的实施情况和管理工作，向上级风景名胜区规划部门提出报告，接受上级风景名胜区规划部门的监督。如国家级和省级风景名胜区规划实施情况，依据管理权限，应当每年向建设部和省（区）风景名胜区规划部门提出报告。（3）公众监督。公众对政府或管理机构的管理行为和企业行为进行监督。风景名胜区规划部门、城市园林部门可以聘请监督人员，及时发现违反风景名胜区规划的情况，并设立举报电话和电子信箱等，受理社会公众对违法建设案件的举报监督。（4）媒介监督。新闻媒介对风景名胜区政府或管理机构的管理行为和企业经营行为进行监督。（5）专家监督。有关专家或专业机构对风景名胜区政府或管理机构的管理行为和企业经营行为进行监督。（6）国际监督。已列入《世界文化与自然遗产名录》的风景名胜区还必须接受联合国世界遗产委员会及相应机构和专家的监督。

3. 建立风景名胜区规划编制、审批、实施的监督保证体系

建立一个多方位、多层次、多角度的监督保证体系，以实现对规划编制、审批和实施全过程的有效监督。具体而言：（1）加强风景名胜区规划编制单位的资质管理，确保规划编制质量。（2）严格规划评审制度。风景名胜区规划实行分级评审、分级审批制度，国家重点风景名胜区总体规划由省级人民政府审查后，报国务院审批；国家重点风景名胜区分区规划、详细规划和重要景点规划以及重大建设项目规划经省级风景名胜区主管部门审查后，报建设部批准。（3）加强规划实施管理，确保工程按规划实施。建立健全风景名胜区规划年检报告制度，地方人民政府特别是风景名胜区所在地城市人民政府和人大常委会，每年要对景区规划实施情况进行监督检查，检查结果报上级主管部门备案。要健全风景名胜区监察制度，设立风景名胜区监察员，完善风景名胜区管理程序。风景名胜区所有建设项目，都要按照规定履行申报、审查和审批程序，建立特派稽查员制度，对出现问题的进行稽查。建设部着重对国家重点风景名胜区规划实施情况进行检查，查处违反规划的行为，把规划实施监督管理制度化、经常化。

（七）组织开展风景名胜资源的资产评估，加强风景名胜区资源资产化管理

风景名胜资源作为一种特殊资源，除发挥其环境效益和休闲娱乐、教育的社会效益外，还有经济效益。而要实现风景名胜资源经济效益的度量，实行资源有偿使用和特许经营模式，促进风景名胜资源的资产化管理，则有必要对风景名胜资源进行科学合理的资产评估。具体对策包括如下：改革和优化评估体制；建立、规范和完善相应的风景名胜资源评估机构；规定并规范评估程序，明确立项、审核、确认等环节的操作规范和具体要求，理顺风景名胜资源资产评估的管理体系；提高风景名胜资产评估从业人员的业务素质、职业道德，提高从业人员的执业水平；开展风景名胜资源资产评估有关理论的研究，并结合实践制订评估细则，完善风景名胜资源资产评估的方法与技术等。

附 录

附录一　保护世界文化和自然遗产公约

（联合国教育、科学及文化组织大会
第十七届会议于 1972 年 11 月 16 日在巴黎通过）

联合国教育、科学及文化组织大会于 1972 年 10 月 17 日至 11 月 21 日在巴黎举行的第十七届会议。

注意到文化遗产和自然遗产越来越受到破坏的威胁，一方面因年久腐变所致，同时变化中的社会和经济条件使情况恶化，造成更加难以对付的损害和破坏现象；

考虑到任何文化或自然遗产的坏变或丢失都有使全世界遗产枯竭的有害影响；

考虑到国家一级保护这类遗产的工作往往不很完善，原因在于这项工作需要大量手段而列为保护对象的财产的所在国却不具备充足的经济、科学和技术力量；

回顾本组织《组织法》规定，本组织将通过保存和维护世界遗产和建议有关国家订立必要的国际公约来维护、增进和传播知识；

考虑到现有关于文化和自然遗产的国际公约；建议和决议表明，保护不论属于哪国人民的这类罕见且无法替代的财产，对全世界人民都很重要；

考虑到部分文化或自然遗产具有突出的重要性，因而需作为全人类世界遗产的一部分加以保护；

考虑到鉴于威胁这类遗产的新危险的规模和严重性，整个国际社会有责任通过提供集体性援助来参与保护具有突出的普遍价值的文化和自然遗产；这种援助尽管不能代替有关国家采取的行动，但将成为它的有效补充；

考虑到为此有必要通过采用公约形式的新规定，以便为集体保护具有突出的普遍价值的文化和自然遗产建立一个根据现代科学方法制定的永久性的有效制度；

在大会第十六届会议上，曾决定应就此问题制订一项国际公约。于 1972 年 11 月 16 日通过本公约。

一、文化和自然遗产的定义

第一条　在本公约中，以下各项为"文化遗产"：

文物：从历史、艺术或科学角度看具有突出的普遍价值的建筑物、碑雕和碑画、具有考古性质成分或结构、铭文、窟洞以及联合体；

建筑群：从历史、艺术或科学角度看，在建筑式样、分布均匀或与环境景色结合方面，具有突出的普遍价值的单立或连接的建筑群；

遗址：从历史、审美、人种学或人类学角度看具有突出普遍价值的人类工程或自然与人工联合工程以及考古地址等地方。

第二条　在本公约中，以下各项为"自然遗产"：

从审美或科学角度看具有突出的普遍价值的由物质和生物结构或这类结构群组成的自然面貌；

从科学或保护角度看具有突出的普遍价值的地质和自然地理结构以及明确划为受威胁的动物和

植物生境区；

从科学、保护或自然美角度看具有突出的普遍价值的天然名胜或明确划分的自然区域。

第三条　本公约缔约国均可自行确定和划分上面第一条和第二条中提及的、本国领土内的文化和自然财产。

二、文化和自然遗产的国家保护和国际保护

第四条　本公约缔约国均承认，保证第一条和第二条中提及的、本国领土内的文化和自然遗产的确定、保护、保存、展出和遗传后代，主要是有关国家的责任。该国将为此目的竭尽全力，最大限度地利用本国资源，必要时利用所能获得的国际援助和合作，特别是财政、艺术、科学及技术方面的援助和合作。

第五条　为保证、保护、保存和展出本国领土内的文化和自然遗产采取积极有效的措施，本公约各缔约国应视本国具体情况尽力做到以下几点：

1. 通过一项旨在使文化和自然遗产在社会生活中起一定作用并把遗产保护工作纳入全面规划计划的总政策；

2. 如本国内尚未建立负责文化和自然遗产的保护、保存和展出的机构，则建立一个或几个此类机构，配备适当的工作人员和为履行其职能所需的手段；

3. 发展科学和技术研究，并制订出能够抵抗威胁本国文化或自然遗产的危险的实际方法；

4. 采取为确定、保护、保存、展出和恢复这类遗产所需的适当的法律、科学、技术、行政和财政措施；

5. 促进建立或发展有关保护、保存和展出文化和自然遗产的国家或地区培训中心，并鼓励这方面的科学研究。

第六条

1. 本公约缔约国，在充分尊重第一条和第二条中提及的文化和自然遗产的所在国的主权，并不使国家立法规定的财产权受到损害的同时，承认这类遗产是世界遗产的一部分，因此，整个国际社会有责任合作予以保护。

2. 缔约国根据本公约的规定，应有关国家的要求，帮助该国确定、保护、保存和展出第十一条第2和4段中提及的文化和自然遗产。

3. 本公约各缔约国不得故意采取任何可能直接或间接损害本公约其他缔约国领土内的、第一条和第二条中提及的文化和自然遗产的措施。

第七条　在本公约中，世界文化和自然遗产的国际保护应被理解为建立一个旨在支持本公约缔约国保存和确定这类遗产的努力的国际合作和援助系统。

三、保护世界文化和自然遗产政府间委员会

第八条

1. 在联合国教育、科学及文化组织内，要建立一个保护具有突出的普遍价值的文化和自然遗产政府间委员会，称为"世界遗产委员会"。委员会由联合国教育、科学及文化组织大会常会期间召集的本公约缔约国大会选出的15个缔约国组成。委员会成员国的数目将在至少40个缔约国实施本公

约之后的大会常会之日起增至 21 个。

2. 委员会委员的选举须保证均衡地代表世界的不同地区和不同文化。

3. 国际文物保护与修复研究中心（罗马中心）的一名代表、国际古迹遗址理事会的一名代表以及国际自然及资源保护联盟的一名代表可以咨询者身份出席委员会的会议，此外，应联合国教育、科学及文化组织大会常会期间举行大会的本公约缔约国提出的要求，其他具有类似目标的政府间或非政府组织的代表亦可以咨询者身份出席委员会的会议。

第九条

1. 世界遗产委员会成员国的任期自当选之应届大会常会结束时起至应届大会后第三次常会闭幕时止。

2. 但是，第一次选举时指定的委员中，有三分之一的委员的任期应于当选应届大会后第一次常会闭幕时截止；同时指定的委员中，另有三分之一的委员的任期应于当选之应届大会后第二次常会闭幕时截止。这些委员由联合国教育、科学及文化组织大会主席在第一次选举后抽签决定。

3. 委员会成员因应选派在文化或自然遗产方面有资历的人员担任代表。

第十条

1. 世界遗产委员会应通过其议事规则。

2. 委员会可随时邀请公共或私立组织或个人参加其会议，以就具体问题进行磋商。

3. 委员会可设立它认为履行其职能所需的咨询机构。

第十一条

1. 本公约各缔约国应尽力向世界遗产委员会递交一份关于本国领土内适于列入本条第 2 段所述《世界遗产目录》的、组成文化和自然遗产的财产清单。这份清单不应看作是齐全的，它应包括有关财产的所在地及其意义的文献资料。

2. 根据缔约国按照第 1 段规定递交的清单，委员会应制订、更新和出版一份《世界遗产目录》，其中所列的均为本公约第一条和第二条确定的文化遗产和自然遗产的组成部分，也是委员会按照自己制订的标准认为是具有突出的普遍价值的财产。一份最新目录应至少每两年分发一次。

3. 把一项财产列入《世界遗产目录》需征得有关国家同意。当几个国家对某一领土的主权或管辖权均提出要求时，将该领土内的一项财产列入《目录》不得损害争端各方的权利。

4. 委员会应在必要时制订、更新和出版一份《处于危险的世界遗产目录》，其中所列财产均为载于《世界遗产目录》之中、需要采取重大活动加以保护并为根据本公约要求给予援助的财产。《处于危险的世界遗产目录》应载有这类活动的费用概算，并只可包括文化和自然遗产中受到下述严重的特殊危险威胁的财产，这些危险是：蜕变加剧、大规模公共或私人工程、城市或旅游业迅速发展计划造成的消失威胁；土地的使用变动或易主造成的破坏；未知原因造成的重大变化；随意摈弃；武装冲突的爆发或威胁；灾害和灾变；严重火灾、地震、山崩；火山爆发；水位变动；洪水和海啸等。委员会在紧急需要时可随时在《处于危险的世界遗产目录》中增列新的条目并立即予以发表。

5. 委员会应确定属于文化或自然遗产的财产可被列入本条第 2 和 4 段中提及的目录所依据的标准。

6. 委员会在拒绝一项要求列入本条第 2 和 4 段中提及的目录之一的申请之前，应与有关文化或自然财产所在缔约国磋商。

7. 委员会经与有关国家商定，应协调和鼓励为拟订本条第 2 和 4 段中提及的目录所需进行的研究。

第十二条　未被列入第十一条第 2 和 4 段提及的两个目录的属于文化或自然遗产的财产，决非意味着在列入这些目录的目的之外的其他领域不具有突出的普遍价值。

第十三条

1. 世界遗产委员会应接受并研究本公约缔约国就已经列入或可能适于列入第十一条第 2 和 4 段中提及的目录的本国领土内成为文化或自然遗产的财产要求国际援助而递交的申请。这种申请的目的可能是保证这类财产得到保护、保存、展出或恢复。

2. 本条第 1 段中提及的国际援助申请还可能涉及鉴定哪些财产属于第一和二条所确定的文化或自然遗产，当初步调查表明此项调查值得进行下去。

3. 委员会应就对这些申请所需采取的行动作出决定，必要时应确定其援助的性质和程度，并授权以它的名义与有关政府作出必要的安排。

4. 委员会应制订其活动的优先顺序并在进行这项工作时应考虑到需予保护的财产对世界文化和自然遗产各具的重要性、对最能代表一种自然环境或世界各国人民的才华和历史的财产给予国际援助的必要性、所需开展工作的迫切性、拥有受到威胁的财产的国家现有的资源，特别是这些国家利用本国资源保护这类财产的能力大小。

5. 委员会应制订、更新和发表已给予国际援助的财产目录。

6. 委员会应就本公约第十五条下设立的基金的资金使用问题作出决定。委员会应设法增加这类资金，并为此目的采取一切有益的措施。

7. 委员会应与拥有与本公约目标相似的目标的国际和国家级政府组织和非政府组织合作。委员会为实施其计划和项目，可约请这类组织；特别是国际文物保护与修复研究中心（罗马中心）、国际古迹遗址理事会和国际自然及自然资源保护联盟并可约请公共和私立机构与个人。

8. 委员会的决定应经出席及参加表决的委员的三分之二多数通过。委员会委员的多数构成法定人数。

第十四条

1. 世界遗产委员会应由联合国教育、科学及文化组织总干事任命组成的一个秘书处协助工作。

2. 联合国教育、科学及文化组织总干事应尽可能充分利用国际文物保护与修复研究中心（罗马中心）、国际古迹遗址理事会和国际自然及自然资源保护联盟在各自职权范围内提供的服务，为委员会准备文件资料，制订委员会会议议程，并负责执行委员会的决定。

四、保护世界文化和自然基金

第十五条

1. 现设立一项保护具有突出的普遍价值的世界文化和自然遗产基金，称为"世界遗产基金"。

2. 根据联合国教育、科学及文化组织《财务条例》的规定，此项基金应构成一项信托基金。

3. 基金的资金来源应包括：

(1) 本公约缔约国义务捐款和自愿捐款；

(2) 下列方面可能提供的捐款、赠款和遗赠：

（ⅰ）其他国家；

（ⅱ）联合国教育、科学及文化组织、联合国系统的其他组织（特别是联合国开发计划署）或其他政府间组织；

（ⅲ）公共或私立机构或个人；

（3）基金款项所得利息；

（4）募捐的资金和为本基金组织的活动的所得收入；

（5）世界遗产委员会拟订的基金条例所认可的所有其他资金。

4. 对基金的捐款和向委员会提供的其他形式的援助只能用于委员会限定的目的。委员会可接受仅用于某个计划或项目的捐款，但以委员会业已决定实施该计划或项目为条件，对基金的捐款不得带有政治条件。

第十六条

1. 在不影响任何自愿补充捐款的情况下，本公约缔约国每两年定期向世界遗产基金纳款，本公约缔约国大会应在联合国教育、科学及文化组织大会届会期间开会确定适用于所有缔约国的一个统一的纳款额百分比，缔约国大会关于此问题的决定，需由未作本条第2段中所述声明的、出席及参加表决的缔约国的多数通过。本公约缔约国的义务纳款在任何情况下都不得超过对联合国教育、科学及文化组织正常预算纳款的百分之一。

2. 然而，本公约第三十一条或第三十二条中提及的国家均可在交存批准书、接受书或加入书时声明不受本条第1段的约束。

3. 已作本条第2段中所述声明的本公约缔约国可随时通过通知联合国教育、科学及文化组织总干事收回所作声明，然而，收回声明之举在紧接的一届本公约缔约国大会之日以前不得影响该国的义务纳款。

4. 为使委员会得以有效地规划其活动，已作本条第2段中所述声明的本公约缔约国应至少每两年定期纳款，纳款不得少于它们如受本条第1段规定约束所须交纳的款额。

5. 凡拖延交付当年和前一日历年的义务纳款或自愿捐款的本公约缔约国不能当选为世界遗产委员会成员，但此项规定不适用于第一次选举。属于上述情况但已当选委员会成员的缔约国的任期应在本公约第八条第1段规定的选举之时截止。

第十七条 本公约缔约国应考虑或鼓励设立旨在为保护本公约第一条和第二条中所确定的文化和自然遗产募捐的国家、公共及私立基金会或协会。

第十八条 本公约缔约国应对在联合国教育、科学及文化组织赞助下为世界遗产基金所组织的国际募款运动给予援助。它们应为第十五条第3段中提及的机构为此目的所进行的募款活动提供便利。

五、国际援助的条件和安排

第十九条 凡本公约缔约国均可要求对本国领土内组成具有突出的普遍价值的文化或自然遗产之财产给予国际援助。它在递交申请时还应按照第二十一条规定所拥有的有助于委员会作出决定的文件资料。

第二十条 除第十三条第2段、第二十二条第3段和第二十三条所述情况外，本公约规定提供的国际援助仅限于世界遗产委员会业已决定或可能决定列入第十一条第 2 和 4 段中所述目录的文化和自然遗产的财产。

第二十一条

1. 世界遗产委员会应制订对向它提交的国际援助申请的审议程序，并应确定申请应包括的内容，即打算开展的活动、必要的工程、工程的预计费用和紧急程度以及申请国的资源不能满足所有开支的原因所在。这类申请须尽可能附有专家报告。

2. 对因遭受灾难或自然灾害而提出的申请，由于可能需要开展紧急工作，委员会应立即给予优先审议，委员会应掌握一笔应急储备金。

3. 委员会在作出决定之前，应进行它认为必要的研究和磋商。

第二十二条　世界遗产委员会提供的援助可采取下述形式：

1. 研究在保护、保存、展出和恢复本公约第十一条第 2 和 4 段所确定的文化和自然遗产方面所产生的艺术、科学和技术性问题；

2. 提供专家、技术人员和熟练工人，以保证正确地进行已批准的工作；

3. 在各级培训文化和自然遗产的鉴定、保护、保存、展出和恢复方面的工作人员和专家；

4. 提供有关国家不具备或无法获得的设备；

5. 提供可长期偿还的低息或无息贷款；

6. 在例外和特殊情况下提供无偿补助金。

第二十三条　世界遗产委员会还可向培训文化和自然遗产的鉴定、保护、保存、展出和恢复方面的各级工作人员和专家的国家或地区中心提供国际援助。

第二十四条　在提供大规模的国际援助之前，应先进行周密的科学、经济和技术研究。这些研究应考虑采用保护、保存、展出和恢复自然和文化遗产方面最先进的技术，并应与本公约的目标相一致。这些研究还应探讨合理利用有关国家现有资源的手段。

第二十五条　原则上，国际社会只担负必要工程的部分费用。除非本国资源不许可，受益于国际援助的国家承担的费用应构成用于各项计划或项目的资金的主要份额。

第二十六条　世界遗产委员会和受援国应在他们签订的协定中确定享有根据本公约规定提供的国际援助的计划或项目的实施条件。应由接受这类国际援助的国家负责按照协定制订的条件对如此卫护的财产继续加以保护、保存和展出。

六、教　育　计　划

第二十七条

1. 本公约缔约国应通过一切适当手段，特别是教育和宣传计划，努力增强本国人民对本公约第一和二条中确定的文化和自然遗产的赞赏和尊重。

2. 缔约国应使公众广泛了解对这类遗产造成威胁的危险和根据本公约进行的活动。

第二十八条　接受根据本公约提供的国际援助的缔约国应采取适当措施，使人们了解接受援助的财产的重要性和国际援助所发挥的作用。

七、报　　　告

第二十九条

1. 本公约缔约国在按照联合国教育、科学及文化组织大会确定的日期和方式向该组织大会递交的报告中，应提供有关它们为实行本公约所通过的法律和行政规定和采取的其他行动的情况，并详述在这方面获得的经验。

2. 应提请世界遗产委员会注意这些报告。

3. 委员会应在联合国教育、科学及文化组织大会的每届常会上递交一份关于其活动的报告。

八、最 后 条 款

第三十条 本公约以阿拉伯文、英文、法文、俄文和西班牙文拟订，五种文本同一作准。

第三十一条

1. 本公约应由联合国教育、科学及文化组织会员国根据各自的宪法程序予以批准或接受。

2. 批准书或接受书应交存联合国教育、科学及文化组织总干事。

第三十二条

1. 所有非联合国教育、科学及文化组织会员的国家，经该组织大会邀请均可加入本公约。

2. 向联合国教育、科学及文化组织总干事交存一份加入书后，加入方才有效。

第三十三条 本公约须在第二十份批准书、接受书或加入书交存之日的三个月之后生效，但这仅涉及在该日或之前交存各自批准书、接受书或加入书的国家。就任何其他国家而言，本公约应在这些国家交存其批准书、接受书或加入书的三个月之后生效。

第三十四条 下述规定须应用于拥有联邦制或非单一立宪制的本公约缔约国：

1. 关于在联邦或中央立法机构的法律管辖下实施的本公约规定，联邦或中央政府的义务应与非联邦国家的缔约国的义务相同；

2. 关于在无须按照联邦立宪制采取立法措施的联邦各个国家、地区、省或州法律管辖下实施的本公约规定，联邦政府应将这些规定连同其关于予以通过的建议一并通告各个国家、地区、省或州的主管当局。

第三十五条

1. 本公约缔约国均可通告废除本公约。

2. 废约通告应以一份书面文件交存联合国教育、科学及文化组织的总干事。

3. 公约的废除应在接到废约通告书一年后生效，废约在生效日之前不得影响退约国承担的财政义务。

第三十六条 联合国教育、科学及文化组织总干事应将第三十一条和第三十二条规定交存的所有批准书、接受书和加入书和第三十五条规定的废约等事通告本组织会员国、第三十二条中提及的非本组织会员的国家以及联合国。

第三十七条

1. 本公约可由联合国教育、科学及文化组织的大会修订。但任何修订只将成为修订的公约缔约国具有约束力。

2. 如大会通过一项全部或部分修订本公约的新公约，除非新公约另有规定，本公约应从新的修订公约生效之日起停止批准、接受或加入。

第三十八条 按照《联合国宪章》第102条，本公约须应联合国教育、科学及文化组织总干事的要求在联合国秘书处登记。

1972 年 11 月 23 日订于巴黎,两个正式文本均有大会第十七届会议主席和联合国教育、科学及文化组织总干事的签字,由联合国教育、科学及文化组织存档,并将验明无误之副本发送第三十一条和第三十二条述之所有国家以及联合国。

前文系联合国教育、科学及文化组织大会在巴黎举行的,于 1972 年 11 月 21 日宣布闭幕的第十七届会议通过的《公约》正式文本。

1972 年 11 月 23 日签字,以昭信守

大会主席总干事

萩原彻勒内·马厄

附录二　风景名胜区条例

中华人民共和国国务院令

第　474　号

《风景名胜区条例》已经 2006 年 9 月 6 日国务院第 149 次常务会议通过,现予公布,自 2006 年 12 月 1 日起施行。

总理　温家宝

二〇〇六年九月十九日

风景名胜区条例

第一章　总则

第一条　为了加强对风景名胜区的管理,有效保护和合理利用风景名胜资源,制定本条例。

第二条　风景名胜区的设立、规划、保护、利用和管理,适用本条例。

本条例所称风景名胜区,是指具有观赏、文化或者科学价值,自然景观、人文景观比较集中,环境优美,可供人们游览或者进行科学、文化活动的区域。

第三条　国家对风景名胜区实行科学规划、统一管理、严格保护、永续利用的原则。

第四条　风景名胜区所在地县级以上地方人民政府设置的风景名胜区管理机构,负责风景名胜区的保护、利用和统一管理工作。

第五条　国务院建设主管部门负责全国风景名胜区的监督管理工作。国务院其他有关部门按照国务院规定的职责分工,负责风景名胜区的有关监督管理工作。

省、自治区人民政府建设主管部门和直辖市人民政府风景名胜区主管部门,负责本行政区域内风景名胜区的监督管理工作。省、自治区、直辖市人民政府其他有关部门按照规定的职责分工,负责风景名胜区的有关监督管理工作。

第六条　任何单位和个人都有保护风景名胜资源的义务,并有权制止、检举破坏风景名胜资源的行为。

第二章　设立

第七条　设立风景名胜区，应当有利于保护和合理利用风景名胜资源。

新设立的风景名胜区与自然保护区不得重合或者交叉；已设立的风景名胜区与自然保护区重合或者交叉的，风景名胜区规划与自然保护区规划应当相协调。

第八条　风景名胜区划分为国家级风景名胜区和省级风景名胜区。

自然景观和人文景观能够反映重要自然变化过程和重大历史文化发展过程，基本处于自然状态或者保持历史原貌，具有国家代表性的，可以申请设立国家级风景名胜区；具有区域代表性的，可以申请设立省级风景名胜区。

第九条　申请设立风景名胜区应当提交包含下列内容的有关材料：

（一）风景名胜资源的基本状况；

（二）拟设立风景名胜区的范围以及核心景区的范围；

（三）拟设立风景名胜区的性质和保护目标；

（四）拟设立风景名胜区的游览条件；

（五）与拟设立风景名胜区内的土地、森林等自然资源和房屋等财产的所有权人、使用权人协商的内容和结果。

第十条　设立国家级风景名胜区，由省、自治区、直辖市人民政府提出申请，国务院建设主管部门会同国务院环境保护主管部门、林业主管部门、文物主管部门等有关部门组织论证，提出审查意见，报国务院批准公布。

设立省级风景名胜区，由县级人民政府提出申请，省、自治区人民政府建设主管部门或者直辖市人民政府风景名胜区主管部门，会同其他有关部门组织论证，提出审查意见，报省、自治区、直辖市人民政府批准公布。

第十一条　风景名胜区内的土地、森林等自然资源和房屋等财产的所有权人、使用权人的合法权益受法律保护。

申请设立风景名胜区的人民政府应当在报请审批前，与风景名胜区内的土地、森林等自然资源和房屋等财产的所有权人、使用权人充分协商。

因设立风景名胜区对风景名胜区内的土地、森林等自然资源和房屋等财产的所有权人、使用权人造成损失的，应当依法给予补偿。

第三章　规划

第十二条　风景名胜区规划分为总体规划和详细规划。

第十三条　风景名胜区总体规划的编制，应当体现人与自然和谐相处、区域协调发展和经济社会全面进步的要求，坚持保护优先、开发服从保护的原则，突出风景名胜资源的自然特性、文化内涵和地方特色。

风景名胜区总体规划应当包括下列内容：

（一）风景资源评价；

（二）生态资源保护措施、重大建设项目布局、开发利用强度；

（三）风景名胜区的功能结构和空间布局；

（四）禁止开发和限制开发的范围；

（五）风景名胜区的游客容量；

（六）有关专项规划。

第十四条　风景名胜区应当自设立之日起 2 年内编制完成总体规划。总体规划的规划期一般为 20 年。

第十五条　风景名胜区详细规划应当根据核心景区和其他景区的不同要求编制，确定基础设施、旅游设施、文化设施等建设项目的选址、布局与规模，并明确建设用地范围和规划设计条件。

风景名胜区详细规划，应当符合风景名胜区总体规划。

第十六条　国家级风景名胜区规划由省、自治区人民政府建设主管部门或者直辖市人民政府风景名胜区主管部门组织编制。

省级风景名胜区规划由县级人民政府组织编制。

第十七条　编制风景名胜区规划，应当采用招标等公平竞争的方式选择具有相应资质等级的单位承担。

风景名胜区规划应当按照经审定的风景名胜区范围、性质和保护目标，依照国家有关法律、法规和技术规范编制。

第十八条　编制风景名胜区规划，应当广泛征求有关部门、公众和专家的意见；必要时，应当进行听证。

风景名胜区规划报送审批的材料应当包括社会各界的意见以及意见采纳的情况和未予采纳的理由。

第十九条　国家级风景名胜区的总体规划，由省、自治区、直辖市人民政府审查后，报国务院审批。

国家级风景名胜区的详细规划，由省、自治区人民政府建设主管部门或者直辖市人民政府风景名胜区主管部门报国务院建设主管部门审批。

第二十条　省级风景名胜区的总体规划，由省、自治区、直辖市人民政府审批，报国务院建设主管部门备案。

省级风景名胜区的详细规划，由省、自治区人民政府建设主管部门或者直辖市人民政府风景名胜区主管部门审批。

第二十一条　风景名胜区规划经批准后，应当向社会公布，任何组织和个人有权查阅。

风景名胜区内的单位和个人应当遵守经批准的风景名胜区规划，服从规划管理。

风景名胜区规划未经批准的，不得在风景名胜区内进行各类建设活动。

第二十二条　经批准的风景名胜区规划不得擅自修改。确需对风景名胜区总体规划中的风景名胜区范围、性质、保护目标、生态资源保护措施、重大建设项目布局、开发利用强度以及风景名胜区的功能结构、空间布局、游客容量进行修改的，应当报原审批机关批准；对其他内容进行修改的，应当报原审批机关备案。

风景名胜区详细规划确需修改的，应当报原审批机关批准。

政府或者政府部门修改风景名胜区规划对公民、法人或者其他组织造成财产损失的，应当依法给予补偿。

第二十三条　风景名胜区总体规划的规划期届满前 2 年，规划的组织编制机关应当组织专家对规划进行评估，作出是否重新编制规划的决定。在新规划批准前，原规划继续有效。

第四章　保护

第二十四条　风景名胜区内的景观和自然环境，应当根据可持续发展的原则，严格保护，不得破坏或者随意改变。

风景名胜区管理机构应当建立健全风景名胜资源保护的各项管理制度。

风景名胜区内的居民和游览者应当保护风景名胜区的景物、水体、林草植被、野生动物和各项设施。

第二十五条　风景名胜区管理机构应当对风景名胜区内的重要景观进行调查、鉴定，并制定相应的保护措施。

第二十六条　在风景名胜区内禁止进行下列活动：

（一）开山、采石、开矿、开荒、修坟立碑等破坏景观、植被和地形地貌的活动；

（二）修建储存爆炸性、易燃性、放射性、毒害性、腐蚀性物品的设施；

（三）在景物或者设施上刻划、涂污；

（四）乱扔垃圾。

第二十七条　禁止违反风景名胜区规划，在风景名胜区内设立各类开发区和在核心景区内建设宾馆、招待所、培训中心、疗养院以及与风景名胜资源保护无关的其他建筑物；已经建设的，应当按照风景名胜区规划，逐步迁出。

第二十八条　在风景名胜区内从事本条例第二十六条、第二十七条禁止范围以外的建设活动，应当经风景名胜区管理机构审核后，依照有关法律、法规的规定办理审批手续。

在国家级风景名胜区内修建缆车、索道等重大建设工程，项目的选址方案应当报国务院建设主管部门核准。

第二十九条　在风景名胜区内进行下列活动，应当经风景名胜区管理机构审核后，依照有关法律、法规的规定报有关主管部门批准：

（一）设置、张贴商业广告；

（二）举办大型游乐等活动；

（三）改变水资源、水环境自然状态的活动；

（四）其他影响生态和景观的活动。

第三十条　风景名胜区内的建设项目应当符合风景名胜区规划，并与景观相协调，不得破坏景观、污染环境、妨碍游览。

在风景名胜区内进行建设活动的，建设单位、施工单位应当制定污染防治和水土保持方案，并采取有效措施，保护好周围景物、水体、林草植被、野生动物资源和地形地貌。

第三十一条　国家建立风景名胜区管理信息系统，对风景名胜区规划实施和资源保护情况进行动态监测。

国家级风景名胜区所在地的风景名胜区管理机构应当每年向国务院建设主管部门报送风景名胜区规划实施和土地、森林等自然资源保护的情况；国务院建设主管部门应当将土地、森林等自然资源保护的情况，及时抄送国务院有关部门。

第五章　利用和管理

第三十二条 风景名胜区管理机构应当根据风景名胜区的特点，保护民族民间传统文化，开展健康有益的游览观光和文化娱乐活动，普及历史文化和科学知识。

第三十三条 风景名胜区管理机构应当根据风景名胜区规划，合理利用风景名胜资源，改善交通、服务设施和游览条件。

风景名胜区管理机构应当在风景名胜区内设置风景名胜区标志和路标、安全警示等标牌。

第三十四条 风景名胜区内宗教活动场所的管理，依照国家有关宗教活动场所管理的规定执行。

风景名胜区内涉及自然资源保护、利用、管理和文物保护以及自然保护区管理的，还应当执行国家有关法律、法规的规定。

第三十五条 国务院建设主管部门应当对国家级风景名胜区的规划实施情况、资源保护状况进行监督检查和评估。对发现的问题，应当及时纠正、处理。

第三十六条 风景名胜区管理机构应当建立健全安全保障制度，加强安全管理，保障游览安全，并督促风景名胜区内的经营单位接受有关部门依据法律、法规进行的监督检查。

禁止超过允许容量接纳游客和在没有安全保障的区域开展游览活动。

第三十七条 进入风景名胜区的门票，由风景名胜区管理机构负责出售。门票价格依照有关价格的法律、法规的规定执行。

风景名胜区内的交通、服务等项目，应当由风景名胜区管理机构依照有关法律、法规和风景名胜区规划，采用招标等公平竞争的方式确定经营者。

风景名胜区管理机构应当与经营者签订合同，依法确定各自的权利义务。经营者应当缴纳风景名胜资源有偿使用费。

第三十八条 风景名胜区的门票收入和风景名胜资源有偿使用费，实行收支两条线管理。

风景名胜区的门票收入和风景名胜资源有偿使用费应当专门用于风景名胜资源的保护和管理以及风景名胜区内财产的所有权人、使用权人损失的补偿。具体管理办法，由国务院财政部门、价格主管部门会同国务院建设主管部门等有关部门制定。

第三十九条 风景名胜区管理机构不得从事以营利为目的的经营活动，不得将规划、管理和监督等行政管理职能委托给企业或者个人行使。

风景名胜区管理机构的工作人员，不得在风景名胜区内的企业兼职。

第六章 法律责任

第四十条 违反本条例的规定，有下列行为之一的，由风景名胜区管理机构责令停止违法行为、恢复原状或者限期拆除，没收违法所得，并处 50 万元以上 100 万元以下的罚款：

（一）在风景名胜区内进行开山、采石、开矿等破坏景观、植被、地形地貌的活动的；

（二）在风景名胜区内修建储存爆炸性、易燃性、放射性、毒害性、腐蚀性物品的设施的；

（三）在核心景区内建设宾馆、招待所、培训中心、疗养院以及与风景名胜资源保护无关的其他建筑物的。

县级以上地方人民政府及其有关主管部门批准实施本条第一款规定的行为的，对直接负责的主管人员和其他直接责任人员依法给予降级或者撤职的处分；构成犯罪的，依法追究刑事责任。

第四十一条 违反本条例的规定，在风景名胜区内从事禁止范围以外的建设活动，未经风景名胜区管理机构审核的，由风景名胜区管理机构责令停止建设、限期拆除，对个人处 2 万元以上 5 万元以下的罚款，对单位处 20 万元以上 50 万元以下的罚款。

第四十二条 违反本条例的规定，在国家级风景名胜区内修建缆车、索道等重大建设工程，项目的选址方案未经国务院建设主管部门核准，县级以上地方人民政府有关部门核发选址意见书的，对直接负责的主管人员和其他直接责任人员依法给予处分；构成犯罪的，依法追究刑事责任。

第四十三条 违反本条例的规定，个人在风景名胜区内进行开荒、修坟立碑等破坏景观、植被、地形地貌的活动的，由风景名胜区管理机构责令停止违法行为、限期恢复原状或者采取其他补救措施，没收违法所得，并处 1000 元以上 1 万元以下的罚款。

第四十四条 违反本条例的规定，在景物、设施上刻划、涂污或者在风景名胜区内乱扔垃圾的，由风景名胜区管理机构责令恢复原状或者采取其他补救措施，处 50 元的罚款；刻划、涂污或者以其他方式故意损坏国家保护的文物、名胜古迹的，按照治安管理处罚法的有关规定予以处罚；构成犯罪的，依法追究刑事责任。

第四十五条 违反本条例的规定，未经风景名胜区管理机构审核，在风景名胜区内进行下列活动的，由风景名胜区管理机构责令停止违法行为、限期恢复原状或者采取其他补救措施，没收违法所得，并处 5 万元以上 10 万元以下的罚款；情节严重的，并处 10 万元以上 20 万元以下的罚款：

（一）设置、张贴商业广告的；

（二）举办大型游乐等活动的；

（三）改变水资源、水环境自然状态的活动的；

（四）其他影响生态和景观的活动。

第四十六条 违反本条例的规定，施工单位在施工过程中，对周围景物、水体、林草植被、野生动物资源和地形地貌造成破坏的，由风景名胜区管理机构责令停止违法行为、限期恢复原状或者采取其他补救措施，并处 2 万元以上 10 万元以下的罚款；逾期未恢复原状或者采取有效措施的，由风景名胜区管理机构责令停止施工。

第四十七条 违反本条例的规定，国务院建设主管部门、县级以上地方人民政府及其有关主管部门有下列行为之一的，对直接负责的主管人员和其他直接责任人员依法给予处分；构成犯罪的，依法追究刑事责任：

（一）违反风景名胜区规划在风景名胜区内设立各类开发区的；

（二）风景名胜区自设立之日起未在 2 年内编制完成风景名胜区总体规划的；

（三）选择不具有相应资质等级的单位编制风景名胜区规划的；

（四）风景名胜区规划批准前批准在风景名胜区内进行建设活动的；

（五）擅自修改风景名胜区规划的；

（六）不依法履行监督管理职责的其他行为。

第四十八条 违反本条例的规定，风景名胜区管理机构有下列行为之一的，由设立该风景名胜区管理机构的县级以上地方人民政府责令改正；情节严重的，对直接负责的主管人员和其他直接责任人员给予降级或者撤职的处分；构成犯罪的，依法追究刑事责任：

（一）超过允许容量接纳游客或者在没有安全保障的区域开展游览活动的；

（二）未设置风景名胜区标志和路标、安全警示等标牌的；

（三）从事以营利为目的的经营活动的；

（四）将规划、管理和监督等行政管理职能委托给企业或者个人行使的；

（五）允许风景名胜区管理机构的工作人员在风景名胜区内的企业兼职的；

（六）审核同意在风景名胜区内进行不符合风景名胜区规划的建设活动的；

（七）发现违法行为不予查处的。

第四十九条　本条例第四十条第一款、第四十一条、第四十三条、第四十四条、第四十五条、第四十六条规定的违法行为，依照有关法律、行政法规的规定，有关部门已经予以处罚的，风景名胜区管理机构不再处罚。

第五十条　本条例第四十条第一款、第四十一条、第四十三条、第四十四条、第四十五条、第四十六条规定的违法行为，侵害国家、集体或者个人的财产的，有关单位或者个人应当依法承担民事责任。

第五十一条　依照本条例的规定，责令限期拆除在风景名胜区内违法建设的建筑物、构筑物或者其他设施的，有关单位或者个人必须立即停止建设活动，自行拆除；对继续进行建设的，作出责令限期拆除决定的机关有权制止。有关单位或者个人对责令限期拆除决定不服的，可以在接到责令限期拆除决定之日起 15 日内，向人民法院起诉；期满不起诉又不自行拆除的，由作出责令限期拆除决定的机关依法申请人民法院强制执行，费用由违法者承担。

第七章　附则

第五十二条　本条例自 2006 年 12 月 1 日起施行。1985 年 6 月 7 日国务院发布的《风景名胜区管理暂行条例》同时废止。

附录三　建设部关于发布《中国风景名胜区形势与展望》绿皮书的通知

各省、自治区、直辖市建委、建设厅、北京市市政管委、首都规委、各计划单列市建委：

为了加强风景名胜区的管理工作，我部制订了《中国风景名胜区形势与展望》绿皮书，现予发布。

中华人民共和国建设部

一九九四年三月四日

《中国风景名胜区形势与展望》绿皮书

中华人民共和国建设部

一九九四年三月四日

中国山河壮丽，景观奇特，历史悠久，文化灿烂，具有丰富的风景名胜资源，这是大自然和前人留给我们的宝贵遗产。但是，由于历史的局限，风景名胜区一直未被当作国家的重要资源事业，也没有形成科学的统一管理体系。党的十一届三中全会以后，风景名胜区事业取得长足进展，呈现出有史以来未曾有过的兴盛局面。现已形成了国家级、省级和县（市）级风景名胜区相结合的体系，拥有 512 处风景名胜区，面积约 9.6 万 km²，占国土面积的 1%。接待国内外游人量逐年增长，1993年近 3 亿人次，回笼货币 200 多亿元人民币，为国家作出了贡献。然而，在建立社会主义市场经济体制的形势下，如何看待风景名胜区，如何保护管理好风景名胜区，不少新的问题严肃地摆在我们面前。建设部作为国务院授权管理全国风景名胜区的行政主管部门，现就全面贯彻党和国家关于风景名胜区事业的方针政策作如下阐述，以指导全国风景名胜区继续沿着健康轨道前进。

一、风景名胜区事业十五年发展的回顾

1. 百废待兴，举步维艰。由于"文化大革命"造成的严重创伤，各地风景名胜满目疮痍，宝贵的资源遭到严重破坏：

（1）自然资源破坏严重。有的风景名胜区开山采石，破坏山体。有的风景名胜区围湖造田，湖泊淤塞，水体污染。有的风景名胜区放火烧荒，水土流失。有的风景名胜区树木被盗伐，甚至大规模地砍伐原始森林，成片山林被"剃光头"。

（2）人文资源遭到浩劫。在"文化大革命"中，有的风景名胜区文物古迹被毁，碑刻塑像被砸，寺庙古建被拆，破坏相当严重，损失无法弥补。

2. 拨乱反正，加强保护。面临严峻现实，在党中央、国务院的领导下，建设部门从制止破坏、保护资源着手，开展工作。1978 年，国务院在城市工作会议上要求加强风景名胜区和文物古迹的管理。之后，国家建委提出建立全国风景名胜区体系，实施分级管理。

1979 年，国家建委又研究全国风景名胜区的保护和规划工作。中共中央办公厅、国务院办公厅1983 年和 1984 年先后 5 次发文，解决杭州西湖风景名胜区、庐山风景名胜区和骊山风景名胜区的保护管理问题。各地也采取措施，封闭风景名胜区内开山采石场，清理墓葬，拆除违章建筑，退田还湖，退耕还林，抢救恢复了一批濒于倒塌、湮没的名胜古迹，风景名胜资源保护工作取得显著成绩。

3. 建立体系，面向世界。1981 年，国务院批转国家城建总局等单位《关于加强风景名胜保护管理工作的报告》，要求各地对风景名胜资源进行调查评价。在各省、自治区、直辖市人民政府申报的基础上，1982 年，国务院审定公布了我国第一批国家重点风景名胜区 44 处。这批名单的公布，具有十分深远的历史意义和重要的现实意义。我国已把风景名胜区这一宝贵的自然与文化资源以政府的名义予以确定，严加保护，具有古老神韵的名山大川重新焕发出青春风采。1985 年，国务院发布了《风景名胜区管理暂行条例》。1987 年，风景名胜区主管部门建设部发布了《风景名胜区管理暂行条例实施办法》。1988 年，国务院审定公布了第二批国家重点风景名胜区 40 处。1992 年，国务院批准建设部召开了全国风景名胜区工作会议。国务院办公厅批转了建设部《关于加强风景名胜区工作的报告》。1994 年，国务院审定公布了第三批国家重点风景名胜区 35 处。现在，全国有国家级风景名胜区 119 处，省级风景名胜区 256 处，县（市）级风景名胜区 137 处，共计 512 处，面积约 9.6 万km²，占国土面积的 1%，建立了以国家级风景名胜区为骨干，国家级、省级、县（市）级风景名胜区相结合的中国风景名胜区体系。建立各级风景名胜区的审批权分别属于国务院、省级和县（市）级人民政府；各级风景名胜区总体规划审批权亦在国务院、省级和县（市）人民政府。

1985 年，全国人大批准我国加入联合国教科文组织《保护世界文化和自然遗产公约》。为了以国际标准保护我国的风景名胜资源，提高我国风景名胜区在国际上的地位，建设部随即着手开展申报列入世界遗产名录的工作。现在，我国已有泰山、黄山、武陵源、九寨沟、黄龙五处风景名胜区

被列入世界遗产。中国的风景名胜区正走向世界，更加广泛地展现其珍贵价值和绚丽风姿。

4. 当前形势，相当严峻。

(1) 一部分同志对风景名胜区事业的性质认识模糊，指导思想出现偏差，把风景名胜区这一特殊的资源事业等同于经济产业，片面追求经济效益。

(2) 风景名胜区管理体制不顺，各家插手，政出多门，各行其是，从部门利益和局部利益出发，画地为牢，造成资源破坏和管理混乱。

(3) 开发建设违反规划，缺乏科学论证，急功近利，破坏性建设增多，破坏自然景观而使风景名胜区人工化、城市化倾向严重。

对此，我们要看到问题的严重性，要有紧迫感、危机感，否则，将会出现历史性的重大失误。

二、科学准确地认识风景名胜区的性质，全面充分地
发挥风景名胜区的作用

中国风景名胜区与国际上的国家公园 (National Park) 相对应，同时又有自己的特点。中国国家级风景名胜区的英文名称为 National Park of China。风景名胜区是经政府审定命名的风景名胜资源集中的地域。风景名胜资源可分为自然资源与人文资源两大类。自然资源包括：山川、河流、湖泊、海滨、岛屿、森林、动植物、特殊地质、地貌、溶洞、化石、天文气象等。人文资源包括：文物古迹、历史遗址、革命纪念地、园林、建筑、工程设施、宗教寺庙、民俗风情等。风景名胜资源既珍贵，又脆弱，一旦破坏，不可再生。我国确定风景名胜区的标准是：具有观赏、文化或科学价值，自然景物、人文景物比较集中，环境优美，可供人们游览、休息，或进行科学文化教育活动，具有一定的规模和范围。因此，风景名胜区事业是国家社会公益事业。与国际上建立国家公园一样，我国建立风景名胜区，是要为国家保留一批珍贵的风景名胜资源（包括生物资源），同时科学地建设管理，合理地开发利用。

风景名胜区的主要作用是：

——保护生态、生物多样性与环境。自人类进入工业社会以来，人们征服自然，改造甚至破坏环境，开发资源（甚至是掠夺性开发），给大自然造成严重破坏，生态失衡，生物多样性严重减少，环境恶化，反过来又威胁人类自身的生存。在这伤痕累累的地球上，难得保存下来的优美的原生自然风景孤岛，就成了人们回归大自然和开展科学文化教育活动的理想地域。我国建立的 512 处风景名胜，为中国乃至世界保存了 512 处具有典型代表性的自然本底，因此，保护生态、生物多样性与环境是风景名胜区最基本的作用。

——发展旅游事业，丰富文化生活。风景名胜区是我们回归大自然的首先选择。中华民族历史上就有崇尚山水、热爱自然、登高涉险的传统，现代社会的紧张生活使人们更乐于游览山河，开阔胸襟，陶冶情操，锻炼体魄，访胜猎奇，增长胆识。风景名胜区的壮丽山河、灿烂文化、历史文物、民俗风情，足以引起我们的骄傲、自信、自强和自豪，能够激发人们特别是青少年热爱家乡、热爱祖国的感情，增强海内外炎黄子孙的爱国热情和民族凝聚力。

——开展科研和文化教育，促进社会进步。风景名胜区是研究地球变化、生物演替等自然科学的天然实验室和博物馆，是开展科普教育的生动课堂；风景名胜区内的优秀文化资源，是历史上留下来的宝贵遗产，可供研究借鉴，对发展人类文明、促进社会进步具有重要作用。

——通过合理开发，发挥经济效益和社会效益。风景名胜区既有多种资源，有直接的经济效益，又可通过风景名胜区"搭台"，通过合理开发，产生更大的经济效益和社会效益，带动当地经济的发展、信息的交流、文化知识的传播以及人们素质的提高，为群众脱贫开辟捷径。不少边远地区建立风景名胜区后，群众收入得到成倍增长，开放度迅速提高，有利于整个国家均衡发展。

三、风景名胜区的发展方向及对策

风景名胜区是我国辽阔国土上自然景物与人文景物高度集中的具有典型意义的精华所在。各国政府为保护自然，保护人类赖以生存的家园，设立占国土面积一定比例的国家公园。我国的风景名胜区将与世界各国的国家公园一起，共同维系地球上已经十分脆弱的自然生态和生物多样性。各级建设主管部门和各地风景名胜区管理机构，肩负着管理国家这块瑰宝的历史使命，责任重大。在当前建立社会主义市场经济体制的新形势下，要根据风景名胜区的特点，探索改革与合理的路子，对风景名胜区加强行政管理，强化各级风景名胜区行政主管部门的调控职能与手段。我们要进一步提高认识，端正思想，明确方向，制订正确的发展纲领和目标，不辜负党和政府的重托，不辜负人民的期望，无愧于大自然对神州大地的恩赐与厚爱。

1. 必须强调资源保护工作的首要地位。风景名胜区工作的基本方针是："严格保护，统一管理，合理开发，永续利用。"在任何情况下，都应严格贯彻执行这一方针，并贯穿于风景名胜区各项工作的始终，全面落实。风景名胜区的各种自然资源和人文资源组成各具特色的景观，是风景名胜区的本底。鉴于风景名胜资源的珍贵性和脆弱性，要把资源保护工作放在高于一切的首要地位，严格保护各种资源，完备保存，永传于世。

2. 风景名胜区必须实行统一管理。对风景名胜区这一法定区域实行统一管理，这是由风景名胜资源的特点所决定的。风景名胜区是多种资源的有机综合体，不可分割。这种综合资源的价值不仅大大高于各单项资源的价值，也高于各单项资源价值的简单叠加。只有实行统一管理，才能科学、合理地配置各类资源，充分发挥资源的综合性功能，避免造成资源破坏。根据国家法规，风景名胜区可设政府管理，也可设管理机构管理。风景名胜区管理机构的设置要适应工作需要，并赋予它相应的政府管理职能，以有效地开展管理工作。设在风景名胜区内的所有单位，除各自业务受上级主管部门领导外，都必须服从统一管理。

3. 进一步协调与各业务部门的关系。建设部门是国务院授权的风景名胜区行政主管部门。相关行业部门包括旅游、文物、林业、宗教、土地、环保、民政、公安、工商、交通、通讯、电力等。风景名胜区各项事业相互依存，要争取各个部门支持，形成一股合力，有效地保护和利用各种资源，促进各项事业共同繁荣，促进整个风景名胜区的发展。那种只站在部门的立场上，片面强调本行业独立性的观点是不正确的，将会损害风景名胜区的整体利益，反过来也会影响本行业自身的发展。

4. 制定法规，强化管理。我国风景名胜区事业起步较晚，基础薄弱，管理水平偏低，距国家要求和国外同行业标准差距不小，亟须加强管理，改变面貌。为此，要采取以下措施：

——认真执行国务院颁发的《风景名胜区管理暂行条例》，及早制订《中华人民共和国风景名胜区法》。

——各地依据国家法规和当地情况，通过地方人大或者政府，建立健全地方法规，加强风景名胜资源的保护，加强执法监督。

——制订管理标准。在风景名胜区逐步开展资源保护、环境卫生、安全游览、文明经营等项达标活动，通过长期扎实的工作，提高总体管理水平。

——加强建设管理。不得在风景名胜区各景区范围内设立开发区、度假区，不得出让土地，严禁出卖转让风景名胜资源。各建设项目必须按规划组织实施，并遵照建设部《风景名胜区建设管理规定》，严格履行审批程序。

5. 加强规划编制和实施。各地要加紧编制或修订各风景名胜区总体规划和详细规划，报经政府和建设部门批准后实施。同时，要加强规划实施过程中的管理工作，严格执行规划，防止随意性和瞎指挥。

6. 开展科学研究，加强人才培养。各风景名胜区要全面开展资源考察研究，摸清家底，为管理工作奠定科学基础，完善技术标准体系。要加强科技人才和管理人才的培养，提高业务素质，提高科学决策水平。

7. 对管理混乱的风景名胜区，由上级建设主管部门提出警告，限期整改。如逾期仍无好转，导致资源遭到严重破坏，可报经原审定单位批准，降低或撤销该风景名胜区的级别。

附录四　关于发布国家标准《风景名胜区规划规范》的通知

建标［1999］267 号

根据国家计委《一九八九年工程建设标准定额制订修订计划》（计综合［1989］30 号文附件十）的要求，由建设部会同有关部门共同制订的《风景名胜区规划规范》，经有关部门会审，批准为强制性国家标准，编号为 GB 50298—1999，自 2000 年 1 月 1 日起施行。

本规范由建设部负责管理，中国城市规划设计研究院负责具体解释工作，建设部标准定额研究所组织中国建筑工业出版社出版发行。

中华人民共和国建设部

1999 年 11 月 10 日

1　总则

1.0.1　为了适应风景名胜区（以下简称风景区）保护、利用、管理、发展的需要，优化风景区用地布局，全面发挥风景区的功能和作用，提高风景区的规划设计水平和规范化程度，特制定本规范。

1.0.2　本规范适用于国务院和地方各级政府审定公布的各类风景区的规划。

1.0.3　风景区按用地规模可分为小型风景区（20km² 以下）、中型风景区（21～100km²）、大型风景区（101～500km²）、特大型风景区（500km² 以上）。

1.0.4　风景区规划应分为总体规划、详细规划二个阶段进行。大型而又复杂的风景区，可以增编分区规划和景点规划。一些重点建设地段，也可以增编控制性详细规划或修建性详细规划。

1.0.5　风景区规划必须符合我国国情，因地制宜地突出本风景区特性。并应遵循下列原则：

　1　应当依据资源特征、环境条件、历史情况、现状特点以及国民经济和社会发展趋势，统筹兼顾，综合安排。

2 应严格保护自然与文化遗产，保护原有景观特征和地方特色，维护生物多样性和生态良性循环，防止污染和其他公害，充实科教审美特征，加强地被和植物景观培育。

3 应充分发挥景源的综合潜力，展现风景游览欣赏主体，配置必要的服务设施与措施，改善风景区运营管理机能，防止人工化、城市化、商业化倾向，促使风景区有度、有序、有节律地持续发展。

4 应合理权衡风景环境、社会、经济三方面的综合效益，权衡风景区自身健全发展与社会需求之间关系，创造风景优美、设施方便、社会文明、生态环境良好、景观形象和游赏魅力独特，人与自然协调发展的风景游憩境域。

1.0.6 风景区规划应与国土规划、区域规划、城市总体规划、土地利用总体规划及其他相关规划相互协调。

1.0.7 风景区规划除执行本规范外，尚应符合国家有关强制性标准与规范的规定。

2 术语

2.0.1 风景名胜区

也称风景区，海外的国家公园相当于国家级风景区。

指风景资源集中、环境优美、具有一定规模和游览条件，可供人们游览欣赏、休憩娱乐或进行科学文化活动的地域。

2.0.2 风景名胜区规划

也称风景区规划。是保护培育、开发利用和经营管理风景区，并发挥其多种功能作用的统筹部署和具体安排。经相应的人民政府审查批准后的风景区规划，具有法律权威，必须严格执行。

2.0.3 风景资源

也称景源、景观资源、风景名胜资源、风景旅游资源。是指能引起审美与欣赏活动，可以作为风景游览对象和风景开发利用的事物与因素的总称。是构成风景环境的基本要素，是风景区产生环境效益、社会效益、经济效益的物质基础。

2.0.4 景物

指具有独立欣赏价值的风景素材的个体，是风景区构景的基本单元。

2.0.5 景观

指可以引起视觉感受的某种景象，或一定区域内具有特征的景象。

2.0.6 景点

由若干相互关联的景物所构成、具有相对独立性和完整性、并具有审美特征的基本境域单位。

2.0.7 景群

由若干相关景点所构成的景点群落或群体。

2.0.8 景区

在风景区规划中，根据景源类型、景观特征或游赏需求而划分的一定用地范围，包含有较多的景物和景点或若干景群，形成相对独立的风景分区特征。

2.0.9 风景线

也称景线。由一连串相关景点所构成的线性风景形态或系列。

2.0.10 游览线

也称游线。为游人安排的游览欣赏风景的路线。

2.0.11 功能区

在风景区规划中，根据主要功能发展需求而划分的一定用地范围，形成相对独立的功能分区特征。

2.0.12 游人容量

在保持景观稳定性，保障游人游赏质量和舒适安全，以及合理利用资源的限度内，单位时间、一定规划单元内所能容纳的游人数量。是限制某时、某地游人过量集聚的警戒值。

2.0.13 居民容量

在保持生态平衡与环境优美、依靠当地资源与维护风景区正常运转的前提下，一定地域范围内允许分布的常住居民数量。是限制某个地区过量发展生产或聚居人口的特殊警戒值。

3 一般规定

3.1 基础资料与现状分析

3.1.1 基础资料应依据风景区的类型、特征和实际需要，提出相应的调查提纲和指标体系，进行统计和典型调查。

3.1.2 应在多学科综合考察或深入调查研究的基础上，取得完整、正确的现状和历史基础资料，并做到统计口径一致或具有可比性。

3.1.3 基础资料调查类别，应符合表 3.1.3 的规定：

基础资料调查类别表　　　　　　　　　　　　　　表 3.1.3

大类	中类	小类
一、测量资料	1. 地形图	小型风景区图纸比例为 1/2000～1/10000；中型风景区图纸比例为 1/10000～1/25000；大型风景区图纸比例为 1/25000～1/50000；特大型风景区图纸比例为 1/50000～1/200000
	2. 专业图	航片、卫片、遥感影像图、地下岩洞与河流测图、地下工程与管网等专业测图
二、自然与资源条件	1. 气象资料	温度、湿度、降水、蒸发、风向、风速、日照、冰冻等
	2. 水文资料	江河湖海的水位、流量、流速、流向、水量、水温、洪水淹没线；江河区的流域情况、流域规划、河道整治规划、防洪设施；海滨区的潮汐、海流、浪涛；山区的山洪、泥石流、水土流失等
	3. 地质资料	地质、地貌、土层、建设地段承载力；地震或重要地质灾害的评估；地下水存在形式、储量、水质、开采及补给条件
	4. 自然资源	景源、生物资源、水土资源、农林牧副渔资源、能源、矿产资源等的分布、数量、开发利用价值等资料；自然保护对象及地段
三、人文与经济条件	1. 历史与文化	历史沿革及变迁、文物、胜迹、风物、历史与文化保护对象及地段
	2. 人口资料	历来常住人口的数量、年龄构成、劳动构成、教育状况、自然增长和机械增长；服务职工和暂住人口及其结构变化；游人及结构变化；居民、职工、游人分布状况
	3. 行政区划	行政建制及区划、各类居民点及分布、城镇辖区、村界、乡界及其他相关地界
	4. 经济社会	有关经济社会发展状况、计划及其发展战略；风景区范围的国民生产总值、财政、产业产值状况；国土规划、区域规划、相关专业考察报告及其规划
	5. 企事业单位	主要农林牧副渔和教科文卫军与工矿企事业单位的现状及发展资料。风景区管理现状

续表

大类	中类	小 类
四、设施与基础工程条件	1. 交通运输	风景区及其可依托的城镇的对外交通运输和内部交通运输的现状、规划及发展资料
	2. 旅游设施	风景区及其可以依托的城镇的旅行、游览、饮食、住宿、购物、娱乐、保健等设施的现状及发展资料
	3. 基础工程	水电气热、环保、环卫、防灾等基础工程的现状及发展资料
五、土地与其他资料	1. 土地利用	规划区内各类用地分布状况，历史上土地利用重大变更资料，土地资源分析评价资料
	2. 建筑工程	各类主要建筑物、工程物、园景、场馆场地等项目的分布状况、用地面积、建筑面积、体量、质量、特点等资料
	3. 环境资料	环境监测成果，三废排放的数量和危害情况；垃圾、灾变和其他影响环境的有害因素的分布及危害情况；地方病及其他有害公民健康的环境资料

3.1.4 现状分析应包括：自然和历史人文特点；各种资源的类型、特征、分布及其多重性分析；资源开发利用的方向、潜力、条件与利弊；土地利用结构、布局和矛盾的分析；风景区的生态、环境、社会与区域因素等五个方面。

3.1.5 现状分析结果，必须明确提出风景区发展的优势与动力、矛盾与制约因素、规划对策与规划重点等三方面内容。

3.2 风景资源评价

3.2.1 风景资源评价应包括：景源调查；景源筛选与分类；景源评分与分级；评价结论四部分。

3.2.2 风景资源评价原则应符合下列规定：

1 风景资源评价必须在真实资料的基础上，把现场踏查与资料分析相结合，实事求是地进行；

2 风景资源评价应采取定性概括与定量分析相结合的方法，综合评价景源的特征；

3 根据风景资源的类别及其组合特点，应选择适当的评价单元和评价指标，对独特或濒危景源，宜作单独评价。

3.2.3 风景资源调查内容的分类，应符合表3.2.3的规定。

风景资源分类表   表 3.2.3

大类	中类	小 类
一、自然景源	1. 天景	(1)日月星光(2)虹霞蜃景(3)风雨阴晴(4)气候景象(5)自然声象(6)云雾景观(7)冰雪霜露(8)其他天景
	2. 地景	(1)大尺度山地(2)山景(3)奇峰(4)峡谷(5)洞府(6)石林石景(7)沙景沙漠(8)火山熔岩(9)蚀余景观(10)洲岛屿礁(11)海岸景观(12)海底地形(13)地质珍迹(14)其他地景
	3. 水景	(1)泉井(2)溪流(3)江河(4)湖泊(5)潭池(6)瀑布跌水(7)沼泽滩涂(8)海湾海域(9)冰雪冰川(10)其他水景
	4. 生景	(1)森林(2)草地草原(3)古树名木(4)珍稀生物(5)植物生态类群(6)动物群栖息地(7)物候季相景观(8)其他生物景观
二、人文景源	1. 园景	(1)历史名园(2)现代公园(3)植物园(4)动物园(5)庭宅花园(6)专类游园(7)陵园墓园(8)其他园景
	2. 建筑	(1)风景建筑(2)民居宗祠(3)文娱建筑(4)商业服务建筑(5)宫殿衙署(6)宗教建筑(7)纪念建筑(8)工交建筑(9)工程构筑物(10)其他建筑
	3. 胜迹	(1)遗址遗迹(2)摩崖题刻(3)石窟(4)雕塑(5)纪念地(6)科技工程(7)游娱文体场地(8)其他胜迹
	4. 风物	(1)节假庆典(2)民族民俗(3)宗教礼仪(4)神话传说(5)民间文艺(6)地方人物(7)地方物产(8)其他风物

3.2.4 风景资源评价单元应以景源现状分布图为基础，根据规划范围大小和景源规模、内容、结构及其游赏方式等特征，划分若干层次的评价单元，并作出等级评价。

3.2.5 在省域、市域的风景区体系规划中，应对风景区、景区或景点作出等级评价。

3.2.6 在风景区的总体、分区、详细规划中，应对景点或景物作出等级评价。

3.2.7 风景资源评价应对所选评价指标进行权重分析，评价指标的选择应符合表3.2.7的规定，并应符合下列规定：

    1 对风景区或部分较大景区进行评价时，宜选用综合评价层指标；

    2 对景点或景群进行评价时，宜选用项目评价层指标；

    3 对景物进行评价时，宜在因子评价层指标中选择。

风景资源评价指标层次表　　　　　　　　　　　　　　　　表 3.2.7

综合评价层	赋值	项目评价层	权重	因子评价层			权重
1. 景源价值	70～80	(1) 欣赏价值 (2) 科学价值 (3) 历史价值 (4) 保健价值 (5) 游憩价值		①景感度 ①科技值 ①年代值 ①生理值 ①功利性	②奇特度 ②科普值 ②知名度 ②心理值 ②舒适度	③完整度 ③科教值 ③人文值 ③应用值 ③承受力	
2. 环境水平	20～10	(1) 生态特征 (2) 环境质量 (3) 设施状况 (4) 监护管理		①种类值 ①要素值 ①水电能源 ①监测机能	②结构值 ②等级值 ②工程管网 ②法规配套	③功能值 ③灾变率 ③环保设施 ③机构设置	
3. 利用条件	5	(1) 交通通讯 (2) 食宿接待 (3) 客源市场 (4) 运营管理		①便捷性 ①能力 ①分布 ①职能体系	②可靠性 ②标准 ②结构 ②经济结构	③效能 ③规模 ③消费 ③居民社会	
4. 规模范围	5	(1) 面积 (2) 体量 (3) 空间 (4) 容量					

3.2.8 风景资源分级标准，必须符合下列规定：

    1 景源评价分级必须分为特级、一级、二级、三级、四级等五级；

    2 应根据景源评价单元的特征，及其不同层次的评价指标分值和吸引力范围，评出风景资源等级；

    3 特级景源应具有珍贵、独特、世界遗产价值和意义，有世界奇迹般的吸引力；

    4 一级景源应具有名贵、罕见、国家重点保护价值和国家代表性作用，在国内外著名和有国际吸引力；

    5 二级景源应具有重要、特殊、省级重点保护价值和地方代表性作用，在省内外闻名和有省际吸引力；

    6 三级景源应具有一定价值和游线辅助作用，有市县级保护价值和相关地区的吸引力；

    7 四级景源应具有一般价值和构景作用，有本风景区或当地的吸引力。

3.2.9 风景资源评价结论应由景源等级统计表、评价分析、特征概括等三部分组成。评价分析应表明主要评价指标的特征或结果分析；特征概括应表明风景资源的级别数量、类型特征及其综合特征。

3.3 范围、性质与发展目标

3.3.1 确定风景区规划范围及其外围保护地带，应依据以下原则：景源特征及其生态环境的完整性；历史文化与社会的连续性；地域单元的相对独立性；保护、利用、管理的必要性与可行性。

3.3.2 划定风景区范围的界限必须符合下列规定：

 1 必须有明确的地形标志物为依托，既能在地形图上标出，又能在现场立桩标界；

 2 地形图上的标界范围，应是风景区面积的计量依据；

 3 规划阶段的所有面积计量，均应以同精度的地形图的投影面积为准。

3.3.3 风景区的性质，必须依据风景区的典型景观特征、游览欣赏特点、资源类型、区位因素，以及发展对策与功能选择来确定。

3.3.4 风景区的性质应明确表述风景特征、主要功能、风景区级别等三方面内容，定性用词应突出重点、准确精炼。

3.3.5 风景区的发展目标，应依据风景区的性质和社会需求，提出适合本风景区的自我健全目标和社会作用目标两方面的内容，并应遵循以下原则：

 1 贯彻严格保护、统一管理、合理开发、永续利用的基本原则；

 2 充分考虑历史、当代、未来三个阶段的关系，科学预测风景区发展的各种需求；

 3 因地制宜地处理人与自然的和谐关系；

 4 使资源保护和综合利用、功能安排和项目配置、人口规模和建设标准等各项主要目标，同国家与地区的社会经济技术发展水平、趋势及步调相适应。

3.4 分区、结构与布局

3.4.1 风景区应依据规划对象的属性、特征及其存在环境进行合理区划，并应遵循以下原则：

 1 同一区内的规划对象的特性及其存在环境应基本一致；

 2 同一区内的规划原则、措施及其成效特点应基本一致；

 3 规划分区应尽量保持原有的自然、人文、线状等单元界限的完整性。

3.4.2 根据不同需要而划分的规划分区应符合下列规定：

 1 当需调节控制功能特征时，应进行功能分区；

 2 当需组织景观和游赏特征时，应进行景区划分；

 3 当需确定保护培育特征时，应进行保护区划分；

 4 在大型或复杂的风景区中，可以几种方法协调并用。

3.4.3 风景区应依据规划目标和规划对象的性能、作用及其构成规律来组织整体规划结构或模型，并应遵循下列原则：

 1 规划内容和项目配置应符合当地的环境承载能力、经济发展状况和社会道德规范，并能促进风景区的自我生存和有序发展；

 2 有效调节控制点、线、面等结构要素的配置关系；

 3 解决各枢纽或生长点、走廊或通道、片区或网格之间的本质联系和约束条件。

3.4.4 凡含有一个乡或镇以上的风景区，或其人口密度超过 100 人 /km² 时，应进行风景区的职能结构分析与规划，并应遵循下列原则：

 1 兼顾外来游人、服务职工和当地居民三者的需求与利益；

2 风景游览欣赏职能应有独特的吸引力和承受力；

3 旅游接待服务职能应有相应的效能和发展动力；

4 居民社会管理职能应有可靠的约束力和时代活力；

5 各职能结构应自成系统并有机组成风景区的综合职能结构网络。

3.4.5 风景区应依据规划对象的地域分布、空间关系和内在联系进行综合部署，形成合理、完善而又有自身特点的整体布局，并应遵循下列原则：

1 正确处理局部、整体、外围三层次的关系；

2 解决规划对象的特征、作用、空间关系的有机结合问题；

3 调控布局形态对风景区有序发展的影响，为各组成要素、各组成部分能共同发挥作用创造满意条件；

4 构思新颖，体现地方和自身特色。

3.5 容量、人口及生态原则

3.5.1 风景区游人容量应随规划期限的不同而有变化。对一定规划范围的游人容量，应综合分析并满足该地区的生态允许标准、游览心理标准、功能技术标准等因素而确定。并应符合下列规定：

1 生态允许标准应符合表 3.5.1-1 的规定；

游憩用地生态容量   表 3.5.1-1

用 地 类 型	允许容人量和用地指标	
	（人/公顷）	（m²/人）
(1)针叶林地	2～3	5000～3300
(2)阔叶林地	4～8	2500～1250
(3)森林公园	<15～20	>660～500
(4)疏林草地	20～25	500～400
(5)草地公园	<70	>140
(6)城镇公园	30～200	330～50
(7)专用浴场	<500	>20
(8)浴场水域	1000～2000	20～10
(9)浴场沙滩	1000～2000	10～5

2 游人容量应由一次性游人容量、日游人容量、年游人容量三个层次表示。

(1) 一次性游人容量（亦称瞬时容量），单位以"人/次"表示；

(2) 日游人容量，单位以"人次/日"表示；

(3) 年游人容量，单位以"人次/年"表示。

3 游人容量的计算方法宜分别采用：线路法、卡口法、面积法、综合平衡法，并将计算结果填入表 3.5.1-2；

4 游人容量计算宜采用下列指标：

(1) 线路法：以每个游人所占平均道路面积计，5～10m²/人。

(2) 面积法：以每个游人所占平均游览面积。其中：

主景景点：50～100m²/人（景点面积）；

游人容量计算一览表　　　　　　表 3.5.1-2

(1) 游览用地 名称	(2) 计算面积 （m²）	(3) 计算指标 （m²/人）	(4) 一次性容量 （人/次）	(5) 日周转率 （次）	(6) 日游人容量 （人次/日）	(7) 备注

一般景点：100～100m²/人（景点面积）；

浴场海域：10～20m²/人（海拔 0～-2m 以内水面）；

浴场沙滩：5～10m²/人（海拔 0～+2m 以内沙滩）。

（3）卡口法：实测卡口处单位时间内通过的合理游人量。单位以"人次/单位时间"表示。

　　5　游人容量计算结果应与当地的淡水供水、用地、相关设施及环境质量等条件进行校核与综合平衡，以确定合理的游人容量。

3.5.2　风景区总人口容量测算应包括外来游人、服务职工、当地居民三类人口容量，并应符合下列规定：

　　1　当规划地区的居住人口密度超过 50 人/km² 时，宜测定用地的居民容量；

　　2　当规划地区的居住人口密度超过 100 人/km² 时，必须测定用地的居民容量；

　　3　居民容量应依据最重要的要素容量分析来确定，其常规要素应是：淡水、用地、相关设施等。

3.5.3　风景区人口规模的预测应符合下列规定：

　　1　人口发展规模应包括外来游人、服务职工、当地居民三类人口；

　　2　一定用地范围内的人口发展规模不应大于其总人口容量；

　　3　职工人口应包括直接服务人口和维护管理人口；

　　4　居民人口应包括当地常住居民人口。

3.5.4　风景区内部的人口分布应符合下列原则：

　　1　根据游赏需求、生境条件、设施配置等因素对各类人口进行相应的分区分期控制；

　　2　应有合理的疏密聚散变化，使其各得其所；

　　3　防止因人口过多或不适当集聚而不利于生态与环境；

　　4　防止因人口过少或不适当分散而不利于管理与效益。

3.5.5　风景区的生态原则应符合下列规定：

　　1　制止对自然环境的人为消极作用，控制和降低人为负荷，应分析游览时间、空间范围、游人容量、项目内容、开发强度等因素，并提出限制性规定或控制性指标；

　　2　保持和维护原有生物种群、结构及其功能特征，保护典型而有示范性的自然综合体；

　　3　提高自然环境的复苏能力，提高氧、水、生物量的再生能力与速度，提高其生态系统或自然环境对人为负荷的稳定性或承载力。

3.5.6　风景区的生态分区应符合下列原则：

　　1　应将规划用地的生态状况按四个等级分别加以标明；

　　2　生态分区的一般标准应符合表 3.5.6 的规定；

生态分区及其利用与保护措施 表 3.5.6

生态分区	环境要素状况			利用与保护措施
	大气	水域	土壤植被	
危机区	×	×	×	应完全限制发展,并不再发生人为压力,实施综合的自然保育措施
	− 或 +	×	×	
	×	− 或 +	×	
	×	×	− 或 +	
不利区	×	− 或 +	− 或 +	应限制发展,对不利状态的环境要素要减轻其人为压力,实施针对性的自然保护措施
	− 或 +	×	− 或 +	
	− 或 +	− 或 +	×	
稳定区	−	−	−	要稳定对环境要素造成的人为压力,实施对其适用的自然保护措施
	−	−	+	
	−	+	−	
有利区	+	+	+	需规定人为压力的限度,根据需要而确定自然保护措施
	−	+	+	
	+	−	+	
	+	+	−	

注:×不利;−稳定;+有利。

3 按其他生态因素划分的专项生态危机区应包括热污染、噪声污染、电磁污染、放射性污染、卫生防疫条件、自然气候因素、振动影响、视觉干扰等内容;

4 生态分区应对土地使用方式、功能分区、保护分区和各项规划设计措施的配套起重要作用。

3.5.7 风景区规划应控制和降低各项污染程度,其环境质量标准应符合下列规定:

1 大气环境质量标准应符合 GB 3095—1996 中规定的一级标准;

2 地面水环境质量一般应按 GB 3838—88 中规定的第一级标准执行,游泳用水应执行 GB 9667—88 中规定的标准,海水浴场水质标准不应低于 GB 3097—82 中规定的二类海水水质标准,生活饮用水标准应符合 GB 5749—85 中的规定;

3 风景区室外允许噪声级应低于 GB 3096—93 中规定的"特别住宅区"的环境噪声标准值;

4 放射防护标准应符合 GBJ 8—74 中规定的有关标准。

4 专项规划

4.1 保护培育规划

4.1.1 保护培育规划应包括查清保育资源,明确保育的具体对象,划定保育范围,确定保育原则和措施等基本内容。

4.1.2 风景保护的分类应包括生态保护区、自然景观保护区、史迹保护区、风景恢复区、风景游览区和发展控制区等,并应符合以下规定:

1 生态保护区的划分与保护规定:

(1) 对风景区内有科学研究价值或其他保存价值的生物种群及其环境,应划出一定的范围与空间作为生态保护区。

(2) 在生态保护区内,可以配置必要的研究和安全防护性设施,应禁止游人进入,不得搞任何建筑设施，严禁机动交通及其设施进入。

　　2　自然景观保护区的划分与保护规定：

　　(1) 对需要严格限制开发行为的特殊天然景源和景观，应划出一定的范围与空间作为自然景观保护区。

　　(2) 在自然景观保护区内，可以配置必要的步行游览和安全防护设施，宜控制游人进入，不得安排与其无关的人为设施，严禁机动交通及其设施进入。

　　3　史迹保护区的划分与保护规定：

　　(1) 在风景区内各级文物和有价值的历代史迹遗址的周围，应划出一定的范围与空间作为史迹保护区。

　　(2) 在史迹保护区内，可以安置必要的步行游览和安全防护设施，宜控制游人进入，不得安排旅宿床位，严禁增设与其无关的人为设施，严禁机动交通及其设施进入，严禁任何不利于保护的因素进入。

　　4　风景恢复区的划分与保护规定：

　　(1) 对风景区内需要重点恢复、培育、抚育、涵养、保持的对象与地区，例如森林与植被、水源与水土、浅海及水域生物、珍稀濒危生物、岩溶发育条件等，宜划出一定的范围与空间作为风景恢复区。

　　(2) 在风景恢复区内，可以采用必要技术措施与设施；应分别限制游人和居民活动，不得安排与其无关的项目与设施，严禁对其不利的活动。

　　5　风景游览区的划分与保护规定：

　　(1) 对风景区的景物、景点、景群、景区等各级风景结构单元和风景游赏对象集中地，可以划出一定的范围与空间作为风景游览区。

　　(2) 在风景游览区内，可以进行适度的资源利用行为，适宜安排各种游览欣赏项目；应分级限制机动交通及旅游设施的配置。并分级限制居民活动进入。

　　6　发展控制区的划分与保护规定：

　　(1) 在风景区范围内，对上述五类保育区以外的用地与水面及其他各项用地，均应划为发展控制区。

　　(2) 在发展控制区内，可以准许原有土地利用方式与形态，可以安排同风景区性质与容量相一致的各项旅游设施及基地，可以安排有序的生产、经营管理等设施，应分别控制各项设施的规模与内容。

4.1.3　风景保护的分级应包括特级保护区、一级保护区、二级保护区和三级保护区等四级内容，并应符合以下规定：

　　1　特级保护区的划分与保护规定：

　　(1) 风景区内的自然保护核心区以及其他不应进入游人的区域应划为特级保护区。

　　(2) 特级保护区应以自然地形地物为分界线，其外围应有较好的缓冲条件，在区内不得搞任何建筑设施。

　　2　一级保护区的划分与保护规定：

　　(1) 在一级景点和景物周围应划出一定范围与空间作为一级保护区，宜以一级景点的视域范围作为主要划分依据。

(2) 一级保护区内可以安置必需的步行游赏道路和相关设施，严禁建设与风景无关的设施，不得安排旅宿床位，机动交通工具不得进入此区。

3 二级保护区的划分与保护规定：

(1) 在景区范围内，以及景区范围之外的非一级景点和景物周围应划为二级保护区。

(2) 二级保护区内可以安排少量旅宿设施，但必须限制与风景游赏无关的建设，应限制机动交通工具进入本区。

4 三级保护区的划分与保护规定：

(1) 在风景区范围内，对以上各级保护区之外的地区应划为三级保护区。

(2) 在三级保护区内，应有序控制各项建设与设施，并应与风景环境相协调。

4.1.4 保护培育规划应依据本风景区的具体情况和保护对象的级别而择优实行分类保护或分级保护，或两种方法并用，应协调处理保护培育、开发利用、经营管理的有机关系，加强引导性规划措施。

4.2 风景游赏规划

4.2.1 风景游览欣赏规划应包括景观特征分析与景象展示构思；游赏项目组织；风景单元组织；游线组织与游程安排；游人容量调控；风景游赏系统结构分析等基本内容。

4.2.2 景观特征分析和景象展示构思，应遵循景观多样化和突出自然美的原则，对景物和景观的种类、数量、特点、空间关系、意趣展示及其观览欣赏方式等进行具体分析和安排；并对欣赏点选择及其视点、视角、视距、视线、视域和层次进行分析和安排。

4.2.3 游赏项目组织应包括项目筛选、游赏方式、时间和空间安排、场地和游人活动等内容，并遵循以下原则：

1 在与景观特色协调，与规划目标一致的基础上，组织新、奇、特、优的游赏项目；

2 权衡风景资源与环境的承受力，保护风景资源永续利用；

3 符合当地用地条件、经济状况及设施水平；

4 尊重当地文化习俗、生活方式和道德规范。

4.2.4 游赏项目内容可在表 4.2.4 中择优并演绎。

游赏项目类别表 表 4.2.4

游赏类别	游赏项目				
1. 野外游憩	①消闲散步	②郊游野游	③垂钓	④登山攀岩	⑤骑驭
2. 审美欣赏	①揽胜 ⑥寄情	②摄影 ⑦鉴赏	③写生 ⑧品评	④寻幽 ⑨写作	⑤访古 ⑩创作
3. 科技教育	①考察 ⑥采集	②探胜探险 ⑦寻根回归	③观测研究 ⑧文博展览	④科普 ⑨纪念	⑤教育 ⑩宣传
4. 娱乐体育	①游戏娱乐 ⑥冰雪活动	②健身 ⑦沙草场活动	③演艺 ⑧其他体智技能运动	④体育	⑤水上水下运动
5. 休养保健	①避暑避寒 ⑥海水浴	②野营露营 ⑦泥沙浴	③休养 ⑧日光浴	④疗养 ⑨空气浴	⑤温泉浴 ⑩森林浴
6. 其他	①民俗节庆	②社交会展	③宗教礼仪	④购物商贸	⑤劳作体验

4.2.5 风景单元组织应把游览欣赏对象组织成景物、景点、景群、园苑、景区等不同类型的结构单元，并应遵循以下原则：

    1 依据景源内容与规模、景观特征分区、构景与游赏需求等因素进行组织；

    2 使游赏对象在一定的结构单元和结构整体中发挥良好作用；

    3 应为各景物间和结构单元间相互因借创造有利条件。

4.2.6 景点组织应包括景点的构成内容、特征、范围、容量；景点的主、次、配景和游赏序列组织；景点的设施配备；景点规划一览表等四部分。

4.2.7 景区组织应包括：景区的构成内容、特征、范围、容量；景区的结构布局、主景、景观多样化组织；景区的游赏活动和游线组织；景区的设施和交通组织要点等四部分。

4.2.8 游线组织应依据景观特征、游赏方式、游人结构、游人体力与游兴规律等因素，精心组织主要游线和多种专项游线，并应包括下列内容：

    1 游线的级别、类型、长度、容量和序列结构；

    2 不同游线的特点差异和多种游线间的关系；

    3 游线与游路及交通的关系。

4.2.9 游程安排应由游赏内容、游览时间、游览距离限定。游程的确定宜符合下列规定：

    1 一日游：不需住宿，当日往返；

    2 二日游：住宿一夜；

    3 多日游：住宿二夜以上。

4.3 典型景观规划

4.3.1 风景区应依据其主体特征景观或有特殊价值的景观进行典型景观规划。应包括典型景观的特征与作用分析；规划原则与目标；规划内容、项目、设施与组织；典型景观与风景区整体的关系等内容。

4.3.2 典型景观规划必须保护景观本体及其环境，保持典型景观的永续利用；应充分挖掘与合理利用典型景观的特征及价值，突出特点，组织适宜的游赏项目与活动；应妥善处理典型景观与其他景观的关系。

4.3.3 植物景观规划应符合以下规定：

    1 维护原生种群和区系，保护古树名木和现有大树，培育地带性树种和特有植物群落；

    2 因境制宜地恢复、提高植被覆盖率，以适地适树的原则扩大林地，发挥植物的多种功能优势，改善风景区的生态和环境；

    3 利用和创造多种类型的植物景观或景点，重视植物的科学意义，组织专题游览环境和活动；

    4 对各类植物景观的植被覆盖率、林木郁闭度、植物结构、季相变化、主要树种、地被与攀缘植物、特有植物群落、特殊意义植物等，应有明确的分区分级的控制性指标及要求；

    5 植物景观分布应同其他内容的规划分区相互协调；在旅游设施和居民社会用地范围内，应保持一定比例的高绿地率或高覆盖率控制区。

4.3.4 建筑景观规划应符合以下规定：

    1 应维护一切有价值的原有建筑及其环境，严格保护文物类建筑，保护有特点的民居、村寨和乡土建筑及其风貌；

    2 风景区的各类新建筑，应服从风景环境的整体需求，不得与大自然争高低，在人工与自然协调融合的基础上，创造建筑景观和景点；

3 建筑布局与相地立基，均应因地制宜，充分顺应和利用原有地形，尽量减少对原有地物与环境的损伤或改造；

4 对风景区内各类建筑的性质与功能、内容与规模、标准与档次、位置与高度、体量与体形、色彩与风格等，均应有明确的分区分级控制措施；

5 在景点规划或景区详细规划中，对主要建筑宜提出：（1）总平面布置；（2）剖面标高；（3）立面标高总框架；（4）同自然环境和原有建筑的关系等四项控制措施。

4.3.5 溶洞景观规划应符合以下规定：

1 必须维护岩溶地貌、洞穴体系及其形成条件，保护溶洞的各种景物及其形成因素，保护珍稀、独特的景物及其存在环境；

2 在溶洞功能选择与游人容量控制、游赏对象确定与景象意趣展示、景点组织与景区划分、游赏方式与游线组织、导游与赏景点组织等方面，均应遵循自然与科学规律及其成景原理，兼顾洞景的欣赏、科学、历史、保健等价值，有度有序地利用与发挥洞景潜力，组织适合本溶洞特征的景观特色；

3 应统筹安排洞内与洞外景观，培育洞顶植被，禁止对溶洞自然景物滥施人工；

4 溶洞的石景与土石方工程、水景与给排水工程、交通与道桥工程、电源与电缆工程、防洪与安全设备工程等，均应服从风景整体需求，并同步规划设计；

5 对溶洞的灯光与灯具配置、导游与电器控制，以及光象、音响、卫生等因素，均应有明确的分区分级控制要求及配套措施。

4.3.6 竖向地形规划应符合以下规定：

1 维护原有地貌特征和地景环境，保护地质珍迹、岩石与基岩、土层与地被、水体与水系，严禁炸山采石取土、乱挖滥填盲目整平、剥离及覆盖表土，防止水土流失、土壤退化、污染环境；

2 合理利用地形要素和地景素材，应随形就势、因高就低地组织地景特色，不得大范围地改变地形或平整土地，应把未利用的废弃地、洪泛地纳入治山理水范围加以规划利用；

3 对重点建设地段，必须实行在保护中开发、在开发中保护的原则，不得套用"几通一平"的开发模式，应统筹安排地形利用、工程补救、水系修复、表土恢复、地被更新、景观创意等各项技术措施；

4 有效保护与展示大地标志物、主峰最高点、地形与测绘控制点，对海拔高度高差、坡度坡向、海河湖岸、水网密度、地表排水与地下水系、洪水潮汐淹没与浸蚀、水土流失与崩塌、滑坡与泥石流灾变等地形因素，均应有明确的分区分级控制；

5 竖向地形规划应为其他景观规划、基础工程、水体水系流域整治及其他专项规划创造有利条件，并相互协调。

4.4 游览设施规划

4.4.1 旅行游览接待服务设施规划应包括游人与游览设施现状分析；客源分析预测与游人发展规模的选择；游览设施配备与直接服务人口估算；旅游基地组织与相关基础工程；游览设施系统及其环境分析等五部分。

4.4.2 游人现状分析，应包括游人的规模、结构、递增率、时间和空间分布及其消费状况。

4.4.3 游览设施现状分析，应表明供需状况、设施与景观及其环境的相互关系。

4.4.4 客源分析与游人发展规模选择应符合以下规定：

    1 分析客源地的游人数量与结构、时空分布、出游规律、消费状况等；

    2 分析客源市场发展方向和发展目标；

    3 预测本地区游人、国内游人、海外游人递增率和旅游收入；

    4 游人发展规模、结构的选择与确定，应符合表 4.4.4 的内容要求；

    5 合理的年、日游人发展规模不得大于相应的游人容量。

游人统计与预测   表 4.4.4

项目	年度	海外游人		国内游人		本地游人		三项合计		年游人规模（万人/年）	年游人容量（万人/年）	备注
		数量	增率	数量	增率	数量	增率	数量	增率			
统计												
预测												

4.4.5 游览设施配备应包括旅行、游览、饮食、住宿、购物、娱乐、保健和其他等八类相关设施。应依据风景区、景区、景点的性质与功能，游人规模与结构，以及用地、淡水、环境等条件，配备相应种类、级别、规模的设施项目。

    1 旅宿床位应是游览设施的调控指标，应严格限定其规模和标准，应做到定性、定量、定位、定用地范围，并按 (4.4.5-1) 计算。

$$床位数 = \frac{平均停留天数 \times 年住宿人数}{年旅游天数 \times 床位利用率} \tag{4.4.5-1}$$

    2 直接服务人员估算应以旅宿床位或饮食服务两类游览设施为主，其中，床位直接服务人员估算可按 (4.4.5-2) 计算：

$$直接服务人员 = 床位数 \times 直接服务人员与床位数比例 \tag{4.4.5-2}$$

（式中，直接服务人口与床位数比例：1：2～1：10）

4.4.6 游览设施布局应采用相对集中与适当分散相结合的原则，应方便游人，利于发挥设施效益，便于经营管理与减少干扰。应依据设施内容、规模、等级、用地条件和景观结构等，分别组成服务部、旅游点、旅游村、旅游镇、旅游城、旅游市等六级旅游服务基地，并提出相应的基础工程原则和要求。

4.4.7 旅游基地选择应符合以下原则：

    1 应有一定的用地规模，既应接近游览对象又应有可靠的隔离，应符合风景保护的规定，严禁将住宿、饮食、购物、娱乐、保健、机动交通等设施布置在有碍景观和影响环境质量的地段；

    2 应具备相应的水、电、能源、环保、抗灾等基础工程条件，靠近交通便捷的地段，依托现有游览设施及城镇设施；

    3 避开有自然灾害和不利于建设的地段。

4.4.8 依风景区的性质、布局和条件的不同，各项游览设施既可配置在各级旅游基地中，也可以配置在所依托的各级居民点中，其总量和级配关系应符合风景区规划的需求，应符合表 4.4.8 的规定。

游览设施与旅游基地分级配置表　　　　　　　　表 4. 4. 8

设施类型	设施项目	服务部	旅游点	旅游村	旅游镇	旅游城	备注
一、旅行	1. 非机动交通	▲	▲	▲	▲	▲	步道、马道、自行车道、存车、修理
	2. 邮电通讯	△	△	▲	▲	▲	话亭、邮亭、邮电所、邮电局
	3. 机动车船	×	△	△	▲	▲	车站、车场、码头、油站、道班
	4. 火车站	×	×	×	△	△	对外交通,位于风景区外缘
	5. 机场	×	×	×	×	△	对外交通,位于风景区外缘
二、游览	1. 导游小品	▲	▲	▲	▲	▲	标示、标志、公告牌、解说图片
	2. 休憩庇护	△	▲	▲	▲	▲	座椅桌、风雨亭、避难屋、集散点
	3. 环境卫生	△	▲	▲	▲	▲	废弃物箱、公厕、盥洗处、垃圾站
	4. 宣讲咨询	×	△	△	▲	▲	宣讲设施、模型、影视、游人中心
	5. 公安设施	×	△	△	▲	▲	派出所、公安局、消防站、巡警
三、饮食	1. 饮食点	▲	▲	▲	▲	▲	冷热饮料、乳品、面包、糕点、糖果
	2. 饮食店	△	▲	▲	▲	▲	包括快餐、小吃、野餐烧烤点
	3. 一般餐厅	×	△	△	▲	▲	饭馆、饭铺、食堂
	4. 中级餐厅	×	×	△	△	▲	有停车车位
	5. 高级餐厅	×	×	△	△	▲	有停车车位
四、住宿	1. 简易旅宿点	×	▲	▲	▲	▲	包括野营点、公用卫生间
	2. 一般旅馆	×	△	▲	▲	▲	六级旅馆、团体旅舍
	3. 中级旅馆	×	×	▲	▲	▲	四、五级旅馆
	4. 高级旅馆	×	×	△	▲	▲	二、三级旅馆
	5. 豪华旅馆	×	×	△	△	△	一级旅馆
五、购物	1. 小卖部、商亭	▲	▲	▲	▲	▲	
	2. 商摊集市墟场	×	△	△	▲	▲	集散有时、场地稳定
	3. 商店	×	×	△	▲	▲	包括商业买卖街、步行街
	4. 银行、金融	×	×	△	△	▲	储蓄所、银行
	5. 大型综合商场	×	×	×	△	▲	
六、娱乐	1. 文博展览	×	△	△	▲	▲	文化、图书、博物、科技、展览馆等
	2. 艺术表演	×	×	△	△	▲	影剧院、音乐厅、杂技场、表演场
	3. 游戏娱乐	×	×	△	△	▲	游乐场、歌舞厅、俱乐部、活动中心
	4. 体育运动	×	×	△	△	▲	室内外各类体育运动健身赛场地
	5. 其他游娱文体	×	×	×	△	△	其他游娱文体台站团体训练基地
七、保健	1. 门诊所	△	△	▲	▲	▲	无床位、卫生站
	2. 医院	×	×	△	▲	▲	有床位
	3. 救护站	×	×	△	△	▲	无床位
	4. 休养度假	×	×	△	△	▲	有床位
	5. 疗养	×	×	△	△	▲	有床位

续表

设施类型	设施项目	服务部	旅游点	旅游村	旅游镇	旅游城	备 注
八、其他	1. 审美欣赏	▲	▲	▲	▲	▲	景观、寄情、鉴赏、小品类设施
	2. 科技教育	△	△	▲	▲	▲	观测、试验、科教、纪念设施
	3. 社会民俗	×	△	△	△	▲	民俗、节庆、乡土设施
	4. 宗教礼仪	×	×	△	△	△	宗教设施、坛庙堂祠、社交礼制设施
	5. 宜配新项目	×	×	△	△	△	演化中的德智体技能和功能设施

限定说明：禁止设置×；可以设置△；应该设置▲。

4.5 基础工程规划

4.5.1 风景区基础工程规划，应包括交通道路、邮电通讯、给水排水和供电能源等内容，根据实际需要，还可进行防洪、防火、抗灾、环保、环卫等工程规划。

4.5.2 风景区基础工程规划，应符合下列规定：

1 符合风景区保护、利用、管理的要求；

2 同风景区的特征、功能、级别和分区相适应，不得损坏景源、景观和风景环境；

3 要确定合理的配套工程、发展目标和布局，并进行综合协调；

4 对需要安排的各项工程设施的选址和布局提出控制性建设要求；

5 对于大型工程或干扰性较大的工程项目及其规划，应进行专项景观论证、生态与环境敏感性分析，并提交环境影响评价报告。

4.5.3 风景区交通规划，应分为对外交通和内部交通两方面内容。应进行各类交通流量和设施的调查、分析、预测，提出各类交通存在的问题及其解决措施等内容。

1 对外交通应要求快速便捷，布置于风景区以外或边缘地区；

2 内部交通应具有方便可靠和适合风景区特点，并形成合理的网络系统；

3 对内部交通的水、陆、空等机动交通的种类选择、交通流量、线路走向、场站码头及其配套设施，均应提出明确而有效的控制要求和措施。

4.5.4 风景区道路规划，应符合以下规定：

1 合理利用地形，因地制宜地选线，同当地景观和环境相配合；

2 对景观敏感地段，应用直观透视演示法进行检验，提出相应的景观控制要求；

3 不得因追求某种道路等级标准而损害景源与地貌，不得损坏景物和景观；

4 应避免深挖高填，因道路通过而形成的竖向创伤面的高度或竖向砌筑面的高度，均不得大于道路宽度。并应对创伤面提出恢复性补救措施。

4.5.5 邮电通讯规划，应提供风景区内外通讯设施的容量、线路及布局，并应符合以下规定：

1 各级风景区均应配备能与国内联系的通讯设施；

2 国家级风景区还应配备能与海外联系的现代化通讯设施；

3 在景点范围内，不得安排架空电线穿过，宜采用隐蔽工程。

4.5.6 风景区给水排水规划，应包括现状分析；给、排水量预测；水源地选择与配套设施；给、排水系统组织；污染源预测及污水处理措施；工程投资匡算。给、排水设施布局还应符合以下规定：

1 在景点和景区范围内，不得布置暴露于地表的大体量给水和污水处理设施；

2 在旅游村镇和居民村镇宜采用集中给水、排水系统，主要给水设施和污水处理设施可安排在居民村镇及其附近。

4.5.7 风景区供电规划，应提供供电及能源现状分析，负荷预测，供电电源点和电网规划三项基本内容。并应符合以下规定：

1 在景点和景区内不得安排高压电缆和架空电线穿过；

2 在景点和景区内不得布置大型供电设施；

3 主要供电设施宜布置于居民村镇及其附近。

4.5.8 风景区内供水、供电及床位用地标准，应在表4.5.8中选用，并以下限标准为主。

供水供电及床位用地标准 表4.5.8

类　别	供水 （L/床·日）	供电 （W/床）	用地 （m²/床）	备　注
简易宿点	50～100	50～100	50以下	公用卫生间
一般旅馆	100～200	100～200	50～100	六级旅馆
中级旅馆	200～400	200～400	100～200	四五级旅馆
高级旅馆	400～500	400～1000	200～400	二三级旅馆
豪华旅馆	500以上	1000以上	300以上	一级旅馆
居民	60～150	100～500	50～150	
散客	10～30L/人·日			

4.6 居民社会调控规划

4.6.1 凡含有居民点的风景区，应编制居民点调控规划；凡含有一个乡或镇以上的风景区，必须编制居民社会系统规划。

4.6.2 居民社会调控规划应包括现状、特征与趋势分析；人口发展规模与分布；经营管理与社会组织；居民点性质、职能、动因特征和分布；用地方向与规划布局；产业和劳力发展规划等内容。

4.6.3 居民社会调控规划应遵循下列基本原则：

1 严格控制人口规模，建立适合风景区特点的社会运转机制；

2 建立合理的居民点或居民点系统；

3 引导淘汰型产业的劳力合理转向。

4.6.4 居民社会调控规划应科学预测和严格限定各种常住人口规模及其分布的控制性指标；应根据风景区需要划定无居民区、居民衰减区和居民控制区。

4.6.5 居民点系统规划，应与城市规划和村镇规划相互协调，对已有的城镇和村点提出调整要求，对拟建的旅游村、镇和管理基地提出控制性规划纲要。

4.6.6 对农村居民点应划分为搬迁型、缩小型、控制型和聚居型等四种基本类型，并分别控制其规模布局和建设管理措施。

4.6.7 居民社会用地规划严禁在景点和景区内安排工业项目、城镇建设和其他企事业单位用地,不得在风景区内安排有污染的工副业和有碍风景的农业生产用地,不得破坏林木而安排建设项目。

4.7 经济发展引导规划

4.7.1 经济发展引导规划,应以国民经济和社会发展规划、风景与旅游发展战略为基本依据,形成独具风景区特征的经济运行条件。

4.7.2 经济发展引导规划应包括经济现状调查与分析;经济发展的引导方向;经济结构及其调整;空间布局及其控制;促进经济合理发展的措施等内容。

4.7.3 风景区经济引导方向,应以经济结构和空间布局的合理化结合为原则,提出适合风景区经济发展的模式及保障经济持续发展的步骤和措施。

4.7.4 经济结构的合理化应包括以下内容:

    1 明确各主要产业的发展内容、资源配置、优化组合及其轻重缓急变化;

    2 明确旅游经济、生态农业和工副业的合理发展途径;

    3 明确经济发展应有利于风景区的保护、建设和管理。

4.7.5 空间布局合理化应包括以下内容:

    1 应明确风景区内部经济、风景区周边经济、风景区所在地经济等三者的空间关系和内在联系;应有节律地调控区内经济、发展边缘经济、带动地区经济;

    2 明确风景区内部经济的分区分级控制和引导方向;

    3 明确综合农业生产分区、农业生产基地、工副业布局及其与风景保护区、风景游览地、旅游基地的关系。

4.8 土地利用协调规划

4.8.1 土地利用协调规划应包括土地资源分析评估;土地利用现状分析及其平衡表;土地利用规划及其平衡表等内容。

4.8.2 土地资源分析评估,应包括对土地资源的特点、数量、质量与潜力进行综合评估或专项评估。

4.8.3 土地利用现状分析,应表明土地利用现状特征,风景用地与生产生活用地之间关系,土地资源演变、保护、利用和管理存在的问题。

4.8.4 土地利用规划,应在土地利用需求预测与协调平衡的基础上,表明土地利用规划分区及其用地范围。

4.8.5 土地利用规划应遵循下列基本原则:

    1 突出风景区土地利用的重点与特点,扩大风景用地;

    2 保护风景游赏地、林地、水源地和优良耕地;

    3 因地制宜的合理调整土地利用,发展符合风景区特征的土地利用方式与结构。

4.8.6 风景区土地利用平衡应符合表4.8.6的规定,并表明规划前后土地利用方式和结构变化。

4.8.7 风景区的用地分类应按土地使用的主导性质进行划分,应符合表4.8.7的规定。

4.8.8 在具体使用表4.8.6和表4.8.7时,可依据工作性质、内容、深度的不同要求,采用其分类的全部或部分类别,但不得增设新的类别。

4.8.9 土地利用规划应扩展甲类用地,控制乙类、丙类、丁类、庚类用地,缩减癸类用地。

风景区用地平衡表 表 4.8.6

序号	用地代号	用地名称	面积（km²）		占总用地%		人均（m²/人）		备注
			现状	规划	现状	规划	现状	规划	
00	合计	风景区规划用地			100	100			
01	甲	风景游赏用地							
02	乙	游览设施用地							
03	丙	居民社会用地							
04	丁	交通与工程用地							
05	戊	林地							
06	己	园地							
07	庚	耕地							
08	辛	草地							
09	壬	水域							
10	癸	滞留用地							
备注	____年,现状总人口____万人。其中:(1)游人____(2)职工____(3)居民____								
	____年,规划总人口____万人。其中:(1)游人____(2)职工____(3)居民____								

风景区用地分类表 表 4.8.7

大类	中类	小类	用地名称	范围	规划限定
			风景游赏用地	**游览欣赏对象集中区的用地。向游人开放**	▲
甲	甲1		风景点建设用地	各级风景结构单元(如景物、景点、景群、园院、景区等)的用地	▲
	甲2		风景保护用地	独立于景点以外的自然景观、史迹、生态等保护区用地	▲
	甲3		风景恢复用地	独立于景点以外的需要重点恢复、培育、涵养和保持的对象用地	▲
	甲4		野外游憩用地	独立于景点之外,人工设施较少的大型自然露天游憩场所	▲
	甲5		其他观光用地	独立于上述四类用地之外的风景游赏用地。如宗教、风景林地等	△
乙			**游览设施用地**	**直接为游人服务而又独立于景点之外的旅行游览接待服务设施用地**	▲
	乙1		旅游点建设用地	独立设置的各级旅游基地(如部、点、村、镇、戒等)的用地	▲
	乙2		游娱文体用地	独立于旅游点外的游戏娱乐、文化体育、艺术表演用地	▲
	乙3		休养保健用地	独立设置的避暑避寒、休养、疗养、医疗、保健、康复等用地	▲
	乙4		购物商贸用地	独立设置的商贸、金融保险、集贸市场、食宿服务等设施用地	△
	乙5		其他游览设施用地	上述四类之外,独立设置的游览设施用地,如公共浴场等用地	△

类别代号			用地名称	范 围	规划限定
大类	中类	小类			
丙			**居民社会用地**	**间接为游人服务而又独立设置的居民社会、生产管理等用地**	△
	丙1		居民点建设用地	独立设置的各级居民点(如组、点、村、镇、城等)的用地	△
	丙2		管理机构用地	独立设置的风景区管理机构、行政机构用地	▲
	丙3		科技教育用地	独立地段的科技教育用地。如观测科研、广播、职教等用地	△
	丙4		工副业生产用地	为风景区服务而独立设置的各种工副业及附属设施用地	△
	丙5		其他居民社会用地	如殡葬设施等	○
丁			**交通与工程用地**	**风景区自身需求的对外、内部交通通讯与独立的基础工程用地**	▲
	丁1		对外交通通讯用地	风景区入口同外部沟通的交通用地。位于风景区外缘	▲
	丁2		内部交通通讯用地	独立于风景点、旅游点、居民点之外的风景区内部联系交通	▲
	丁3		供应工程用地	独立设置的水、电、气、热等工程及其附属设施用地	△
	丁4		环境工程用地	独立设置的环保、环卫、水保、垃圾、污物处理设施用地	△
	丁5		其他工程用地	如防洪水利、消防防灾、工程施工、养护管理设施等工程用地	△
戊			**林地**	**生长乔木、竹类、灌木、沿海红树林等林木的土地,风景林不包括在内**	△
	戊1		成林地	有林地,郁闭度大于30%的林地	△
	戊2		灌木林	覆盖度大于40%的灌木林地	△
	戊3		竹林	生长竹类的林地	△
	戊4		苗圃	固定的育苗地	△
	戊5		其他林地	如迹地、未成林造林地、郁闭度小于30%的林地	○
己			**园地**	**种植以采集果、叶、根、茎为主的集约经营的多年生作物**	△
	己1		果园	种植果树的园地	△
	己2		桑园	种植桑树的园地	△
	己3		茶园	种植茶树的园地	○
	己4		胶园	种植橡胶树的园地	△
	己5		其他园地	如花圃苗圃、热作园地及其他多年生作物园地	○
庚			**耕地**	**种植农作物的土地**	○
	庚1		菜地	种植蔬菜为主的耕地	○
	庚2		旱地	无灌溉设施、靠降水生长作物的耕地	○
	庚3		水田	种植水生作物的耕地	○
	庚4		水浇地	指水田菜地以外,一般年景能正常灌溉的耕地	○
	庚5		其他耕地	如季节性、一次性使用的耕地、望天田等	○

续表

类别代号			用地名称	范　围	规划限定
大类	中类	小类			
辛			**草地**	**生长各种草本植物为主的土地**	△
	辛1		天然牧草地	用于放牧或割草的草地、花草地	○
	辛2		改良牧草地	采用灌排水、施肥、松耙、补植进行改良的草地	○
	辛3		人工牧草地	人工种植牧草的草地	○
	辛4		人工草地	人工种植铺装的草地、草坪、花草地	△
	辛5		其他草地	如荒草地、杂草地	△
壬			**水域**	**未列入各景点或单位的水域**	△
	壬1		江、河		△
	壬2		湖泊、水库	包括坑塘	△
	壬3		海域	海湾	△
	壬4		滩涂	包括沼泽、水中苇地	△
	壬5		其他水域用地	冰川及永久积雪地、沟渠水工建筑地	△
癸			**滞留用地**	**非风景区需求,但滞留在风景区内的各项用地**	×
	癸1		滞留工厂仓储用地		×
	癸2		滞留事业单位用地		×
	癸3		滞留交通工程用地		×
	癸4		未利用地	因各种原因尚未使用的土地	○
	癸5		其他滞留用地		×

规划限定说明:应该设置▲;可以设置△;可保留不宜新置○;禁止设置×。

4.9　分期发展规划

4.9.1　风景区总体规划分期应符合以下规定:

1　第一期或近期规划:5 年以内;

2　第二期或远期规划:5~20 年;

3　第三期或远景规划:大于 20 年。

4.9.2　在安排每一期的发展目标与重点项目时,应兼顾风景游赏、游览设施、居民社会的协调发展,体现风景区自身发展规律与特点。

4.9.3　近期发展规划应提出发展目标、重点、主要内容,并应提出具体建设项目、规模、布局、投资估算和实施措施等。

4.9.4　远期发展规划的目标应使风景区内各项规划内容初具规模。并应提出发展期内的发展重点、主要内容、发展水平、投资匡算、健全发展的步骤与措施。

4.9.5　远景规划的目标应提出风景区规划所能达到的最佳状态和目标。

4.9.6　近期规划项目与投资估算应包括风景游赏、游览设施、居民社会三个职能系统的内容以及实施保育措施所需的投资。

4.9.7　远期规划的投资匡算应包括风景游赏、游览设施两个系统的内容。

5 规划成果与深度规定

5.0.1 风景区规划的成果应包括风景区规划文本、规划图纸、规划说明书、基础资料汇编等四个部分。

5.0.2 规划文本应以法规条文方式，直接叙述规划主要内容的规定性要求。

5.0.3 规划图纸应清晰准确，图文相符，图例一致，并应在图纸的明显处标明图名、图例、风玫瑰、规划期限、规划日期、规划单位及其资质图签编号等内容。

5.0.4 规划设计的主要图纸应符合表5.0.4的规定。

5.0.5 规划说明书应分析现状，论证规划意图和目标，解释和说明规划内容。

风景区总体规划图纸规定 表 5.0.4

图纸资料名称	比 例 尺				制图选择			图纸特征	有些图纸可与下列编号的图纸合并
	风景区面积(km²)				综合型	复合型	单一型		
	20以下	20～100	100～500	500以上					
1. 现状(包括综合现状图)	1:5000	1:10000	1:25000	1:50000	▲	▲	▲	标准地形图上制图	
2. 景源评价与现状分析	1:5000	1:10000	1:25000	1:50000	▲	△	△	标准地形图上制图	1
3. 规划设计总图	1:5000	1:10000	1:25000	1:50000	▲	▲	▲	标准地形图上制图	
4. 地理位置或区域分析	1:25000	1:50000	1:100000	1:200000	▲	△	△	可以简化制图	
5. 风景游赏规划	1:5000	1:10000	1:25000	1:50000	▲	▲	▲	标准地形图上制图	
6. 旅游设施配套规划	1:5000	1:10000	1:25000	1:50000	▲	▲	△	标准地形图上制图	3
7. 居民社会调控规划	1:5000	1:10000	1:25000	1:50000	▲	▲	△	标准地形图上制图	3
8. 风景保护培育规划	1:10000	1:25000	1:50000	1:100000	▲	△	△	可以简化制图	3或5
9. 道路交通规划	1:10000	1:25000	1:50000	1:100000	▲	△	△	可以简化制图	3或6
10. 基础工程规划	1:10000	1:25000	1:50000	1:100000	▲	△	△	可以简化制图	3或6
11. 土地利用协调规划	1:10000	1:25000	1:50000	1:100000	▲	▲	▲	标准地形图上制图	3或7
12. 近期发展规划	1:10000	1:25000	1:50000	1:100000	▲	△	△	标准地形图上制图	3

说明：▲应单独出图；△可作图纸。

附录 A 本规范用词说明

1 为便于在执行本规范条文时区别对待，对于要求严格程度不同的用词说明如下：

（1）表示很严格，非这样做不可的用词：

正面词采用"必须"，

反面词采用"严禁"；

(2) 表示严格，在正常情况下均应这样做的用词：

正面词采用"应"，

反面词采用"不应"或"不得"；

(3) 对表示允许稍有选择，在条件许可时首先应这样做的用词：

正面词采用"宜"，

反面词采用"不宜"。

表示有选择，在一定条件下可以这样做的，采用"可"。

2　条文中指明应按其他有关标准、规范执行时，写法为"应按……执行"或"应符合……的规定"。

中华人民共和国国家标准

风景名胜区规划规范

GB 50298—1999

条 文 说 明

1999·北　京

目　录

1 总则

1.0.1 中国风景区源于古代的名山大川和邑郊游憩地，历经数千年的不断发展，荟萃了自然之美和人文之胜，成为壮丽山河的精华，为当代留下了宝贵的自然与文化遗产及其无限的信息。20世纪50年代以后，中国风景区规划建设管理又积累了大量新的经验和教训。80年代以来，中国社会经济快速进步，中外学术思想新一轮交流，更促使着风景区急速发展。当前，中国三级风景区体系面积已占国土总面积的1%，风景区已经是兼备游憩审美、科教启智、国土形象、生态防护以及带动地区发展等功能的重要地域。为使风景区健康发展，并走向法规化的道路，制订国家标准《风景名胜区规划规范》已成为社会发展的重要需求，有利于把风景区的规划建设和保护管理的相关决策纳入科学化、规范化、社会化轨道，是一项必要、可行并具有自身特点的工作。

编制本规范所涉及并依据的法规有"七法一条例"。其中，国家法律有：文物、土地、环保、森林、海洋、城市、房地产等七项，国务院公布的条例有：《风景名胜区管理暂行条例》一项。

编制本规范的目的，是在总结中国风景区发展和规划建设管理经验的基础上，吸取国内外先进经验，在风景区规划范围的有限境域里，统一规划范畴与深度、统一用词涵义与统计口径等，优化风景区用地布局，确保风景区的功能和作用能全面地发挥，以提高风景区规划的科学性、适用性和先进性，实现风景、社会和经济三个方面的综合效益。

1.0.2 本规范的适用范围。首先是我国各级政府审定公布的国家重点和省级与市、县级等三级风景区的规划，这些风景区的级别、范围、资源等已经原则性匡定；第二是各级政府审定的国土规划、区域规划、城市规划、风景旅游体系规划所划定的各类风景区的规划，这些风景区的资源特征、功能作用、用地范围等项内容与国务院风景区管理条例基本一致，但因某种原因尚未正式审定其级别，暂未列入三级风景区名单的各类风景旅游地。

1.0.3 风景区的分类方法很多，本条文仅规定了按用地规模的分类要求。

1.0.4 从宏观到微观，风景区规划将是分阶段进行的：有针对某个开发专题而进行的可行性分析论证，有一个省、市域的风景旅游体系规划，有某个区域的风景区域规划，有一个风景区的总体规划、分区规划、详细规划、景点规划，有某个重点建设地段的控制性详细规划和修建性详细规划等。其中，国家级风景区的总体规划需要报经国务院批准，这也是各种规划中最关键的一个规划阶段。有关各规划阶段的内容要求，将由行政法规提出。

1.0.5 本条文是编制风景区规划必须遵循的基本原则。

风景区规划必须符合我国国情。这是由于中国风景区历经数千年发展，山水优美、文物丰盛，独具民族特色。同时，人口增长速度很快，人均资源渐趋紧缺；再者，经济高速增长，需求扩展，人与自然协调发展的难度加大；此外，社会文化及生活方式不断发展，海内外交流频繁，科技日益进步，有关文化继承与创新的研究日益深入。这些基本国情都是中国风景区规划与发展的决定性因素。

风景区规划是驾驭整个风景区保护、建设、管理、发展的基本依据和手段，是在一定空间和时间范围内对各种规划要素的系统分析和统筹安排，这种综合与协调职能，涉及所在地的资源、环境、历史、现状、经济社会发展态势等广泛领域，这就需要深入调查研究，把握主要矛盾和对策，充分考虑风景、社会、经济三方面的综合效益，因地制宜地突出本风景区的特性。

1.0.6 中国风景区用地规模差异很大，面积跨度由不足10平方公里至上万平方公里，因而，常与国土规划、区域规划、城市总体规划、土地利用总体规划等项规划密切相关,甚至交错穿插或相互覆盖,这就需要在时间、空间和内容上相互关照、调整,并使之协调互补发展。在定性方面主要是资源利用的多重性所引发的课题;在定量方面主要是用地规模、人口规模、开发利用强度所带来的矛盾;在定质方面主要是相关设施等级标准在配置上的众多因素;在经营管理上主要是与责、权、利相关的土地管理权限或管理体制等难题;在政策与法规上主要是接点部位的诸多问题。上述协调因素,在不同的规划工作中有不同的重点和表现形式,而常见和有效的因素是在用地分区中相互协调。

2 术语

2.0.1 术语是标准规范的重要组成部分。

风景区规划工作与术语,不仅有其自身特点,还涉及自然科学、社会科学和工程技术的定性、定量与规律性内容,因而,其间不断分化、交叉、综合、协调之类难点自然不少。本章内容是对规范所涉及的基本词汇给予统一用词、统一含义,或将使用成熟的词汇纳入、肯定,以利于对本规范内容的正确理解和使用。

例如,70年代中期以后,有关风景区的称呼逐渐增多,比较多见的有:自然风景区、旅游风景区、名胜风景区、山水风景区、城市风景区、近郊风景区、风景名胜区、风景游览区、风景旅游区、风景保护区、风景控制区等,大都是在“风景”前后加一词而构成复合词,用其表达某种更具体、更特定的含义。其中,1985年国务院在有关条例中规定了“风景名胜区”的特有含义。经分析,为满足和适应风景区发展态势对技术法规的需求,“风景区”一词仍具有言简意赅的优点,有较好的历史延续性和较强的发展适应性,既可以理解为其他复合词的通称或简称,又保留了相关复合词的特定含义及其实际应用范围;反之,诸多复合词均难以替代“风景区”的意义。因此,本规范仍采用风景区一词,并对其含义给予统一规定。

又如,随着旅行游览活动的发展和人均资源紧缺矛盾的增长,风景区的容量已成为重要课题,而描述有关容纳人口数量的术语有环境容量、旅游容量、游人容量、容人量、居民容量等。经分析,对风景区的生态和容量影响较大的是外来游人数量和当地常住居民数量,因而,本规范肯定了游人容量、居民容量两条术语,并对其词解和相关内容作了统一规定。

再如,因经济社会发展、学科交叉、中外交流和责、权、利关系调整等因素,对同一事物和现象的描述常会出现多种用语,70年代中期以来对自然和人文风景资源的词汇相继有:风景资源、风景名胜资源、景观资源、景源、自然风景资源、历史人文资源、观光旅游资源等。经分析,本词汇的使用频率很高,为减少规划执笔者的负担,本规范肯定了“风景资源”和“景源”的含义。

为便于风景区规划图纸中对规划范围内不同类别用地的标注,特规定了风景区土地利用表中各类、各项用地的名称和代号,以利于计算和统计。

3 一般规定

3.1 基础资料与现状分析

3.1.1~3.1.3 编制风景区规划应当具备相关的自然与资源、人文与经济、旅游设施与基础工程、土地利用、建设与环境等方面的历史和现状基础资料,这是科学、合理地制定风景区规划的基本保证。

由于风景区的规模和条件等差异性较大,地区性特点显明,因而,基础资料的覆盖面、繁简度、可比性的选择十分重要。应根据风景区及其所处地域的实际情况和实际需要，首先拟定出调查提纲和指标体系，用它来描述规划对象的主要特征，并据此进行统计和典型调查，以获取可靠的统计数据，实事求是地采集、筛选、存储、积累、整理并汇编。

基础资料收集范围包括：文字资料、图纸资料和声像资料等。

3.1.4～3.1.5 风景区规划要实现"因地制宜地突出本风景区的特性"，现状分析将是首要的环节。由于每个风景区的自然因素很少雷同，社会生活需求和技术经济条件常有变化，因而在基础资料收集和现状分析的交错进程中，应充分重视并提取出可以构成本风景区特点与个性的要素，进而分析论证诸要素在风景区规划或风景区发展中的作用与地位。

在现状分析中，风景区的特点分析、资源利用多重性分析、开发利弊分析、用地矛盾分析、生态与社会分析均是经常遇到的难题。现状分析的结果，应明确提出本风景区的主要优势和发展动力、主要矛盾和制约因素、规划对策和规划重点。

规划实践证明，凡是认真进行现状分析，并能事实求是地提取特点、正视矛盾，就能较好地把握风景区的特征，才有可能出现好的规划成果。

3.2 风景资源评价

3.2.1 风景资源可以视为一种潜在风景，当它在一定的赏景条件中，给人以景感享受才成为现实风景。景源评价就是寻觅、探察、领悟、赏析、判别、筛选、研讨各类景源的潜力，并给予有效、可靠、简便、恰当的评估。因而，景源评价实质上从景源调查阶段即已开始，边调查边筛选边补充，景源评分与分级则进入正式文字图表汇总处理阶段，评价结论则是最后概括提炼阶段。景源评价既可以划分出四个阶段，需按步骤逐渐深入，同时又有相互衔接，甚至相互穿插。

3.2.2 本条对景源评价作了三项原则性规定：

首先，评价者是景源评价的主体，评价主体既有明显的认识、理解、感受的个性差异，也有相似的社会、功能、需求的共性规律。为从共性规律中探求标准，从个性差异中提取特点，均衡而适当地反映相关人群的风景意识，所以要求评价者必须在兼顾现场体察感受和社会资料分析的基础上进行评价，把主客观评价结合起来，防止并克服在现场踏查与资料分析之间的片面性理论及其评价效果。

其二，当代对景源评价影响比较明显的有两种文化观念及其思维方法。一是经验性概括，它具有整体思维的观念，适合于综合性很强的学科，带有模糊性的特征，它有利于总体把握景源评价特征，却也容易流于深奥莫测，难以传达和普及推广；二是定量性概括，具有微观分析的精神，它脱胎于自然学科，带有明确性的特征，它有利于评价认识的深化及其普及，却也易含机械性的偏颇。显然，在景源评价中引入和渗透定量性概括是必要的，但也不可忽视风景本质及其整体性特征而生硬搬用，防止对风景规律的误解与扭曲。防止因量化分析和加权不当而产生片面性。其实，两种概括都是思维运动中的一个级别，经常是互补互促螺旋推进的。因此，规定景源评价方法应采取定性概括与定量分析相结合的办法。虽然定量分析目前尚有许多难点，但不少技术成果已说明两者结合的必要性与可行性。在具体操作中，要重在把握景源的特色。

其三，景源的种类十分丰富，其组合特点、数量和规模也异常复杂，在景源评价中，为了实事求是地反映景源的价值、特征和级别，就要针对该风景区的评价对象的具体状况，探讨并选择适当的评价单元和相应的评价指标，有时，还需经过试评和调整，才能最后确定。对于独特景源，因需要从全球角度比较，所以宜作单独评价。

3.2.3 为了做好景源调查，就需要一种以景源调查为目的的应用性景源分类。景源分类既应遵循科学分类的通用原则，又应遵循风景学科分类或相关学科分类的专门原则，适应基础资料可以共用和通用与互用的社会需求。景源分类的具体原则是：①性状分类原则，强调区分景源的性质和状态；②指标控制原则，特征指标一致的景源，可以归为同一类型；③包容性原则，即类型之间有较明显的排他性，少数情况有从属关系；④约定俗成原则，社会和学术界或相关学科已成习俗的类型，虽不尽然合理而又不失原则尚可以意会的则保留其类型。

这里所列的景源调查内容分类有三层结构，即大类、中类、小类。其中，大类按习俗分为自然和人文两类；中类基本上属景源的种类层，分为 8 个中类，在同一中类内部，或其自然属性相对一致，同在一个自然单元中，或其功能属性大致相同、同是一个人工建设单元和人类活动方式及活动结果。小类基本上属景源的形态层，是景源调查的具体对象，分为 74 个小类。当然，还可以进一步划分出数以百计的子类。

3.2.4～3.2.6 作为评价对象，景源系统的构成是多层次的，每层次含有不同的景物成分和构景规律，不同层次不同类别的景源之间，难以简单的相互类比。关于景源的层次，至少可以分成三层，各层举例如表 3.2.4：

表 3.2.4

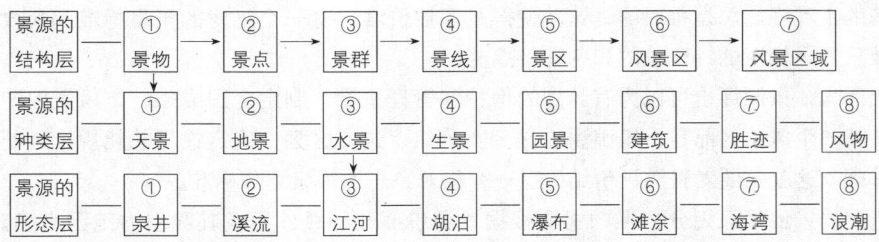

从景源层次中可以看出，如果任选不同层次的景源放在一起评价，将会产生难以评说或令人啼笑皆非的效果。基于这类不成功的规划实践，本规范规定应在同层次或同类型的景源之间进行评价。

通常，在规划大纲、总体规划、分区规划阶段，经常在景源结构层选择评价对象和评价单元。在各种详细规划或景点规划阶段，经常在景源种类层和形态层中选择评价对象和评价单元。例如："桂林山水甲天下，桂林山水在漓江，漓江山水在兴坪"就包含着不同规划阶段，对桂林风景区域、漓江风景区、兴坪景区等三层景源单元评价结果的一种概括性说法。再如："泰山天下雄"、"黄山天下奇"、"华山天下险"、"峨眉天下秀"、"青城天下幽"等是对相同景源单元的景观特征的概括。又如："天下第一山"、"天下第一泉"等就是对某种景源种类的等级概括。这些都是程度不等的反映着对不同层次景源评价的概括性说法。

3.2.7 作为评价标准，这是一个更为复杂的层次系统，内含庞杂的评价因素和评价指标，如果没有一定的层次和秩序以及相应的使用方法，是难以同景源系统层次相对类比的。这里，至少可以分成四个层级，各层举例如本规范的表 3.2.7。

上述评价指标中，目前使用频率较高和引用较多的是综合评价层的 4 个指标与项目评价层的 17 个指标，因子评价层的近 50 个指标也常被部分选用，指数评价层的数以百计的指标尚处在分解提取筛选之中，其中有部分指标被广泛用于某种景物评价之中。因而，本规范仅提出前三层次的指标，以供评分需要和根据实际情况有选择的使用。

在景源评价时，评价指标的具体选择及其权重分析，是依据评价对象的特征和评价目标的需求而决定的。

在对风景区或景区评价时，经常使用综合评价层的 4 个指标，其中，景源价值当是首要指标，其重要度的量化值——权重系数必然会高。有时，仅有综合评价结果尚不足以表达出参评风景区或景区的特征及其差异，这就需要依据评价目标的需求，在景源价值、环境水平、利用条件、规模范围等四个指标中选择其中某个项目评价层指标为补充评价指标。例如，为反映自然山水特征与差异时，可以选择欣赏价值；为强调文物胜迹特征与差异时，可以选择历史价值；为突出规模效益特征与差异时，可以补充容量指标等。

在对景点或景群评价时，经常在项目评价层的 17 个指标中选择使用。这时若仍用综合评价层的 4 个指标，就会显得过分概略或粗糙，虽有可能评出级差，但难以反映其特征，不利于评价结果的描述和表达。景点评价在风景区规划中应用最多，评价指标的选择及其权重分析的可行性方案也较多，重要的是针对评价目标来选择能反映其特征的相关要素指标。

在对景物评价时，经常在因子评价层的近 50 个指标中选择使用，由于评价目标和景物特征的差异较大，实际中选和使用的指标相对于 50 个而言仅占较少数量，因人因物而异的灵活性也就较大。

3.2.8 景源评价中所涉及的自然美虽然是客观存在的，而认识它的能力则是人类历史发展的结果，因而自然美的主观观念总是相对的，这就使得景源评价难以有一个绝对的衡量标准和尺度。所以景源评价标准只能是相对的、比较的和各有特点的。

就国土而言，景源评价可以为有计划的保护和管理景源、制定全国或省、市风景旅游发展计划提供依据；就一个风景区而言，景源评价是分类分级、选点区划、确定性质功能规模、制定规划设计方案的基础。这就需要对景源评价结果有一个相对统一的等级划分标准。

本条所列的景源等级划分标准，主要根据景源价值和构景作用及其吸引力范围来确定。其中，一、二、三级景源标准可以与国家多项法规相接或相互协调，四级景源可以适应风景区的结构与布局需要，特级景源可以适应国际习惯及世界遗产保护需求。因而，把景源划分为五级有着广泛的适应性、可比性和统一性。

3.2.9 景源评价分析是在景源评分与等级划分的基础上进行的结果性分析，既可以显示中选的主要评价指标在评价中的作用与结果，显示景源的分项优势、劣势、潜力状态，也可以反向检验评价指标选择及其权重分析的准确度。在分析中如果发现有漏项或不符合实际的权重现象，应该随机调整、补充，甚至重新评分与分级。

景源特征概括是在景源的级别、数量、类型等排列的基础上，提取各类各级景源的个性特征，进而概括出整个风景区景源的若干项综合特征。这些特征是风景区定性、发展对策、规划布局的重要依据。

3.3 范围、性质与发展目标

3.3.1 确定风景区范围是风景区规划的重要内容，并时常成为难题。其主要原因是人均资源渐趋紧缺和资源利用的多重性规律，以及它所涉及的责权利关系调控等因素在起作用。

正由于规划确定的风景区范围，就是风景区管理机构的管辖范围，所以确定范围的几项原则就显得相当重要。其中，对景源特征、景源价值、生态环境等应保障其完整性，不得因划界不当而有损其特征、价值或生态环境；在一些历史悠久和社会因素丰富的风景区划界中，应维护其历史特征，保持其社会延续性，使历史社会文化遗产及其环境得以保存，并能永续利用；在对待地域单元矛盾时，应强调其相对独立性，不论是自然区、人文区、行政区、线状区等何种地域单元形式，在划界中均应考虑其相对独立性及其带来的主要状态关系；在对待风景区保护、利用、管理的必要性时，应分析所在地的环境因素对景源保护的需求、经济条件对开发利用的影响、社会背景对风景区管理的要求，综合考虑风景区与其社会辐射范围的供需关系，提出风景区保护、利月、管理的必要范围。

在确定风景区范围时，有时会与原有行政区划发生矛盾，特别是一些原始性较强的山水景观又常处在原有行政区划的边缘或数个行政区划的交接部位，为了有效保护和合理利用与科学管理这些景源，这时既可以不受原有行政区划的限制，又要在适当的行政主管支持和相关部门协同下，或适当调整行政区划，或适当协调责权利关系，探讨一种既合理又可行的风景区范围。在提出的方案中，应防止"人和地"分家，应坚持居民与其生存条件一并合理安排的原则。

3.3.2 规划中的风景区范围和具体界线，必须有明确的标志物为依托，这是防止用三角板或丁字尺在地图上随意划界而在现场无法立桩标界的行为。风景区的标界范围，是风景区规划建设管理中各种面积计量的基本依据，也是风景区规划水平及其可比性的基础，因而，强调面积计量的统一性和严肃性是十分必要的。

3.3.3～3.3.4 确定风景区性质是规划阶段的重要原则性问题之一，由于它涉及若干重大原则的论证，因而有时会成为各方关注和争议的焦点。

风景区性质表达方式虽然多样，却包含着特征、功能、级别三项基本内容。为了表达出风景区的景观特征，不仅需要从景源评价结论中提取，还要考虑景观和景源同其他资源间的关系，要参照现状分析中关于风景区发展优势和区位因素的论证；为了表达出风景区的功能和级别特征，还将涉及风景区发展的社会经济技术条件，及其在相关范围、相关领域的战略地位，结合风景区的发展动力、发展对策和规划指导思想，拟定风景区的级别定位和功能选择。因此，风景区性质的确定，必须依据典型景观特征及其游览特点，依据风景区的优势、矛盾和发展对策，依据规划原则和功能选择。

表述风景区性质的基本文字应该重点突出、准确精练。当争议论点较多时，可辅以重要观点的分项论述，并列于后。其中：景观的典型性特征常分成若干个层次表达，最精练的一层仅用一句或若干词组；风景区的主要功能则常从下述七个方面演绎出本风景区的具体功能形式，它们是游憩娱乐、审美与欣赏、认识求知、休养保健、启迪寓教、保存保护培育、旅游经济与生产等；关于风景区的级别，已正式列入三级名单者其级别已肯定，而当规划者认定其有新意义者，也常称谓具有"某级"意义的"原级"风景区。对于尚未定级的风景区，规划者常称谓具有国家级意义、或省级意义、或市县级意义的风景区。

3.3.5 风景区发展的自身性基本目标可以归纳有三：一是融汇审美与生态，文化与科技价值于一体的风景地域；二是具备与其功能相适应的游览设施和时代活力的社会单元；三是独具风景区特征并能支持其自我生存或发展的经济实体。风景、社会、经济三者协调发展，并能满足人们精神文化需要和适应社会持续进步的要求。

风景区发展的社会性基本目标也可以归纳有三：一是保护培育国土，树立国家和地区形象的典型作用；二是展示自然和人文遗产，提供游憩风景胜地，促进人与自然共生共荣和协调发展的启迪作用；三是促进旅游发展，振兴地方经济的先导作用。上述形象典型、精神启迪、经济先导等三者协同作用，使人们从这里获得其他领域所无法企及的活力。

在规划工作中，风景区发展目标的拟定，要依据风景区的性质，提出风景区的自我健全目标和社会作用目标两个方面的内容。发展目标的确定是目标分析的结果，也就是提出问题、界定问题、并确定解决问题的方法。当有多个目标时，还应确定各目标之间的优先顺序及其权重，在此基础上建立系统的总体目标框架。为此，就必须涉及国民经济长远规划和相关地域的社会经济发展规划，就要探讨风景区发展的技术经济依据和发展条件。应该贯彻国家有关风景区的基本方针，充分考虑历史、当代、未来三个阶段的关系，科学预测发展中的各种需求，因地制宜地处理人与自然间对立统一的辩证关系。应使风景区规划的各项主要目标同国家与地区的社会经济技术发展水平、趋势及其步调相适应。

3.4 分区、结构与布局

3.4.1 风景区的规划分区，是为了使众多的规划对象有适当的区划关系，以便针对规划对象的属性和特征分区，进行合理的规划和设计，实施恰当的建设强度和管理制度，既有利于展现和突出规划对象的分区特点，也有利于加强风景区的整体特征。

规划分区，应突出各区的特点，控制各分区的规模，并提出相应的规划措施；还应解决各个分区间的分隔、过渡与联络关系；应维护原有的自然单元、人文单元、线状单元的相对完整性。

规划分区的大小、粗细、特点是随着规划深度而变化的。规划愈深则分区愈精细，分区规模愈小，各分区的特点也愈显简洁或单一，各分区之间的分隔、过渡、联络等关系的处理也趋向精细或丰富。

3.4.2 在各具意义和目的不同的众多规划分区中，常以景区划分、功能分区为主。

3.4.3 风景区的规划结构，是为了把众多的规划对象组织在科学的结构规律或模型关系之中，以便针对规划对象的性能和作用结构，进行合理的规划与配置，实施结构内部各要素间的本质性联系、调节和控制，使其有利于规划对象在一定的结构整体中发挥应有作用，也有利于满足规划目标对其结构整体的功能要求。

规划结构方案的形成可以概括为三个阶段：首先要界定规划内容组成及其相互关系，提出若干结构模式；然后利用相关信息资料对其分析比较，预测并选择规划结构；进而以发展趋势与结构变化，对其反复检验和调整，并确定规划结构方案。

在风景区规划结构的分析、比较、调整和确定过程中，要充分掌握结构系统、信息数据和调控变量等三项决策要素，有效控制点、线、面等三个结构要素，解决节点（枢纽或生长点）、轴线（走廊或通道）、片区（网眼）之间的本质联系和约束条件，以保证选出最佳方案或满意方案。

3.4.4 风景区的规划结构，因规划目的和规划对象的不同，产生不同意义的结构体系，诸如游人、空间、景观、用地、经济、职能等结构体系。其中，规划内容配置所形成的职能结构，因其涉及风景区的自我生存条件、发展动力、运营机制等大事，成为有关风景区规划综合集成的主要结构框架体系，所以应给予充分重视。

风景区的职能结构有三种基本类型：

一、单一型结构：在内容简单、功能单一的风景区，其构成主要是由风景游览欣赏对象组成的风景游赏系统，其结构应为一个职能系统组成的单一型结构。

　　二、复合型结构：在内容和功能均较丰富的风景区，其构成不仅有风景游赏对象，还有相应的旅行游览接待服务设施组成的旅游设施系统，其结构应由风景游赏和旅游设施两个职能系统复合组成。

　　三、综合型结构：在内容和功能均为复杂的风景区，其构成不仅有游赏对象、旅游设施，还有相当规模的居民生产、社会管理内容组成的居民社会系统，其结构应由风景游赏、旅游设施、居民社会等三个职能系统综合组成。

　　风景区三个职能系统的节点、轴线、片区等网点的有机结合，就可以构成风景区的整体结构网络。

　　风景区的职能结构网络如图3.4.4所示。

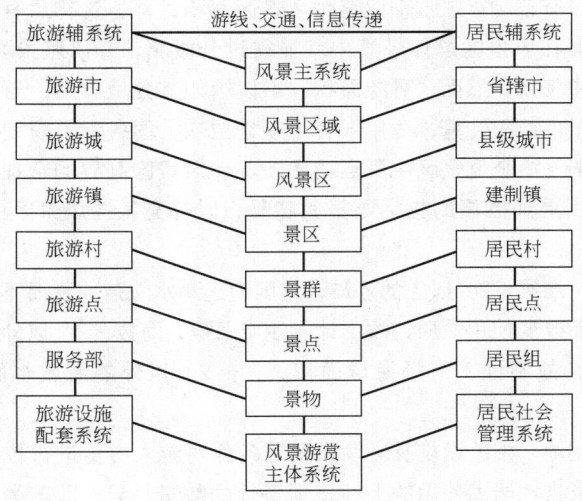

图3.4.4　风景区结构网络

3.4.5　风景区的规划布局，是为了在规划界限内，将规划构思和规划对象通过不同的规划手法和处理方式，全面系统地安排在适当位置，为规划对象的各组成要素、各组成部分均能共同发挥其应有作用创造满意条件或最佳条件，使风景区成为有机整体。规划布局是继规划分区、规划结构之后，进一步合理协调布置而形成的综合集成式布局。

　　在规划布局方案选择中，要重视规划原理、经济知识和专家判断力相结合，重视局部、整体、外围三层次的关系处理，重视布局形态对风景区发展的影响，形成科学合理而又有自身特点的规划布局。

　　风景区的规划布局形态，既反映着风景区各组成要素的分区、结构、地域等整体形态规律，也影响着风景区的有序发展及其外围环境关系。若干典型布局模式的总结和提出，有助于更好地理解和把握风景区局部、整体、外围三层次的关系及其影响因素，有助于以长远的观点对风景区及其存在环境，作出深远的规划抉择。在筛选风景区发展模式时，把实际的布局形态同若干典型布局模式相对照，有助于确定风景区发展的主要框架，确定规划本身应向何处去继续进行工作。

　　宜采用的布局形式有：集中型（块状）、线型（带状）、组团状（集团）、链珠型（串状）、放射型（枝状）、星座型（散点）等形态。

3.5 容量、人口及生态原则

3.5.1 在影响游人容量的因素中，生态允许标准是对景物及其占地而言，游览心理标准是指游人对景物的景感反应，功能技术标准是游人欣赏风景时所处的具体设施条件，因而，影响容量的因素，实际上可以广泛涉及到风景构成的三类基本要素，这种庞杂的变量群系，使游人容量永远处在一种可变值和动态发展研究之中。在实际应用时，通常是计算理论、经济知识和专家判断力相结合，提出概略性指标和数据。

本条所列游憩用地的概略生态容量，是综合相关调研成果和经济数据而来，幅度较大，供某种用地或局部游人容量时使用。

本条所列线路法指标是以每人所占游览道路面积计算，有利于在不同宽度的游路中使用。

在面积法计算中，可有三种算法：①以整个风景区面积计算，这样虽有简化的优点，适用于风景区域或战略性规划，而在风景区总体规划中就显得过分概略；②以风景区内"可游面积"计算，这样虽适合于总体规划中使用，然而"可游面积"难以恰如其分地界定，与总体规划中的各种专项规划也难以相接；③以景点面积计算，适用于各个规划层次，同各专项规划口径一致，其他适应性也较强。同时，还可以衡量一个风景区中景点疏密状况和风景区划界的合理程度。当然，对景点面积以外的范围，也可以用更加概略的指标匡算其容量，以补充某些风景区中仅以景点面积计算的不足。

在海滨浴场计算中，海拔 +2m 以上的沙滩，常因缺乏潮水涨落冲涮而不宜使用，或因海滨花园带和海滨防护绿地建设而改变使用性质，故不计入沙滩面积，海拔 -2m 以外的海域水面，常规游泳者不宜到达或很少到达，故不计入浴场海域面积；在 -2m 以外的海域水面，可以划出水上活动范围。

在用当地的淡水、用地、相关设施及环境质量等条件对游人容量进行校核时，应区分出可以供游人使用或供服务职工及当地居民使用的上述三项条件的数量差异。即三类人口对淡水、用地、相关设施的需求方式和数量不同，应分别估算和分别校核。

3.5.2 本条对风景区总人口容量作了若干界定。对待风景区居民人口有三种倾向，一是认为风景区不应有居民问题，二是避而不谈风景区的居民，三是正视并积极探讨风景区的居民人口问题。

规范组已调查到的 55 个国家级风景区的居民人口平均密度是 268 人/km²，同期我国 30 个省、市、自治区人口平均密度为 118/km²。这组数据说明，风景区的居民人口必须给予正视。风景区的总人口及其容量应包括外来游人、职工和当地居民三类人口。

本条规定，当规划地区的居民人口密度在 50~100 人/km² 时，就宜测定用地的居民容量，这种情况在 55 个国家级风景区中约占 14%；当规划地区的居民人口密度超过 100 人/km² 时，就必须测定用地的居民容量，这类风景区约占 55 个国家级风景区的 73%。因此我国大多数的风景区都应该测定其范围内的居民容量。

在测定风景区居民容量的要素容量分析中，应首先分别估算出可以供居民使用的淡水、用地、相关设施等要素的数量，再预测居民对三者的需求方式与数量，然后对两列数字进行对应分析估算，可以得知当地的淡水、用地、相关设施所允许容纳的居民数量，一般在上述三类指标中取最小指标作为当地的居民容量。

一定范围内的居民容量是一个可变值。在一定的社会经济科技发展条件下，淡水资源与调配、土壤肥力与用地条件、相关设施与生产力的变化，均可以影响当地的居民容量。

3.5.3~3.5.4 本条是关于风景区人口规模的规定。首先，风景区规划应正视人口问题，应对人口发展规模及其分布进行预测，并提出相应的限制性规定，这也是规划阶段所不难做到的。其次，风景区规划的人口发展规模应包括游人、职工、居民三类人口，并均不能大于其相应的人口容量。第三，凡符合3.5.2条规定的地区，其居民人口发展规模的预测和规划深度，不应低于风景区所在地域的人口规划深度。

风景区内部的人口分布，应有疏密聚散变化。影响游人容量的三项因素对游人和职工的分布关系密切，影响居民容量的三项因素也决定着居民的分布规律。然而风景师要运用规划构思和手法以及适宜的处理方式主动地调控这种分布，使三类人口各得其所，使风景区内无序发展的居民得到有效控制，使风景资源物尽其用，使主题意境情趣等精神文化寓意能适当发挥，使风景区内的居民社会得到有效控制，使风景区成为人与自然协调发展的典型环境。

3.5.5~3.5.6 这里规定了风景区规划中的三项基本生态原则及其操作方法。

在维护生态良性循环的原则中，应制止的行为、应保护的对象、应提高的能力，均需在规划的各个环节给予体现和贯彻。其中，生态分区是重要的规划操作环节之一。据此，还需要在相关专项规划中延伸出具体措施。例如：环境卫生监控措施、工艺治理净化措施、生物补偿措施、工程稳定措施以及规划配套和法规组织措施等。

3.5.7 本条对风景区的环境质量标准作了原则性规定，对大气、水质、噪声、放射防护标准作了具体规定。

4 专项规划

4.1 保护培育规划

4.1.1 风景区的基本任务和作用之一是保护培育国土、树立国家和地区形象，因而，在绝大多数风景区规划中，特别是在总体规划阶段，均把保护培育的内容，作为一项重要的专项规划来做。

风景区的保护培育规划，是对需要保育的对象与因素，实施系统控制和具体安排，使被保护的对象与因素能长期存在下去，或能在被利用中得到保护，或在保护条件下能被合理利用，或在保护培育中能使其价值得到增强。

风景区保护培育规划应包括三方面的基本内容。

首先是查清保育资源，明确保育的具体对象和因素。其中，各类景源是首要对象，其他一些重要而又需要保育的资源也可被列入，还有若干相关的环境因素、旅游开发、建设条件也有可能成为被保护因素。

在此基础之上，要依据保育对象的特点和级别，划定保育范围，确定保育原则。例如，生物的再生性就需要保护其对象本体及其生存条件，水体的流动性和循环性就需要保护其汇水区和流域因素，溶洞的水溶性特征就需要保护其水湿演替条件和规律。

进而要依据保育原则制定保育措施，并建立保育体系。保育措施的制定要因时因地因境制宜，要有针对性、有效性和可操作性，应尽可能形成保护培育体系。

4.1.2 在保护培育规划中，分类保护是常见的规划和管理方法。它是依据保护对象的种类及其属性特征，并按土地利用方式来划出相应类别的保护区。在同一个类型的保护区内，其保护原则和措施应基本一致，便于识别和管理，便于和其他规划分区相衔接。

本条规定的六种保护区及保护原则、措施，可以覆盖风景区范围内的各种土地利用方式，并同海外的"国家公园"或国内外相关的保护区划分方法易于互接，因而具有很强的包容性和适用性。

分类保护中的风景恢复区，是很有当代特征和中国特色的规划分区，它具有较多的修复、培育功能与特点，体现了资源的数量有限性和潜力无限性的双重特点，是协调人与自然关系的有效方法。

4.1.3 在保护培育规划中，分级保护也是常用的规划和管理方法。这是以保护对象的价值和级别特征为主要依据，结合土地利用方式而划分出相应级别的保护区。在同一级别保护区内，其保护原则和措施应基本一致。

本条所规定的四级保护区及其保护原则和措施，也可以覆盖风景区范围内各种土地利用方式，同自然保护区系列或相关保护区划分方法容易相接。其中，特别保护区也称科学保护区，相当于我国自然保护区的核心区，也类似分类保护中的生态保护区。

4.1.4 分类保护和分级保护各有其产生的背景和规划特点。分类保护强调保护对象的种类和属性特点，突出其分区和培育作用；分级保护强调保护对象的价值和级别特点，突出其分级作用；因而两者各有其应用特点。

在保护培育规划中，应针对风景区的具体情况、保护对象的级别、风景区所在地域的条件，择优选择分类或分级保护，或者以一种为主和另一种为辅的两者并用方法，形成分类之中有分级或分级中又有分类的综合分区，使保护培育、开发利用、经营管理三者各得其所，并有机结合起来。

4.2 风景游赏规划

4.2.1 风景游览欣赏对象是风景区存在的基础，它的属性、数量、质量、时间、空间等因素决定着游览欣赏系统规划是各类各级风景区规划中的主体内容。通常包括景观特征分析、游赏项目组织、风景结构单元组织、游线与游程安排、游人容量调控和游赏系统结构分析等内容。

4.2.2 景观特征分析和景象展示构思，是运用审美能力对景观实施具体的鉴赏和理性分析，并探讨与之相适应的人为展示措施和具体处理手法。包括对景物素材的属性分析，对景物组合的审美或艺术形式分析，对景观特征的意趣分析，对景象构思的多方案分析，对展示方法和观赏点或欣赏点的分析。在这些过程中，常常形成不少的景观分析图，或综合形成一种景观地域分区图，以此揭示某个风景区所具有的景感规律和赏景关系，并蕴含着规划构思的若干相关内容。

4.2.3 在风景区中，常常先有良好的风景环境或景源素材，甚至本来就是山水胜地，然后才由此引发多样的游览欣赏活动项目和相应的功能技术设施配备。因此，游赏项目组织是因景而产生，随景而变化；景源越丰富，游赏项目越可能变化多样。景源特点、用地条件、社会生活需求、功能技术条件和地域文化观念都是影响游赏项目组织的因素。规划要根据这些因素，遵循保持景观特色并符合相关法规的原则，选择与其协调适宜的游赏活动项目，使活动性质与意境特征相协调，使相关技术设施与景物景观相协调。例如，体智技能运动、宗教礼仪活动、野游休闲和考察探险活动所需的用地条件、环境气氛，及其与景源的关系等差异较大，既应保证游赏活动能正常进行，又要保持景物景观不受损伤。

4.2.4 本条所列六类48项活动，包括"古今中外地"适宜在风景区内"因地因时因景制宜"安排的主要项目类别，以利于择优组织。

4.2.5～4.2.7 对风景游览欣赏对象的组织，我国古今流行的方法是选择与提炼若干个景，作为某个风景区或某地的典型与代表，并命名为"某某八景"、"某某十景"或"某某廿四景"等。面对风景区发展的繁荣和复杂态势，当代风景区规划已针对游赏对象的内容与规模、性能与作用、构景与游赏需求，以及景观特征分区等因素，将各类风景素材归纳分类，分别组织在不同层次和不同类型的结构单元之中，使其在一定的结构单元中发挥应有作用，使各景物间和结构单元之间有良好的相互资借与相互联络条件，使整个规划对象处在一定的结构规律或模式关系之中，使其整体作用大于各局部作用之和。

在诸多风景结构单元中，景物、景点、景区多以自然景观为主。而园苑、院落则需要较多的人工处理，甚至以人造为主，具有特定的使用功能和空间环境，游人在其中以内向活动为主。

4.2.8 在游线组织中，不同的景象特征要有与之相适应的游览欣赏方式。而游赏方式可以是静赏、动观、登山、涉水、探洞，可以是步行、乘车、坐船、骑马等。不同的游赏方式将出现不同的时间速度进程，也需要不同的体力消耗，因而涉及游人结构的年龄、性别、职业等变化所带来的游兴规律差异。游兴是游人景感的兴奋程度，人的某种景感能力同人的其他机能一样是会疲劳的，景感类型的变换就可以避免某种景感能力因单一负担过度而疲劳。在游线上，游人对景象的感受和体验主要表现在人的直观能力、感觉能力、想像能力等景感类型的变换过程中。因而，风景区游线组织，实质上是景象空间展示、时间速度进程、景感类型转换的艺术综合。游线安排既能创造高于景象实体的诗画境界，也可能损伤景象实体所应有的风景效果，所以必须精心组织。

游线组织要求形成良好的游赏过程，因而就有了顺序发展、时间消失、连贯性诸问题，就有起景→高潮→结景的基本段落结构。规划中常要调动各种手段来突出景象高潮和主题区段的感染力，诸如空间上的层层进深、穿插贯通，景象上的主次景设置、借景配景，时间速度上的景点疏密、展现节奏，景感上的明暗色彩、比拟联想，手法上的掩藏显露、呼应衬托等。

4.2.9 游览日程安排，是由游览时间、游览距离、游览欣赏内容所限定的。在游程中，一日游因当日往返不需住宿，因而所需配套设施自然十分简单；二日以上的游程就需要住宿，由此需要相应的功能技术设施和配套的供应工程及经营管理力量。在游程安排中不应轻视这个基本界限。

4.3 典型景观规划

4.3.1 在每个风景区中，几乎都有代表本风景区主体特征的景观。在不少风景区中，还存在具有特殊风景游赏价值的景观。为了使这些景观能发挥应有的作用，并且能长久存在、永续利用下去，在风景区规划中应编制典型景观规划。例如：崂山海上日出、黄山云海日出、蓬莱海市蜃景等，都需按其显现规律和景观特征规划出相应的赏景点；再如：岩溶风景区的山水洞石和灰华景观体系，黄果树和龙宫风景区的暗河、瀑布、跌水、泉溪河湖水景体系，黄山群峰、桂林奇峰、武陵峰林等山峰景观体系，峨眉的高中低山竖向植物地带景观体系，均需按其成因、存在条件、景观特征，规划其游览欣赏和保护管理内容；又如：武当山的古建筑群、敦煌和龙门的石窟、古寺庙的雕塑、大足石刻等景观体系，也需按其创作规律和景观特征，规划其游览欣赏、展示及维护措施。

4.3.2 风景区是人杰地灵之地，能成其为典型景观者，大多是天成地就之事物或现象，即使有些属于人工杰作，也非一时一世之功，能成为世人皆知的典型景观，大多历经世代持续努力才能成功。因而，典型景观规划的第一原则是保护典型景观本体及其环境，第二是挖掘和利用其景观特征与价值，发挥其应有作用。例如河北南戴河沙丘和福建海坛沙山都有其形成原理和条件，把这些海滨沙景开辟成直冲大海的滑沙场是利用其价值，但是，在滑沙活动中会带动一部分沙子冲入海中，这就同时要求十分重视和保护沙山的形成条件，使之能不断恢复和持续利用。

4.3.3　除少数特殊风景区以外，植物景观始终是风景区的主要景观。在自然审美中，早期的"毛发"之说，近代的"主景、配景、基调、背景"之说，均表达了其应有的作用和地位。在人口膨胀和生态面临严重挑战的情况下，植物对人类将更加重要，因而，风景区植被或植物景观规划也愈具有显要地位和作用。

在植物景观规划中，要维护原生种群和区系，不应大砍大造而轻意更新改造；要因景制宜提高林木覆盖率，不应毁林开荒造这修那；要利用和创造丰富的植物景观，不应搞大范围的人工纯林；要针对规划目标，分区分级控制植物景观的分布及其相关指标。

在处理各项用地比例时，要分别控制其绿地率和林木覆盖率，其中新建的绿地率不得低于30%，并应有相当比例的高绿地率（大于70%）控制区。

在处理风景林时，要分别控制其水平郁闭度和垂直郁闭度，其中，由单层同龄林构成，其水平郁闭度在 0.4～0.7 之间者为水平郁闭林；由复层异龄林构成，其垂直郁闭度在 0.4 以上者为垂直郁闭林，常由 3～6 个垂直层次组成。

在处理疏林草地时，要分别控制其乔—灌—草比例，其疏林的乔木水平郁闭度应在 0.1～0.3 之间。其草地的乔木水平郁闭度一般在 0.1 以下，即在草地上仅有少量的孤植树或树丛。

4.3.4　在分析风景因素中，有把建筑物比作"眉眼"、"点缀装饰"、"画龙点睛"，有把建筑物当作"组织"和"控制"风景的手段，有把建筑物作为"主景"，把山水作为"背景"或"基座"。在保护自然的呼声中，也有把建筑物看作"肆意干扰"大自然的败笔或劣迹。当然，在风景区中，建筑物还是满足功能需求的设施。随着人与自然关系的变化，人们对建筑物在风景和风景区中的地位和作用还会有各种各样的认识和描述。然而，建筑物和建筑景观，的确是风景区的活跃因素，将其纳入风景区有序发展之中，会是合乎情理的共同认识。

在建筑景观规划中，要维护一切有价值的原有建筑及其环境，各类新建筑要服从风景环境的整体需求，建筑相地立基要顺应原有地形，对各类建筑的性质功能、内容规模、位置高度、体量体形、色彩风格等，均应有明确的分区分级控制措施。

4.3.5　溶洞风景是能引起景感反应的溶洞物象和空间环境。溶洞景观包括特有的洞体构成与洞腔空间，特有的石景形象，特有的水景、光象和气象，特有的生物景象和人文景源。岩溶洞景，可以是风景区的主景或重要组成部分，也可以是一种独立的风景区类型。当前，我国已开放游览的大中型岩洞已有 200 多个，因而溶洞景观在风景区规划中占有重要地位。

人们不能安全到达和无法欣赏的岩溶地下环境没有风景意义，只有具备一定的游览设施和欣赏条件的溶洞，才有风景价值。在大型洞府中，常常需要附加人工光源和相关设施才能欣赏风景。因此溶洞景观规划有着独特的内容和规律。本条规定的内容，是溶洞景观规划的基本要求。

4.3.6　随着生产力的发展和工程技术手段的进步，人们改造地球、改变地形的力度和随意性都在加大。然而，随意变更地形不仅带来生态危害，而且使本来丰富多彩的竖向地形景观逐渐趋同或走向单调，同时，这也是同巧于利用自然的人类智慧背道而驰的。

竖向地形是其他景观的基础，也是最常见而又丰富多彩的风景骨架。为了保护和展现地形特征，保护自然遗产，本条针对竖向地形规划的正反经验教训，提出了常规而又易于被忽视的基本要求。

4.4　游览设施规划

4.4.1　风景区的旅行游览接待服务设施，简称旅游设施或游览设施，是风景区的有机组成部分，历史上以民营、社团、宗教、官营等形式出现。六、七十年代以后，随着外事和旅行游览活动的逐渐增多，在主要客源城市和重点风景游览城市，开始由旅行社承揽异地旅行团业务和入境探亲旅行活动，并由政府外事部门负责外事接待工作，这些游人在风景区的游览、导游、服务、接待则由风景区给予评价甚或免费提供。

进入80年代，责、权、利关系发生变化，有关风景区设施问题出现了不少不同看法和作法。其中现象之一是，旅行游览简称"旅游"，并从对外接待型转为服务经营型，又与国际"接轨"而成为"产业"，源自60年代初的"吃、住、玩、看、带"发展为"旅游六要素"的"吃、住、行、游、购、娱"；其中之二，国家重点风景区应与国外的"国家公园"接轨，"国家公园"的十条标准不允许过度的人为开发行为；其中之三，风景名胜区事业起步较晚，仅有十余年历史，事业年轻导致学术队伍年轻，学术观点有误区，许多标准很不成熟。

值得重视的是，90年代后期旅游设施对风景区的负效应更加突现，"天下名山宾馆多"的贬义正在警示着人们，社会舆论和现实在要求我们更加谨慎、更加妥善地安排人工设施。

尽管存在上述异义，然而，正如1.0.1条至1.0.6条所述，中国风景区的发展历程和现存实体及其自身特征是明确的，中国的基本国情是清晰的，人与自然协调发展的原则也是世人的共识。在风景区中，不仅有吸引游人的风景游览欣赏对象，还应有直接为游人服务的游览条件和相关设施。虽然旅游设施规划在风景区中属于配套系统规划，然而，如处理得当，其局部也可以成为游赏对象，当然，如果规划设计不当，也可能成为破坏性因素，因而有必要对其进行系统配备与安排，将其纳入风景区的有序发展和有效控制之中。

各项游览设施配备的直接依据是游人数量。因而，旅游设施系统规划的基本内容要从游人与设施现状分析入手，然后分析预测客源市场，并由此选择和确定游人发展规模，进而配备相应的旅游设施与服务人口。各项旅游设施在分布上的相对集中，出现了各种旅游基地组织与相关的基础工程配建问题。最后，对整个旅游设施系统进行分析补充并加以完善处理。

4.4.2 游人现状分析，主要是掌握风景区内的游人情况及其变化态势，既为游人发展规模的确定提供内在依据，也是风景区发展对策和规划布局调控的重要因素。其中，年递增率积累的年代愈久、数据愈多，其综合参考价值也愈高；时间分布主要反映淡旺季和游览高峰变化；空间分布主要反映风景区内部的吸引力调控；消费状况对设施调控和经济效益评估有意义。

4.4.3 游览设施现状分析，主要是掌握风景区内设施规模、类别、等级等状况，找出供需矛盾关系，掌握各项设施与风景及其环境的关系是否协调，既为设施增减配套和更新换代提供现状依据，也是分析设施与游人关系的重要因素。

4.4.4 不同性质的风景区，因其特征、功能和级别的差异，而有不同的游人采源地，其中，还有主要客源地、重要客源地和潜在客源地等区别。客源市场分析的目的，在于更加准确地选择和确定客源市场的发展方向和目标，进而预测、选择和确定游人发展规模和结构。

客源市场分析，首先要求对各相关客源地游人的数量、结构、空间和时间分布进行分析，包括游人的年龄、性别、职业和文化程度等因素；第二，分析客源地游人的出游规律或出游行为，包括社会、文化、心理和爱好等因素；第三，分析客源地游人的消费状况，包括收入状况、支出构成和消费习惯等因素。

在上述分析的基础上，依据本风景区的吸引力、发展趋势和发展对策等因素，进而分析和选择客源市场的发展方向和目标，确定主要、重要、潜在等三种客源地，并预测三者相互转化、分期演替的条件和规律。

利用游人统计资料，分别预测本地游人、国内游人、国际游人的变化状态，进而判断、选择、确定合理的游人发展规模和结构。当然，确定的游人发展规划均不得大于相应的游人容量。

4.4.5 游览设施是风景区旅行游览接待服务设施的总称。这些直接为游人服务的旅游设施项目，经过历史的分化组合，特别是近几十年的演变，可以按其功能与行业习惯，统一归纳为八个类型，即旅行、游览、饮食、住宿、购物、娱乐、保健和其他共八类。其中：旅行在典籍中多称行旅，"山行乘辇、泥行乘橇、陆行乘车、水行乘舟"，现指旅行所必须的交通通讯设施；游览在典籍中的称谓与现在相同，常见词语有游玩、观览、眺望、登高、探穴、耳听、口味、心飞、悟怀等，现指游览所必须的导游、休憩、咨询、环卫、安全等设施；饮食和住宿的设施等级标准比较明确；购物指具有风景区特点的商贸设施；娱乐指具有风景区特点的文体娱乐或游娱文体设施；保健类包括卫生、保健、救护、医疗、休疗养、度假等设施；最后，把一些难以归类、不便归类和演化中的项目合并成一类，称为其他类。

在八类游览设施中，住宿床位反映着风景区的性质和游程，影响着风景区的结构和基础工程及配套管理设施，因而，是一种标志性的重要调节控制指标。对其要做到定性质、定数量、定位置、定用地面积或范围，并据此推算床位直接服务人员的数量。

游览设施配备的基本依据，是风景区的性质（特征、功能、级别）、游人规模及其结构。同时，用地、淡水、环境等条件也是重要因素，有时还可能上升为基本因素或决定性因素。

游览设施配备的原则，要与需求相对应。既满足游人的多层次需要，也适应设施自身管理的要求，并考虑必要的弹性或利用系数，合理协调地配备相应类型、相应级别、相应规模的游览设施。

4.4.6 游览设施要发挥应有的效能，就要有相应的级配结构和合理的定位布局，并能与风景游赏和居民社会两个职能系统相互协调。据其设施内容、规模大小、等级标准的差异，通常可以组成六级旅游设施基地。其中：

服务部的规模最小，其标志性特点是没有住宿设施，其他设施也比较简单，可以根据需要而灵活配置。

旅游点的规模虽小，但已开始有住宿设施，其床位常控制在数十个以内，可以满足简易的宿食游购需求。

旅游村或度假村已有比较齐全的行游食宿购娱健等各项设施，其床位常以百计，可以达到规模经营，已需要比较齐全的基础工程与之相配套。旅游村可以独立设置，可以三五集聚而成旅游村群，又可以依托在其它城市或村镇；例如：黄山温泉区的旅游村群，鸡公山的旅游村群。

旅游镇已相当于建制镇的规模，有着比较健全的行游食宿购娱健等各类设施，其床位常在数千以内，并有比较健全的基础工程相配套，也含有相应的居民社会组织因素。旅游镇可以独立设置，也可以依托在其他城镇或为其中的一个镇区；例如：庐山的牯岭镇，九华山的九华街，衡山的南岳镇，漓江的兴坪、杨堤、草坪等镇。

旅游城已相当于县城的规模，有着比较完善的行游食宿购娱健等类设施，其床位规模可以近万，并有比较完善的基础工程配套。所包含的居民社会因素常自成系统，所以旅游城已很少独立设置，常与县城并联或合为一体，也可能成为大城市的卫星城或相对独立的一个区；例如：漓江与阳朔，井冈山与茨坪，嵩山与登封，海坛与平潭，苍山洱海与大理古城等。

旅游市已相当于省辖市的规模，有完善的游览设施和完善的基础工程，其床位可以万计，并有健全的居民社会组织系统及其自我发展的经济实力。它同风景游览欣赏对象的关系也比较复杂，既有相互依托，也有相互制约。例如：桂林市与桂林山水，杭州与西湖，苏州、无锡与太湖，承德与避暑山庄外八庙，泰安与泰山等。

4.4.7 旅游基地选择的四项原则中，用地规模应与基地的等级规模相适应，这在景观密集而用地紧缺的山地风景区，有时实难做到，因而将被迫缩小或降低设施标准，甚至取消某些设施基地的配置，而用相邻基地的代偿作用补救；设施基地与游览对象的可靠隔离，常以山水地形为主要手段，也可用人工物隔离，或两者兼而用之，并充分估计各自的发展余地同有效隔离的关系；基础工程条件在陡峻的山地或海岛上难以满足常规需求时，不宜勉强配置旅游基地，宜因地因时制宜，应用其他代偿方法弥补。

4.4.8 游览设施的分级配置有三方面原则约束：一是设施本身有合理的级配结构，便于自我有序发展；二是这种级配结构，能适应社会组合的多种需求，同依托城镇的级别相协调；三是各类设施的级配控制，应同该设施的专业性质及其分级原则相协调。

在风景区规划中，对于所需要的游览设施的数量和级配，均应提出合理的测算和定量安排。而对其定位定点安排，却要依据风景区的性质、结构布局和具体条件的差异，既可以将其分别配置在规划中的各级旅游基地中，也可以将其分别配置在所依托的各级城镇居民点中。但其总量和级配关系，均应符合风景区规划的需求。

由于风景区用地差异十分悬殊，各规划阶段的细度要求差别较大，所以本规范的表4.4.8仅有分级配置规定，而具体的量化控制指标，或在其他条目的单项指标中规定，或按枑关专业量化指标执行。

4.5 基础工程规划

4.5.1 由于风景区的地理位置和环境条件十分丰富，因而所涉及的基础工程项目也异常复杂，各种形式的交通运输、道路桥梁、邮电通讯、给水排水、电力热力、燃气燃料、太阳能、风能、沼气、潮汐能、水力水利、防洪防火、环保环卫、防震减灾、人防军事和地下工程等数十种基础工程均可直接遇到。同时，其中大多数已有各自专业的国家或行业技术标准与规范。基于上述情况，风景区规划中的基础工程专项规划，应有三项原则：一是规划项目选择要适合风景区的实际需求；二是各项规划的内容和深度及技术标准应与风景区规划的阶段要求相适应；三是各项规划之间应在风景区的具体环境和条件中协调起来。为此，本规范选择应用最多、必要性最强、并需先期普及的四项基础工程，作为风景区规划中应提供的配套规划，并对四项规划的基本内容作了规定。又对四项规划作了特定技术要求，以适应风景区环境的特定需要，当然，除此仍应以本专业的技术规范为准。

4.5.2 本条规定了基础工程规划的几项基本原则。在风景区的基础工程规划口，一些大型工程或干扰性较大的工程项目常常引起各方关注和争议。例如铁路、公路、桥梁、索道等交通运输工程，水库、水坝、水渠、水电、河闸等水利水电水运工程，这些工程有时直接威胁景源的存亡、有时引起景物和景观的破坏与损伤、有时引起游赏方式和内容的丧失、有时引起环境质量和生态的破坏、有时引起民族与文化精神创伤。因此，对这类工程和项目，必须进行专项景观论证和敏感性分析，提交环境影响评价报告。

4.5.3 风景区交通规划的内外要求相差甚远，因而才有"旅要快、游要慢"、"旅要便捷、游要委婉"之类概括说法。

风景区对外交通，为了使客流和货流快捷流通，因而要求快速便捷，这个原则在到达风景区入口或边界即行终止。当然，有时从交通规划本身需要出发又可将其分为两段，即对外交通和中继交通，但就风景区简而言之，其界外交通的基本要求是一致的。

风景区内部交通，虽然也要解决客货流运输任务，然而，它都兼有客流游览的任务，而且在多数情况下，客货流难以分开，客流的游览意义一般大于货流的运输意义，因而内部交通要求方便可靠和适合风景区特点。在流量上要与游人容量相协调，在流向上要沟通主要集散地，交通方式或工具要适合景观要求，输送速度要考虑游赏需要，交通网络要适应风景区整体布局的需求并与风景区特点相适应。

4.5.4 风景区道路规划，应在交通网络规划的基础上形成路网规划。并依据各种道路的使用任务和性质，选择和确定道路等级要求。进而合理利用现有地形，正确运用道路标准，进行道路线路规划设计。

在路网规划、道路等级和线路选择三个主要环节中，既要满足使用任务和性质的要求，又要合理利用地形，避免深挖高填，不得损伤地貌、景源、景物、景观，并要同当地风景环境融为一体。

4.5.5 风景区邮电通讯规划，需要遵循两个基本原则：一是风景区的性质和规模及其规划布局的多种需求，二是迅速、准确、安全、方便等邮电服务要求。其中，国家级风景区要求配备同海外联系的现代化邮电通讯设施，各级风景区均应配备同国内联系的邮电通讯设施；同时，人口规模和用地规模及其规划布局的差异，对邮电通讯规划的需求也不相同。应依据风景区规划布局和服务半径、服务人口、业务收入等基本因素，分别配置相应的一、二、三等邮电局、所，并形成邮电服务网点和信息传递系统。

4.5.6 风景区的给水排水规划，需要正确处理生活游憩用水（饮用水质）、工交（生产）用水、农林（灌溉）用水之间的关系，满足风景区生活和经济发展的需求，有效控制和净化污水，保障相关设施的社会、经济和生态效益。

在水资源分析和给水排水条件分析的基础上，实施用地评价分区，划分出良好、较好和不良等三级地段。

在分析水源、地形、规划要求等因素基础上，按三种基本用水类型预测供水量和排水量。其中，生活用水包括浇灌和消防用水在内；工业和交通的生产用水，依据生产工艺要求确定；农林灌溉用水，包括畜牧草场的需求。

为了保障景点景区的景观质量和用地效能，不应在其中布置大体量的给水和污水处理设施；为方便这些设施的维护管理，将其布置在居民村镇附近是易于处理的。

4.5.7 风景区的供电和能源规划，在人口密度较高和经济社会因素发达的地区，应以供电规划为主，并纳入所在地域的电网规划。在人口密度较低和经济社会因素不发达并远离电力网的地区，可考虑其他能源渠道，例如：风能、地热、沼气、水能、太阳能、潮汐能等。

4.5.8 本条规定了供水供电及床位用地标准。其中，表4.5.8中的标准定额幅度较大，这是由于我国风景区的区位差异较大的原因，在具体使用时，可根据当地气候、生活习惯、设施类型级别及其他足以影响定额的因素来确定。

4.6 居民社会调控规划

4.6.1 无论从理论或实践上看，风景区均需要一定的维护经营管理力量，具有一定规模的独立运营机制，其中必然要有一定比例的常住人口，这在交通技术尚不具备一定条件的情况下，更属当然之事。这些常住人口达到一定规模，就成为风景区的居民社会因素。可以说，外来的游人、直接服务的职工、间接服务的居民等三类人口并存，达到一定级配关系时，就形成了良好的社会组织系统。当然，居民社会应该成为积极因素，其局部也兼有游赏吸引力的作用；然而，它也可以成为消极因素，这在人口密集地区显得尤为敏感。正因为这样，本条规定居民社会因素属调控系统规划，并规定含有一个乡或镇以上的风景区规划，必须编制居民社会系统规划。这既是风景区有序运转的需要，也是与村镇、城市、区域规划协同进行并协调发展的需要。

4.6.2～4.6.3 需要编制居民社会系统规划的风景区，其范围内将含有一个乡或镇以上的人口规模和建制，它的规划基本内容和原则，应该同其规模或建制级别的要求相一致，同时，它还要适应风景区的特殊需要与要求。在人口发展规模与分布中，需要贯彻控制人口的原则；在社会组织中，需要建立适合本风景区特点的社会运转机制；在居民点性质和分布中，需要建立适合风景区特点的居民点系统；在居民点用地布局中，需要为创建具有风景区特点的风土村、文明村配备条件；在产业和劳力发展规划中，需要引导和有效控制淘汰型产业的合理转向。

城镇居民点规划是引导生产力和人口合理分布、落实经济社会发展目标的基础工作，也是调整、变更行政区划的重要参考，又是实行宏观调控的重要手段。因而，其规划内容和原则，应按所在地域的统一要求进行，本规范只对其中的特殊要求提出相应规定，对其他常规内容和原则不再作一般性规定。

4.6.4 居民社会规划的首要任务，是在风景区范围内，科学预测和严格限制各种常住人口的规模及其分布的控制性指标。当然，这些指标均应在居民容量的控制范围之内。在不少的风景区规划中，甚至一些人口密集的城市近郊风景区中，也常回避这一严峻的社会现实和难题。如果规划中回避，管理中放任，风景区人口管理还不如城镇有序，这类风水宝地必然成为人口失控或集聚区，风景区的其他各种规划将失去意义，最终将改变风景区的基本性质。

规划中控制常住人口的具体操作方法，是在风景区中分别划定无居民区、居民衰减区和居民控制区。在无居民区，不准常住人口落户；在衰减区，要分阶段地逐步减少常住人口数量；在控制区要分别定出允许居民数量的控制性指标。这些分区及其具体指标，要同风景保育规划和居民容量控制指标相协调。

4.6.5～4.6.7 在居民社会因素比较丰富的风景区，可以形成比较完整的居民点系统规划。这种规划同风景区所在地域的城市和村镇规划必然有着密切的相关关系。因而，应从地域相关因素出发，应在风景区内外的居民点规划相互协调的基础上，对已有城镇村点，从风景区保护利用管理的角度提出调控要求；对规划中拟建的旅游基地和风景区管理机构基地，也提出相应的控制性规划纲要。

在规划中，对农村居民点的具体调节控制方法，是按其人口变动趋势，分别划分搬迁型、缩小型、控制型、聚居型等四种基本类型，并分别控制各个类型的规模、布局和建设管理措施。

在居民社会用地规划中，不得在景区范围内安排工业项目、城镇和其他企事业单位用地，不得在风景区范围安排有污染的工副业和有碍风景的农业生产用地。

4.7 经济发展引导规划

4.7.1 风景区的经济发展，是与风景区有关的经济活动引起的，通常包括：管理机构和管理职工对各种资源的维护、利用、管理等活动；当地居民的生活和生产活动；外来游人的旅游活动等。风景区经济是一种与风景区有着内在联系并且不损害风景的特有经济。虽然具有明显的有限性、依赖性、服务性等特性，但也是国家和地区的国民经济与社会发展的组成部分及特殊地区，对地方经济振兴还起着重要的先导作用，因而，国家经济社会政策和计划也是风景区经济社会发展的基本依据。就基本国情和现实看，风景区需要有独具特征的经济实力，需要有自我生存和持续发展的经济条件。国民经济和社会发展计划确定的有关建设项目，其选址与布局应符合风景区规划的要求；风景区规划所确定的旅游设施和基础工程项目以及用地规划，也应分批纳入国民经济和社会发展计划。这就加强了风景区规划与国民经济和社会发展之间的关系。为此，风景区规划应有相应的经济发展引导规划与之有机配合。

4.7.2 风景区是人与自然协调发展的典型地区，其经济社会发展不同于常规乡村和城市空间，因而，风景区规划中的经济发展专项规划，也不同于常规的城乡经济发展规划，这个规划重在引导，把常规经济政策和计划同风景区的具体经济条件和性质结合起来，形成独具风景区特征的经济发展方向和条件。所以，经济发展引导规划有三项基本内容，一是经济现状分析，二是经济发展引导方向，三是促进经济合理发展的步骤和措施。

4.7.3 风景区经济发展目前存在三方面主要矛盾，一是地域差异大，二是保护与开发的矛盾多，三是政策引导与法规措施的缺口大。

风景区经济发展引导方向，一方面要通过经济资源的宏观配置，形成良好的产业组合，实现最大的整体效益；另一方面要把生产要素按地域优化组合，以促进生产力发展。为使前者的经济结构和后者的空间布局两者合理结合起来，就需要正确分析和把握影响经济发展的各种因素，例如资源、交通、市场、劳力、集散、季节、经济技术、社会政策等，提出适合本风景区经济发展的权重排序和对策，确保经济的持续、稳步发展。

4.7.4 风景区的经济结构合理化，要以景源保护为前提，合理利用经济资源，确定主导产业与产业组合，追求规模与效益的统一，充分发挥旅游经济的催化作用，形成独具特征的风景区经济结构。

在探讨经济结构合理化时，要重视风景区职能结构对其经济结构的重要作用。例如，"单一型"结构的风景区中，一般仅允许第一产业的适度发展，禁止第二产业发展，第三产业也只能是有限制的发展；在"复合型"结构的风景区中，其产业结构的权重排序，很可能是旅→贸→农→工副等；在"综合型"结构的风景区中，其产业结构的变化较多，虽然总体上可能仍然是鼓励三产、控制一产、限制二产的产业排序，但在各级旅游基地或各类生产基地中的轻重缓急变化将是十分丰富的。

4.7.5 风景区经济的空间布局合理化，要以景源永续利用和风景品位提高为前提，把生产要素分区优化组合，合理促进和有效控制各区经济的有序发展，追求经济与环境的统一，充分争取生产用地景观化，形成经济能持续发展、"生产图画"与自然风景协调融合的经济布局。

在研讨经济布局合理化时，要重视风景区界内经济和风景区外缘经济与风景区所在地域经济的差异及关系。例如：在有限经营界内经济中，常是挖潜主营一产、限营三产、禁营二产；在重点发展外缘经济中，常在旅游基地或依托城镇中主营三产、配营二产、限营一产；在大力开拓所在地经济中，常在供养地或生产基地中主营一产、二产，在主要客源地开拓三产市场。

4.8 土地利用协调规划

4.8.1 人均土地少和人均风景区面积少，这是基本国情，必须充分合理利用土地和风景区用地。必须综合协调、有效控制各种土地利用方式。为此，风景区土地利用规划更加重视其协调作用，应突出体现风景区土地的特有价值，一般包括三方面主要内容，即用地评估、现状分析、土地利用规划等。

4.8.2 在土地资源评估中，专项评估是以某一种专项的用途或利益为出发点，例如分等评估、价值评估、因素评估等；综合评估可在专项评估的基础上进行，它是以所有可能的用途或利益为出发点，在一系列自然和人文因素方面，对用地进行可比的规划评估。一般按其可利用程度分为有利、不利和比较有利等三种地区、地段或地块，并在地形图上表示。

通过资源的分析研究评估，掌握用地的特点、数量、质量及利用中的问题，为估计土地利用潜力、确定规划目标、平衡用地矛盾及土地开发提供依据。

在风景区中，很少作全区整体的土地资源评估，仅在有必要调整的地区、地段或地块作局部评估。另一方面，风景区规划是以景源评价为基础，以景源级别为主导因素，为保护景源的需要，矿藏不准开、项目不能上的事实在各国已非少见。

4.8.3 土地利用现状分析，是在风景区的自然、社会经济条件下，对全区各类土地的不同利用方式及其结构所作的分析，包括风景、社会、经济三方面效益的分析。通过分析，总结其土地利用的变化规律及有待解决的问题。

土地利用现状分析，可以用表格、图纸或文字表示。

4.8.4 土地利用规划，是在土地资源评估、土地利用现状分析、土地利用策略研究的基础上，根据规划的目标与任务，对各种用地进行需求预测和反复平衡，拟定各种用地指标，编制规划方案和编绘规划图纸。规划图纸的主要内容为土地利用分区。

土地利用分区也称用地区划，既是规划的基本方法，也是规划的主要成果。它是控制和调整各类用地，协调各种用地矛盾，限制不适当开发利用行为，实施宏观控制管理的基本依据和手段。

风景区的土地利用规划重在协调，其粗细、简繁和侧重点不尽相同。要依据规划阶段、规划任务、基础条件的不同，作出具有实际指导意义的规划成果。

4.8.5 本条所列的四项基本原则，既体现了风景区规划的特点需求，也体现了国家土地利用规划的基本政策和原则。

4.8.6 风景区用地平衡表，也是土地利用规划成果的表达方式之一。表中的用地名称是用地分类中的十个大类的名称。

表中现状与规划的数字并列，可反映规划前后土地利用方式的变化情况，具有多种分析意义和价值。

表中备注的现状总人口和规划总人口，可用来分析各类用地的人均指标。

4.8.7～4.8.9 风景区用地分类，首先以风景区用地特征和作用及规划管理需求为基本原则，同时还要考虑全国土地利用现状分类和相关专业用地分类等常用方法，使其分类原则和分类方法协调；以便调查成果和相关资料可以互用与共享。

风景区用地分类，应依照土地的主导用途进行划分和归类。在规划的不同阶段，可依据工作性质、内容、深度的需求，采用本分类中的全部或部分分类。其中，在详细规划中，多使用小类。

风景区用地分类的代号，大类采用中文表示，中类和小类各用一位阿拉伯数字表示。本代号可用于风景区规划图纸和文件。

风景区各类用地的增减变化，应依据风景区的性质和当地条件，因地制宜与实事求是地处理。通常应尽可能地扩展甲类用地，配置相应的乙类用地，控制丙类、丁类、庚类用地，缩减癸类用地。这样可以更加充分地利用风景区的土地潜力，表达风景区用地特征，增强风景区的主导效益。

4.9 分期发展规划

4.9.1～4.9.2 风景区是人与自然协调发展的典型地域单元，是有别于城市和乡村的人类第三生活游憩空间。风景区总体规划是从资源条件出发，适应社会发展需要，对风景实施有效保护与永续利用，对景源潜力进行合理开发并充分发挥其效益，使风景区得到科学的经营管理并能持续发展的综合部署。这种未来的"锦绣前程"规划，需要有配套的分期规划来保证其逐步实现和有序过渡。

风景区分期规划一般分三期，即近期、远期和远景；有时也可以分为四期，即近期、中期、远期和远景。每个分期的年限，一般应同国民经济和社会发展计划相适应，便于相互协调和包容。

当代风景区发展的重要现实之一是游人发展规模超前膨胀，而投资规模和步伐难以均衡或严重滞后，这就需要在分期发展目标和实施的具体年限之间留有相应的弹性。

4.9.3 由于各地和各阶段的风景区规划程序不同，所以近期规划的时间，应从规划确定后并开始实施的年度标起。近期发展规划的五年，应同国民经济发展五年计划的深度要求相一致。其主要内容和具体建设项目应比较明确；运转机制调控的重点和任务也应比较明确；风景游赏发展、旅游设施配套、居民社会调整等三者的轻重缓急与协调关系也应比较明确；关于投资匡算和效益评估及实施措施也应比较明确和可行。

4.9.4 远期规划的时间一般是 20 年以内，这同国土规划、城市规划的期限大致相同。远期规划目标应使各项规划内容初具规模，即规划的整体构架应基本形成。如果对规划原理、数据经验、判断能力等三者的把握基本无误，在 20 年中又未发生不可预计的社会因素，一个合格的规划成果的整体构架是可以基本形成的。

4.9.5 远景规划的时间是大于 20 年至可以构思到的未来，其规划目标应是软科学和未来学所称谓的"锦绣前程"，是风景区进入良性循环和持续发展的满意阶段。远景规划中的风景区，不仅能自我生存和有序发展，而且可能从乡村空间和城市空间分离、独立出来，并以其独特形象和魅力，构成人类必不可少的第三生存空间。

4.9.6～4.9.7 关于投资估算的范围，近期规划要求详细和具体一些，并反映当代风景区发展中所普遍存在的居民社会调整问题。因为在大多数风景区，如果缺少居民社会调整的经费及渠道，一些风景或旅游规划项目就难以启动。因此，近期规划项目和投资估算，应包括风景游赏、旅游设施、居民社会三个职能系统的内容，并反映三者的相关关系。同时，还应包括保育规划实施措施所需的投资。

远期规划的投资匡算，一方面可以相对概要一些，另一方面居民社会因素的可变性较大，可以不作常规考虑，因而远期投资匡算可以由风景游赏和旅游设施两个系统的内容组成，同时还应反映其间的相关关系。

规划中投资总额的计算范围，本条仅要求由规划项目的投资匡算组成，这显然显得比较粗略，但考虑当前数据经验的实际状况，也考虑到规划差异需要相当时间才能逐渐缩小，所以取此计算范围的可行性较大，也还是抓住了基本数据。当然，这并不排斥在局部地区或详细规划中，可以依据需要与可能，作进一步的深入计算。

关于效益分析的范围，本条仅要求由八类服务的直接经济收入和风景区自身生产经济发展的收入等两部分组成，这是比较容易估算，也是相对比较准确的主要效益分析。而对于更大范围的经济效益、更广领域的社会效益、更深层次的生态效益等，本条暂不作为常规要求。当然，这也不排斥在可能与需要的条件下，规划者可以作更加深入的探讨。

从这里可以看出，本条对投资总额和效益分析的界定和要求，都属最基本和最主要的范围，操作的可行性较大，也具有基本的可比性。

5 规划成果与深度规定

5.0.1 当代的建设高潮，促使风景区的规划和设计迅速发展。首先，政府或投资者对规划的规模、数量、层次、内容和时间的需求更加多样；其次，责权利变化和新的相关法规不断增加，对风景区规划的要求或制约因素也更加复杂；第三，航片、卫星、信息、复印、电脑等技术手段的发展和应用，使原来要求的规划文件迅速膨胀。各家理论原理、中外经验数据、相关法规旁证、各行专家的判断分析和规划成果等，都相当认真地纳入了"规划说明书"或汇入了"基础资料汇编"。这些大量的旁征博引和分析论证与规划语言都是必要而宝贵的，但作为实施和执行的文件或规定，却显得难得要领。因而，进入90年代，对规划成果已明确提出应包括：①规划文本、②规划说明书、③基础资料、④规划图纸等四部分。

在组合上，也可以把规划说明书和基础资料合并一册称附件，对篇幅小的规划成果，也可以把四部分合订成一册。

5.0.2 风景区规划文本，是风景区规划成果的条文化表述，应简明扼要，以法规条文方式率直叙述规划中的主要内容或依据，以便相应的人民政府审查批准后，作为法规权威，严肃实施和执行。当然，规划文本是规划成果的精练提要，其基本内容和分寸与其他三部分规划文件应该一致。

5.0.3~5.0.5 这里对规划图纸作了比较具体的规定。这些规定的产生，一方面是工作的实际需要，另一方面是对社会实践中有些不合格图纸的明确否定。

在表5.0.4中制图选择的三种情况是依据风景区的职能结构类型而划分的。综合型结构的风景区是由风景游赏、旅游设施、居民社会等三个职能系统组成，因而其图纸数量较多；复合型结构的风景区是由风景游赏、旅游设施两个职能系统组成，其图纸数量较少；单一型结构的风景区仅由风景游赏一个职能系统组成，所以其图纸数量最少。

风景区规划成果形成后，通常要经过相应级别的专家评审会或鉴定会审查通过，并以书面形式提出审查意见或局部修改补充意见。规划单位和规划小组可以据此对规划成果进行必要的修订、补充和完善，并将规划文本、规划说明书、基础资料、规划图纸等四部分内容和专家审查意见及专家签名材料一并印制成正式文件。至此，本次风景区规划工作终结。

风景区规划同其他规划一样，需要定期检查其实施情况，需要在适当时机提出修编或补充，这些都需要在主管部门的编制办法中作出相应的规定。

附录五 关于印发《国家重点风景名胜区总体规划编制报批管理规定》的通知

建城［2003］126号

各省、自治区建设厅，直辖市建委、规划局、园林局：

为了贯彻《国务院关于加强城乡规划监督管理的通知》(国发〔2002〕13号),加强国家重点风景名胜区总体规划编制和报批的管理,进一步提高规划编制的规范性和科学性,现将《国家重点风景名胜区总体规划编制报批管理规定》印发给你们,请贯彻执行。

中华人民共和国建设部

二〇〇三年六月二十五日

国家重点风景名胜区总体规划编制报批管理规定

第一条 为了加强国家重点风景名胜区总体规划编制和报批的管理,根据《风景名胜区管理暂行条例》及其他相关法规,制定本规定。

第二条 国家重点风景名胜区总体规划(以下简称风景名胜区总规)的编制和报批,遵守本规定。

第三条 风景名胜区总规的编制,要按照国家有关行政法规、部门规章的规定以及标准规范的要求进行。

第四条 风景名胜区总规应当与国土规划、区域规划、土地利用总体规划、城市规划及其他相关规划相衔接。

位于经国务院批准的城市规划区内的国家重点风景名胜区,其风景名胜区总规应当纳入城市规划。

第五条 风景名胜区总规由风景名胜区所在地的县级以上人民政府组织编制。

省、自治区、直辖市内跨行政区的风景名胜区总规,由其共同的上一级人民政府组织编制。

第六条 风景名胜区总规应当由具备甲级规划编制资质的单位编制。

第七条 编制风景名胜区总规前应当先编制规划纲要。规划纲要应确定规划的指导思想、目标、主要内容。

规划纲要编制完成后,省、自治区、直辖市人民政府主管部门应当组织专家组,对规划纲要进行现场调查和复核,提出审查意见。编制单位应根据审查意见,对规划纲要进行修改完善。

第八条 风景名胜区总规的报批文件应包括规划文本、规划说明书、规划图纸、基础资料汇编4个部分。

第九条 规划文本是实施风景名胜区总规的行动指南和规范,应以法规条文方式书写,直接表述风景名胜区总规的规划结论,对风景名胜资源的保护应当作出强制性规定,对资源的合理利用应当作出引导和控制性规定。

规划文本条文内容应明确简练,利于执行,体现规划内容的指导性、强制性和可操作性。

第十条 规划文本一般应包括以下的内容:

(一)总则;

(二)风景名胜区范围与性质;

(三)风景资源评价结论;

(四)规划目标与发展规模;

(五)功能分区与规划布局;

（六）保护培育规划；

（七）风景游赏规划；

（八）典型景观规划；

（九）游览设施规划；

（十）道路交通规划；

（十一）基础工程规划；

（十二）居民社会调控规划；

（十三）经济发展引导规划；

（十四）土地利用协调规划；

（十五）近期保护与发展规划；

（十六）实施规划的措施建议；

（十七）附则。

第十一条 总则应包括规划编制目的、依据、指导思想与原则、规划期限以及涉及本规划的其他相关规定。

规划分期一般为 15～20 年。近期规划期限一般为 5 年。

第十二条 确定风景名胜区的范围，应当保持自然景物、人文景物的完整性和地域分布的连续性，有利于资源和生态的保护和利用，兼顾与行政区划的协调，并应明确详细的四至界限，利于设立界标。

第十三条 风景资源评价一般阐述资源分类和风景资源价值重要性等方面的评价结论。

第十四条 规划目标一般应包括风景资源的保护目标和资源合理利用的发展目标。

发展规模要以确定环境、生态、人口合理容量为基础，制定发展的控制规模。

第十五条 功能分区应明确规定用地布局，采用分级方式规定不同分区用地可开发利用的强弱程度，体现资源保护和开发利用不同程度的要求。

根据不同分区用地可开发利用的强度规定，要统筹兼顾，协调安排，综合划定各级景区、各类保护区、服务基地区、居民区和其他需要的功能区，并对风景名胜区资源保护、基础工程、服务设施等制定科学合理的总体布局。

第十六条 保护培育规划应确定分类和分级保护地区，分别规定相应的保护培育规定和措施要求。

在保护培育规划中，要将分类和分级保护规划中确定的重点保护地区（如重要的自然景观保护区、生态保护区、史迹保护区），划为核心景区，确定其范围界限，并对其保护措施和管理要求作出强制性的规定。

保护培育规划中应根据实际需要注意对当地历史文化、民族文化、传统习俗等非物质文化的保护提出规定。

第十七条 风景游赏规划应提出景区的景观特征和游赏主题，并提出游赏景点以及游赏路线、游程、解说等内容的组织安排。

第十八条 游览服务设施应相对集中，规模合理，设置符合用地布局和功能分区的要求，并应严格限定在核心景区以及其他实施严格保护区域以外的地区。

第十九条 基础工程规划一般包括道路交通、给水排水、供电能源、邮电通讯、环境卫生、环境保护、防火、防洪、防灾等专项规划。

第二十条 居民社会调控规划主要对涉及的旅游城镇、社区、居民村（点）和管理服务基地提出发展、控制或搬迁的调控要求。

第二十一条 经济发展引导规划应提出适合本风景名胜区经济发展的方向和途径，对不利于风景资源和生态环境保护的经济生产项目提出限制和调整的要求。

第二十二条 对居民社会调控、经济发展引导等若干专项规划，可以根据风景名胜区的类型、规模、资源特点、社会及区域条件和规划需求等实际情况，确定是否需要编制。

第二十三条 土地利用协调规划应按照用地布局、功能分区和规划布局的要求和安排，按用地分类和使用性质，进行用地的综合平衡和协调配置。

第二十四条 近期保护与发展规划应对5年近期规划期内的保护和建设项目作出合理的安排，并提出初步的项目投资预算。

第二十五条 实施规划的措施建议可包括规划公布、法制建设、实施保障政策、机构与队伍建设等方面的内容。

第二十六条 附则一般包括规划解释权限单位、实施日期、规划实施监督部门等。

第二十七条 规划说明书是对规划文本的详细说明，是对规划内容的分析研究和对规划结论的论证阐述。

规划说明书应在规划文本内容的基础上增加有关现状分析和说明。

第二十八条 规划说明书可以对规划编制过程、规划中需要把握的重大问题等作前言或后记予以说明。

编制的规划属于新一轮修编的，应当在说明书前言或后记中说明对上一轮规划实施情况的评述，对存在的问题进行分析和阐述，对修编规划背景、重大调整内容等作出说明。

第二十九条 规划说明书应阐述风景名胜区地理位置、自然与社会经济条件、发展概况与现状等基本情况，对风景名胜区的发展战略与规划对策进行分析与说明，并对照规划文本中的条文内容，对相应内容的现状条件、存在问题等作出分析或说明，对规划确定的原则、目标、规定、结论、措施等内容进行必要的说明。

第三十条 在风景名胜资源评价的说明中，对现状基础资料充分研究和风景名胜资源内涵与特有价值的充分揭示，是编制规划的基本依据和重要基础工作。

风景名胜区资源调查评价的内容包括资源调查、环境质量调查、开发利用条件调查、风景名胜区评价依据等。

第三十一条 规划纲要、规划中涉及的有关主要专题研究成果、重大问题专题研究报告、专业评审意见、有关审批文件等，可以作为附件汇编于规划说明书中。

第三十二条 规划图纸应当准确表示规划内容所处的地域或空间位置，规划图纸所表达的内容清晰、准确，与规划文本内容相符。现状图、规划图应当分别表示。

所有规划图纸应图例一致，并应与其他相关的规定图例保持一致。

规划图纸的内容和深度要求应符合规划规范的要求。

第三十三条 基础资料汇编主要是整理汇编规划工作中涉及或使用的各相关基础资料、数据统计、参考资料、论证依据等内容。

基础资料汇编一般涉及区域状况、历史沿革、自然与环境资源条件、资源保护与利用状况、人文活动、经济条件、人工设施与基础工程条件、土地利用以及其他资料。

第三十四条　基础资料汇编中的文字资料、数据、附图等要准确清晰、简明扼要，统计数据要反映近期状况、准确有效，并可文字叙述与图、表相结合。

第三十五条　风景名胜区总规编制完成后，省、自治区、直辖市人民政府主管部门应当会同有关部门并邀请专家进行评审，提出评审意见，为进一步修改完善规划提供依据。

第三十六条　风景名胜区总规经主管部门审查后，报审定该风景名胜区的人民政府审批。

第三十七条　经批准的风景名胜区总规，任何单位和个人不得擅自改变。对风景名胜区性质、范围、布局等重大内容进行调整或者修改，应当报原审批机关审查同意。调整或者修改后的规划应当报原审批机关批准后实施。

第三十八条　本规定自发布之日起施行。

附件：国家重点风景名胜区总体规划报批文件格式

（一）规划文本要求 A4 版，装订成册。封面内容包括规划项目名称、注明"规划文本"、规划期限、规划编制单位（含风景名胜区管理机构或其所在地县级以上人民政府）、规划上报日期。

（二）规划说明书可采用 A4 版或 A3 版，装订成册。封面内容注明"规划说明书"，其他内容同规划文本。

（三）规划图纸可采用 A4 版或 A3 版，与规划文本合订成册。规划图纸为 A3 版的，图纸可以折叠并与规划文本装订成 A4 版规格，也可以单独装订图册。

规划图纸要标明项目名称、图名、图例、风玫瑰、比例尺、规划期限、规划日期、编制单位等内容。

（四）基础资料汇编可采用 A4 版或 A3 版。封面内容注明"基础资料汇编"，其他内容同规划文本。

（五）在规划文本、规划说明书、基础资料汇编的扉页，应当注明项目名称、委托方、承担方（编制单位）、编制单位企（事）业法人代码、规划设计证书级别及编号、项目负责人及参加人姓名等，并加盖编制单位成果专用章。

附录六　建设部关于发布《国家重点风景名胜区规划编制审批管理办法》的通知

（建城［2001］83 号）

各省、自治区建设厅，直辖市建委、规划局、园林局：

根据国办发［2000］25 号文件和经国务院批准的建设部《关于将国家重点风景名胜区总体规划审查工作纳入城市总体规划部际联席会议审议的请示》规定，现将《国家重点风景名胜区规划编制审批管理办法》印发给你们，请贯彻执行。

中华人民共和国建设部

二〇〇一年四月二十日

国家重点风景名胜区规划编制审批管理办法

第一条 为加强国家重点风景名胜区规划编制和审批的管理，根据《中华人民共和国城市规划法》、《风景名胜区管理暂行条例》及其他相关法规，制定本办法。

第二条 国家重点风景名胜区规划的编制和审批，遵守本办法。

第三条 国家重点风景名胜区规划应当与国土规划、区域规划、土地利用总体规划、城市规划及其他相关规划相衔接。

位于经国务院批准的城市规划区内的国家重点风景名胜区，其风景名胜区总体规划应当纳入城市规划。

第四条 国家重点风景名胜区规划由风景名胜区所在地的县级以上地方人民政府组织编制。

省、自治区、直辖市内跨行政区的国家重点风景名胜区规划，由其共同的上一级人民政府组织编制；跨省、自治区、直辖市的国家重点风景名胜区规划，由建设部组织有关省、自治区、直辖市编制。

第五条 国家重点风景名胜区规划分总体规划和详细规划两个阶段。

第六条 国家重点风景名胜区总体规划和详细规划应当由具备甲级规划编制资质的单位编制。

第七条 国家重点风景名胜区总体规划应当确定风景名胜区性质、范围、总体布局和公用服务设施配套，划定严格保护地区和控制建设地区，提出保护利用原则和规划实施措施。

第八条 编制国家重点风景名胜区总体规划前应当先编制规划纲要。规划纲要应确定总体规划的目标、框架和主要内容。

风景名胜区总体规划纲要编制完成后，省、自治区、直辖市建设（规划）行政主管部门应当组织专家组，按本规定的审查重点对规划纲要进行现场调查和复核，提出审查意见。编制单位应根据审查意见，对总体规划纲要进行修改完善。

第九条 国家重点风景名胜区总体规划编制完成后，省、自治区、直辖市建设（规划）行政主管部门应当会同有关部门并邀请有关专家进行评审，提出评审意见。省级建设（规划）主管部门组织提出的评审意见，应当作为进一步修改完善总体规划的依据。

第十条 总体规划经修改完善后，省、自治区、直辖市建设（规划）行政主管部门应当提出初审意见，并汇总整理有关部门和专家的意见，一并报送省、自治区、直辖市人民政府审查。

第十一条 国家重点风景名胜区总体规划由省、自治区、直辖市人民政府报国务院审批。

报国务院审批的国家重点风景名胜区总体规划的材料包括：规划文本、规划报告、图纸以及省、自治区、直辖市人民政府的送审报告。

第十二条 建设部接国务院交办文件后，首先对申报的有关材料进行初步审核，对有关材料不齐全或内容不符合要求的，建设部可将其退回，补充完善后由有关省、自治区、直辖市人民政府另行上报。对有关材料基本符合要求的，应及时将有关材料分送部联席会议组成部门征求意见。各部门应就与其管理职能相关的内容提出书面意见，并在材料送达之日起5周内将书面意见反馈建设部。逾期按无意见处理。

第十三条 建设部负责综合部联席会议组成部门的意见并及时反馈给有关地方人民政府。有关地方人民政府应根据有关部门的意见，对总体规划及有关材料进行相应修改，不能采纳的，应作出必要的说明，并在材料送达之日起 3 周内将修改后的总体规划及有关材料和说明报建设部。

第十四条　建设部在做好前期工作的基础上，组织召开部际联席会议，协调有关部门和地方的意见，并对拟批复总体规划的风景名胜区的性质、范围、总体布局等主要内容进行审议。会议由部际联席会议组成部门、有关地方人民政府的代表及有关专家参加。工作周期一般为 3 周。

建设部应预先向部际联席会议组成部门书面函告风景名胜区总体规划审查工作的进度和计划。

第十五条　国家重点风景名胜区详细规划应当依据总体规划，对风景名胜区规划地段的土地使用性质、保护和控制要求、环境与景观要求、开发利用强度、基础设施建设等作出管制规定。

第十六条　详细规划编制完成后，省、自治区、直辖市建设（规划）行政主管部门应当组织有关专家进行评审，提出评审意见。编制单位应当根据评审意见，对详细规划进行修改完善。

第十七条　国家重点风景名胜区的重点保护区、重要景区的详细规划，由省、自治区、直辖市建设（规划）行政主管部门初审，报建设部审批；其他地区的详细规划，由省、自治区、直辖市建设（规划）行政主管部门审批。

第十八条　报建设部审批的国家重点风景名胜区详细规划应当包括下列材料：规划文本、图纸以及规划评审意见和省、自治区、直辖市建设（规划）行政主管部门的初审报告。

第十九条　经批准的国家重点风景名胜区规划，任何单位和个人不得擅自改变。对风景名胜区性质、范围、布局等重大内容以及详细规划进行调整或者修改，应当报原审批机关审查同意。调整或者修改后的规划应当报原审批机关批准后实施。

第二十条　本办法由建设部负责解释。

第二十一条　本办法自发布之日起施行。

附录七　关于做好国家重点风景名胜区核心景区划定与保护工作的通知

建城〔2003〕77 号

各省、自治区建设厅，直辖市建委、规划局、园林局，新疆生产建设兵团建设司：

为了贯彻落实建设部等九部委《关于贯彻落实〈国务院关于加强城乡规划监督管理的通知〉的通知》（建规〔2002〕204 号）的要求，切实做好国家重点风景名胜区特别是核心景区划定与保护工作，现通知如下：

一、进一步提高风景名胜区核心景区划定和保护工作的认识。风景名胜资源是中华民族珍贵的自然与文化遗产，是不可再生的国家资源。国家重点风景名胜区核心景区作为风景名胜资源最集中的区域，是衡量风景名胜区自然景观、历史文化、生态环境品质和价值高低的重要条件，是实现可持续利用的基础，是特别需要加强保护的区域。各省、自治区建设行政主管部门、直辖市园林行政主管部门和各国家重点风景名胜区管理机构在全面加强对风景名胜区的保护和管理的同时，应当把对核心景区的保护工作摆到十分重要的位置，突出抓好。

二、明确核心景区的概念。国家重点风景名胜区核心景区是指风景名胜区范围内自然景物、人文景物最集中的、最具观赏价值、最需要严格保护的区域，包括规划中确定的生态保护区、自然景观保护区和史迹保护区。

三、科学划定核心景区范围。要依据风景名胜资源性质、特点和管理条件，科学界定风景名胜区核心景区的范围，作为编制风景名胜区规划的强制性内容和景区保护及管理的依据。总体规划正在编制或修编的，可以结合总体规划编制或修编同时进行。风景名胜区总体规划已经批准的，总体规划确定的风景名胜区内生态保护区、自然景观保护区、史迹保护区等相关区域，应当划为核心保护区。

四、国家重点风景名胜区管理机构应尽快完成对核心景区的划定工作，最迟不得晚于 2003 年年底前完成。核心景区划定后，要经省级建设（园林）行政主管部门逐个进行核定并报建设部备案，凡有条件的都要打桩立界予以明确界定。

五、要编制核心景区专项保护规划。核心景区专项保护规划是风景名胜区总体规划保护专项规划的重要组成部分。核心景区专项保护规划要对核心景区保护管理和质量现状作出评定，对核心景区的划定、保护和管理的要求与措施予以明确规定。对核心景区内不符合规划、未经批准以及与核心景区资源保护无关的各项建筑物、构筑物，都应当提出搬迁、拆除或改作他用的处理方案。

六、要确定核心景区保护重点和保护措施。在核心景区内严格禁止与资源保护无关的各种工程建设，严格限制建设各类建筑物、构筑物。符合规划要求的建设项目，要严格按照规定的程序进行报批；手续不全的，不得组织实施。

七、要落实核心景区的保护责任。国家重点风景名胜区管理机构的主要负责人是核心景区保护的第一责任人，要按照权责一致的原则层层落实保护责任制。

八、加强对核心景区保护工作的监督。建设部将结合国家重点风景名胜区遥感监测系统的建立，严格实施对核心景区保护的动态监测。各省、自治区建设行政主管部门、直辖市园林行政主管部门应设立专职人员，对核心景区保护情况进行监督，及时发现和制止各种破坏景观和生态环境的行为。

各省、自治区建设行政主管部门、直辖市园林行政主管部门应在每年 12 月底前将本地区国家重点风景名胜区核心景区保护和管理状况的监督检查情况向建设部作出定期报告。

中华人民共和国建设部
二〇〇三年四月十一日

附录八　中国的世界遗产简表

中国的 35 处世界遗产

自 1987 年世界遗产委员会第 11 届会议批准中国的故宫等 6 处遗产列入《世界遗产名录》至 2007 年 7 月，中国已有 35 处文化遗址和自然景观列入《世界遗产名录》，其中文化遗产 25 项，自然遗产 6 项，文化和自然双重遗产 4 项。

地 域 名 称	批准时间	遗 产 种 类
长城	1987.12	文化遗产(附1)
北京故宫	1987.12	文化遗产
陕西秦始皇陵及兵马俑	1987.12	文化遗产
甘肃敦煌莫高窟	1987.12	文化遗产
北京周口店北京猿人遗址	1987.12	文化遗产
山东泰山	1987.12	文化与自然双重遗产
安徽黄山	1990.12	文化与自然双重遗产
湖南武陵源国家级名胜区	1992.12	自然遗产
四川九寨沟国家级名胜区	1992.12	自然遗产
四川黄龙国家级名胜区	1992.12	自然遗产
西藏布达拉宫	1994.12	文化遗产(附2、附3)
河北承德避暑山庄及周围寺庙	1994.12	文化遗产
山东曲阜的孔庙、孔府及孔林	1994.12	文化遗产
湖北武当山古建筑群	1994.12	文化遗产
江西庐山风景名胜区	1996.12	文化景观
四川峨眉山—乐山风景名胜区	1996.12	文化与自然双重遗产
云南丽江古城	1997.12	文化遗产
山西平遥古城	1997.12	文化遗产
江苏苏州古典园林	1997.12	文化遗产(附4)
北京颐和园	1998.11	文化遗产
北京天坛	1998.11	文化遗产
重庆大足石刻	1999.12	文化遗产
福建武夷山	1999.12	文化与自然双重遗产
四川青城山和都江堰	2000.11	文化遗产
河南洛阳龙门石窟	2000.11	文化遗产
明清皇家陵寝:明显陵(湖北钟祥市)、清东陵(河北遵化市)、清西陵(河北易县)、十三陵(北京昌平)、明孝陵(江苏南京市)	2000.11	文化遗产(附5、附6)
安徽古村落:西递、宏村	2000.11	文化遗产
山西大同云冈石窟	2001.12	文化遗产
云南三江并流	2003.7	自然遗产
高句丽王城、王陵及贵族墓葬	2004.7	文化遗产
澳门历史城区	2005.7	文化遗产
安阳殷墟	2006.7	文化遗产
四川大熊猫栖息地	2006.7	自然遗产
"中国南方喀斯特"地貌	2007.7	自然遗产(附7)
广东开平碉楼和村落	2007.7	文化遗产

附1：2002 年 11 月中国惟一的水上长城辽宁九门口长城通过联合国教科文组织的验收，作为长城的一部分正式挂牌成为世界文化遗产；

附2：2000 年 11 月拉萨大昭寺作为布达拉宫世界遗产的扩展项目被批准列入《世界遗产名录》；

附3：2001 年 12 月西藏拉萨罗布林卡作为布达拉宫历史建筑群的扩展项目被批准列入《世界遗产名录》；

附4：2000 年 11 月苏州艺圃、藕园、沧浪亭、狮子林和退思园 5 座园林作为苏州古典园林的扩展项目被批准列入《世界遗产名录》。

附5、附6：2003 年 7 月北京市的十三陵和江苏省南京市的明孝陵作为明清皇家陵寝的一部分收入《世界遗产名录》。

附7："中国南方喀斯特"地貌由贵州的锥状喀斯特（峰林）、云南的针状喀斯特（石林）、广西的塔状喀斯特和重庆市的天坑群等共同组成。

附8：到 2006 年底为止，中国的昆曲与古琴成为世界人类口述与非物质遗产代表作。

附录九 风景名胜资源分类细表

大类	中类	小 类	子 类
一、自然景源	1.天景	1)日月星光	(1)旭日夕阳(2)月色星光(3)日月光影(4)日月光柱(5)晕(风)圈(6)幻日(7)光弧(8)曙暮光楔(9)雪照云光(10)水照云光(11)白夜(12)极光
		2)虹霞蜃景	(1)虹霓(2)宝光(3)露水佛光(4)干燥佛光(5)日华(6)月华(7)朝霞(8)晚霞(9)海市蜃楼(10)沙漠蜃景(11)冰湖蜃景(12)复杂蜃景
		3)风雨晴阴	(1)风色(2)雨情(3)海(湖)陆风(4)山谷(坡)风(5)干热风(6)峡谷风(7)冰川风(8)龙卷风(9)晴天景(10)阴天景
		4)气候景象	(1)四季分明(2)四季常青(3)干旱草原景观(4)干旱荒漠景观(5)垂直带景观(6)高寒干景观(7)寒潮(8)梅雨(9)台风(10)避寒避暑
		5)自然声象	(1)风声(2)雨声(3)水声(4)雷声(5)涛声(6)鸟语(7)蝉噪(8)蛙叫(9)鹿鸣(10)兽吼
		6)云雾景观	(1)云海(2)瀑布云(3)玉带云(4)形象云(5)彩云(6)低云(7)中云(8)高云(9)响云(10)雾海(11)平流雾(12)山岚(13)彩雾(14)香雾
		7)冰雪霜露	(1)冰雹(2)冰冻(3)冰流(4)冰凌(5)树挂雾凇(6)降雪(7)积雪(8)冰雕雪塑(9)霜景(10)露景
		8)其他天景	(1)晨景(2)午景(3)暮景(4)夜景(5)海滋(6)海火海光 (合计84 子类)
	2.地景	1)大尺度山地	(1)高山(2)中山(3)低山(4)丘陵(5)孤丘(6)台地(7)盆地(8)平原
		2)山景	(1)峰(2)顶(3)岭(4)脊(5)岗(6)峦(7)台(8)嶂(9)坡(10)崖(11)石梁(12)天生桥
		3)奇峰	(1)孤峰(2)连峰(3)群峰(4)峰丛(5)峰林(6)形象峰(7)岩柱(8)岩碑(9)岩嶂(10)岩岭(11)岩墩(12)岩蛋
		4)峡谷	(1)洞(2)峡(3)沟(4)谷(5)川(6)门(7)口(8)关(9)壁(10)岩(11)谷盆(12)地缝(13)溶斗天坑(14)洞窟山坞(15)石窟(16)一线天
		5)洞府	(1)边洞(2)腹洞(3)穿洞(4)平洞(5)竖洞(6)斜洞(7)层洞(8)迷洞(9)群洞(10)高洞(11)低洞(12)天洞(13)壁洞(14)水洞(15)旱洞(16)水帘洞(17)乳石洞(18)响石洞(19)晶石洞(20)岩溶洞(21)熔岩洞(22)人工洞
		6)石林石景	(1)石纹(2)石芽(3)石海(4)石林(5)形象石(6)风动石(7)钟乳石(8)吸水石(9)湖石(10)砾石(11)响石(12)浮石(13)火成岩(14)沉积岩(15)变质岩

续表

大类	中类	小 类	子 类
一、自然景源	2.地景	7)沙景沙漠	(1)沙山(2)沙丘(3)沙坡(4)沙地(5)沙滩(6)沙堤坝(7)沙湖(8)响沙(9)沙暴(10)沙石滩
		8)火山熔岩	(1)火山口(2)火山高地(3)火山孤峰(4)火山连峰(5)火山群峰(6)熔岩台地(7)熔岩流(8)熔岩平原(9)熔岩洞窟(10)熔岩隧道
		9)蚀余景观	(1)海蚀景观(2)溶蚀景观(3)风蚀景观(4)丹霞景观(5)方山景观(6)土林景观(7)黄土景观(8)雅丹景观
		10)洲岛屿礁	(1)孤岛(2)连岛(3)列岛(4)群岛(5)半岛(6)岬角(7)沙洲(8)三角洲(9)基岩岛礁(10)冲积岛礁(11)火山岛礁(12)珊瑚岛礁(岩礁、环礁、堡礁、台礁)
		11)海岸景观	(1)枝状海岸(2)齿状海岸(3)躯干海岸(4)泥岸(5)沙岸(6)岩岸(7)珊瑚礁岸(8)红树林岸
		12)海底地形	(1)大陆架(2)大陆坡(3)大陆基(4)孤岛海沟(5)深海盆地(6)火山海峰(7)海底高原(8)海岭海脊(洋中脊)
		13)地质珍迹	(1)典型地质构造(2)标准地层剖面(3)生物化石点(4)灾变遗迹(地震、沉降、塌陷、地震缝、泥石流、滑坡)
		14)其他地景	(1)文化名山(2)成因名山(3)名洞(4)名石　　　　　　　　　　　　　　　(合计149子类)
	3.水景	1)泉井	(1)悬挂泉(2)溢流泉(3)涌喷泉(4)间歇泉(5)溶洞泉(6)海底泉(7)矿泉(8)温泉(冷、温、热、汤、沸、汽)(9)水热爆炸(10)奇异泉井(喊、笑、羞、血、药、火、冰、甘、苦、乳)
		2)溪涧	(1)泉溪(2)涧溪(3)沟溪(4)河溪(5)瀑布溪(6)灰华溪
		3)江河	(1)河口(2)河网(3)平川(4)江峡河谷(5)江河之源(6)暗河(7)悬河(8)内陆河(9)山区河(10)平原河(11)顺直河(12)弯曲河(13)分汊河(14)游荡河(15)人工河(16)奇异河(香、甜、酸)
		4)湖泊	(1)狭长湖(2)圆卵湖(3)枝状湖(4)弯曲湖(5)串湖(6)群湖(7)卫星湖(8)群岛湖(9)平原湖(10)山区湖(11)高原湖(12)天池(13)地下湖(14)奇异湖(双层、沸、火、死、浮、甜、变色)(15)盐湖(16)构造湖(17)火山口湖(18)堰塞湖(19)冰川湖(20)岩溶湖(21)风成湖(22)海成湖(23)河成湖(24)人工湖
		5)潭池	(1)泉溪潭(2)江河潭(3)瀑布潭(4)岩溶潭(5)彩池(6)海子
		6)瀑布跌水	(1)悬落瀑(2)滑落瀑(3)旋落瀑(4)一叠瀑(5)二叠瀑(6)多叠瀑(7)单瀑(8)双瀑(9)群瀑(10)水帘状瀑(11)带形瀑(12)弧形瀑(13)复杂型瀑(14)江河瀑(15)涧溪瀑(16)温泉瀑(17)地下瀑(18)间歇瀑(19)冰雪瀑
		7)沼泽滩涂	(1)泥炭沼泽(2)潜育沼泽(3)苔草草甸沼泽(4)冻土沼泽(5)丛生嵩草沼泽(6)芦苇沼泽(7)红树林沼泽(8)河湖漫滩(9)海滩(10)海涂
		8)海湾海域	(1)海湾(2)海峡(3)海水(4)海冰(5)波浪(6)潮汐(7)海流洋流(8)涡流(9)海啸(10)海洋生物
		9)冰雪冰川	(1)冰山冰峰(2)大陆性冰川(3)海洋性冰川(4)冰塔林(5)冰柱(6)冰胡同(7)冰洞(8)冰裂隙(9)冰河(10)冰河(11)雪山(12)雪原
		10)其他水景	(1)热海热田(2)奇异海景(3)名泉(4)名湖(5)名瀑(6)坎儿井　　　　　　(合计119子类)
	4.生景	1)森林	(1)针叶林(2)针阔叶混交林(3)夏绿阔叶林(4)常绿阔叶林(5)热苦季雨林(6)热带雨林(7)灌木丛林(8)人工林(风景、防护、经济)
		2)草地草原	(1)森林草原(2)典型草原(3)荒漠草原(4)典型草甸(5)高寒草甸(6)沼泽化草甸(7)盐生草甸(8)人工草地
		3)古树名木	(1)百年古树(2)数百年古树(3)超千年古树(4)国花国树(5)市花市树(6)跨区系边缘树林(7)特殊人文花木(8)奇异花木
		4)珍稀生物	(1)特有种植物(2)特有种动物(3)古遗植物(4)古遗动物(5)濒危植物(6)濒危动物(7)分级保护植物(8)分级保护动物(9)观赏植物(10)观赏动物

大类	中类	小类	子类
一、自然景源	4.生景	5)植物生态类群	(1)旱生植物(2)中生植物(3)湿生植物(4)水生植物(5)喜钙植物(6)嫌钙植物(7)虫媒植物(8)风媒植物(9)狭湿植物(10)广温植物(11)长日照植物(12)短日照植物(13)指示植物
		6)动物群栖息地	(1)苔原动物群(2)针叶林动物群(3)落叶林动物群(4)热带森林动物群(5)稀树草原动物群(6)荒漠草原动物群(7)内陆水域动物群(8)海洋动物群(9)野生动物栖息地(10)各种动物放养地
		7)物候季相景观	(1)春花新绿(2)夏荫风采(3)秋色果香(4)冬枝神韵(5)鸟类迁徙(6)鱼类回游(7)哺乳动物周期性迁移(8)动物的垂直方向迁移
		8)其他生物景观	(1)典型植物群落(翠云廊、杜鹃坡、竹海……)(2)典型动物种群(鸟岛、蛇岛、猴岛、鸣禽谷、蝴蝶泉……)　　　　　　　　　　　　　　　　　　(合计67子类)
二、人文景源	5.园景	1)历史名园	(1)皇家园林(2)私家园林(3)寺庙园林(4)公共园林(5)文人山水园(6)苑囿(7)宅园圃园(8)游憩园(9)别墅园(10)名胜园
		2)现代公园	(1)综合公园(2)特种公园(3)社区公园(4)儿童公园(5)文化公园(6)体育公园(7)交通公园(8)名胜公园(9)海洋公园(10)森林公园(11)地质公园(12)天然公园(13)水上公园(14)雕塑公园
		3)植物园	(1)综合植物园(2)专类植物园(水生、岩石、高山、热带、药用)(3)特种植物园(4)野生植物园(5)植物公园(6)树木园
		4)动物园	(1)综合动物园(2)专类动物园(3)特种动物园(4)野生动物园(5)野生动物圈养保护中心(6)专类昆虫园
		5)庭宅花园	(1)庭园(2)宅园(3)花园(4)专类花园(春、夏、秋、冬、芳香、宿根、球根、松柏、蔷薇……)(5)屋顶花园(6)室内花园(7)台地园(8)沉床园(9)墙园(10)窗园(11)悬园(12)廊柱园(13)假山园(14)水景园(15)铺地园(16)野趣园(17)盆景园(18)小游园
		6)专类主题游园	(1)游乐场园(2)微缩景园(3)文化艺术景园(4)异域风光园(5)民俗游园(6)科技科幻游园(7)博览园区(8)生活体验园区
		7)陵园墓园	(1)烈士陵园(2)著名墓园(3)帝王陵园(4)纪念陵园(5)祭祀坛园
		8)其他园景	(1)观光果园(2)劳作农园　　　　　　　　　　　　　　　　　　　　　　　　(合计69子类)
	6.建筑	1)风景建筑	(1)亭(2)台(3)廊(4)榭(5)舫(6)门(7)厅(8)堂(9)楼阁(10)塔(11)坊表(12)碑碣(13)景桥(14)小品(15)景壁(16)景柱
		2)民居宗祠	(1)庭院住宅(2)窑洞住宅(3)干阑住宅(4)碉房(5)毡帐(6)阿以旺(7)舟居(8)独户住宅(9)多户住宅(10)别墅(11)祠堂(12)会馆(13)钟鼓楼(14)山寨
		3)文娱建筑	(1)文化宫(2)图书阁馆(3)博物苑馆(4)展览馆(5)天文馆(6)影剧院(7)音乐厅(8)杂技场(9)体育建筑(10)游泳馆(11)学府书院(12)戏楼
		4)商业建筑	(1)旅馆(2)酒楼(3)银行邮电(4)商店(5)商场(6)交易会(7)购物中心(8)商业步行街
		5)宫殿衙署	(1)宫殿(2)离宫(3)衙署(4)王城(5)宫堡(6)殿堂(7)官寨
		6)宗教建筑	(1)坛(2)庙(3)佛寺(4)道观(5)庵堂(6)教堂(7)清真寺(8)佛塔(9)庙阙(10)塔林
		7)纪念建筑	(1)故居(2)会址(3)祠庙(4)纪念堂馆(5)纪念碑柱(6)纪念门墙(7)牌楼(8)阙
		8)工交建筑	(1)铁路站(2)汽车站(3)水运码头(4)航空港(5)邮电(6)广播电视(7)会堂(8)办公(9)政府(10)消防
		9)工程构筑物	(1)水利工程(2)水电工程(3)军事工程(4)海岸工程
		10)其他建筑	(1)名楼(2)名桥(3)名栈道(4)名隧道　　　　　　　　　　　　　　　　　　(合计93子类)

续表

大类	中类	小　类	子　类
二、人文景源	7.史迹	1)遗址遗迹	(1)古猿人旧石器时代遗址(2)新石器时代聚落遗址(3)夏商周都邑遗址(4)秦汉后城市遗址(5)古代手工业遗址(6)古交通遗址
		2)摩崖题刻	(1)岩面(2)摩崖石刻题刻(3)碑刻(4)碑林(5)石经幢(6)墓志
		3)石窟	(1)塔庙窟(2)佛殿窟(3)讲堂窟(4)禅窟(5)僧房窟(6)摩岸造像(7)北方石窟(8)南方石窟(9)新疆石窟(10)西藏石窟
		4)雕塑	(1)骨牙竹木雕(2)陶瓷塑(3)泥塑(4)石雕(5)砖雕(6)画像砖石(7)玉雕(8)金属铸像(9)圆雕(10)浮雕(11)透雕(12)线刻
		5)纪念地	(1)近代反帝遗址(2)革命遗址(3)近代名人墓(4)纪念地
		6)科技工程	(1)长城(2)要塞(3)炮台(4)城堡(5)水城(6)古城(7)塘堰渠陂(8)运河(9)道桥(10)纤道栈道(11)星象台(12)古盐井
		7)古墓葬	(1)史前墓葬(2)商周墓葬(3)秦汉以后帝陵(4)秦汉以后其他墓葬(5)历史名人墓(6)民族始祖基
		8)其他史迹	(1)古战场　　　　　　　　　　　　　　　　　　　　　　　　　　　(合计57子类)
	8.风物	1)节假庆典	(1)国庆节(2)劳动节(3)双周日(4)除夕春节(5)元宵节(6)清明节(7)端午节(8)中秋节(9)重阳节(10)民族岁时节
		2)民族民俗	(1)仪式(2)祭礼(3)婚仪(4)祈禳(5)驱祟(6)纪念(7)游艺(8)衣食习俗(9)居住习俗(10)劳作习俗
		3)宗教礼仪	(1)朝觐活动(2)禁忌(3)信仰(4)礼仪(5)习俗(6)服饰(7)器物(8)标识
		4)神话传说	(1)古典神话及地方遗迹(2)少数民族神话及遗迹(3)古谣谚(4)人物传说(5)史事传说(6)风物传说
		5)民间文艺	(1)民间文学(2)民间美术(3)民间戏剧(4)民间音乐(5)民间歌舞(6)风物传说
		6)地方人物	(1)英模人物(2)民族人物(3)地方名贤(4)特色人物
		7)地方物产	(1)名特产品(2)新优产品(3)经销产品(4)集市圩场
		8)其他风物	(1)庙会(2)赛事(3)特色文化活动(4)特殊行业活动　　　　　　　　(合计52子类)
三、综合景源	9.游憩景地	1)野游地区	(1)野餐露营地(2)攀登基地(3)骑驭场地(4)垂钓区(5)划船区(6)游泳场区
		2)水上运动区	(1)水上竞技场(2)潜水活动区(3)水上游乐园区(4)水上高尔夫球场
		3)冰雪运动区	(1)冰灯雪雕园地(2)冰雪游戏场区(3)冰雪运动基地(4)冰雪练习场
		4)沙草游戏地	(1)滑沙场(2)滑草场(3)沙地球艺场(4)草地球艺场
		5)高尔夫球场	(1)标准场(2)练习场(3)微型场
		6)其他游憩景地	(1)游人中心　　　　　　　　　　　　　　　　　　　　　　　　　　(合计22子类)
	10.娱乐景地	1)文教园区	(1)文化馆园(2)特色文化中心(3)图书楼阁馆(4)展览博览园区(5)特色校园(6)培训中心(7)训练基地(8)社会教育基地
		2)科技园区	(1)观测站场(2)试验园地(3)科技园区(4)科普园区(5)天文台馆(6)通信转播站
		3)游乐园区	(1)游乐园地(2)主题园区(3)青少年之家(4)歌舞广场(5)活动中心(6)群众文娱基地
		4)演艺园区	(1)影剧场地(2)音乐厅堂(3)杂技场馆(4)表演场馆(5)水上舞台
		5)康体园区	(1)综合体育中心(2)专项体育园地(3)射击游戏场地(4)健身康乐园地
		6)其他娱乐景地	(合计29子类)

大类	中类	小类	子类
三、综合景源	11.保健景地	1)度假景地	(1)郊外度假地(2)别墅度假地(3)家庭度假地(4)集团度假地(5)避寒地(6)避暑地
		2)休养景地	(1)短期休养地(2)中期休养地(3)长期休养地(4)特种休养地
		3)疗养景地	(1)综合慢性疗养地(2)专科病疗养地(3)特种疗养地(4)传染病疗养地
		4)福利景地	(1)幼教机构(2)福利院(3)敬老院
		5)医疗景地	(1)综合医疗地(2)专科医疗地(3)特色中医院(4)急救中心
		6)其他保健景地	(合计21子类)
	12.城乡景观	1)田园风光	(1)水乡田园(2)旱地田园(3)热作田园(4)山陵梯田(5)牧场风光(6)盐田风光
		2)耕海牧渔	(1)滩涂养殖场(2)浅海养殖场(3)浅海牧渔区(4)海上捕捞
		3)特色村街寨	(1)山村(2)水乡(3)渔村(4)侨乡(5)学村(6)画村(7)花乡(8)村寨
		4)古镇名城	(1)山城(2)水城(3)花城(4)文化城(5)卫城(6)关城(7)堡城(8)石头城(9)边境城镇(10)口岸风光(11)商城(12)港城
		5)特色街区	(1)天街(2)香市(3)花市(4)菜市(5)商港(6)渔港(7)文化街(8)仿古街(9)夜市(10)民俗街区
		6)其他城乡景观	(合计40子类)
3	12	98	802

资料来源：风景园林设计资料集——风景规划。

附录十　国家级风景名胜区名单（截至 2005 年）

第一批国家级风景名胜区（共44处，1982年审定公布）：

北京八达岭—十三陵风景名胜区

河北承德避暑山庄外八庙风景名胜区

秦皇岛北戴河风景名胜区

山西五台山风景名胜区

山西恒山风景名胜区

辽宁鞍山千山风景名胜区

黑龙江镜泊湖风景名胜区

黑龙江五大连池风景名胜区

江苏太湖风景名胜区

南京钟山风景名胜区

杭州西湖风景名胜区

富春江—新安江风景名胜区

浙江雁荡山风景名胜区

浙江普陀山风景名胜区

安徽黄山风景名胜区

安徽九华山风景名胜区

安徽天柱山风景名胜区

福建武夷山风景名胜区

江西庐山风景名胜区

江西井冈山风景名胜区

山东泰山风景名胜区

青岛崂山风景名胜区

河南鸡公山风景名胜区

洛阳龙门风景名胜区

河南嵩山风景名胜区

武汉东湖风景名胜区

湖北武当山风景名胜区

湖南衡山风景名胜区

广东肇庆星湖风景名胜区

桂林漓江风景名胜区

四川峨眉山风景名胜区

长江三峡风景名胜区

四川黄龙寺—九寨沟风景名胜区

重庆缙云山风景名胜区

四川青城山—都江堰风景名胜区

四川剑门蜀道风景名胜区

贵州黄果树风景名胜区

云南路南石林风景名胜区

云南大理风景名胜区

云南西双版纳风景名胜区

陕西华山风景名胜区

陕西临潼骊山风景名胜区

甘肃麦积山风景名胜区

新疆天山天池风景名胜区

第二批国家级风景名胜区（共 40 处，1988 年审定公布）：

河北野三坡风景名胜区

河北苍岩山风景名胜区

黄河壶口瀑布风景名胜区

辽宁鸭绿江风景名胜区

金石滩风景名胜区

兴城海滨风景名胜区

大连海滨—旅顺口风景名胜区

吉林松花湖风景名胜区

吉林"八大部"—净月潭风景名胜区

江苏云台山风景名胜区

江苏蜀岗瘦西湖风景名胜区

浙江天台山风景名胜区

浙江嵊泗列岛风景名胜区

浙江楠溪江风景名胜区

安徽琅琊山风景名胜区

福建清源山风景名胜区

福建鼓浪屿—万石山风景名胜区

福建太姥山风景名胜区

江西三清山风景名胜区

江西龙虎山风景名胜区

山东胶东半岛海滨风景名胜区

湖北大洪山风景名胜区

湖南武陵源风景名胜区

湖南岳阳楼洞庭湖风景名胜区

广东西樵山风景名胜区

广东丹霞山风景名胜区

广西桂平西山风景名胜区

广西花山风景名胜区

四川贡嘎山风景名胜区

四川金佛山风景名胜区

四川蜀南竹海风景名胜区

贵州织金洞风景名胜区

贵州潕阳河风景名胜区

贵州红枫湖风景名胜区

贵州龙宫风景名胜区

云南三江并流风景名胜区

昆明滇池风景名胜区

云南丽江玉龙雪山风景名胜区

西藏雅砻河风景名胜区

宁夏西夏王陵风景名胜区

第三批国家级风景名胜区（共 35 处，1994 年 1 月 10 日审定公布）：

天津市盘山风景名胜区

河北省嶂石岩风景名胜区

山西省北武当山风景名胜区

山西省五老峰风景名胜区

辽宁省凤凰山风景名胜区

辽宁省本溪水洞风景名胜区

浙江省莫干山风景名胜区

浙江省雪窦山风景名胜区

浙江省双龙风景名胜区

浙江省仙都风景名胜区

安徽省齐云山风景名胜区

福建省桃源洞—鳞隐石林风景名胜区

福建省金湖风景名胜区

福建省鸳鸯溪风景名胜区

福建省海坛风景名胜区

福建省冠豸山风景名胜区

河南省王屋山—云台山风景名胜区

湖北省隆中风景名胜区

湖北省九宫山风景名胜区

湖南省韶山风景名胜区

海南省三亚热带海滨风景名胜区

四川省西岭雪山风景名胜区

四川省四面山风景名胜区

四川省四姑娘山风景名胜区

贵州省荔波樟江风景名胜区

贵州省赤水风景名胜区

贵州省马岭河峡谷风景名胜区

云南省腾冲地热火山风景名胜区

云南省瑞丽江—大盈江风景名胜区

云南省九乡风景名胜区

云南省建水风景名胜区

陕西省宝鸡天台山风景名胜区

甘肃省崆峒山风景名胜区

甘肃省鸣沙山—月牙泉风景名胜区

青海省青海湖风景名胜区

第四批国家级风景名胜区（共 32 处，2002 年 5 月审定公布）：

北京市石花洞风景名胜区

河北省西柏坡—天桂山风景名胜区

河北省崆山白云洞风景名胜区

内蒙古自治区扎兰屯风景名胜区

辽宁省青山沟风景名胜区

辽宁省医巫闾山风景名胜区

吉林省仙景台风景名胜区

吉林省防川风景名胜区

浙江省江郎山风景名胜区

浙江省仙居风景名胜区

浙江省浣江—五泄风景名胜区

安徽省采石风景名胜区

安徽省巢湖风景名胜区

安徽省花山谜窟—渐江风景名胜区

福建省鼓山风景名胜区

福建省玉华洞风景名胜区

江西省仙女湖风景名胜区

江西省三百山风景名胜区

山东省博山风景名胜区

山东省青州风景名胜区

河南省石人山风景名胜区

湖北省陆水风景名胜区

湖南省岳麓风景名胜区

湖南省崀山风景名胜区

广东省白云山风景名胜区

广东省惠州西湖风景名胜区

重庆市芙蓉江风景名胜区

四川省石海洞乡风景名胜区

四川邛海—螺髻山风景名胜区

陕西省黄帝陵风景名胜区

新疆维吾尔自治区库木塔格沙漠风景名胜区

新疆维吾尔自治区博斯腾湖风景名胜区

第五批国家级风景名胜区（共 26 处，2004 年 2 月审定公布）：

江苏省三山风景名胜区

浙江省方岩风景名胜区

浙江省百丈漈—飞云湖风景名胜区

安徽省太极洞风景名胜区

福建省十八重溪风景名胜区

福建省青云山风景名胜区

江西省梅岭—滕王阁风景名胜区

江西省龟峰风景名胜区

河南省林虑山风景名胜区

湖南省猛洞河风景名胜区

湖南省桃花源风景名胜区

广东省罗浮山风景名胜区

广东省湖光岩风景名胜区

四川省天坑地缝风景名胜区

四川省白龙湖风景名胜区

四川省光雾山—诺水河风景名胜区

四川省天台山风景名胜区

四川省龙门山风景名胜区

贵州省都匀斗篷山—剑江风景名胜区

贵州省九洞天风景名胜区

贵州省九龙洞风景名胜区

贵州省黎平侗乡风景名胜区

云南省普者黑风景名胜区

云南省阿庐风景名胜区

陕西省合阳洽川风景名胜区

新疆维吾尔自治区赛里木湖风景名胜区

第六批国家级风景名胜区名单（共 10 处，2005 年 12 月审定公布）：

浙江省方山—长屿硐天风景名胜区

安徽省花亭湖风景名胜区

江西省高岭—瑶里风景名胜区

江西省武功山风景名胜区

江西省云居山—柘林湖风景名胜区

河南省青天河风景名胜区

河南省神农山风景名胜区

湖南省紫鹊界梯田—梅山龙宫风景名胜区

湖南省德夯风景名胜区

贵州省紫云格凸河穿洞风景名胜区

参 考 文 献

1. 周新年. 林业生产规划 [M]. 北京：北京科学技术出版社，1994.

2. 何芳. 土地利用规划 [M]. 上海：百家出版社，1994.

3. 鲍世行. 城市规划新概念新方法 [M]. 北京：商务印书馆，1992.

4. 李维长. 兴生态旅游，促社会发展 [M]. 北京：中国环境科学出版社，2000.

5. 李德华. 城市规划原理 [M]. 北京：中国建筑工业出版社，2001.

6. 黄羊山. 旅游规划原理 [M]. 南京：东南大学出版社，2004.

7. 钟林生等. 生态旅游规划原理与方法 [M]. 北京：化学工业出版社，2003.

8. 张松. 历史城市保护学导论——文化遗产和历史环境保护的一种整体性方法 [M]. 上海：上海科学技术出版社，2001.

9. 徐嵩龄等. 文化遗产的保护与经营——中国实践与理论进展 [M]. 北京：社会科学文献出版社，2003.

10. 李其荣. 城市规划与历史文化保护 [M]. 南京：东南大学出版社，2003.

11. 吴承照. 现代旅游规划设计原理与方法 [M]. 青岛：青岛出版社，2002.

12. 封明维. 资源科学导论 [M]. 北京：科学出版社，2004.

13. 张凤荣等. 中国土地资源及其可持续利用 [M]. 北京：中国农业大学出版社，2000.

14. （日）西村幸夫＋历史街区研究会. 城市风景规划——欧美景观控制方法与实务 [M]. 张松，蔡郭达译. 上海：上海科学技术出版社，2005.

15. 蔡运龙. 自然资源学原理 [M]. 北京：科学出版社，2000.

16. 师学义等. 土地利用规划原理与方法 [M]. 北京：中国农业科学技术出版社，2003.

17. 高吉喜. 可持续发展理论探索——生态承载力理论、方法与应用 [M]. 北京：中国环境科学出版社，2002.

18. 彭补拙等. 土地利用规划学 [M]. 南京：东南大学出版社，2003.

19. 金鉴明等. 自然保护概论 [M]. 北京：中国环境科学出版社，1991.

20. 丁圣彦. 生态学——面向人类生存环境的科学价值观 [M]. 北京：科学出版社，2004.

21. 傅伯杰等. 景观生态学原理及应用 [M]. 北京：科学出版社，2003.

22. 丁文魁. 风景名胜研究 [M]. 上海：同济大学出版社，1988.

23. 张国强，贾建中. 风景规划——《风景名胜区规划规范》实施手册 [M]. 北京：中国建筑工业出版社，2002.

24. （英）曼纽尔·鲍德—博拉，弗雷德·劳森. 旅游与游憩规划设计手册［M］. 唐子颖等译. 北京：中国建筑工业出版社，2004.

25. 张国强，贾建中. 中国风景园林规划设计作品集 1［M］. 北京：中国建筑工业出版社，2003.

26. 张国强，贾建中. 中国风景园林规划设计作品集 2［M］. 北京：中国建筑工业出版社，2005.

27. 张国强，贾建中. 中国风景园林规划设计作品集 3［M］. 北京：中国建筑工业出版社，2005.

28. 张国强，贾建中. 中国风景园林规划设计作品集 4［M］. 北京：中国建筑工业出版社，2006.

29. 马杏锦，赵青儒. 世界自然保护区及国家公园［M］. 北京：中国林业科学研究院科技情报研究所，1983.

30. 张晓，郑玉歆. 中国自然文化遗产资源管理［M］. 北京：社会科学文献出版社，2001.

31. （美）Edward Inskeep. 旅游规划——一种综合性的可持续的开发方法［M］. 张凌云译. 北京：旅游教育出版社，2004.

32. 吴次芳，潘文灿等. 国土规划的理论与方法［M］. 北京：科学出版社，2003.

33. 陈福义，范保宁. 中国旅游资源学［M］. 北京：中国旅游出版社，2002.

34. 欧名豪. 土地利用规划控制研究［M］. 北京：中国林业出版社，1999.

35. 庞规荃. 中国旅游地理［M］. 北京：旅游教育出版社，2004.

36. 刘成武等. 自然资源概论［M］. 北京：科学出版社，2000.

37. 杨振之. 旅游资源开发［M］. 成都：四川人民出版社，1996.

38. 韩杰. 旅游地理学［M］. 大连：东北财经大学出版社，2002.

39. 崔凤军. 风景旅游区的保护与管理［M］. 北京：中国旅游出版社，2001.

40. 中国社会科学院环境与发展研究中心. 中国环境与发展评论第二卷［M］. 北京：社会科学文献出版社，2004.

41. 司千字. 决策学——决策理论与方法［M］. 北京：经济管理出版社，2002.

42. 王维正. 国家公园［M］. 北京：中国林业出版社，2000.

43. 田明华，陈建成. 中国森林资源管理变革趋向：市场化研究［M］. 北京：中国林业出版社，2003.

44. 谢凝高. 山水审美——人与自然的交响曲［M］. 北京：北京大学出版社，1991.

45. 郑玉歆，郑易生. 自然文化遗产管理——中外理论与实践［M］. 北京：社会科学文献出版社，2003.

46. 姜文来，杨瑞珍. 资源资产论［M］. 北京：科学出版社，2003.

47. 世界旅游组织. 国家和区域旅游规划方法与实例分析［M］. 北京：电子工业出版

社，2004.

48. 罗佳明. 中国世界遗产管理体系研究 [M]. 上海：复旦大学出版社，2004.

49. 邹统钎. 旅游开发与规划 [M]. 广州：广东旅游出版社，2001.

50. 张建萍. 生态旅游理论与实践 [M]. 北京：中国旅游出版社，2003.

51. 冯平. 评价论 [M]. 北京：东方出版社，1995.

52. （英）J. B. 麦克劳林. 系统方法在城市和区域规划中的应用 [M]. 王凤武译. 北京：中国建筑工业出版社，1988.

53. 北京大学世界遗产研究中心. 世界遗产相关文件选编 [M]. 北京：北京大学出版社，2004.

54. 吴必虎. 区域旅游规划原理 [M]. 北京：中国旅游出版社，2001.

55. 严金明. 中国土地利用规划 [M]. 北京：经济管理出版社，2001.

56. 国家旅游局人事劳动教育司. 旅游规划原理 [M]. 北京：旅游教育出版社，1999.

57. 国家质量技术监督局＋中华人民共和国建设部. 风景名胜区规划规范 GB 50298—1999 [S]. 北京：中国建筑工业出版社，1999.

58. 姜文来. 水资源价值论 [M]. 北京：科学出版社，1998.

59. 张更生等. 自然保护区管理、评价指南与建设技术规范 [M]. 北京：中国环境科学出版社，1995.

60. （美）约翰·缪尔. 我们的国家公园 [M]. 郭名惊译. 长春：吉林人民出版社，1993.

61. 周维权. 中国名山风景名胜区 [M]. 北京：清华大学出版社，1998.

62. 胡云龙. 自然保护区森林公园资源调查与管理 [M]. 北京：中国林业出版社，1996.

63. 许学工等. 加拿大的自然保护区管理 [M]. 北京：北京大学出版社，2000.

64. 中国大百科全书 [CD]. 北京：中国大百科全书出版社，1999.

65. 李金昌等. 生态价值论 [M]. 重庆：重庆大学出版社，1999.

66. 李金昌等. 资源经济新论 [M]，重庆：重庆大学出版社，1995.

67. 俞孔坚. 自然风景景观评价方法 [J]. 中国园林，1986（3）：38～40.

68. 刘滨谊. 景观环境视觉质量评估 [J]. 城市规划汇刊，1990（4）：24～29.

69. 魏士衡. 中国自然美学思想探源 [M]. 北京：中国城市出版社，1991.

70. 蒲震元. 中国意识意境论 [M]. 北京：北京大学出版社，2000.

71. 宗白华. 艺境 [M]. 北京：北京大学出版社，1997.

72. 万叶，叶永元. 园林美学 [M]. 北京：中国林业出版社，1991.

73. 《中国园林》杂志社. 中国园林（1985—2002）[CD]. 北京：电子出版物数据中心，中国园林杂志社，2004.

74. 国家旅游局. 旅游规划通则 [M]. 北京：中国标准出版社，2003.

75. 保继刚. 旅游开发研究：原理·方法·实践 [M]. 北京：科学出版社，1996.

76. 保继刚，楚义芳. 旅游地理学 ［M］. 北京：高等教育出版社，1999.

77. 刘玲. 旅游环境承载力研究 ［M］. 北京：中国环境科学出版社，2000.

78. （日）田中直人等. 标识环境通用设计 ［M］. 王宝刚等译. 北京：中国建筑工业出版社，2004.

79. 吴人韦. 旅游规划原理 ［M］. 北京：旅游教育出版社，1999.

80. 谢彦军. 基础旅游学 ［M］. 北京：中国旅游出版社，1999.

81. 国家林业局野生动植物保护局. 自然保护区生态保护教育 ［M］. 北京：中国林业出版社，2002.

82. 世界旅游组织（WTO）. 国家公园和旅游保护区的开发 ［M］. 何光炜等. 旅游规划工作纲要. 北京：旅游教育出版社，1997.

83. David A Fennell，生态旅游 ［M］. 张凌云译. 北京：旅游教育出版社，2004.

84. Repanshek，K. 畅游美国国家公园——傻瓜系列 ［M］. 孙惠春等编译. 沈阳：辽宁教育出版社，2003.

85. Wagar J. A.. *The carrying capacity of wild lands for recreation*，Forrest Science Monograph 7 ［M］. Washington DC：Society of American Foresters，1964.

86. Lime D.，Stankey G.. *Carrying capacity：maintaining outdoor recreation quality*，*Recreation Symposium Proceedings* ［M］. New York：College of Forrest，1971.

87. Wall G，Wright C. *The environmental impact of outdoor recreation* ［M］. Ontario：University of Waterloo，1977.

88. Organization for Economic Co-operation and Development. The Impact of Tourism on the Environment，Paris：OECD，1980.

89. Mathieson A，Wall G. *Tourism：economic，physical and social impacts* ［M］. London and New York：Longman，1982.

90. McIntyre G. *Sustainable tourism development：guide for local planners* ［M］. Madrid：World Tourism Organization，1993.

91. Coccossis H，Mexa A. *The Challenge of Tourism Carring Capacity Assessment* ［M］. Blington VT：Ashgate，2004.

92. 保继刚，颐和园旅游环境容量研究 ［J］. 中国环境科学，1987（2）：32～38.

93. 李艳娜等. 旅游环境容量的定量分析——以九寨沟为例 ［J］. 重庆商学院学报，2000（6）：32～34.

94. 刘晓冰. 旅游开发的环境影响研究进展 ［J］. 地理研究，1996（4）：92～99.

95. 刘益. 大型风景旅游区旅游环境容量测算方法的再探讨 ［J］. 旅游学刊，2004（6）：42～46.

96. 唐伽拉. 旅游解说系统规划初探——以浏阳道吾山引路松景区为例 ［J］. 旅游学刊，2003（3）：14～17.

97. 吴必虎等. 旅游解说系统的规划和管理 [J]. 旅游学刊, 1999 (1): 44～46.

98. 吴必虎等. 旅游解说系统研究——以北京为例 [J]. 人文地理, 1999 (2): 27～29.

99. 吴承照等. 风景旅游规划的三元结构——来自澳大利亚自然公园的启示 [J]. 城市规划汇刊, 2001 (3): 39～41.

100. 吴承照. 旅游区游憩活动地域组合研究 [J]. 地理科学, 1999 (5): 437～441.

101. 肖云. 小议风景区环境容量 [J]. 中国园林, 1999 (1): 34～36.

102. 杨锐. 风景区环境容量初探——建立风景区环境容量概念体系 [J]. 城市规划汇刊, 1996 (6): 12～15.

103. 杨锐. LAC 理论: 解决风景区资源保护与旅游利用矛盾的新思路 [J]. 中国园林, 2003 (3): 19～21.

104. 杨锐. 从游客环境容量到 LAC 理论——环境容量概念的新发展 [J]. 旅游学刊, 2003 (5): 62～65.

105. 张骁鸣. 旅游环境容量研究从理论框架到管理工具 [J]. 资源科学, 2004 (7): 78～88.

106. 周世强. 生态旅游与自然保护、社区发展相协调的旅游行为途径 [J]. 旅游学刊, 1998 (4): 33～35.

107. 楚义芳. 旅游的空间组织研究 [D]. 南开大学博士论文, 导师鲍觉民, 1989.

108. 冯学钢. 旅游管理容量理论、方法与实证研究 [D]. 南京大学博士论文, 导师包浩生, 1999.

109. 孙春华. 山地风景区旅游环境承载力及其调控系统研究 [D]. 山东师范大学硕士论文, 导师何佳梅, 2002.

110. 刘振礼, 王兵. 新编中国旅游地理 [M]. 天津: 南开大学出版社, 1996.

111. 葛晓育. 中国名胜与历史文化 [M]. 北京: 北京大学出版社, 1989.

112. 贾建中. 新时期风景区规划中的若干问题 [J]. 中国园林, 2001 (4): 26～28.

113. 郑恭. 风景区的植物景观 [M] //风景名胜研究. 上海: 同济大学出版社, 1988.

114. 建筑科学研究院建筑理论及历史研究室园林组. 关于风景区中园林建筑创作的几个问题 [J]. 建筑学报, 1960 (6): 11.

115. 吴良镛. 世纪之交的凝思: 建筑学的未来 [M]. 北京: 清华大学出版社, 1999.

116. 沈三陵, 王亦知. 建筑创新与地域文化——谈黄龙风景区的规划设计 [J]. 建筑学报, 2003 (4): 52～54.

117. 杨学军, 林源祥, 唐东芹. 青云山风景区森林植物景观优化对策 [J]. 林业科技, 2003 (7): 57～60.

118. 周公宁. 我国风景名胜区内旅游设施功能布局初探 [J]. 中国园林, 1994 (1): 51～56.

119. 李万杰, 森林公园规划设计 [M]. 西安: 陕西林业科技开发设计研究所, 1994.

120. 王澄荣. 浅论风景名胜区的建筑 [J]. 中国园林，2000 (4)：10～22.

121. 全华，王丽华. 旅游规划学 [M]. 大连：东北财经大学出版社，2003.

122. 王德刚. 旅游学概论 [M]. 济南：山东大学出版社，2004.

123. 邹统钎. 旅游景区开发与管理 [M]. 北京：清华大学出版社，2004.

124. 周年兴等. 风景区的城市化及其对策研究 [J]. 城市规划汇刊，2004 (1)：57～61.

125. 杨赉丽. 城市园林绿地规划 [M]. 北京：中国林业出版社，1997.

126. 文国玮. 城市交通与道路系统规划 [M]. 北京：清华大学出版社，2001.

127. 王恩涌等. 人文地理学 [M]. 北京：高等教育出版社，2000.

128. 中国城市规划设计研究院等. 小城镇规划标准研究 [M]. 北京：中国建筑工业出版社，2002.

129. 于革非等. 新编政治经济学 [M]. 北京：经济管理出版社，2001.

130. 刘黎明，张军连等. 土地资源调查与评价 [M]. 北京：科学技术文献出版社，1994.

131. 清华大学建筑与城市研究所. 城市规划理论·方法·实践 [M]. 北京：地震出版社，1992.

132. 顾朝林，姚鑫等. 概念规划—理论、方法、实例 [M]. 北京：中国建筑工业出版社，2003.

133. 徐盛荣. 土地资源评价 [M]，北京：中国农业出版社，1995.

134. 马永立，谈俊忠. 风景名胜区管理学 [M]. 北京：中国旅游出版社，2003.

135. 中国社会科学院环境与发展研究中心课题组. 国家风景名胜资源上市的国家利益权衡 [J]. 旅游学刊，2000，(1)：72～73.

136. 中国旅游年鉴编委会. 中国旅游年鉴 [M]. 北京：中国旅游出版社，2000.

137. 王小润，黄秋丽. 旅游景区经营权出让是祸是福 [N]，光明日报，2001-4-13.

138. 王国乡. 从股票的性质看风景区门票专营权作价入股问题 [J]. 中国园林，1998 (5)：16.

139. 王莹. 中美风景区管理比较研究 [J]. 旅游学刊，1996 (6)：46～49.

140. 叶红. 风景名胜区开发管理"雾区"与制度创新 [J]. 财经科学，1999 (3)：41～44.

141. 张昕竹. 论风景名胜区的政府规制 [J]. 中国园林，2002 (2)：37～40.

142. 张凌云. 关于旅游景区公司上市争论的几个问题 [J]. 旅游学刊，2000 (3)：25～27.

143. 张晓. 从国家风景名胜区股票上市说开去 [J]. 中国园林，1998 (5)：14～15.

144. 张晓. 国外国家风景名胜区（国家公园）管理和经营评述 [J]. 中国园林，1999 (5)：56～60.

145. 张晓. 国家风景名胜区不宜匆忙"上市" [N]. 光明日报，1998-12-28.

146. 张晓. 遗产资源所有与占有——从出让风景区开发经营权谈起 [J]. 中国园林，2002 (2)：29～32.

147. 李如生. 风景名胜区开发经营问题的探讨 ［J］. 中国园林，2001（5）：16～18.

148. 李金路. 风景名胜区中的几个关系 ［J］. 中国园林，2002（2）：23～25.

149. 杨锐. 美国国家公园体系的发展历程及其经验教训 ［J］. 中国园林，2001（1）：62～64.

150. 肖红. 风景名胜区经营权不能出让转让 ［N］. 中国建设报，2001-3-30.

151. 邹爱其，徐进. 国家风景名胜区经营性项目规制改革探讨 ［J］. 旅游学刊，2001（4）：64～68.

152. 郑淑玲. 当前风景名胜区保护和管理的一些问题 ［J］. 中国园林，2000（3）：14～16.

153. 柳尚华. 美国的国家公园系统及其管理 ［J］. 中国园林，1999（1）：48～49.

154. 赵京兴. 中国国家风景名胜区管理的性质——法与经济分析 ［J］. 中国园林，2002（2）：33～36.

155. 徐嵩龄. 怎样认识风景资源的旅游经营问题——评"风景名胜区股票上市"论争 ［J］. 旅游学刊，2000（3）：28～34.

156. 魏小安，刘赵平，张树民. 关于旅游业新世纪发展大趋势 ［M］. 广州：广东旅游出版社，1999.

157. 刘庆余，张立明. 我国风景名胜区资源管理体制创新探讨 ［J］. 湖北大学学报（自然科学版），2003（2）：168～171.

158. 孙明泉. 风景名胜的景观价值及其可持续利用 ［N］. 光明日报，2000-05-23.

159. 戴慎志. 城市工程系统规划 ［M］. 北京：中国建筑工业出版社，1999.

160. 王炳坤. 城市规划中的工程规划（修订版）［M］. 天津：天津大学出版社，2001.

161. 刘兴昌. 市政工程规划 ［M］. 北京：中国建筑工业出版社，2006.

162. 中华人民共和国国家标准. 风景名胜区规划规范 ［S］. GB 50298—1999.

163. 中华人民共和国国家标准. 城市给水工程规划规范 ［S］. GB 50282—98.

164. 中华人民共和国国家标准. 城市排水工程规划规范 ［S］. GB 50318—2000.

165. 中华人民共和国国家标准. 城市电力规划规范 ［S］. GB/ 50293—1999.

166. 中华人民共和国国家标准. 城市环境卫生设施规划规范 ［S］. GB 50337—2003.

167. 中华人民共和国国家标准. 防洪标准 ［S］. GB 50201—94.